新时代海上工程创新技术与实践丛书

粉沙质海岸泥沙运动理论与港口航道工程设计

季则舟　张华庆　肖立敏　张金凤
著

上海科学技术出版社

新时代海上工程创新技术与实践丛书
粉沙质海岸泥沙运动理论与港口航道工程设计

图书在版编目（CIP）数据

粉沙质海岸泥沙运动理论与港口航道工程设计 / 季则舟等著. -- 上海 : 上海科学技术出版社, 2021.1
（新时代海上工程创新技术与实践丛书）
ISBN 978-7-5478-4863-0

Ⅰ. ①粉… Ⅱ. ①季… Ⅲ. ①沙质海岸－泥沙运动－研究②港口工程－工程设计－研究③航道工程－工程设计－研究 Ⅳ. ①TV148②U652.7③U612.3

中国版本图书馆CIP数据核字(2020)第102488号

粉沙质海岸泥沙运动理论与港口航道工程设计
季则舟　张华庆　肖立敏　张金凤　著

上海世纪出版(集团)有限公司
上 海 科 学 技 术 出 版 社 出版、发行
(上海钦州南路 71 号　邮政编码 200235　www.sstp.cn)
上海盛通时代印刷有限公司印刷
开本 787×1092　1/16　印张 22.25
字数 400 千字
2021 年 1 月第 1 版　2021 年 1 月第 1 次印刷
ISBN 978－7－5478－4863－0/P・37
定价：198.00 元

内容提要

本书系统总结了我国粉沙质海岸理论研究及工程实践成果，对粉沙质海岸港口与海岸工程设计建设，以及粉沙质海岸已有港口的扩建、疏浚维护等均具有指导意义。本书共分9章：第1章介绍了粉沙质海岸界定标准；第2章系统介绍了粉沙质海岸泥沙粒径、含泥量、沉降及起动等物理特性；第3章结合典型粉沙质海岸，介绍了海岸含沙量分布、复合沿岸输沙等泥沙运动特征与规律；第4章介绍了二维、三维水沙数学模型及航道骤淤模拟研究；第5章介绍了粉沙质海岸泥沙物理模型的设计；第6章介绍了粉沙质海岸航道泥沙淤积计算、骤淤统计特性及骤淤预测方法；第7章介绍了粉沙质海岸港口布置模式、航道及防沙堤设计原则和方法等；第8章结合我国粉沙质海岸港口工程实践，介绍了不同类型粉沙质海岸的工程案例；第9章对粉沙质海岸的研究及工程技术发展进行了展望，提出了需进一步研究的问题。

本书是著者及其研究团队多年理论成果和工程应用的总结，旨在为从事海岸港口工程的广大技术人员了解粉沙质海岸泥沙研究及港口航道建设最新成果、进一步开展工程建设和相关研究提供借鉴和指导。本书可供从事海岸工程及泥沙研究的科研、设计、管理、建设人员使用，也可供海岸工程专业相关院校师生参考。

重大工程建设关键技术研究
编委会

新时代海上工程创新技术与实践丛书

编委会

本书编委会

总序

近年来，我国各项基础设施建设的发展如火如荼，“一带一路”建设持续推进，许多重大工程项目如雨后春笋般蓬勃兴建，诸如三峡工程、青藏铁路、南水北调、三纵四横高铁网、港珠澳大桥、上海中心大厦，以及由我国援建的雅万高铁、中老铁路、中泰铁路、瓜达尔港、比雷埃夫斯港，等等，不一而足。毋庸置疑，我国已成为世界上建设重大工程最多的国家之一。这些重大工程项目就其建设规模、技术难度和资金投入等而言，不仅在国内，即使在全球范围也都位居前茅，甚至名列世界第一。在这些工程的建设过程中涌现的一系列重大关键性技术难题，通过分析探索创新，很多都得到了很好的优化和解决，有的甚至在原来的理论、技术基础上创造出了新的技术手段和方法，申请了大量的技术专利。例如，632 m 的上海中心大厦，作为世界最高的绿色建筑，其建设在超高层设计、绿色施工、施工监理、建筑信息化模型(BIM)技术等多方面取得了多项科研成果，申请到 8 项发明专利、授权 12 项实用新型技术。仅在结构工程方面，就应用到了超深基坑支护技术、超高泵送混凝土技术、复杂钢结构安装技术及结构裂缝控制技术等许多创新性的技术革新成果，有的达到了世界先进水平。这些优化、突破和创新，对我国工程技术人员将是非常宝贵的参考和借鉴。

在 2016 年 3 月初召开的全国人大全体会议期间，很多代表谈到，极大量的技术创新与发展是“十三五”时期我国宏观经济实现战略性调整的一项关键性驱动因素，是实现国家总体布局下全面发展的根本支撑和关键动力。

同时，在新一轮科技革命的机遇面前，也只有在关键核心技术上一个个地进行创新突破，才能实现社会生产力的全面跃升，使我国的科研成果和工程技术掌控两者的水平和能力尽早、尽快地全面进入发达国家行列，从而在国际上不断提升技术竞争力，而国力将更加强大！当前，许多工程技术创新得到了广泛的认可，但在创新成果的推广应用中却还存在不少问题。在重大工程建设领域，关键工程技术难题在实践中得到突破和解决后，需要把新的理论或方法进一步梳理总结，再一次次地广泛应用于生产实践，反过来又将再次推动技术的更进一步的创新和发展，是为技术的可持续发展之巨大推动力。将创新成果进行系统总结，出版一套有分量的技术专著是最有成效的一个方法。这也是出版“重大工程建设关键技术研究”丛书的意义之所在。以推广学术上的创新为主要目标，“重大工程建设关键技术研究”丛书主要具有以下几方面的特色：

1. 聚焦重大工程和关键项目。目前，我国基础设施建设在各个领域蓬勃开展，各类工程项目不断上马，从项目体量和技术难度的角度，我们选择了若干重大工程和关键项目，以此为基础，总结其中的专业理论和专业技术使之编纂成书。由于各类工程涉及领域和专业门类众多，专业学科之间又有相互交叉和融合，难以单用某个专业来设定系列丛书，所以仍然以工程大类为基本主线，初步拟定了隧道与地下工程、桥梁工程、铁道工程、公路工程、超高层与大型公共建筑、水利工程、港口工程、城市规划与建筑共八个领域撰写成系列丛书，基本涵盖了我国工程建设的主要领域，以期为未来的重大工程建设提供专业技术参考指导。由于涉及领域和专业多，技术相互之间既有相通之处，也存在各自的不同，在交叉技术领域又根据具体情况做了处理，以避免内容上的重复和脱节。

2. 突出共性技术和创新成果，侧重应用技术理论化。系列丛书围绕近年来重大工程中出现的一系列关键技术难题，以项目取得的创新成果和技术突破为基础，有针对性地梳理各个系列中的共性、关键或有重大推广价值的技术经验和科研成果，从技术方法和工程实践经验的角度进行深入、系统而又详尽的分析和阐述，为同类难题的解决和技术的提高提供切实的理论依据和应用参考。在“复杂地质与环境条件下隧道建设关键技术丛书”（钱七虎院士任编委会主任）中，对当前隧道与地下工程施工建设中出现的关键问题进行了系统阐述并形成相应的专业技术理论体系，包括深长隧道重大突涌水灾害预测预警与风险控制、盾构工程遇地层软硬不均与极软地层的处理、类矩形盾构法、水下盾构隧道、地面出入式盾构法隧道、特长公路隧道、隧道地质三维探测、盾构隧道病害快速检测、隧道及地下工程数字化、软岩大变形隧道新型锚固材料等，使得关键问题在研究中得到了不同程度的解决和在后续工程中的有效实施。

3. 注重工程实用价值。系列丛书涉及的技术成果要求在国内已多次采用,实践证明是可靠的、有效的,有的还获得了技术专利。系列丛书强调以理论为引领,以应用为重点,以案例为说明,所有技术成果均要求以工程项目为背景,以生产实践为依托,使丛书既富有学术内涵,又具有重要的工程应用价值。如"长大桥梁建养关键技术丛书"(郑皆连院士任编委会主任、陈政清院士任副主任),围绕特大跨度悬索桥、跨海长大桥梁、多塔斜拉桥、特大跨径钢管混凝土拱桥、大跨度人行桥、大比例变宽度空间索面悬索桥等重大桥梁工程,聚焦长大桥梁的设计创新理论、施工创新技术、建设难点的技术突破、桥梁结构健康监测与状态评估、运营期维修养护等,主要内容包括大型钢管混凝土结构真空辅助灌注技术、大比例变宽度空间索面悬索桥体系、新型电涡流阻尼减振技术、长大桥梁的缆索吊装和斜拉扣挂施工、超大型深水基础超高组合桥塔、变形智能监测、基于 BIM 的建养一体化等。这些技术的提出以重大工程建设项目为依托,包括合江长江一桥、合江长江二桥、巫山长江大桥、桂广铁路南盘江大桥、张家界大峡谷桥、西堠门大桥、嘉绍大桥、港珠澳大桥、虎门二桥等,书中对涉及具体工程案例的相关内容进行了详尽分析,具有很好的应用参考价值。

4. 聚焦热点,关注风险分析、防灾减灾、健康检测、工程数字化等近年来出现的新兴分支学科。在绿色、可持续发展原则指导下,近年来基础建设领域的技术创新在节能减排、低碳环保、绿色土木、风险分析、防灾减灾、健康检测(远程无线视频监控)、工程使用全寿命周期内的安全与经济、可靠性和耐久性、施工技术组织与管理、数字化等方面均有较多成果和实例说明,系列丛书在这些方面也都有一定体现,以求尽可能地发挥丛书对推动重大工程建设的长期、绿色、可持续发展的作用。

5. 设立开放式框架。由于上述的一些特性,使系列丛书各分册的进展快慢不一,所以采用了开放式框架,并在后续系列丛书各分册的设定上,采用灵活的分阶段付梓出版的方式。

6. 主编作者具备一流学术水平，从而为丛书内容的学术质量打下了坚实的基础。各个系列丛书的主编均是该领域的学术权威，在该领域具有重要的学术地位和影响力。如陈政清教授，中国工程院院士，“985”工程首席科学家，桥梁结构与风工程专家；郑皆连教授，中国工程院院士，路桥工程专家；钱七虎教授，中国工程院院士，防护与地下工程专家；吴志强教授，中国工程院院士，城市规划与建设专家；等等。而参与写作的主要作者都是活跃在我国基础设施建设科研、教育和工程的一线人员，承担过重大工程建设项目或国家级重大科研项目，他们主要来自中铁隧道局集团有限公司、中交隧道工程局有限公司、中铁十四局集团有限公司、中交第一公路工程局有限公司、青岛地铁集团有限公司、上海城建集团、中交公路规划设计院有限公司、陆军研究院工程设计研究所、招商局重庆交通科研设计院有限公司、天津城建集团有限公司、浙江省交通规划设计研究院、江苏交通科学研究院有限公司、同济大学、河海大学、西南交通大学、湖南大学、山东大学等。各位专家在承担繁重的工程建设和科研教学任务之余，奉献了自己的智慧、学识和汗水，为我国的工程技术进步做出了贡献，在此谨代表丛书总编委对各位的辛劳表示衷心的感谢和敬意。

当前，不仅国内的各项基础建设事业方兴未艾，在“一带一路”倡议下，我国在海外的重大工程项目建设也正蓬勃发展，对高水平工程科技的需求日益迫切。相信系列丛书的出版能为我国重大工程建设的开展和创新科技的进步提供一定的助力。

孙钧

2017 年 12 月，于上海

孙钧先生，同济大学一级荣誉教授，中国科学院资深院士，岩土力学与工程国内外知名专家。“重大工程建设关键技术研究”系列丛书总主编。

序

基础设施互联互通，包括口岸基础设施建设、陆水联运通道等是“一带一路”建设的优先领域。开发建设港口、建设临海产业带、实现海洋农牧化、加强海洋资源开发等是建设海洋经济强国的基本任务。我国海上重大基础设施起步相对较晚，进入 21 世纪后，在建设海洋强国战略和《交通强国建设纲要》的指引下，经过多年发展，我国海洋事业总体进入了历史上最好的发展时期，海上工程建设快速发展，在基础研究、核心技术、创新实践方面取得了明显进步和发展，这些成就为我们建设海洋强国打下了坚实基础。

为进一步提高我国海上基础工程的建设水平，配合、支持海洋强国建设和创新驱动发展战略，以这些大型海上工程项目的创新成果为基础，上海科学技术出版社与丛书编委会一起策划了本丛书，旨在以学术专著的形式，系统总结近年来我国在护岸、港口与航道、海洋能源开发、滩涂和海上养殖、围海等海上重大基础建设领域具有自主知识产权、反映最新基础研究成果和关键共性技术、推动科技创新和经济发展深度融合的重要成果。

本丛书内容基于“十一五”“十二五”“十三五”国家科技重大专项、国家“863”项目、国家自然科学基金等 30 余项课题（相关成果获国家科学技术进步一、二等奖，省部级科技进步特等奖、一等奖，中国水运建设科技进步特等奖等），编写团队涵盖我国海上工程建设领域核心研究院所、高校和骨干企业，如中交水运规划设计院有限公司、中交第一航务工程勘察设计院有限公司、中交第三航务工程勘察设计院有限公司、中交第三航务工程局有限公司、中交第四航务工程局有限公司、交通运输部天津水运工程科学研究院、南京水利科学研究院、中国海洋大学、河海大学、天津大学、上海交通大学、大连理工大学等。优秀的作者团队和支撑课题确保了本丛书具有理论的前沿性、内容的原创性、成果的创新性、技术的引领性。

例如，丛书之一《粉沙质海岸泥沙运动理论与港口航道工程设计》由中交第一航务工程勘察设计院有限公司编写，在粉沙质海岸港口航道等水域设计理论的研究中，该书创新性地提出了粉沙质海岸航道骤淤重现期的概念，系统提出了粉沙质海岸港口水域总体布置的设计原则和方法，科学提出了航道两侧防沙堤合理间距、长度和堤顶高程的确定原则和方法，为粉沙质海岸港口建设奠定了基础。研究成果在河北省黄骅港、唐山港京唐港区，山东省潍坊港、滨州港、东营港，江苏省滨海港区，以及巴基斯坦瓜达尔港、印度尼西亚AWAR电厂码头等10多个港口工程中成功转化应用，取得了显著的社会和经济效益。作者主持承担的“粉砂质海岸泥沙运动规律及工程应用”项目也荣获国家科学技术进步二等奖。

在软弱地基排水固结理论中，中交第四航务工程局有限公司首次建立了软基固结理论模型、强度增长和沉降计算方法，创新性提出了排水固结法加固软弱地基效果主要影响因素；在深层水泥搅拌法(DCM)加固水下软基创新技术中，成功自主研发了综合性能优于国内外同类型施工船舶的国内首艘三处理机水下DCM船及新一代水下DCM高效施工成套核心技术，并提出了综合考虑基础整体服役性能的施工质量评价方法，多项成果达到国际先进水平，并在珠海神华、南沙三期、香港国际机场第三跑道、深圳至中山跨江通道工程等多个工程中得到了成功应用。研究成果总结整理成为《软弱地基加固理论与工艺技术创新应用》一书。

海上工程中的大量科技创新也带来了显著的经济效益，如《水运工程新型桶式基础结构技术与实践》一书的作者单位中交第三航务工程勘察设计院有限公司和连云港港30万吨级航道建设指挥部提出的直立堤采用单桶多隔仓新型桶式基础结构为国内外首创，与斜坡堤相比节省砂石料80%，降低工程造价15%，缩短建设工期30%，创造了月施工进尺651 m的最好成绩。项目成果之一《水运工程桶式基础结构应用技术规程》(JTS/T167-16—2020)已被交通运输部作为水运工程推荐性行业标准。

其他如总投资15亿元、采用全球最大的海上风电复合筒型基础结构和一步式安装的如东海上风电基地工程项目，荣获省部级科技进步奖的“新型深水防波堤结构形式与消浪块体稳定性研究”，以及获得多项省部级科技进步奖的“长寿命海工混凝土结构耐久性保障相关技术"等，均标志着我国在海上工程建设领域已经达到了一个新的技术高度。

丛书的出版将有助于系统总结这些创新成果和推动新技术的普及应用，对填补国内相关领域创新理论和技术资料的空白有积极意义。丛书在研讨、策划、组织、编写和审稿的过程中得到了相关大型企业、高校、研究机构和学会、协会的大力支持，许多专家在百忙之中给丛书提出了很多非常好的建议和想法，在此一并表示感谢。

邱大洪

2020年10月

邱大洪先生，大连理工大学教授，中国科学院资深院士，海岸和近海工程专家。"新时代海上工程创新技术与实践丛书"编委会主任。

前言

在我国的辽东、冀北、鲁北、苏北、浙东等海岸线上，散落分布着大量的粉沙质海岸。粉沙质海岸泥沙的活动性很大，在风浪作用下极易起动，也很容易沉降，因此在粉沙质海岸上建港，港口航道的泥沙淤积是海港建设发展需首先解决的问题。由于泥沙淤积的困扰，我国很多粉沙质海岸段被称为“建港禁区”，长期以来缺乏成规模的港口。20 世纪 80 年代末，随着我国改革开放的深入及对外贸易的发展，为解决我国港口通过能力不足等问题，许多粉沙质海岸所在地区相继提出了建设港口、打通海上通道的需求。

粉沙质海岸是一种特殊类型的海岸。按照海岸带的海床物质组成和泥沙运动的一般规律，我国水运行业标准《港口工程技术规范(1987)》和《海港水文规范》(JTJ 213—98)把海岸类型划分为淤泥质海岸和沙质海岸，对于岸滩物质介于沙质海岸和淤泥质海岸之间的粉沙质海岸未明确定义。20 世纪 90 年代，我国在粉沙质海岸陆续建设京唐港、潍坊港和黄骅港。限于当时对海岸性质的认识水平和行业规范的局限，京唐港和黄骅港分别按照沙质海岸和淤泥质海岸泥沙运动理论指导设计和建设，港口建设过程中及建成后外航道频繁遭遇泥沙淤积的困扰。而潍坊港起步工程设计成离岸岛式，通过一条伸入海中长约 10 km 的引堤将码头区与陆地连接，未开挖人工航道，利用天然水深供 3 000 吨级船舶进出港口，规避了泥沙淤积问题，但港口规模也受到了限制。

2003 年 10 月 10—13 日，一场突来的寒潮大风给我国渤海湾造成了一次特大风暴潮。在其影响下，刚刚建成、连接朔黄铁路、承担国家“北煤南运”重任的重要港口——黄骅港遭受了巨大打击，该港外航道发生了强烈骤淤，11 m 深航道基本淤平，淤积量高达 1 000 多万 m^3，港口被迫停止运营，南方多个电厂电煤供应受到影响，经济损失及社会影响巨大。而此前在黄骅港建设过程中，就是因为外航道淤积严重，且沉积泥沙板结坚硬，疏浚开挖效率极低，造成航道不得不改线建设。一时间黄骅海岸能不能建港成了业界争论的话题，不仅影响了神华集团“矿-路-港”一体化运营，甚至一度影响了我国“北煤南运”的战略实施。与此同时，在相同时间，距黄骅港约 140 km 的京唐港也遭受了同样的灾难，外航道发生了严重骤淤，口门段航道基本淤平，港口也被迫停止运营，损失严重。潍坊港由于采用岛式布局，没有开挖人工航道而免于灾难。然而，同样在此灾害天气条件下，位于黄骅港与京唐港之间的天津港，以及邻近京唐港的秦皇岛港，却仅仅受到了轻微的影响。到底是什么原因造成了这样巨大的差异？当时这在业界引起了巨大反响。问题显然不是出现在风浪、水流等动力条件上，而是在底质泥沙上。天津港处于淤泥质海岸，秦皇岛港处于沙质海岸，经过多年研究实践，国内外对这两类海岸性质特征及泥沙运动规律已有较多的研究，港口设计与建设也有较成熟的技术可遵循，所以这两个港口在这次风暴潮作用下并没有遭受重大损失。黄骅港和京唐港所处海岸性质是介于两者之间的粉沙质海岸，在两港建设之前，国内外均没有在此类海岸建设深水大港的工程先例。根据调研，国外并没有粉沙质海岸概念，当时国内对这类海岸的研究也基本处于空白状态。总体上，对粉沙质海岸泥沙运动规律和在这类海岸建设海岸工程从本质上缺乏认识，亟须对粉沙质海岸特性、泥沙运动规律、港口航道设计原则与方法等方面加以研究。

经过多年研究攻关，我国在粉沙质海岸泥沙运动理论、泥沙运动规律、泥沙淤积预报方法、数学模型及物理模型试验手段、工程设计方法等方面取得了大量研究成果，成功实施了黄骅港外航道整治工程、唐山港京唐港区航道工程等，并应用于其他粉沙质海岸港口工程设计中，助推了粉沙质海岸港口建设。本书系统总结了我国粉沙质海岸理论研究及工程实践成果，对未来粉沙质海岸港口航道及海岸工程设计、建设，以及已有港口的扩建、维护等均具有指导意义。

本书的编写与出版得到了中交第一航务工程勘察设计院有限公司、交通运输部天津水运工程科学研究所、南京水利科学研究院、天津大学、上海科学技术出版社的大力支持，在此一并致谢。

由于粉沙质海岸类型的多样性及泥沙运动的复杂性，港口航道及海岸工程实践也面临一些新问题，相关研究仍在不断深化，加之作者水平有限，难免有不足及疏漏之处，敬请读者批评指正。

作　者

2020 年 9 月

目录

第1章

粉沙质海岸界定

在20世纪末之前，按照海岸带的海床物质组成和泥沙运动的一般规律，我国水运行业标准《海港水文规范》(JTJ 213—98)[1]把海岸类型划分为淤泥质海岸和沙质海岸，对于岸滩物质介于沙质和淤泥质海岸之间的粉沙质海岸未明确定义，国内外研究基本处于空白。20世纪90年代，我国在粉沙质海岸陆续建设的京唐港和黄骅港都发生了严重骤淤，引起了学术界和工程界对粉沙质海岸的关注，因此提出了粉沙质海岸定义和界定标准，对丰富海岸泥沙理论、指导港口等海岸工程建设具有十分重要的意义。

1.1 地貌学海岸分类

海岸是海、陆交汇的地带。关于海岸类型划分，目前尚无统一的标准，有的从海岸动力观点进行分类，有的从组成物质进行分类，有的从构造运动进行分类等。目前，采用较多的是从地貌学角度，考虑海岸形态、成因等特征进行的分类。根据中国海岸的成因，划分出两个最基本的海岸类型：基岩港湾海岸与平原海岸。这两类海岸均包括有河口，由于河口的特殊性及重要性，又将其从基本类型中单独列出。另外，华南特殊的生物海岸——珊瑚礁海岸与红树林海岸亦单独列出[2]。

1.1.1 基岩港湾海岸

基岩海岸一般是陆地山脉或丘陵延伸且直接与海面相交，经海侵及波浪作用所形成的海岸(图1-1)。基岩海岸的特征是：岸线曲折、湾岬相间；岸坡陡峭、岸滩狭窄。一些山丘形成海岬，山丘之间的低地形成海湾，这种海岸称港湾海岸。此类海岸水深较大、掩蔽良好、基础牢固，可以选作兴建深水泊位的港址。沿岸一般岛屿众多，常在沿岸及湾口一带形成水深流急的通道，也常使湾口或岬角深水岸段受到一定程度的掩护。岸滩堆积物质多为砾石、粗砂，海床还往往覆盖有淤泥、粉砂，主要由邻近河流输出泥沙所提供，部分来自岩石的风化剥蚀。

基岩海岸由于沿岸水深大、掩护条件好、水下地形稳定，可作为兴建深水泊位的优良港址，同时也是兴建潮汐电站的良好场所。基岩海岸奇特壮观的海蚀地貌景观和湾澳间的沙质滩地，又为发展滨海旅游业提供了条件。已开发利用的基岩海岸有大连港、旅顺港、青岛港，浙江温岭江厦潮汐电站，以及山东长岛自然保护区的海蚀景观和海南三亚亚龙湾旅游区等[3]。

我国基岩海岸北起辽宁的大洋河口，南至广西北仑河畔，台湾、海南、舟山、平潭和南澳等岛均有分布，总长度5 000多km，占我国总岸线长度的1/4以上。其主要分布在辽宁、山东、浙江、福建、广东、海南和广西等省(区)及台湾的东、北海岸。其中，浙江、福建所

图 1-1　基岩海岸

占基岩海岸最长，分别为 750 km 和 620 km，占本省岸线总长的 42%和 20%[4]。

1.1.2　平原海岸

平原海岸又可分为冲积平原海岸和海积平原海岸。

平原海岸的主要特点：岸线平直、地势平坦、海滩沙洲广阔，缺乏天然港湾，岸外无基岸岛屿。

我国有长达 2 000 km 的平原海岸，主要分布在渤海西岸及黄海西岸的江苏沿海这两处。此外，在松辽平原的外围及浙江、福建、广东的一些河口与海湾顶部，也有小面积的分布。

1.1.3　河口海岸

河口海岸又可分为河口湾岸和三角洲海岸。

河口是河流与海洋交汇的过渡地带，河口湾是河口的一种类型，它是地貌中的暂时现象，是河口区在冰后期海面上升时被淹没沉溺造成，正在接受沉积过程中。

三角洲海岸是河流与海洋共同作用形成的一种平原海岸。我国不少河流的输沙量很大，河口三角洲发育得很好，如长江三角洲、黄河三角洲和珠江三角洲等。

1.1.4　生物海岸

生物海岸包括红树林海岸和珊瑚礁海岸，前者由红树植物与淤泥质潮滩组合而成，后者由热带造礁珊瑚虫遗骸聚积而成。

图 1-2 红树林海岸

红树林海岸是由红树植物覆盖的海岸，如图 1-2 所示。红树林是一种生长于高温、低盐的河口或内湾淤泥质潮滩上的特殊植被类型。它具有与环境相适应并保护环境生态的功能，特别是在中潮滩经繁殖可形成茂盛的红树林带并构成森林生态系，其具有消浪、滞流、促淤、保滩的作用，形成一道与岸线平行且能抗御风浪的绿色屏障。红树林是世界上最多产的、生物种类最繁多的生态系之一，是公认的“天然海岸卫士”。它为 2 000 多种鱼类、森林脊椎动物和附生植物提供栖息地。林下蕴藏着丰富的水产资源，应注意合理开发利用与保护。

据统计，全球 75%的热带和亚热带低洼海岸有红树植物生长，其主要分布在南、北回归线之间，控制覆盖的面积约 24 万 km^2。我国红树林海岸主要分布在福建福鼎以南各省(区)，人工引种可向北延伸到浙江苍南(北纬 28°)。海南岛的红树林种类较多，树型也较高大，如海南岛东北部和北部的东寨港、清栏港、儋州等地的树高可达 5～10 m，个别超过 15 m。向北随着气温的降低，红树种类减少，树型也变得低矮稀疏，到了北纬 27°左右的福建北部福鼎附近海岸，树高只有 1 m 左右，成为灌木丛林。福建和广东、广西的红树林海岸总长 400 多 km，占三省(区)岸线总长的 6%以内。但目前我国红树林从 20 世纪 50 年代的 5 万 hm^2 降为目前的1.5 万 hm^2，已丧失 70%以上[4]。

珊瑚礁海岸是由珊瑚礁构成的海岸，如图 1-3 所示。珊瑚礁是以石珊瑚骨骼为主体，混合其他生物碎屑(如石灰藻、层孔虫、有孔虫、海绵、贝类等)所组成的生物礁。珊瑚礁海岸主要分布在南纬 30°与北纬 30°之间的热带和亚热带地区。珊瑚礁及其周围环境覆盖面积约为 60 万 km^2。我国南海诸岛、台湾岛、澎湖列岛和广东、广西沿岸均有分布。大陆沿岸以岸礁(礁体贴岸分布)为主，南海诸岛以环礁(礁体呈环形堆积)为主。最长的岸礁发育在红海沿岸，长达 2 700 km。环礁在三大洋的热带海域均有分布。滨海的礁坪对波浪具有较强的消能作用，往往形成护岸的屏障。这类海岸岸线曲折，常伴有潟湖与汊道，岸滩较陡，也是宜于建中小型港口和渔港的场所。珊瑚礁海岸往往又是海洋油气富集区，在南海已发现古礁型油气田；珊瑚礁是海洋中的“热带雨林”，属高生产力生态系，约 1/3 的海洋鱼类生活在礁群中而构成水产资源的富集地。珊瑚礁是尚未开发的巨大生物宝库，这些生物有重要的药用和工业用价值。珊瑚礁又是海洋中的一奇异景观，为发展滨海旅游业提供了条件。

图1-3 珊瑚礁海岸

1.2 海岸工程学海岸分类

海岸工程中涉及的泥沙问题，不论是淤积还是冲刷，都与泥沙组成和海岸类型密切相关。因此，涉及工程泥沙问题时，需要对工程所在海岸类型进行调查研究。海岸工程学一般按照海岸带的海床物质组成和泥沙运动的一般规律对海岸进行分类，中值粒径 d_{50} 是分类的重要标准之一。

在1987年的《港口工程技术规范》(JTJ 221—87)[5]中，将 $d_{50} < 0.05$ mm的海岸定义为淤泥质海岸，$d_{50} > 0.05$ mm的海岸定义为沙质海岸。1998年，我国水运行业标准《海港水文规范》(JTJ 213—98)[1]提出，沙质海岸泥沙颗粒的中值粒径一般大于0.1 mm，淤泥质海岸泥沙颗粒的中值粒径一般小于0.03 mm。从上述分类可以看到，岸滩物质介于沙质和淤泥质海岸之间，存在一个空白带。随着港口工程的大力发展及对海岸工程泥沙认识的逐步深入，海岸工程学中将海岸划分为沙质海岸、粉沙质海岸和淤泥质海岸三种类型，并纳入2013年发布的《海港水文规范》(JTS 145—2—2013)[6]。其中，$d_{50} > 0.10$ mm为沙质海岸，0.10 mm $\geqslant d_{50} \geqslant$ 0.03 mm为粉沙质海岸，$d_{50} <$ 0.03 mm为淤泥质海岸。

1.2.1 淤泥质海岸

淤泥质海岸主要由江河挟带入海的大量细颗粒泥沙在波浪和潮流作用下输运沉积所形成，故大多分布在大河入海处的三角洲地带，称为平原型淤泥质海岸；另外一部分是由沿岸流搬运的细颗粒泥沙，在隐蔽的海湾堆积而成，称为港湾型淤泥质海岸。淤泥质海岸的主要特征为：岸线平直，岸坡坦缓，潮滩发育好、宽而分带，潮滩冲淤变化频繁，潮沟周期性摆动明显（图 1－4）。淤泥质海岸岸滩物质组成较细，多属黏土、粉砂质黏土、黏土质粉砂和粉砂等。在潮流、波浪作用下，泥沙运动主要呈悬沙输移，而潮流是塑造潮滩地貌的主要动力，从而导致从陆到海的明显分带性。潮滩季节性冲淤变化明显，风暴潮作用使潮滩沉积结构复杂化。这类海岸滩宽水浅，潮滩地貌又比较单调，蕴藏着丰富的土地资源。

图 1－4　淤泥质海岸

我国淤泥质海岸总长达 4 000 km 以上，占全国海岸线长度的 1/4 左右，主要分布在河北与天津（渤海湾）、江苏连云港、上海（长江口、杭州湾）、浙江（杭州湾、钱塘江口、浙东海湾内与中、小河口）、福建（闽江口以北、多数港湾内）、广东（韩江三角洲、珠江三角洲）。其中平原型淤泥质海岸以渤海湾海岸最为典型。渤海湾沿岸是宽广的黄河三角洲冲积平原和滦河三角洲冲积平原，有两列绵延数十千米的贝壳堤及一些废弃河道、牛轭湖、盐渍洼地，地势平坦。沿岸平原外缘有 4～6 km 宽的潮滩，坡度为 3/10 000～1/1 000，潮滩上形成大量泥质沉积层，它们主要来自黄河和海河。水下岸坡坡度非常平缓，水深 0～15 m 的坡度为 2/10 000，水下岸坡的沉积物在岸边为粉沙，向海逐渐变细，至水深 5 m 处为直径 0.005 mm 的黏土和细粉沙，在潮流作用下发育潮流沙脊。

淤泥质海岸建设港口难度较大，但有的大河河口或河口湾也可找到掩护条件较好的深水岸段，这里往往腹地广阔，水陆集疏运条件好，可发展为重要港口，如伦敦港、汉堡港、新奥尔良港、上海港、天津新港、广州港等。

平原型淤泥质海岸多位于构造沉积区，往往蕴藏着丰富的油气资源，如辽河油田、大港油田、胜利油田及珠江口外的油田等[3]。

1.2.2　沙质海岸

沙质海岸又称堆积海岸，主要是平原的堆积物质被搬运到海岸边，再经波浪或风的改造堆积所形成。由于沙质海岸在全球广为分布且处于不同地形单元与气候带内，以及所受海岸动力作用的差别，从而构成了这类堆积型海岸的地貌形态与组合上的区域差异。沙质海岸特征为：岸线平顺、岸滩较窄、坡度较陡。沙质海岸的堆积物由沙、砾等粗颗粒物质组成，坡度一般大于1/100。在波浪作用下，沿岸输沙以底沙为主。堆积地貌类型发育较多，常形成沿海沙丘、沙嘴、连岛沙坝、沿岸沙坝、潮汐汊道及沿岸链状沙岛和潟湖。在潟湖口内或口门附近的岸段，多具有一定水深和掩护条件。这类海岸常是发展港口与滨海旅游的良好场所，同时还蕴藏有丰富的砂矿资源。已开发利用的有河北秦皇岛港、广东汕尾港、广西北海港、海南洋浦港和河北昌黎黄金海岸等[2]。沙质海岸分布很广，约占全球岸线总长度的13%，如美国和南美洲的东部海岸、非洲的西部海岸等。我国沙质海岸主要分布在辽宁（辽东半岛部分岸段、辽东湾西侧）、河北（滦河口三角洲以北）、山东（山东半岛北部）、江苏（海州湾北部）、浙江与福建（部分海湾顶部）、广东（粤东）、广西（部分岸段）、台湾（西海岸）、海南（东、南、西海岸）及一些岛屿。辽宁所占砂砾质海岸最长，为850 km，占全省岸线总长的43%[4]。

图1-5　沙质海岸

1.2.3　粉沙质海岸

近20多年来，随着国内海岸工程尤其是京唐港和黄骅港的建设与发展，在原有传统的淤泥质海岸与沙质海岸的基础上，提出了粉沙质海岸定义，丰富了海岸类型。粉沙质海岸泥沙颗粒在水中有一定的黏结力，干燥后黏结力消失，呈分散状态。在强波浪动力作用下，泥沙运动以悬移质、底部高浓度含沙层和推移质形式运动。在较强动力作用下，开挖的航槽易产生骤淤现象。粉沙质海岸海底坡度较平缓，通常小于 1/400，水下地形无明显起伏现象。粉沙质海岸以京唐港和黄骅港为典型代表，山东的潍坊港、滨州港、东营港和江苏的滨海港区，以及巴基斯坦瓜达尔港等也具有粉沙质海岸特性。

下面将详细介绍粉沙质海岸的界定。

1.3　粉沙质海岸界定

国外大多数海港建于沙质海岸或基岩港湾海岸，其岸滩坡度较陡，通常不开挖甚至很少开挖较长的进港航道，具有相对优越的建港条件，鲜有对港口工程外航道骤淤问题的研究[7-8]。我国特殊的地理环境造成海岸工程泥沙淤积问题较为严重，特别是黄河、长江及历史上的滦河每年挟带大量泥沙入海，形成河口三角洲，并成为附近海岸的主要泥沙来源，大量细颗粒泥沙入海形成了我国特有的粉沙质海岸和淤泥质海岸。经过半个多世纪的研究发展，淤泥质海岸建港泥沙问题已经基本得到解决。随着我国经济建设的不断发展，优良的港址资源已不能满足港口发展的需要，越来越多的港口需要选择在条件相对较差的粉沙质海岸。

为实现国家能源战略规划和适应经济发展需要，20 世纪 90 年代我国在粉沙质海岸陆续建设京唐港和黄骅港。限于当时认识水平和行业规范标准的局限性，两港分别按照沙质海岸和淤泥质海岸泥沙运动理论进行设计和建设。建港初期，两港外航道泥沙淤积严重，粉沙质海岸泥沙问题引起了人们的极大关注。特别是 2003 年 10 月渤海湾出现约 50 年一遇的风暴潮，黄骅港和京唐港都发生了严重骤淤，两港－11 m 水深左右的航道部分淤平，造成了重大经济损失。与此同时，邻近的、分别处于淤泥质海岸的天津港和沙质海岸的秦皇岛港航道则淤积轻微。可见，粉沙质海岸的泥沙运动具有特殊性。

1.3.1　京唐港区海岸泥沙分布特征

唐山港京唐港区位于滦河三角洲中部，如图 1－6 所示。滦河是渤海湾地区仅次于黄河的第二条多沙河流，年平均输沙量为 2 156 万 t(据滦河水文站自 1927—1985 年资料统计)。滦河自大清河口不断向东北迁移，在陆地上留下了一系列故道和废弃河口湾遗迹。废弃河口因泥沙来源断绝，海洋动力作用促使三角洲前缘遭到破坏。沙质沉积物经波浪水流长期作用，塑造了呈带状、大致与海岸平行的不连续分布的沙坝链，形成了典型的沙坝-潟湖海岸[9]。根据地形资料分析，京唐港区附近海岸－5 m 等深线以外海床坡度一般为 1/500～1/400；－8 m 等深线以外大约为 1/750；破波带以内稍陡，约为 1/60，如图 1－7 所示。根据水深地形测量及现场踏勘，京唐港区沿岸水下沙坝一般在－3～－2 m 等深线附近，这是中等以上尺度波浪破碎点位置。从上述地形地貌特征来看，京唐港区具有沙坝链、近岸岸滩坡度较陡等一些较为明显的沙质海岸特性。

图1-6 唐山港京唐港区位置示意图

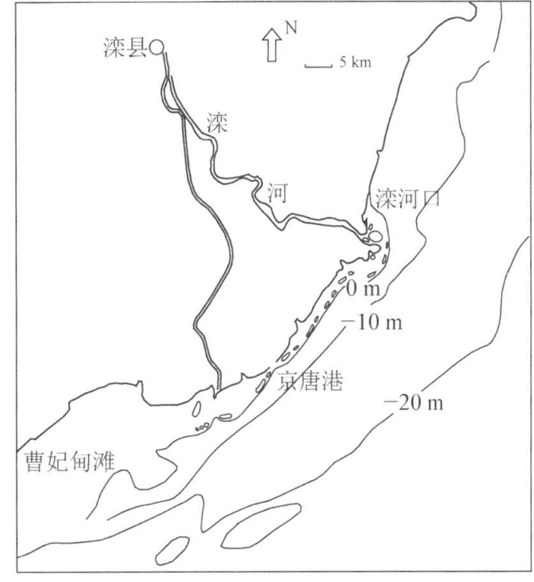

图1-7 唐山港京唐港区附近地形地貌图

2000年10月、2004年9月、2009年6月和2012年5月等历次底质取样分析结果表明，京唐港区底质自岸向海，岸滩泥沙依次为细沙、粉沙、黏土质粉沙和淤泥。在近岸波浪破碎区及沿岸输沙区（0～-3 m等深线）为细沙，d_{50}为0.10～0.16 mm；在-3～-10 m等深线之间为粉沙，d_{50}为0.03～0.10 mm，其中0.06 mm以上泥沙分布较广，尤其反映在-8 m以浅水域，此区域也是泥沙运动活跃区；-10 m等深线以深取样范围区域为黏土质粉沙，属粉沙与淤泥的过渡带，d_{50}为0.01～0.03 mm[10-11]。

以粒径小于0.004 mm作为黏土，选取沿航道中心轴线及航道东西两侧不同断面，分析了京唐港区2004年9月、2009年6月和2012年5月底质取样的含泥量沿程分布，如图1-8所示。由图可见，航道内泥沙较细，含泥量较高，普遍在25%～40%。航道两侧各断面的含泥量沿程分布较为一致，在-8 m等深线以内泥沙相对较粗，d_{50}为0.06～0.18 mm的细粉沙，含泥量较低，均在15%以内；而在-8 m等深线以外，泥沙以黏土质粉沙为主，含泥量较高，普遍在25%～40%[10]。

1.3.2 黄骅港海岸泥沙分布特征

黄骅港位于河北省沧州市以东约90 km的渤海之滨，恰置河北、山东两省交界处，漳卫新河与宣惠河交汇的大河口北侧。从物质组成上看，黄骅港海岸为比较典型的淤泥粉沙质海岸，港口附近海域海岸坡度为1/3 000～1/2 000。黄骅港海岸泥沙分布特征见第2章2.1节相关内容。通过10多年来对黄骅港粉沙质海岸泥沙运动特性的研究，揭示了粉沙的沉降速度特性及影响因子，揭示了不同中值粒径粉沙及黏土含量对沉降速度的影响。依据波浪和水流作用下的起动试验，得到粉沙起动摩阻流速与黏土含量的关系，综合沉降

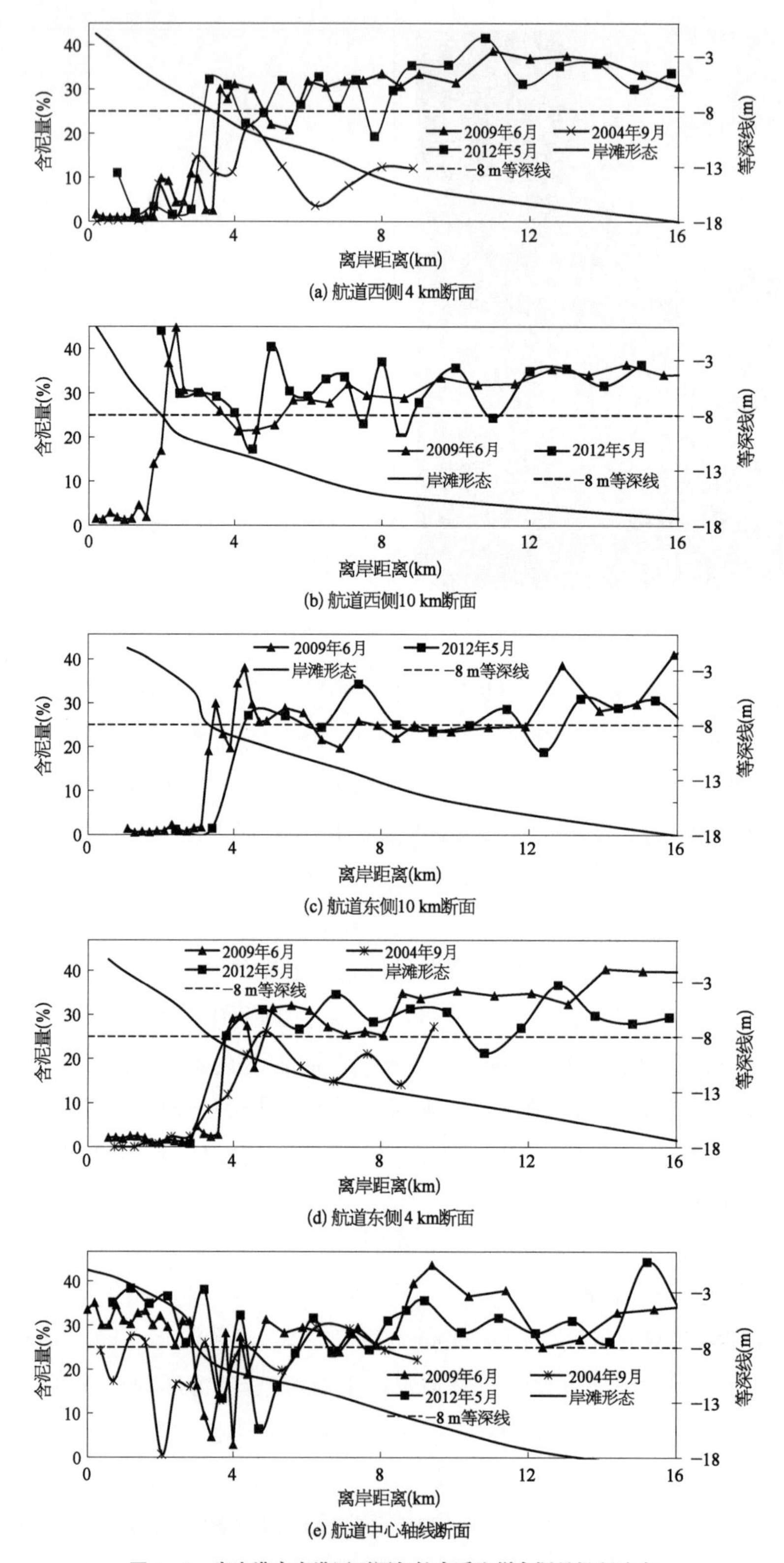

图 1-8　唐山港京唐港区不同年份底质取样含泥量沿程分布

和起动试验研究，得到黏土含量25%是判别粉沙质海岸的临界指标之一。

1.3.3　粉沙质海岸定义

国内诸多学者在对粉沙研究的基础上，分别提出了粉沙质海岸的定义。赵冲久[12]将床沙 d_{50} 在0.005～0.10 mm范围的海岸定义为粉沙淤泥质海岸；高学平等[13]将 d_{50} 在0.005～0.05 mm范围的泥沙称为粉沙；张庆河等[14]依据泥沙特性和港工界的普遍认识，建议定义滩面泥沙 d_{50} 为0.03～0.12 mm的海岸为粉沙质海岸；曹祖德等[15]结合海岸泥沙分类标准，提出将0.031 mm $\leqslant d_{50} \leqslant$ 0.125 mm的泥沙界定为粉沙质海岸；刘家驹[16]从泥沙颗粒间的黏结力及其运动特性出发，将 d_{50} 在0.03～0.125 mm范围的泥沙称为黏粉质沙或粉黏质泥沙，具体视黏粒和粉粒含量而定；季则舟[17]从海岸工程泥沙运动角度，提出将粉沙质海岸泥沙 d_{50} 界定为0.03～0.10 mm；杨华[18]从泥沙粒径与絮凝因子、起动流速、含泥量等关系角度考虑，将0.016 mm $\leqslant d_{50} \leqslant$ 0.12 mm且含泥量≤25%的海岸视为粉沙质海岸的双重标准。不同学者对粉沙质海岸的界定略有不同，但总体而言，泥沙 d_{50} 的下限在0.03 mm左右、上限在0.10 mm左右。

可以看到，粉沙质海岸不是淤泥质海岸和沙质海岸的简单过渡。它在岸滩演变、泥沙运动基本特征、泥沙输移形态和回淤规律方面均有其自身特点和规律，与沙质海岸、淤泥质海岸的运动特性还有一定区别。根据京唐港和黄骅港粉沙质海岸泥沙粒径、岸滩坡度、含泥量及泥沙运动特性的不同，给出粉沙质海岸界定指标，具体指标为：0.10 mm $\geqslant d_{50} \geqslant$ 0.03 mm；黏土含量<25%；海底坡度较平缓，通常小于1/400，水下地形无明显起伏现象。其泥沙运动特性为：在水中颗粒间有一定黏结力，干燥后黏结力消失，呈分散状态；在强波浪动力作用下，泥沙运动以悬移质、底部高浓度含沙层和推移质形式运动；开挖后的航槽在较强动力作用下易产生骤淤现象。上述关于粉沙质海岸的定义和界定标准已经纳入2013年颁发实施的《海港水文规范》[6]及2015年发布、2016年实施的《港口与航道水文规范》[19]，科学地划分了海岸的类型，为我国海岸类型的完整划分提供了科学依据，为粉沙质海岸港口建设奠定了理论基础。

按照上述粉沙质海岸界定标准，京唐港和黄骅港都属于粉沙质海岸，但工程实践及研究过程中均发现两个港口的泥沙淤积规律还存在较为明显的差异。其中，京唐港泥沙粒径相对较粗，具有一些沙质海岸的特性；黄骅港泥沙相对较细，具有淤泥质海岸的特性。因而，有必要对粉沙质海岸进行进一步细分。

根据粉沙质海岸泥沙粒径、岸滩坡度、含泥量及泥沙运动特性的不同，可以细分为细沙粉沙质海岸和淤泥粉沙质海岸两种。海岸滩地泥沙 d_{50} 大于0.06 mm、岸滩坡度大于1/1 000、含泥量在15%以内，通常条件下动力条件以风浪为主，其泥沙运动特点类似于沙质海岸沿岸泥沙运动特性，风暴潮期间强潮大浪作用下泥沙运动则较为特殊，这种海岸可称为细沙粉沙质海岸。细沙粉沙质海岸泥沙仍具有一般粉沙特性，即在水中颗粒间有一定黏结力，干燥后黏结力消失，呈分散状态，在强波浪动力作用下，泥沙运动以悬移质、底部高浓度含沙层和推移质形式运动，在较强动力作用下开挖的航槽易产生骤淤现象。岸滩泥沙 d_{50} 一般为0.06 mm以下、岸滩坡度为1/3 000～1/2 000、含泥量在25%以下，通常条件下动力条件以风浪和潮流共同作用为主，其泥沙运动特点类似于淤泥质海岸泥沙运动特性，这种海岸可称为淤泥粉沙质海岸。两种粉沙质海岸的共同特点是在较强的波浪和潮流作用下，滩地泥沙易于起动，也容易沉降，一旦建港开挖港池航道，异常天气特别是大风浪天气或风暴潮期间使港口航道产生骤淤。

表1-1　三种海岸类型基本特征

基本特征	海岸类型		
	沙质海岸	粉沙质海岸	淤泥质海岸
沉积物中值粒径 d_{50}	$d_{50} > 0.10$ mm	0.10 mm $\geqslant d_{50} \geqslant 0.03$ mm	$d_{50} < 0.03$ mm
沉积物中的黏土含量	—	<25%	≥25%
泥沙运动特征	颗粒间无黏结力，呈分散状态；波浪是泥沙运动的主要动力，泥沙运动主要发生在破波带以内，以悬移质和推移质形式运动	在水中颗粒间有一定黏结力，干燥后黏结力消失，呈分散状态；在强波浪动力作用下，泥沙运动以悬移质、底部高浓度含沙层和推移质形式运动；开挖后的航槽在较强动力作用下易产生骤淤现象	泥沙颗粒间存在较强黏结力，在盐水中絮凝现象明显，泥沙运动主要以悬移质形式运动；开挖后的航槽淤积物固结缓慢，有时出现浮泥现象
海岸特征	在高潮线附近，泥沙颗粒较粗，海底坡度陡，通常大于1/100；从高潮线到低潮线，泥沙颗粒逐渐变细，海底坡面变缓；在波浪破碎带附近常出现一条或几条平行于海岸的水下沙坝	海底坡度较平缓，通常小于1/400，水下地形无明显起伏现象	海底坡度平缓，通常小于1/1 000，水下地形无明显起伏现象

参考文献

[1] 中华人民共和国交通运输部.海港水文规范：JTJ 213—98[S].北京：人民交通出版社，1998.

[2] 王颖，朱大奎.海岸地貌学[M].北京：高等教育出版社，1994.

[3] 严恺.海岸工程[M].北京：海洋出版社，2002.

[4] 邹志利.海岸动力学[M].北京：人民交通出版社，2009.

[5] 中华人民共和国交通部.港口工程技术规范(1987)[S].北京：人民交通出版社，1988.

[6] 中华人民共和国交通运输部.海港水文规范：JTS 145—2—2013[S].北京：人民交通出版社，2013.

[7] 孙林云，刘建军，孙波，等.京唐港泥沙淤积及完善挡沙堤研究物理模型试验报告[R].南京：南京水利科学研究院，2005.

[8] 孙林云，孙波，等.粉沙质海岸京唐港航道风暴潮骤淤及整治关键技术研究[R].南京：南京水利科学研究院，2008.

[9] 孙林云，尤玉明.京唐港附近海岸演变及沿岸泥沙运动分析研究[R].南京：南京水利科学研究院，1995.

[10] 刘建军，肖立敏，孙林云，等.唐山港京唐港区20万吨级航道工程波浪潮流泥沙物理模型试验研究[R].南京：南京水利科学研究院，2010.

[11] 季则舟，孙林云，肖立敏.唐山港京唐港区泥沙运动特征与海岸性质界定[J].海洋工程，2018，36(1)：74-82.

[12] 赵冲久.波浪作用下粉沙质底沙运动特性的试验研究[J].水道港口，1994(1)：34-39.

[13] 高学平，秦崇仁，赵子丹.板结粉沙运动规律的研究[J].水利学报，1994(12)：1-6.

[14] 张庆河，徐宏明，秦崇仁，等.粉沙质海岸界浅说和粉沙的基本特性研究[C]//第九届全国海岸工程学术讨论会论文集.北京：海洋出版社，1999.

[15] 曹祖德，杨树森，杨华.粉沙质海岸的定义及其泥沙运动特点[J].水运工程，2003(5)：1-5.

[16] 刘家驹.粉沙淤泥质海岸的航道淤积[J].水利水运工程学报，2004(1)：6-11.

[17] 季则舟.粉沙质海岸港口水域平面布局特点[J].海洋工程，2006，24(4)：81-85.

[18] 杨华.关于淤泥质海岸与粉沙质海岸界定的探讨[J].水道港口，2008(3)：153-157.

[19] 中华人民共和国交通运输部.港口与航道水文规范：JTS 145—2015[S].北京：人民交通出版社，2015.

第 2 章

粉沙质海岸泥沙物理特性

本章主要以黄骅港海岸泥沙为实例，从分布特征、沉降特性和起动特性等方面介绍粉沙质海岸泥沙物理特性方面的调查和研究成果，这些内容是粉沙质海岸泥沙运动研究的基础。

2.1 粉沙的分布特征

2.1.1 表层沉积物中值粒径分布特征

从 2006 年黄骅港现场调查情况看，煤炭港区航道以南底质泥沙 d_{50} 为 0.038 3 mm，航道以北底质泥沙 d_{50} 为 0.020 4 mm，调查区内 d_{50} 为 0.029 1 mm。航道以南物质明显粗于航道以北，近岸区域物质粗于远岸(图 2-1)。

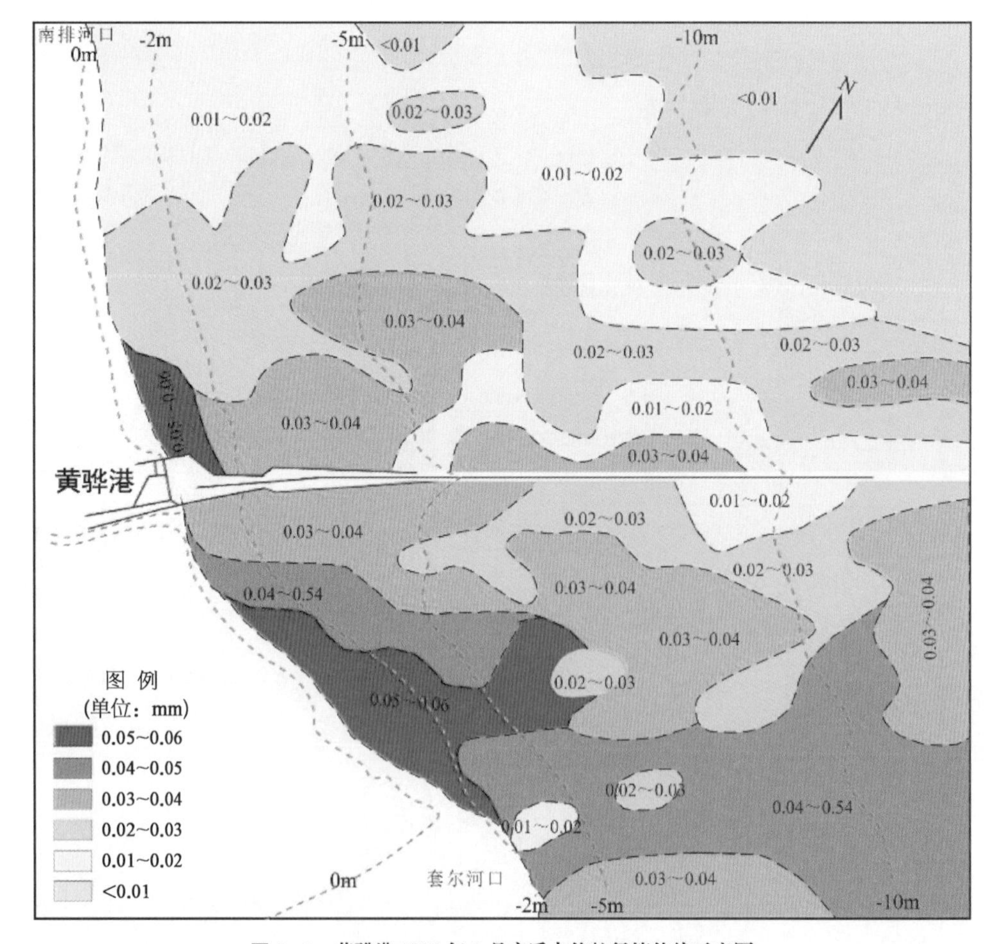

图 2-1　黄骅港 2006 年 3 月底质中值粒径等值线示意图

粒径最粗的区域在套尔河口北侧与大口河南侧 0～5 m 近岸区域，d_{50} 最大达 0.04～0.6 mm，由此向西北方向呈由粗而细的变化趋势，最细处泥沙 d_{50} 在 0.01 mm 以下。航道北侧，由岸至深水区(0～10 m 水深处)，泥沙粒径由粗而细变化程度比较明显，而航道南侧由岸边至深水区泥沙粒径衰减程度不明显。

2.1.2　表层沉积物细颗粒含量分布特征

套尔河口附近至南排河口附近，泥沙级配中粒径小于 0.01 mm 的含量呈规律性的增长趋势，自 9.4%增至 43.07%，航道南侧细颗粒的平均含量为 13.16%，航道北侧细颗粒含量为 34.83%，相差 21.67%；从各断面细颗粒沙泥含量变化趋势看，也明显表现出上述特征，航道南侧细颗粒泥沙的平均含量由 9.4%增至 21.50%；航道北侧细颗粒含量由 28.20%增至 42.30%，相差幅度较大。细颗粒含量与粗颗粒含量之间存在相反关系，粗颗粒泥沙年际的增减变化会直接造成细颗粒含量的年际差异。

2.1.3　表层沉积物类型分布特征

本区沉积物质组成在宏观上的分布以砂质粉砂、粉砂、黏土质粉砂分布为主，如图 2-2

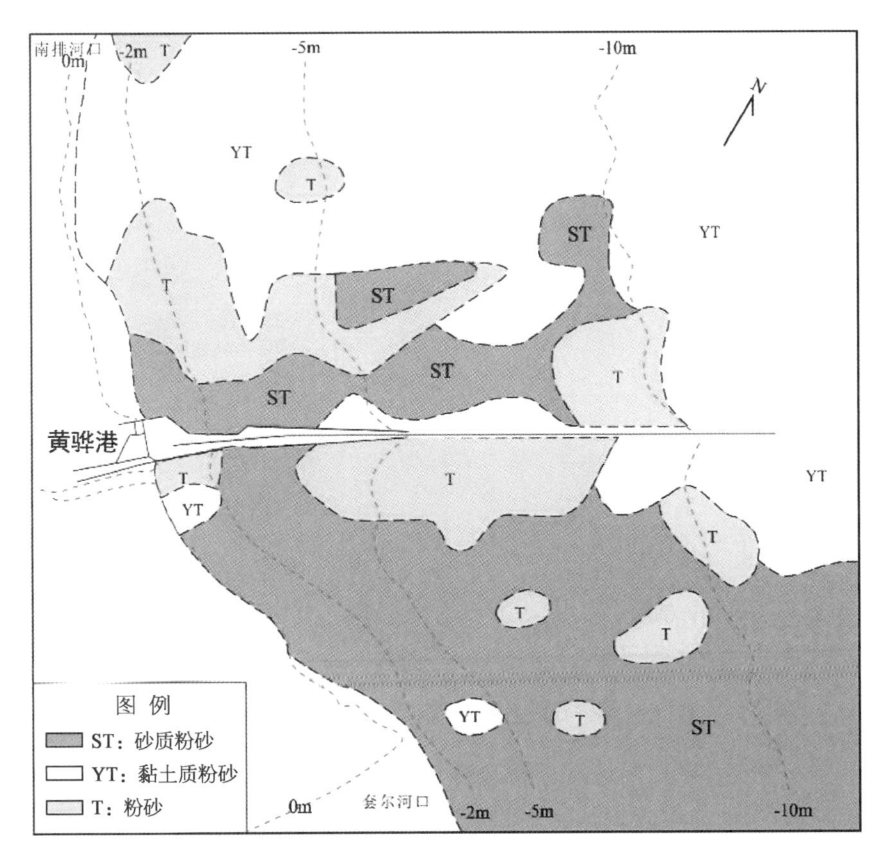

图 2-2　黄骅港 2006 年 3 月沉积物沉积类型分布示意图

所示。砂质粉砂(ST)在航道以南呈大面积分布，在航道以北仅在浅水区分布，占全部样品的42.33%。黏土质粉砂(YT)在航道以北呈大面积分布，在航道以南仅在深水区分布，占全部样品的40.28%。粉沙(T)在航道两侧砂质粉砂与黏土质粉砂间的过渡带分布，占全部样品的17.40%。

2.1.4 表层沉积物分选程度分布特征

按《海洋监测规范》(GB 17378—2007)中对分选程度的划分标准，本区分选程度可划分为三种：分选系数在0～0.6，为分选程度很好；分选系数在0.6～1.4，为分选程度好；分选系数在1.4～2.2，为分选程度中常。

采样范围内分选程度存在明显的差异，主要是泥沙粒径的变化和水动力的差异作用而造成的，在航道以南分布面积最广的区域分选系数为0～0.6，属分选程度很好的区域；在－5 m水深以外区域分选系数为1.4～2.2，属分选程度中常的区域；其余区域则属分选程度好的区域。具体如图2-3所示。

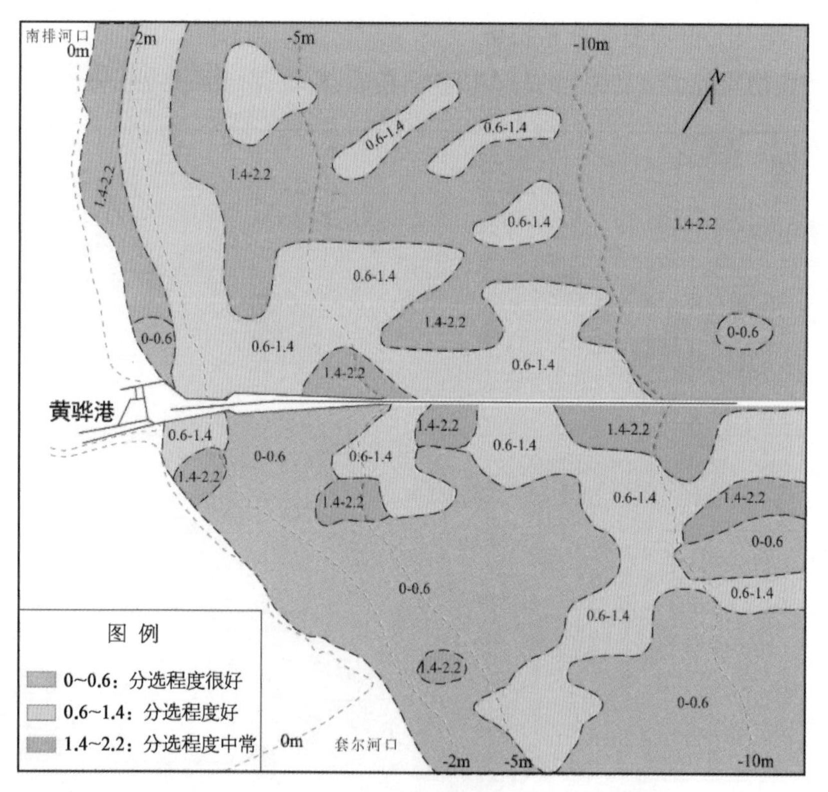

图2-3 黄骅港2006年3月沉积物分选程度分布示意图

航道以北分布面积最广的区域分选系数为1.4～2.2，属分选程度中常的区域，另外在－2 m线附近及－10 m水深以内近航道段区域分选系数为0.6～1.4，属分选程度好的区域。

2.2　粉沙的沉降特性

黄骅港海岸表层泥沙颗粒的分布变化较大，其中值粒径范围为 0.005～0.05 mm，不同粒径的泥沙沉降规律差异较大，在不同风浪条件下悬扬的泥沙对航道回淤的影响可能有相当大的区别。为了揭示航道回淤现象，这里开展了不同级配泥沙的试验[1]，以了解粉沙的沉降特性。

2.2.1　沉降试验泥沙来源

试验共收集 2001 年春季施工前现场测量的浅滩表层及航道沉积泥沙样品 60 多组，由于每组泥沙样品的数量较少，因此需要把中值粒径接近的泥沙样品组合在一起，作为一组沉降试验需要的泥沙，共得到 6 组不同中值粒径的泥沙，见表 2－1。由表 2－1 可知，A、B、C 三组泥沙的颗粒级配比较接近，所以最后共选取了 B、D、E、F 四组不同级配的泥沙进行了不同含沙量情况下的沉降试验。图 2－4 显示了上述四组泥沙的颗粒级配曲线。

表 2－1　沉降试验所采用泥沙样品特性

组合试样编号	初估 d_{50} (mm)	颗分试验 d_{50} (mm)	小于 0.03 mm 颗粒含量(%)	小于 0.01 mm 颗粒含量(%)	小于 0.005 mm 颗粒含量(%)	沉降试验样品
A	0.5	0.038	28.0	8.0	7.0	
B	0.4	0.039	26.0	8.0	6.8	√
C	0.3	0.037	30.0	13.0	10.0	
D	0.2	0.030	50.0	20.5	17.5	√
E	0.1	0.012	80.0	44.0	32.0	√
F	0.006	0.006 3	88.5	62.5	43.0	√

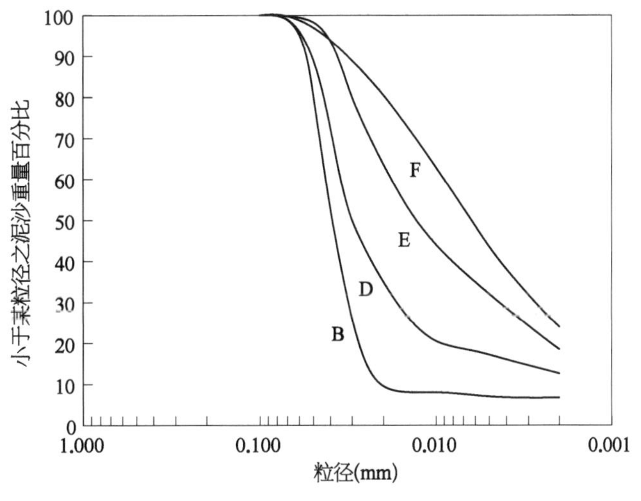

图 2－4　试验泥沙的颗粒级配曲线

2.2.2 沉降试验装置及试验过程

2.2.2.1 试验装置及试验原理简介

泥沙沉降试验主要在内径为 0.15 m、高为 1.5 m 的有机玻璃沉降筒内进行。为了能够通过测量泥沙沉积厚度来确定泥沙沉降速度，在有机玻璃筒的下部连接了一个漏斗形过渡段，泥沙通过过渡段沉积在内径为 2 cm 的有机玻璃圆管内。漏斗形过渡段的高度为 13.5 cm，有机玻璃圆管的高度分为短管和长管两种，长度分别为 10 cm 与 15 cm。试验装置的示意图及尺寸如图 2－5 所示。预备性试验表明，由于漏斗形过渡段壁面非常光滑，泥沙基本上不会沉积在漏斗上，正式沉降试验过程也表明这种方法是可行的。低含沙量沉降试验时，沉降筒、漏斗段及下部有机玻璃管的总水深为 1.58 m；高含沙量沉降时，总水深则为 1.63 m。

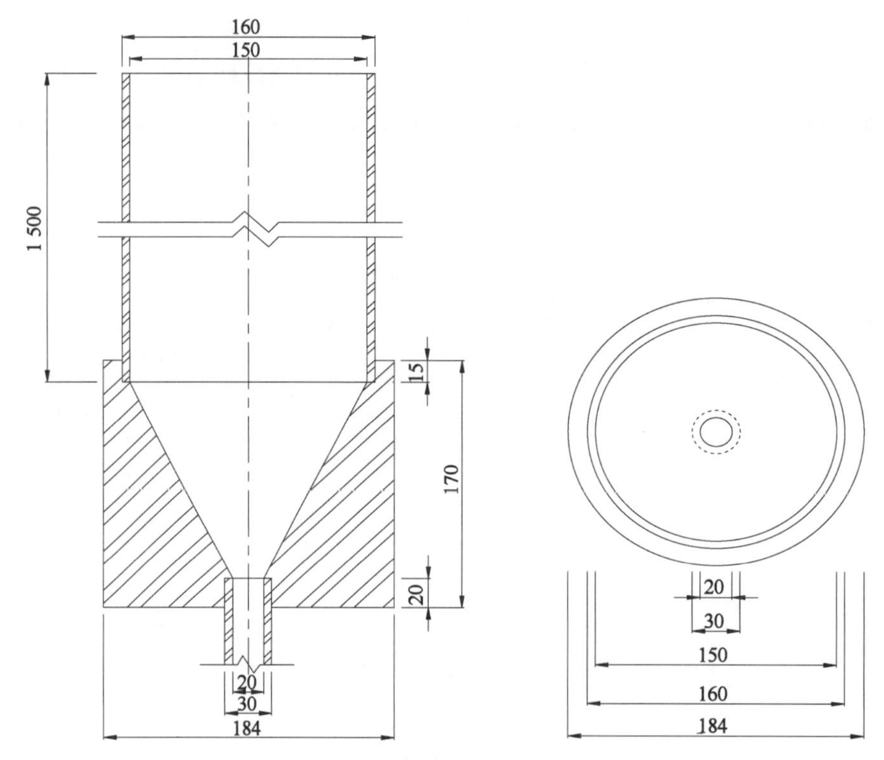

图 2－5 泥沙沉降试验装置示意图(单位：mm)

试验装置中的下部有机玻璃管外部带有螺纹，为可拆卸部分，沉降试验前将其旋上，试验过程中收集沉降泥沙，泥沙沉降完毕后再将其旋下，并可把沉积在管中的泥沙分层取出后烘干称重。根据多次试验观测，由于泥沙沉积到有机玻璃管后的时间较短，试验过程及试验完毕后管中泥沙的厚度变化很小，因此通过分层称重，并将各层质量和沉降试验过程中的沉积厚度-时间关系相比较，就可以得到沉积质量-时间的关系，从而得到不同质量的泥沙沉降完成时的泥沙沉降速度。在泥沙沉降的漏斗形过渡段和集沙管中，有可能因为泥沙颗粒的碰撞机会加大而使沉降速度降低，由于过渡段与集沙管总长度较短，作为初步近似本试验忽略了这种影响。在沉降速度计算时，泥沙的平均沉距统一按总水深的一半计算。

2.2.2.2　试验操作步骤

沉降试验在温度稳定的房间内进行，各组次试验时的水温与室内温度均保持在 18.0℃左右，误差不超过 1℃。整个沉降试验的过程如下：

(1) 沉降筒中放入经过过滤的、含盐量为 3.6%的黄骅港纯净海水至合适水深，测量直至水温与室温相同。

(2) 按含沙量要求将相应质量的泥沙放入沉降筒，并利用纱网搅拌器上下不停地进行搅拌，直至沉降筒内泥沙分布非常均匀为止。

(3) 停止搅拌，取出搅拌器后立即按下秒表开始计时，依次记录细管底部每增加 1 mm 厚泥沙时的时间，直至细管中沉积泥沙较长时间没有明显变化时为止。

(4) 抽出沉降筒中盐水(过滤后备用)，将收集泥沙的细管拆下，并尽快取出沉积在管中的泥沙，一般 5 mm 为一层，上层密度较低的部分可 10 mm 以上为一层。

(5) 对分层取出的沉降泥沙洗盐后烘干称重，对比不同时间的沉积厚度，得到沉降过程中不同时间的沉降质量。

2.2.2.3　试验现象

由于泥沙取自黄骅港现场，为天然混合沙，沙样中含有不同粒径的泥沙，所以试验过程中可以看到泥沙颗粒先粗后细沉降，初始沉降速度较快，以后逐渐减慢。但是对于 d_{50} 为 0.012 mm 和 0.006 3 mm 的泥沙颗粒来说，在经过一定时间的沉降后，底部泥沙沉积速度有加快的现象，这主要是因为细颗粒泥沙在海水中沉降时相互碰撞形成絮团而造成的，这时集沙管中可以明显看到泥沙以絮凝形式沉降。图 2-6 显示了泥沙沉降试验过程中下部集沙管的泥沙沉降情况。

图 2-6　试验过程中集沙管的泥沙沉降情况

2.2.3　试验结果

2.2.3.1　沉降历时过程

对于选定的 4 组泥沙，共进行了不同含沙量条件下的 11 组试验，试验条件见表 2-2。

表 2-2　泥沙沉降试验条件

试验条件	B 组			D 组			E 组			F 组	
d_{50}(mm)	0.039			0.030			0.012			0.006 3	
含沙量(g/L)	0.2	0.5	1.0	0.2	0.5	1.0	0.2	0.5	1.0	0.2	0.5
总水深(m)	1.58	1.58	1.63	1.58	1.58	1.63	1.58	1.58	1.63	1.58	1.58

根据试验观测记录得到的沉积厚度随时间的变化过程，以及沉降试验完成后取出的沉积泥沙的分层质量，共得到 11 组试验的底部泥沙沉积质量随时间的变化曲线，如图 2－7 所示，根据此曲线可以进一步分析泥沙沉降速度。

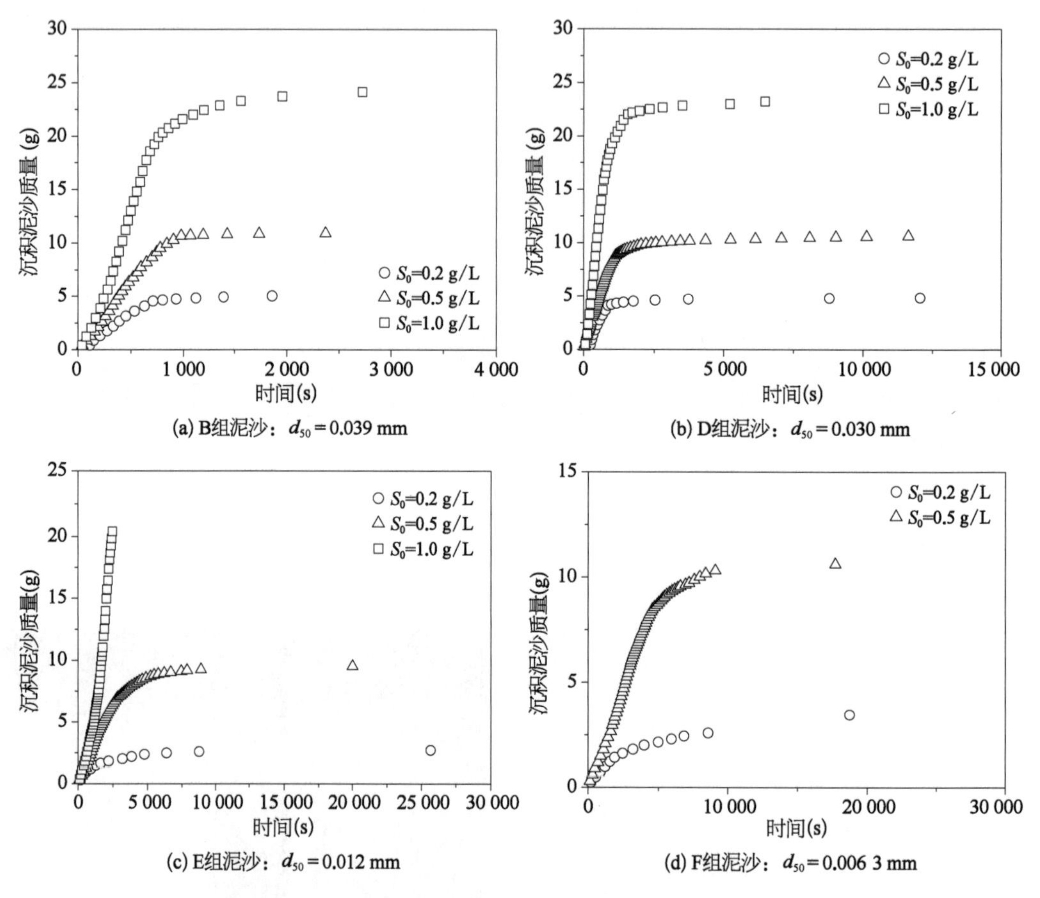

图 2－7　沉降试验中底部沉积泥沙质量随时间变化过程

2.2.3.2　不同百分比质量的泥沙沉降速度

根据泥沙质量随时间的变化过程，可以得到不同百分比质量的泥沙完成沉降时的沉降速度。图 2－8 显示了黄骅港 4 组不同粒径的泥沙在不同含沙量情况下，不同百分比质量的泥沙完成沉降时的沉降速度。表 2－3 列出了泥沙完成 50％沉降时的沉降速度 w_{50}。由图可见，不同 d_{50} 的泥沙沉降速度有明显差别，但初始沉降过程中含沙量对沉降速度的影响不大，图中各组次粒径相同、含沙量不同的沉降过程曲线在 40％以内的沉降速度基本相同。对于较细的泥沙颗粒而言，由于泥沙沉降过程主要以絮凝形式进行，所以沉降速度往往随着含沙量的增大而增大。如果以不同含沙量情况下 w_{50} 的平均值作为该种泥沙的代表沉降速度，则图 2－9 显示了黄骅港泥沙代表沉降速度随 d_{50} 的变化规律。由图 2－9 可知，随着泥沙颗粒总体变细，泥沙沉降速度发生明显变化，d_{50} 为 0.039 mm 的泥沙代表沉降

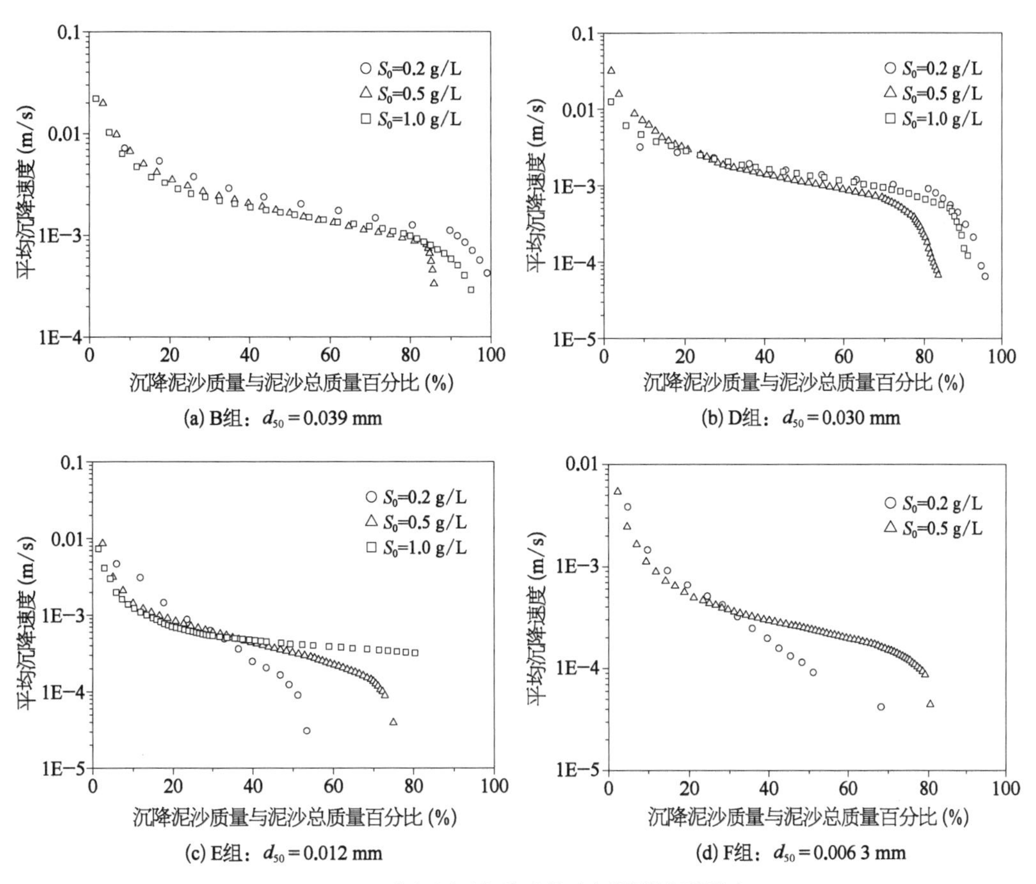

图 2-8　不同百分比沉降质量对应的泥沙沉降速度

表 2-3　泥沙完成 50%沉降时沉降速度 w_{50}

参　　数	B　组			D　组			E　组			F　组	
d_{50}(mm)	0.039			0.030			0.012			0.006 3	
含沙量(g/L)	0.2	0.5	1.0	0.2	0.5	1.0	0.2	0.5	1.0	0.2	0.5
$w_{50}\times(10^{-4}$ m/s)	20.8	16.5	16.1	14.9	10.9	13.7	1.07	3.20	4.14	1.01	2.44

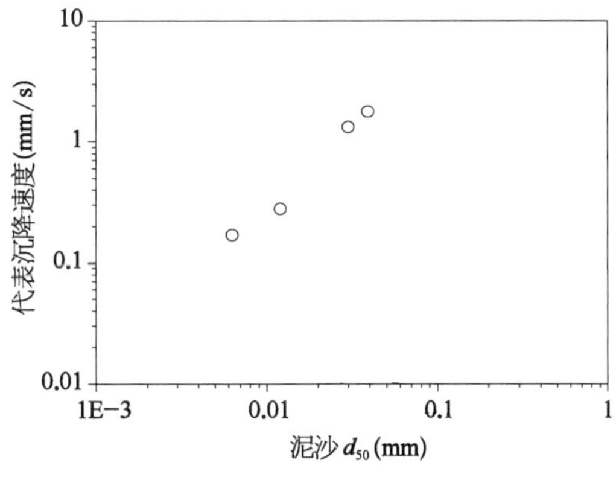

图 2-9　黄骅港泥沙代表沉降速度随泥沙 d_{50} 的变化

速度是粒径为 0.006 3 mm 的泥沙代表沉降速度的 10 倍。由此可以得出，黄骅港回淤问题与悬移泥沙的物质密切相关，如果在大风浪作用下有大量粉沙悬扬，则回淤速率将明显加大；即使不考虑含沙量变化，单从泥沙沉降速度角度出发，回淤强度也将增大 10 倍左右。

2.2.3.3 沉降过程中泥沙密度的变化

根据沉积泥沙的分层重量和体积，可以求出各层沉积泥沙的含沙量 S，根据下式则可以求出分层沉积泥沙的密度 ρ_m（式中 S 与 ρ_m 的单位均取 kg/m^3）：

$$\frac{\rho_m}{\rho}=1+\left(\frac{\rho_s-\rho}{\rho_s}\right)\left(\frac{S}{1\,000}\right) \tag{2-1}$$

式中 ρ_s ——泥沙颗粒的密度，可取 2 650 kg/m^3；

ρ ——海水的密度，这里近似取 1 025 kg/m^3。

图 2-10 显示了不同粒径的泥沙在不同含沙量情况下沉降时，沉积泥沙密度的变化过程。图 2-10 结合图 2-7 和图 2-8 可以估计，在泥沙颗粒较粗的情况下（如 B 组与 D 组试验），泥沙沉积到底部后的密度较大，沉积后占总质量 90% 以上的泥沙，其密度超过

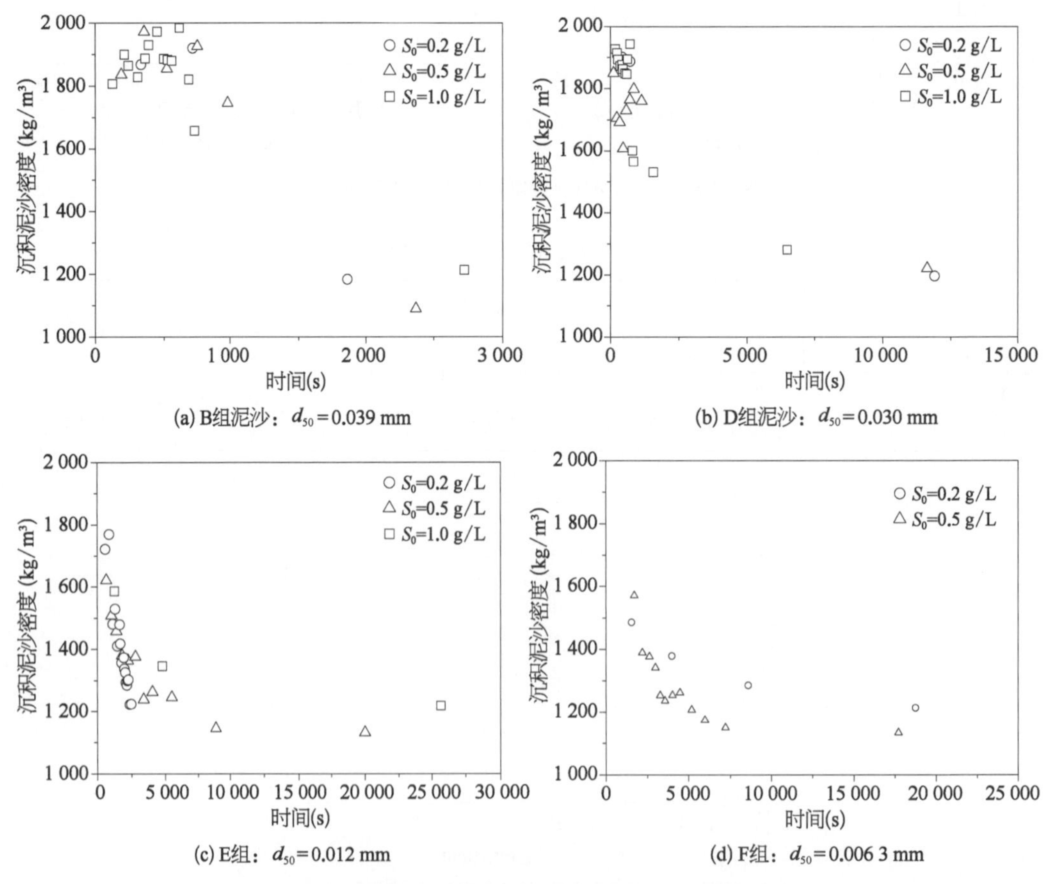

图 2-10 沉降试验中底部沉积泥沙密度随时间的变化过程

1 600 kg/m³,这是比较典型的粉沙类泥沙的沉积密度。在泥沙颗粒较细时,沉积泥沙的密度明显减少:d_{50}为 0.012 mm 的 E 组试验中,仅在沉降初始阶段,泥沙群体中含有的少部分较粗颗粒因沉降速度较大首先沉积在床面,形成的沉积泥沙密度大于 1 600 kg/m³,沉积泥沙群体中占总质量 85%以上的泥沙密度小于 1 600 kg/m³;d_{50}为 0.006 3 mm 的 F 组试验中,沉积泥沙密度全部小于 1 600 kg/m³,且沉积泥沙群体中占总质量 75%以上的泥沙密度小于 1 400 kg/m³,这主要是由于细颗粒泥沙的沉降是以絮团形成进行,絮团沉降到床面后形成高含水量的网状结构而造成的,属于比较典型的黏性细颗粒泥沙沉降过程。

2.2.4　试验结果分析

本研究设计了专用沉降试验装置,进行了四组黄骅港现场不同中值粒径的泥沙在不同含沙量情况下的沉降试验,根据试验结果分析,可得到以下结论:

(1) 不同中值粒径的黄泥沙都体现出泥沙群体中粗颗粒沉降速度较快的现象,沉积在底部的泥沙明显具有较粗的粒径,而且在含沙量不大时,含沙量对泥沙群体中粗颗粒部分的沉降速度影响不大。

(2) 不同中值粒径的泥沙呈现具有明显差异的沉降特性,当泥沙群体中含有较多的较粗颗粒泥沙,如占总质量 50%以上的泥沙颗粒粒径大于 0.03 mm 时,泥沙沉降以单颗粒沉降为主,泥沙沉降速度较大,其代表沉降速度在 1 mm/s 以上,沉积泥沙的密度较大,绝大部分可超过 1 600 kg/m³;当泥沙群体中含有较多的细颗粒泥沙时,如占总质量 50%以上的泥沙颗粒粒径小于 0.012 mm 时,泥沙沉降以絮团沉降为主,泥沙沉降速度较小,其代表沉降速度一般小于 0.4 mm/s,而且代表泥沙沉降速度一般具有随初始含沙量增大而增大的特性,这时沉积泥沙的密度较小,大部分泥沙沉积密度小于 1 400 kg/m³。根据黄骅港港池、航道回淤物的实际特性和工程经验,当泥沙密度大于 1 600 kg/m³时,航道中回淤物非常密实,使得疏浚工作相当困难,而当泥沙密度小于 1 600 kg/m³,特别是小于 1 400 kg/m³时,疏浚施工就比较容易,这主要是因为不同密度对应的回淤物质不同,高密度回淤物以粉沙沉积物为主,低密度沉积物以淤泥质泥沙为主,沉降试验结果与现场情况是完全对应的。

2.3　粉沙的起动特性

波浪是粉沙质海岸泥沙起悬,特别是泥沙大规模起动的主要动力因素[2-4]。这里主要通过物理模型试验讨论了波浪作用和波流共同作用两种情况下粉沙的起动特性[5]。

2.3.1　波浪作用下的泥沙起动

若在波浪水槽中平铺一层非黏性沙,开始生成波浪,并在周期不变的条件下逐渐加大波高。当波高达某一定值时，泥沙颗粒陆续地进入运动状态。开始时，仅个别颗粒来回摆动。当波高继续加大时，床面泥沙将会出现普遍运动，这时泥沙进入了起动状态。如果波高继续加大，在平坦的床面上则会出现沙纹，以后沙纹继续发展，高度加大。当波高达到某一极限时，沙纹又会趋于消失，泥沙运动重新以平坦床面形式进行，这时泥沙不只是表层颗粒发生运动，而是成层地发生推移，称为层移运动(sheet flow)。

在上述水槽试验过程中，泥沙始终紧贴着床面发生滑动、滚动或跃动，这些都属于推移质泥沙运动。当泥沙颗粒足够大，不至于悬移时，最后可以发展到层移运动阶段，层移运动也是一种推移质运动方式。这种由平坦床面的初级运动阶段发展到沙纹运动，再进一步发展为新阶段的平坦床面的运动，很类似于河流中泥沙推移运动的发展情况。但是在波浪作用下，泥沙主要是往复推移，并不发生显著的净输移或仅有较小的净输移，所形成的沙纹也比较对称。

无黏性颗粒在波浪作用下的起动临界条件，可根据波浪作用下水质点对泥沙的拖曳力与泥沙自重产生的稳定力相互平衡的关系来确定。与单向水流相比，波浪水流有以下特点：

(1) 波浪水流为振动水流，作用在泥沙颗粒上的力，除了水流的拖曳力外，尚有由于水流加速度引起的附加质量力。这两种力都作周期性的变化，但后者与前者相比要小得多，同时两者有 $\pi/2$ 相位差，故附加质量力对于拖曳力出现最大值时的影响很小，在确定泥沙起动界限时可以不予考虑。

(2) 波浪水质点流速沿水深的分布，可由势流运动方程描述，只是由于在固体床面处流速为零，故在床面附近存在薄薄的边界层。泥沙在此边界层内的受力状况与边界层内的流态有关。为简单起见，可假定泥沙所受的水平拖曳力与波浪在床面上的剪应力成正比，其比例系数与边界层内的流态有关。

基于以上考虑，泥沙在波浪作用下的最大水平拖曳力可表示为

$$T_{\mathrm{m}}=k_1\tau_{\mathrm{m}}D^2=k_1\rho f_{\mathrm{w}}u_{\mathrm{m}}^2D^2 \tag{2-2}$$

式中 τ_{m}——波浪水流对床面剪应力的最大值；

u_{m}——波浪近底水平流速的最大值；

f_{w}——波浪水流的摩阻力系数；

D——泥沙颗粒直径；

k_1——泥沙颗粒面积修正系数。

设泥沙为球体，则泥沙的水下重量为

$$W=k_2(\rho_{\mathrm{s}}-\rho)gD^3 \tag{2-3}$$

由于实际上泥沙颗粒并非规则球体，故乘以体积修正系数 k_2。根据力的平衡关系，则起动时有

$$T_m = W\tan\phi \tag{2-4}$$

式中　$\tan\phi$——泥沙的水下内摩阻力系数。

因此，可得

$$\theta_c = \frac{\rho u_{mc}^2}{(\rho_s-\rho)gD} = \frac{k_2\tan\phi}{k_1 f_w} \tag{2-5}$$

式中　θ_c——表征泥沙起动界限的无量纲参数；

u_{mc}——起动时波浪底部水质点水平速度最大值的临界值。

当 $\frac{\rho u_m^2}{(\rho_s-\rho)gD} > \theta_c$ 或 $u_m > u_{mc}$ 时，泥沙即进入运动。式(2-5)右边的 f_w 决定于起动时边界层的流态。

据柯马尔(Komar)和米勒(Miller)的分析，当 $D > 0.5$ mm时，泥沙起动时的边界层为紊流状态，这时式(2-5)右边的系数与床面的相对糙率 $\frac{a_m}{r}$，即 $\frac{a_m}{D}$ 有关。其中，a_m 为波浪底部水质点位移的振幅；r 为粗糙度，可取为泥沙粒径 D。柯马尔与米勒分析了许多学者的试验资料，得到起动判数为

$$\theta_c = \frac{\rho u_{mc}^2}{(\rho_s-\rho)gD} = 0.463\pi\left(\frac{2a_m}{D}\right)^{\frac{1}{4}} \tag{2-6}$$

当 $D < 0.5$ mm时，泥沙起动时的边界层为层流状态。他们应用拜格诺(Bagnold)的资料，得到起动判数为

$$\theta_c = \frac{\rho u_{mc}^2}{(\rho_s-\rho)gD} = 0.21\left(\frac{2a_m}{D}\right)^{\frac{1}{2}} \tag{2-7}$$

式(2-6)和式(2-7)左边的参数 θ 与众所周知的希尔兹(Shields)参数 $\psi_m = \frac{\tau_m}{(\rho_s-\rho)gD}$ 仅差一个因子 $\frac{1}{2}f_w$。在河流动力学中已知单向水流的起动条件可用临界希尔兹 ψ_c 来表示，即

$$\psi_c = \frac{\tau_c}{(\rho_s-\rho)gD} = f\left(\frac{u_* D}{\nu}\right) \tag{2-8}$$

式中　τ_c——单向水流条件下泥沙起动时的临界床面剪应力；

u_*——摩阻流速，$u_* = \sqrt{\frac{\tau}{\rho}}$；

ν——水的运动黏滞系数。

根据大量的试验资料，希尔兹得到了表示式(2-8)起动条件的关系曲线，即希尔兹曲线。

许多学者对于希尔兹泥沙起动关系曲线是否可用于波浪作用下泥沙起动条件的判定做了验证试验，回答是肯定的[7]。不过因为波浪中水质点速度是随时间变化的，对于泥沙

起动起控制作用的是床面剪应力的最大值，故希尔兹参数中的剪应力取这个最大值。因而起动判数可写为

$$\psi_{mc}=\frac{\tau_{mc}}{(\rho_s-\rho)gD}=f\left(\frac{u_{w*}D}{\nu}\right) \tag{2-9}$$

图 2-11 是波浪作用下泥沙起动的试验资料与希尔兹曲线的比较。图中的纵坐标为 $\psi_m=\frac{\tau_m}{(\rho_s-\rho)gD}$，横坐标为 $S_*=\frac{D}{4\nu}\sqrt{(s-1)gD}$，其中 $s=\frac{\rho_s}{\rho}$。原来的希尔兹曲线图横坐标用的泥沙粒径雷诺数 $Re_*=\frac{u_{w*}D}{\nu}$，其中含有波浪摩阻流速 $\left(u_{w*}=\sqrt{\frac{\tau_m}{\rho}}\right)$，应用起来很不方便。Madsen 和 Grant 把它除以 $4\sqrt{\psi_m}$，得到新的横坐标 S_*。图 2-11 的实线表示由希尔兹曲线换算后得到的 $\psi_{mc}=f'(S_*)$ 关系曲线。竖短线表示各家得到的波浪作用下泥沙起动试验数据的分布范围。可以看到，试验数据大致在希尔兹曲线的附近。

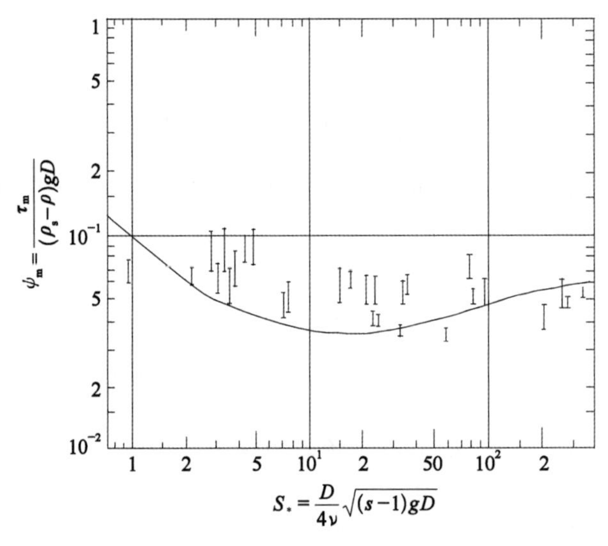

图 2-11　振动流中的泥沙起动试验结果

应用图 2-11 很容易判定泥沙起动与否。因为 S_* 只包含泥沙特性参数 D、ρ_s 及水的特性参数 ν、ρ。在这些参数确定后很容易求得 ψ_{mc}。根据波浪条件计算 ψ_m，若 $\psi_m>\psi_{mc}$，则泥沙处于运动状态；若 $\psi_m<\psi_{mc}$，则泥沙处于静止状态。

在图 2-11 中可以看到，各家的试验数据并不完全集中在希尔兹曲线上，而且点子分散。其原因之一可归结为各家对泥沙起动的标准掌握不甚一致。考虑到所有试验点子几乎都围绕着同一 ψ_m 值而分布，所以可以近似地认为临界的希尔兹参数为一常数：

$$\psi_{mc}=0.045 \tag{2-10}$$

2.3.2　泥沙起动的界限水深

波浪由深水进入浅水，近底水质点的轨迹速度随着水深变浅而越来越大，对床面的剪应力也越来越大。从哪一点泥沙开始运动是工程界很关心的问题。这一点的水深称为泥沙起动的界限水深，可以从泥沙起动的判数公式导出。把柯马尔和米勒的起动判数公式，即式(2－5)、式(2－6)中的 u_m、a_m 用微幅波理论公式代入，经变换可得

$$\frac{H_0}{L_0}=1.24\left(\frac{D}{L_0}\right)^{3/7}\sinh\left(\frac{2\pi h_c}{L}\cdot\frac{H_0}{L}\cdot\frac{H_0}{H}\right)\quad(D>0.5\ \text{mm})\tag{2-11}$$

$$\frac{H_0}{L_0}=0.353\left(\frac{D}{L_0}\right)^{1/3}\sinh\left(\frac{2\pi h_c}{L}\cdot\frac{H_0}{H}\right)\quad(D<0.5\ \text{mm})\tag{2-12}$$

式中　h_c——泥沙开始运动的临界水深(m)；

H_0、L_0——深水波高与波长(m)；

H、L——当地的波高与波长(m)。

应用式(2－11)、式(2－12)可以计算在各种周期的波浪作用下，各种不同粒径的泥沙在不同波高情况时的泥沙起动界限水深。图2－12是周期为15 s时，不同泥沙粒径在不同波高情况下的泥沙起动界限水深。可以看到，当波高足够大时，在水深超过100 m的海床上也会发生泥沙运动。如果周期加大，这种水深还会加大。根据潜水观察，在水深大于100 m的大陆架上，确实可以看到振动水流造成的沙纹，说明大波浪确能使那里的泥沙发生运动，这就证实了计算的结果。

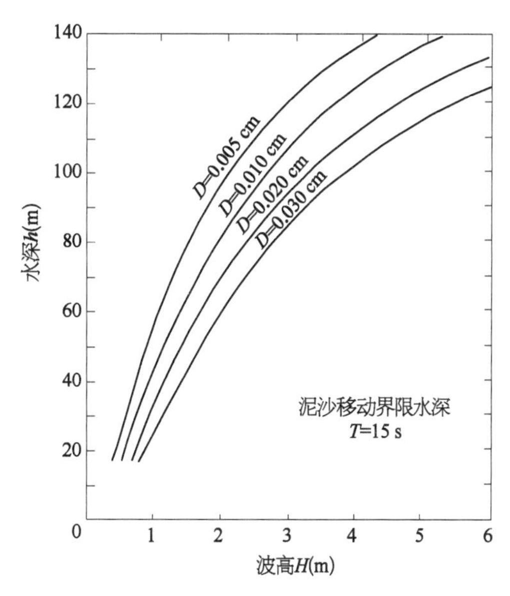

图2－12　T＝15 s时不同粒径泥沙在不同波高条件下的起动界限水深

日本的佐藤、井岛、田中等人利用同位素示踪沙在天然海床上测定泥沙运动情况，结合试验室资料，确定了以下两种表达方式：

表层移动：

$$\frac{H_0}{L_0}=1.35\left(\frac{D}{L_0}\right)^{1/3}\sinh\left(\frac{2\pi h_c}{L}\cdot\frac{H_0}{H}\right)\tag{2-13}$$

完全移动：

$$\frac{H_0}{L_0}=2.4\left(\frac{D}{L_0}\right)^{1/3}\sinh\left(\frac{2\pi h_c}{L}\cdot\frac{H_0}{H}\right)\tag{2-14}$$

日本学术界认为：波浪作用下，当表层沙向波浪传播方向开始移动时，其水深称为表

层沙起动临界水深;当表层沙被全部推移时,其水深称为表层沙完全起动临界水深。

南京水利科学研究院(简称南科院)[2,6]在前人工作的基础上,除考虑沙层因波浪运动引起的渗流上举力外,还考虑了沙粒之间的黏结力,从而获得了如下的泥沙起动波高 H_c 表达式:

$$H_c = M\left[\frac{L\sinh(4\pi h_c/L)}{g\pi}\left(sgD + A_2\frac{\varepsilon_k}{D}\right)\right]^{\frac{1}{2}} \tag{2-15}$$

或者以起动水深 h_c 表示,即

$$h_c = \frac{L}{4\pi}\operatorname{arcsinh}\left[\frac{g\pi H_c^2}{M^2 L\left(s'gD + A_2\frac{\varepsilon_k}{D}\right)}\right] \tag{2-16}$$

式中　s'——沙粒的相对密度,$s' = \frac{\rho_s - \rho}{\rho}$,$\rho_s$ 和 ρ 分别为沙粒和水的密度;

ε_k——与沙粒间黏结力有关的常数,$\varepsilon_k = 2.56\ \mathrm{cm^2/s^2}$;

A_2——与沙粒形状有关的常数,$A_2 = 3/16$;

M——与波长 L (m)、沙粒径 D (mm)有关的函数,$M = 0.1\left(\frac{L}{D}\right)^{\frac{1}{3}}$,当 $\frac{L}{D} \geqslant 2\times 10^5$ 时,$M =$ 常数 $= 5.85$。

式(2-16)计算数据与 Goddet J(1960)的试验结果相一致[4]。此计算式既包括了对粗颗粒泥沙起重要作用的重力项(sgD),又包括了对细颗粒泥沙起重要作用的黏结力项$\left(A_2\frac{\varepsilon_k}{D}\right)$。因此,式(2-14)和式(2-15)可适用于计算波浪作用下粗、细颗粒泥沙的起动判断问题。

2.3.3　波流共同作用下泥沙起动

2.3.3.1　泥沙起动试验[3,5]

试验是在长×宽×高=35 m×0.5 m×0.75 m 的波浪水流槽内进行的。试验沙样分别取自河北省的秦皇岛港海区、黄骅港海区和山东省潍坊港海区。秦皇岛港海区的沙样为粉沙至细砂,粒径为 0.01～0.2 mm,筛选出 7 组不同粒径的沙样做试验。黄骅港海区的沙样为淤泥质粉沙,有一定的黏性,$d_{50} = 0.036$ mm,粒径小于 0.02 mm 部分的比例较大,可达 20%左右,粒径小于 0.01 mm 部分比例约 10%,试验时去除去粒径小于 0.02 mm 黏性细颗粒。潍坊港海区沙样为粉沙,$d_{50} = 0.073$ mm。试验沙样在水中自然密实后,开始进行起动试验。

泥沙起动试验的结果采用类似于希尔兹曲线图形表示(图 2-13),纵、横坐标参数分别采用下式表示:

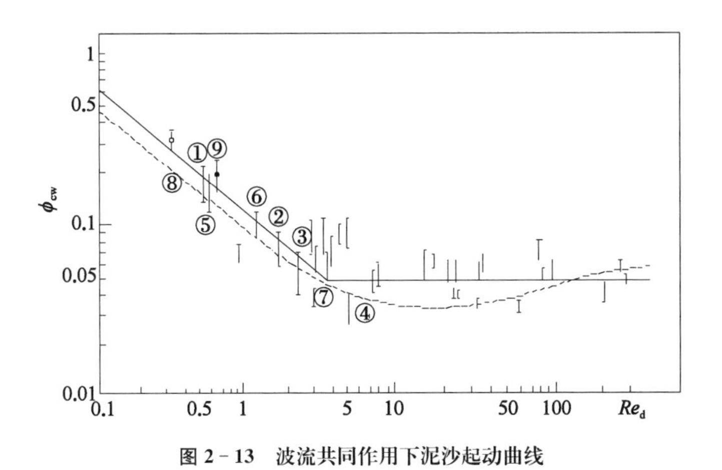

图 2-13　波流共同作用下泥沙起动曲线

（①～⑨为作者的试验结果，未编号的数据是其他学者的试验结果）

纵坐标参数：

$$\psi_{cw}=\frac{\tau_{cw}}{(\rho_s-\rho)gd_{50}} \tag{2-17}$$

横坐标参数：

$$S_*=\frac{d_{50}}{4\nu}\sqrt{(s-1)gd_{50}} \tag{2-18}$$

式中　ρ_s ——泥沙密度；

ρ ——水密度；

s ——沙的相对密度，$s=\rho_s/\rho$。

由图 2-13 可知，试验点与希尔兹曲线有一定偏差，但如绘制两条直线，则偏差可大大减小，这两条直线方程如下：

(1) 当 $S_*<3.2$ 时，为层流边界层情况：

$$\psi_{cw}=0.11Re_d^{-0.72} \tag{2-19}$$

(2) 当 $S_*\geqslant 3.2$ 时，为过渡及紊流边界层情况：

$$\psi_{cw}=0.045 \tag{2-20}$$

2.3.3.2　波流共同作用下的泥沙起动公式

式(2-19)和式(2-20)系总结大量试验资料而得，可作为建立泥沙起动公式的基础。

将式(2-17)、式(2-18)分别代入式(2-19)和式(2-20)，整理后可得不同流态、泥沙粒径时的临界起动应力 τ_{cw} 和起动流速 u_{cw} 的公式：

(1) 当 $S_*<3.2$，即 $d_{50}<0.217$ mm 时：

$$\tau_{cw}=0.3\nu^{0.72}(S-1)^{0.64}\rho g^{0.64}d_{50}^{-0.08} \tag{2-21}$$

$$u_{cw}=\frac{0.55}{\sqrt{f_{cw}}}\nu^{0.36}(S-1)^{0.32}g^{0.32}d_{50}^{-0.04} \tag{2-22}$$

式中　f_{cw}——波流共同作用下的摩阻力系数。

(2) 当 $S_* \geqslant 3.2$，即 $d_{50} \geqslant 0.217$ mm 时：

$$\tau_{cw}=0.05(\rho_s-\rho)gd_{50} \tag{2-23}$$

$$u_{cw}=\frac{0.22}{\sqrt{f_{cw}}}(S-1)^{0.5}g^{0.5}d_{50}^{0.5} \tag{2-24}$$

将式(2-21)～式(2-24)绘制成图 2-14,并作为例子进一步计算出几组粒径的临界剪应力和起动流速列于表 2-4。

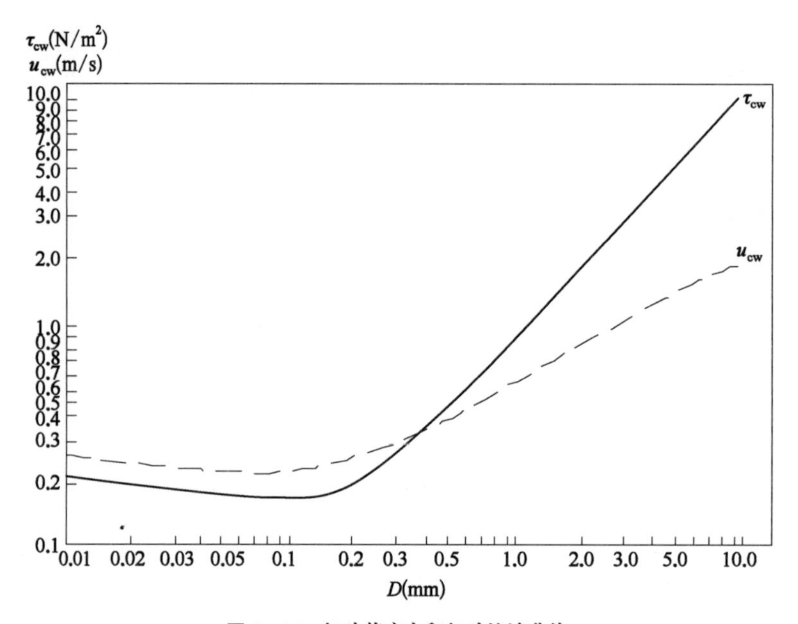

图 2-14　起动剪应力和起动流速曲线

表 2-4　临界起动剪应力 τ_{cw} 和起动流速 u_{cw}

项　　目	粒径 D(mm)									
	0.01	0.03	0.05	0.10	0.30	0.50	1.0	3.00	5.00	10.00
τ_{cw}(N/m^2)	0.21	0.20	0.19	0.18	0.24	0.40	0.80	2.40	4.00	8.00
u_{cw}(m/s)	0.27	0.25	0.24	0.24	0.24	0.36	0.52	0.89	1.15	1.63

取 $\nu=1\times10^{-6}$ m^2/s、$\rho_s=2\,650$ kg/m^3、$\rho=1\,000$ kg/m^3、$g=9.81$ m/s^2、$f_{cw}=0.003$，将其代入式(2-20)～式(2-23),则得

$$\tau_{cw}=\begin{cases}0.085\,3d_{50}^{-0.08} & (d_{50}<0.217\text{ mm})\\ 809.3d_{50} & (d_{50}\geqslant 0.217\text{ mm})\end{cases} \tag{2-25}$$

$$u_{cw}=\begin{cases}0.169d_{50}^{-0.04} & (d_{50}<0.217\ \text{mm})\\ 16.159d_{50}^{0.5} & (d_{50}\geqslant 0.217\ \text{mm})\end{cases} \tag{2-26}$$

值得注意的是，式(2-21)～式(2-24)和图 2-14 是以无黏性细砂、粉沙试验资料为基础而建立的计算公式。

2.3.3.3　起动波高和起动水深

Sousby(1988)曾研究得[7]

$$\tau_{max}=\tau_c+\tau_m+B\sqrt{\tau_c\tau_m} \tag{2-27}$$

式中　B——θ 的函数，$\theta=0$ 时，$B=0.917$；$\theta=900$ 时，$B=-0.198\,3$；θ 处于 0～900 范围时可用插值求得；

τ_m——波浪作用下的床面剪应力；

τ_c——水流作用下的床面剪应力。

采用微幅波理论：

$$u_m=\frac{\pi H}{T\sin h\left(\frac{2\pi h}{L}\right)} \tag{2-28}$$

由式(2-27)和式(2-28)，则可分别求得起动波高和起动水深。

参 考 文 献

[1] 张庆河，张娜，胡嵋，等.黄骅港泥沙静水沉降特性研究[J].港工技术，2005(1)：1-4.
[2] 刘家驹.在风浪和潮流作用下淤泥质浅滩含沙量的确定[J].水利水运科学研究，1988(2)：69-73.
[3] 乐培九，杨细根.波浪和潮流共同作用下的输沙问题[J].水道港口，1998(3)：1-6.
[4] 张华庆，乐培九，张晓峰.波、流联合作用下的推移质输沙率[J].水道港口，1994(1)：1-12.
[5] 赵冲久，杨华.近海动力环境中粉沙运动引论[M].北京：人民交通出版社，2010.
[6] 中国水利学会泥沙专业委员会.泥沙手册[M].北京：中国环境科学出版社，1992.
[7] Manohar M. Mechanics of bottom sediment movement due to wave action [R]. Washington DC: Army Corps of Engineers, 1995.

第 3 章

粉沙质海岸泥沙运动规律

本章重点介绍粉沙质海岸含沙量横向分布特征，以及在波浪、潮流作用下的含沙量垂线分布特征，同时介绍细沙粉沙质海岸由破波产生的沿岸流和风暴潮沿岸潮流叠加所产生的复合沿岸输沙率计算方法。这对于航道淤积量预测、减淤工程措施确定是非常重要的。

3.1 粉沙质海岸泥沙运动的一般特征

粉沙质海岸是介于沙质海岸和淤泥质海岸的一种特殊海岸，有其自身特点。粉沙质海岸通常是废弃河口泥沙沉积物在波浪、潮流综合作用下的结果[1]。粉沙质海岸一般坡度较缓，不同类型的粉沙质海岸其海底坡度相差较大，一般在 1∶4 000～1∶500[2]。粉沙质海岸泥沙具有起动流速小、沉降速度大、密实较快、在海水中不发生絮凝、运动活跃、以悬移质形式运动为主等特点[3-6]。恶劣天气条件下，粉沙质海岸上航道容易形成骤淤。

根据水槽试验及近 30 年的研究[7-10]，通过对京唐港附近海岸波浪、潮流等水动力条件及泥沙运动状况，特别是对进港航道在平常风浪年份的淤积和风暴潮大浪作用后的骤淤分析，根据海岸动力学及近岸泥沙运动理论，摸清了京唐港航道骤淤机理。由于中等以上尺度波浪相对较大，破波紊动强烈。在大风浪条件下，即使在破波带以外，波浪掀沙能力依然较强，水体含沙量会显著增大。泥沙运动形式一般以悬移和临底高含沙浓度水体运移形式为主，当海滩上开挖航道后，在波浪和潮流共同作用下泥沙发生较大的输移会导致航道淤积或产生骤淤。京唐港区近岸滩面坡度相对较陡，使得波浪衰减程度降低，波浪破碎形成沿岸流，与潮流叠加，挟带波浪扰动起的泥沙沿海岸运移，形成沿岸输沙带。沿岸流遇到港口防波堤后沿堤而下，形成沿堤流。尤其在风暴潮期间，沿岸输沙增大，沿堤流挟带大量泥沙在港口口门附近集聚，是引起航道骤淤的主要因素。京唐港航道风暴潮骤淤机理可简单归纳为，在风暴潮期间大浪产生的破波沿岸流与风暴潮沿岸潮流叠加，产生较强的复合沿岸流。复合沿岸流挟带上游泥沙及平常浪中转在挡沙堤北侧滩地的泥沙，产生较强的复合沿岸输沙，遇到港口东挡沙堤后转变为沿堤输沙输向航道落淤。2003 年京唐港东挡沙堤堤头附近位于强风暴潮波浪破碎带，挡沙堤拦沙效果不足造成航道泥沙骤淤。京唐港的泥沙运动，具有一些沙质海岸的泥沙运动特性，但又有所不同。针对结合京唐港区海岸岸滩坡度较沙质海岸缓、近岸潮流特别是风暴潮期间的潮流流速较大的特点，提出了复合沿岸输沙理论。根据能量输沙原理，开展波流共同作用下细沙粉沙质海岸近岸破波水流和输沙特性物理模型试验，建立了复合沿岸输沙计算公式[11]，较好地反映了细沙粉沙质海岸风暴潮沿岸输沙特性，从而进一步阐明了粉沙质海岸外航道骤淤机理，为京唐港航道深水化关键技术研究奠定了坚实的理论基础。

"波浪掀沙、潮流输沙"是黄骅港海岸泥沙的主要运动方式。黄骅港海岸海床表层存在d_{50}为0.03 mm左右的粉沙层，在波浪作用下，航道周边滩地泥沙悬扬，在潮流作用下带入航槽，产生淤积。外航道的整体骤淤受黄骅港附近海域在大风浪期间整体含沙量增高所控制，而外航道局部区域淤积严重，除受外海向近岸含沙量逐渐增大的规律所影响外，还受到近岸泥沙在水流作用下向外海输移的影响。室内试验和现场观测均表明，大风浪作用下，产生的临底高浓度含沙水体进入航槽是航道产生骤淤的主要原因。黄骅港泥沙回淤的大小和其悬移物质有很大关系，如果在大风浪作用下有大量粉沙类泥沙悬扬，则可能形成快速回淤，而且回淤物密实很快，具有较大密度，给疏浚施工带来困难。在港区有掩护水域，进入港区的悬浮泥沙以细颗粒泥沙为主，泥沙沉降速度较慢，港口回淤量将明显减小，而且沉积泥沙密度较小，不会对疏浚施工构成大的困难。因此，在粉沙质海岸港口规划建设中，设置双侧防波挡沙堤是十分必要的。而防波挡沙堤的掩护范围、高程与海岸的横向及纵向含沙量分布密切相关。

3.2 含沙量横向分布

3.2.1 含沙量横向分布特征

通过数值模拟对粉沙质海岸含沙量横向分布进行研究[12]。以黄骅港海岸为参照构造概化粉沙质海岸，海岸坡度取为1/2 300，垂直岸线方向(横向)宽度设置为50 km。侧边界和岸线设置都为陆边界，为减小侧边界在水流计算时对流场的影响，将沿岸方向(纵向)宽度设置为垂直岸线方向宽度的5倍，即250 km(图3-1)。在断面AB上1.5 m、0 m、−2 m、−5 m和−8 m等深线处设置5个观测点P1～P5，用于近岸波浪、泥沙特性的分析。开边界上各点设置相同的潮位和波浪变化过程，波浪垂直岸线方向入射。以AB断面附近10 km区域为考察对象对泥沙横向分布规律进行数值模拟研究，共设置了纯潮及叠加8级、6级、5级和4级风浪共五种动力情况。其中，8级、6级、5级和4级风速分为设置为

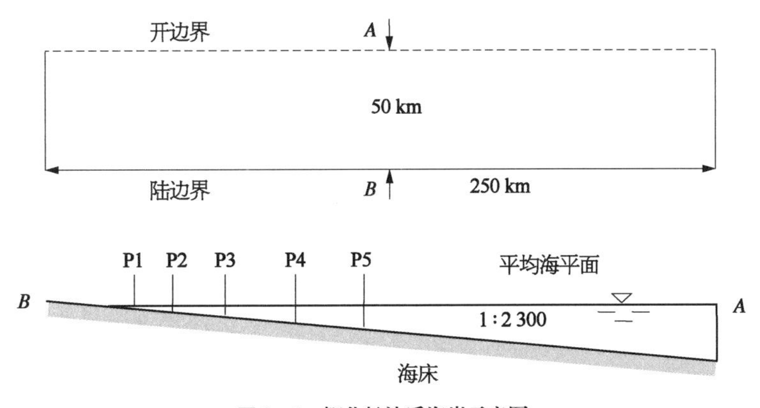

图3-1 概化粉沙质海岸示意图

17.2 m/s、11.5 m/s、8.0 m/s 和 5.6 m/s，对应的开边界波浪条件分别为 4.1 m、2.0 m、1.0 m 和 0.5 m，周期分别为 8.9 s、6.7 s、4.5 s 和 3.0 s。

为了清楚地展现海岸地区波浪对含沙量横向分布的影响，特别是定量地说明波浪破碎因素对含沙量增大所起的作用，分三种情况进行含沙量计算：① 考虑波流共同作用且包含波浪破碎因素；② 考虑波流共同作用但不包含波浪破碎因素；③ 仅考虑潮流对泥沙的作用。

首先，以常见的 6 级向岸风所形成的波浪为例，通过各观测点对含沙量横向分布进行初步分析。图 3-2 显示了各观测点含沙量历时变化。图中实线代表波流共同作用下的总含沙量，带圆圈的实线表示不考虑波浪破碎时的含沙量，虚线代表纯潮作用下的含沙量。由于我们使用的总挟沙能力公式为潮流、波浪底部切力作用和破碎波作用挟沙能力的线

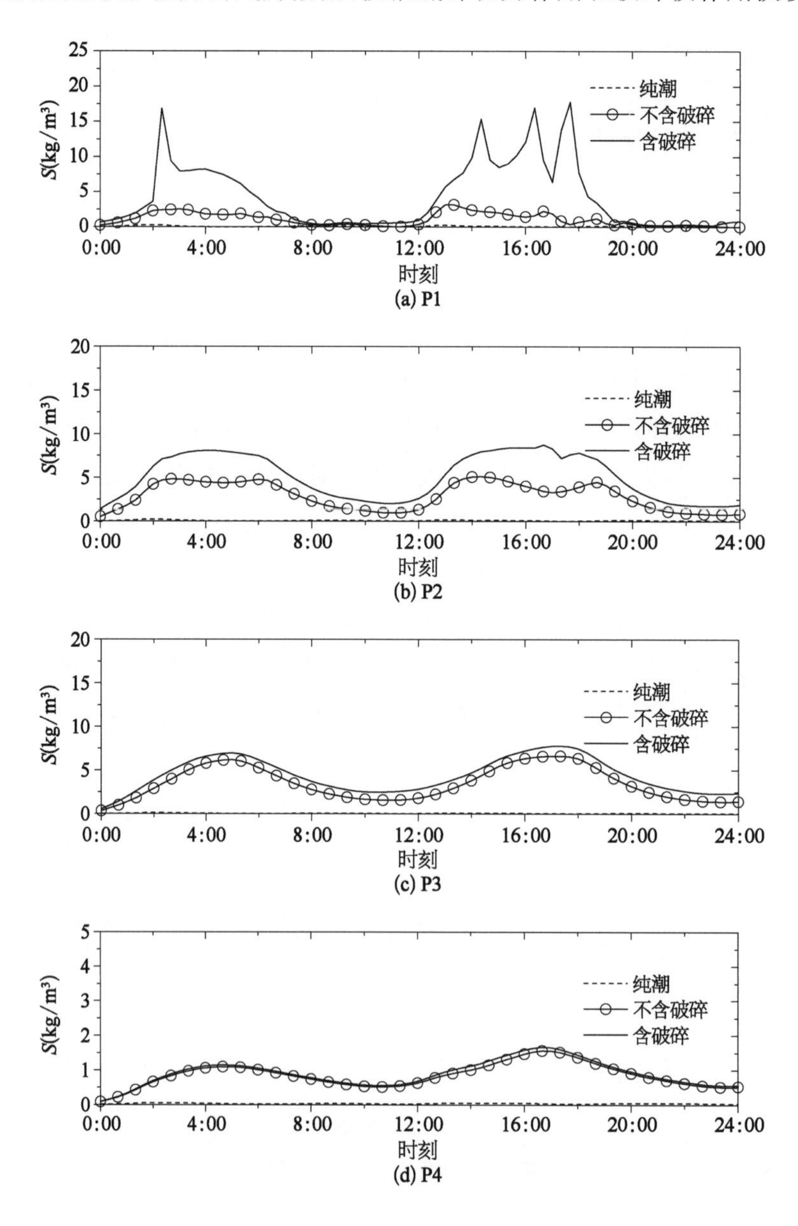

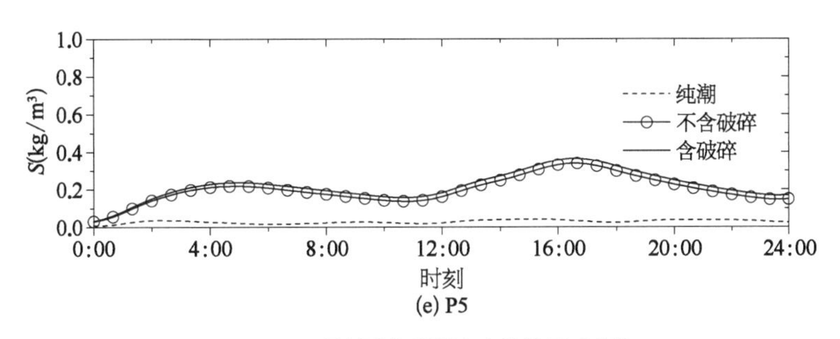

(e) P5

图 3-2　6级风况各观测点含沙量历时变化

性叠加，因此实线和虚线之差可以认为是单纯波浪作用(含破碎)产生的含沙量。从整体上看，各观测点处波浪对泥沙含量的大小都起主导作用，且随着水深减小，波浪主导作用越来越突出。P5观测点位于－8 m等深线处，水深足够大，总含沙量较其他各观测点小很多。各观测点处含沙量大小均呈现出明显的周期特性变化，主要原因是受潮位周期性升降及波高周期性变化的影响。

实线和带圆圈的实线之差为单纯由于波浪破碎作用产生的含沙量。在－2 m等深线以外区域，即P3～P5处，波浪几乎没有破碎或破碎程度很弱，考虑波浪破碎的计算结果与不考虑波浪破碎的计算结果基本相同。P1和P2位于0 m等深线以内，波浪由于传播变形而产生明显的破碎，考虑波浪破碎的计算结果较不考虑波浪破碎的计算结果有较为明显的增大，并且增大程度随水深减小而增大，至P1点时，破碎波的作用远超过潮流与波浪底部切力作用之和。

带圆圈的实线和虚线之差为波浪底部剪切力产生的含沙量。波浪底部剪切力作用也呈现出周期性，与潮位变化相关。P2点底部剪切力和波浪破碎作用产生的含沙量基本相当，P3点破碎作用产生的含沙量明显小于底部剪切力产生的含沙量，两点都没有出现波浪破碎占主导的趋势。这与平缓海岸上波浪主要以崩破形式破碎、破碎强度相对较小的规律是一致的。因此，在坡度平缓的海岸上，在破波带内不能忽略波浪底部剪切力作用。静水深非常小的P1点，在涨急时刻附近，波浪破碎产生非常高的含沙量，说明在浅水区，即使崩破波也有较大的掀沙能力。

为了更清楚地揭示含沙量横向分布趋势，图3-3显示了6级风况在涨急(16:00)、落急(10:00)、高潮位(19:42)和低潮位(13:00)四个时刻含沙量的横向分布。所有四个时刻，波浪底部剪切力作用都随离岸距离的减小而逐渐增大，大多时候在－1～－2 m等深线处产生的含沙量最大，然后随离岸距离进一步减小，波浪底部剪切力作用开始减小。对比四个时刻含沙量，可以看到涨急时刻波浪底部剪切力作用最强，落急时刻最弱。

在－4～－5 m等深线处，波浪破碎作用开始显现。落急和高潮位时刻，波浪破碎作用产生的含沙量在－1 m等深线附近达到最大，分别为1.2 kg/m³和1.7 kg/m³，然后随着水深继续减小，破碎作用也开始减弱。低潮位时刻，靠近岸线附近破碎较为明显，在2 m等深

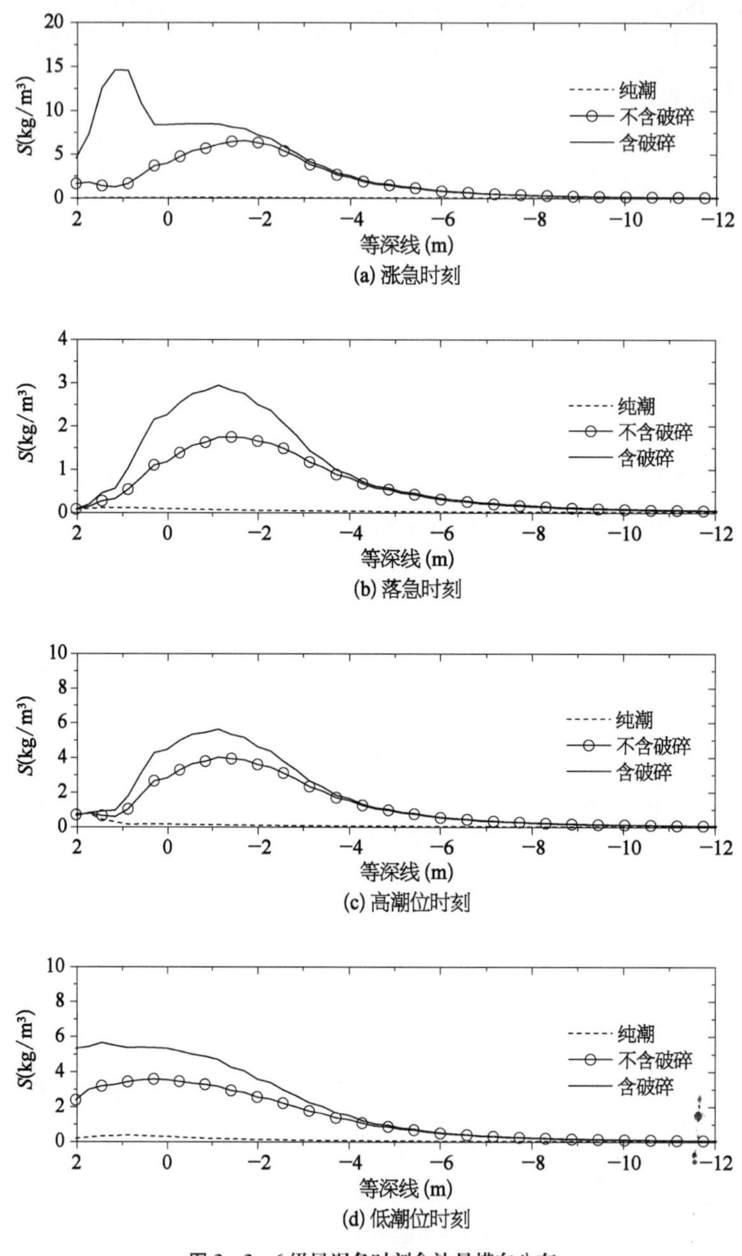

图 3-3　6 级风况各时刻含沙量横向分布

线处破碎作用产生的含沙量高达 3 kg/m³。涨急时刻，从 0.3 m 等深线处破碎作用开始迅速增大，破碎产生的含沙量在 1 m 等深线附近高达 12 kg/m³，然后随水深进一步减小，破碎作用也快速衰减，含沙量降低，这可能与波浪在近岸的强烈破碎有关。曹文洪等[13]在研究黄河口海岸近岸带水体含沙量横向分布时也观测到破波带内含沙量的变化沿向岸方向并不是单一递减，而是递减到一定程度又重新增加，这说明本模拟结果与现场观测到的现象是一致的。

3.2.2 不同海况下含沙量横向分布特征比较

下面对不同海况下含沙量沿垂直岸线方向分布特征进行分析和比较[12]。图3-4～图3-6显示了另外三种风况(8级、5级和4级)含沙量在不同特征时刻沿垂直岸线方向的变化。与6级风况(图3-2)比较可见,各风况下含沙量横向分布变化趋势基本相同,不同之处在于,风级越大,对应的波浪波高越高、周期越长,波浪影响范围越广,含沙量也越多。

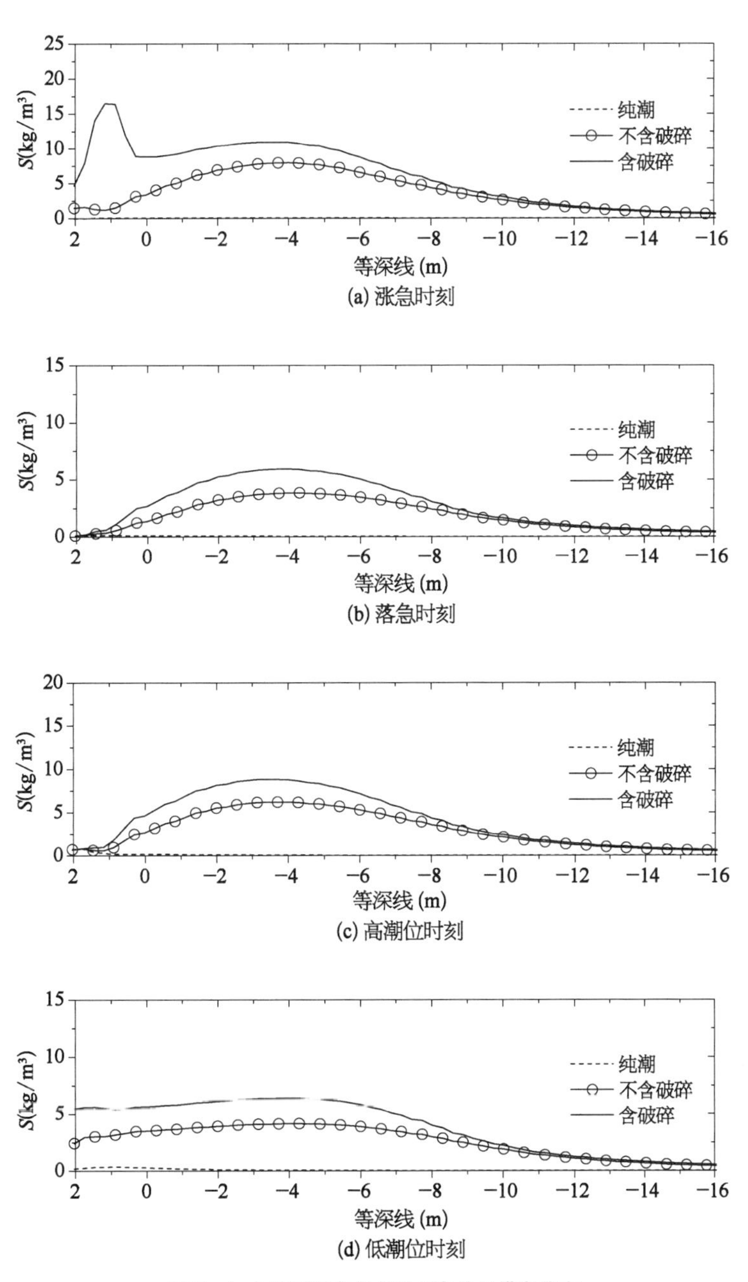

图3-4 8级风况条件各时刻含沙量横向分布

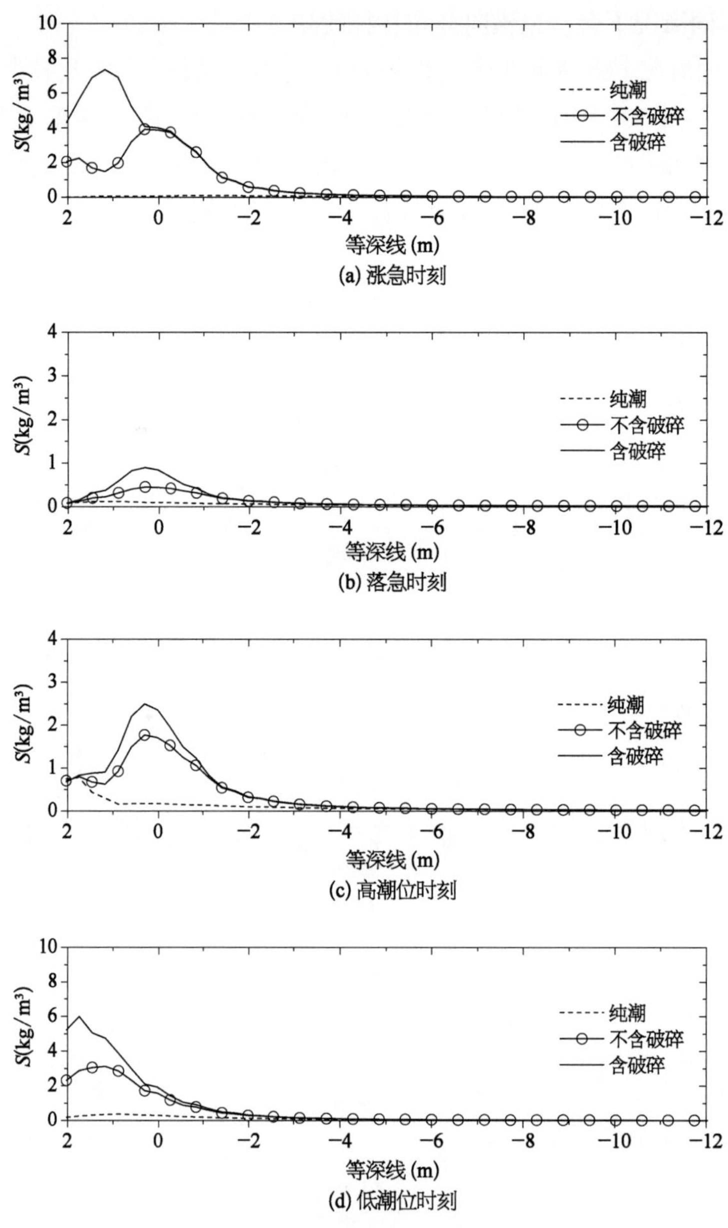

图 3-5　5 级风况条件各时刻含沙量横向分布

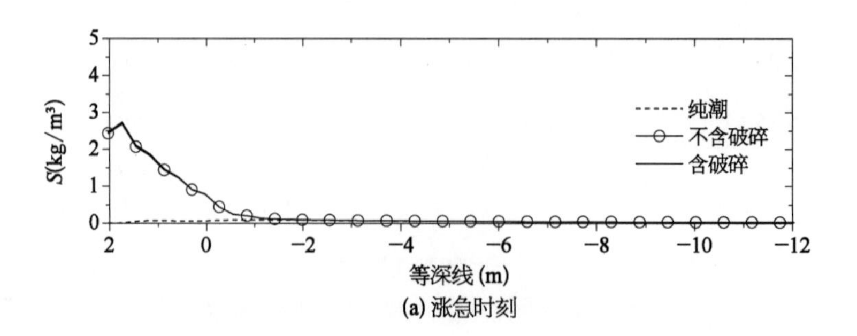

(a) 涨急时刻

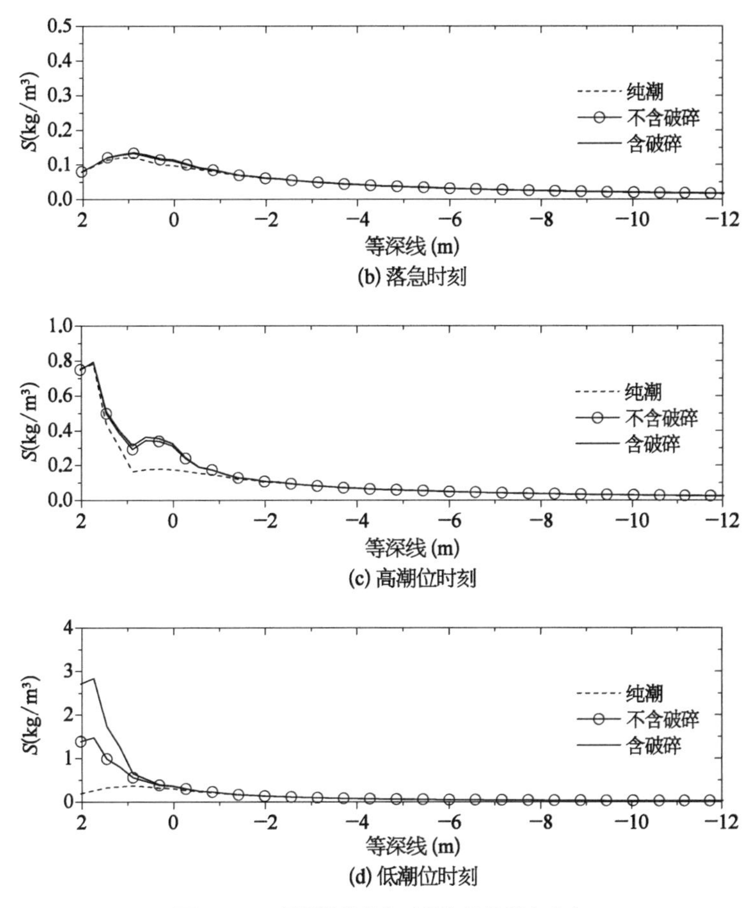

(b) 落急时刻

(c) 高潮位时刻

(d) 低潮位时刻

图 3-6 4级风况条件各时刻含沙量横向分布

假定波浪底部剪切力产生的含沙量大于 0.5 kg/m³处为其对含沙量开始产生显著作用位置,则可以定量确定全潮过程中波浪底部剪切力的最大影响范围(表 3-1 和图 3-7)。从图 3-7 可见,不同风况条件下,底部剪切力的影响范围呈非线性变化趋势。当风级较小,从 4 级增大到 5 级时,底部剪切力影响范围仅从 0 m 等深线位置扩大到−1.9 m 等深线位置;当风级从 5 级增大到 6 级和 8 级时,底部剪切力的影响范围扩大很快,分别达到−6.3 m 和−16 m 等深线位置。8 级风况下在−16 m 等深线处仍然有较高的含沙量,可能跟潮流的输送作用有关。这种风级越大波浪影响范围扩大越快的现象,反映了大风天气对粉沙质海岸港口航道危害更大的事实。

表 3-1 各种风况条件下波浪影响范围(根据等深线位置确定)

波浪影响情况	8 级风	6 级风	5 级风	4 级风
底部剪切力影响范围	−16 m 以内	−6.3 m 以内	−1.9 m 以内	0 m 以内
破碎因素影响范围	−10 m 以内	−3.5 m 以内	−0.5 m 以内	1 m 以内
最大含沙量位置	−4 m 以内	−1 m 以内	0 m 以内	1 m 以内

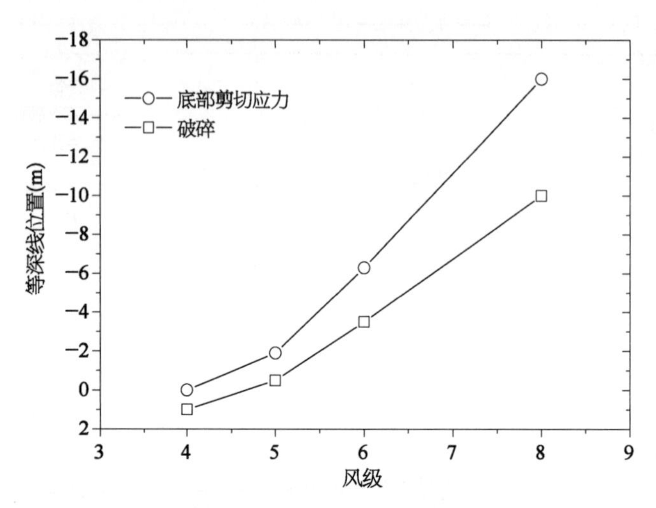

图 3-7　不同风况下波浪底部剪切力和破碎因素影响范围

假定波浪破碎产生的含沙量大于 0.3 kg/m³ 处为其对含沙量开始产生显著作用位置，则可以定量确定全潮过程中波浪破碎因素的最大影响范围(表 3-1 和图 3-7)。从图 3-7 可见，不同风况条件下，破碎因素的影响范围也呈非线性变化趋势。4 级风况时，很多时候波浪可能不破碎或破碎强度非常弱，其影响范围很小，仅在 1 m 等深线以内。5 级风况时，破碎因素影响范围扩大到－0.5 m 等深线以内。6 级和 8 级时，破碎因素影响范围明显扩大，分别达到－3.5 m 和－10 m 等深线位置。另外，比较波浪底部剪切力和破碎因素影响范围扩大程度，可见随着风级的增大，底部剪切力影响范围扩大得更快(图 3-7)。

为了更清楚地显示不同风况下波浪底部剪切力和破碎因素对含沙量横向分布的影响。表 3-2～表 3-6 分别显示了各时刻及全潮平均时不同等深线位置处波浪底部剪切力和破碎因素产生含沙量占总含沙量的比例。两项相加即为波浪产生的含沙量占总含沙量的比例，剩余部分为潮流产生的含沙量比例。黄骅港附近海域等深线通常以理论最低潮面为基准面，理论最低潮面低于平均海平面 2.4 m。因此，1 m、0 m、－2 m、－4 m、－6 m、－8 m 和－10 m 等深线位置离岸距离分别为 3.22 km、5.52 km、10.12 km、14.72 km、19.32 km、23.92 km 和 28.52 km。表中数据定量地反映了前面的结论。特别的是，从表中可见，8 级大风情况时，虽然波浪破碎作用范围较大(远达－10 m 等深线)，但破碎作用对泥沙悬浮的作用有限，在－6～－10 m 等深线间波浪破碎产生的含沙量占总含沙量的比例在 11%～33%；6 级大风时，在－2 m 等深线处破碎产生的含沙量占总含沙量的比例最大为 24%；风级较小时，如 5 级风况和 4 级风况情况下，波浪在－2 m 等深线以外几乎不存在破碎，破碎波对含沙量几乎没有贡献。图 3-8 直观地反映了不同风况下破碎因素在不同等深线处对总含沙量贡献比例的变化。由此可见，大风情况下，虽然波浪破碎作用范围较广，但除近岸区域外，其对总含沙量的贡献有限，波浪底部剪切力仍然起着重要作用。

表 3-2　涨急时刻各等深线处剪切力和破碎产生含沙量占总含沙量比例

等深线位置		1 m	0 m	−2 m	−4 m	−6 m	−8 m	−10 m
8级风	底部剪切	8%	37%	66%	72%	74%	79%	84%
	破碎	91%	61%	32%	27%	25%	19%	14%
6级风	底部剪切	10%	46%	86%	90%	87%	81%	75%
	破碎	88%	52%	12%	7%	6%	5%	0
5级风	底部剪切	27%	95%	82%	52%	22%	8%	3%
	破碎	71%	3%	0	0	0	0	0
4级风	底部剪切	92%	91%	10%	1%	0	0	0
	破碎	2%	0	0	0	0	0	0

表 3-3　落急时刻各等深线处剪切力和破碎产生含沙量占总含沙量比例

等深线位置		1 m	0 m	−2 m	−4 m	−6 m	−8 m	−10 m
8级风	底部剪切	39%	46%	60%	64%	67%	78%	86%
	破碎	50%	49%	38%	35%	31%	21%	12%
6级风	底部剪切	40%	47%	63%	86%	82%	75%	60%
	破碎	47%	48%	33%	9%	8%	4%	0
5级风	底部剪切	32%	40%	50%	24%	9%	3%	1%
	破碎	46%	47%	6%	0	0	0	0
4级风	底部剪切	8%	11%	1%	0	0	0	0
	破碎	2%	3%	0	0	0	0	0

表 3-4　高潮位时刻各等深线处剪切力和破碎产生含沙量占总含沙量比例

等深线位置		1 m	0 m	−2 m	−4 m	−6 m	−8 m	−10 m
8级风	底部剪切	44%	54%	67%	69%	73%	81%	87%
	破碎	47%	42%	32%	29%	25%	17%	11%
6级风	底部剪切	48%	60%	75%	90%	85%	77%	67%
	破碎	42%	36%	22%	7%	6%	1%	0
5级风	底部剪切	53%	65%	64%	34%	14%	5%	2%
	破碎	34%	27%	3%	0	0	0	0
4级风	底部剪切	40%	41%	3%	0	0	0	0
	破碎	6%	4%	0	0	0	0	0

表 3-5　低潮位时刻各等深线处剪切力和破碎产生含沙量占总含沙量比例

等深线位置		1 m	0 m	−2 m	−4 m	−6 m	−8 m	−10 m
8级风	底部剪切	52%	56%	61%	63%	65%	73%	83%
	破碎	41%	38%	36%	35%	33%	25%	15%

(续表)

等深线位置		1 m	0 m	−2 m	−4 m	−6 m	−8 m	−10 m
6 级风	底部剪切	57%	61%	67%	78%	83%	74%	64%
	破碎	36%	33%	28%	16%	7%	3%	0
5 级风	底部剪切	64%	66%	50%	28%	11%	4%	2%
	破碎	26%	18%	9%	5%	0	0	0
4 级风	底部剪切	29%	14%	1%	0	0	0	0
	破碎	14%	3%	0	0	0	0	0

表 3-6　全潮平均时各等深线处剪切力和破碎产生含沙量占总含沙量比例

等深线位置		1 m	0 m	−2 m	−4 m	−6 m	−8 m	−10 m
8 级风	底部剪切	36%	48%	64%	67%	70%	78%	85%
	破碎	57%	48%	35%	32%	29%	21%	13%
6 级风	底部剪切	39%	54%	73%	86%	84%	77%	67%
	破碎	53%	42%	24%	10%	7%	3%	0
5 级风	底部剪切	44%	67%	62%	35%	14%	5%	2%
	破碎	44%	24%	5%	1%	0	0	0
4 级风	底部剪切	42%	39%	4%	0	0	0	0
	破碎	6%	3%	0	0	0	0	0

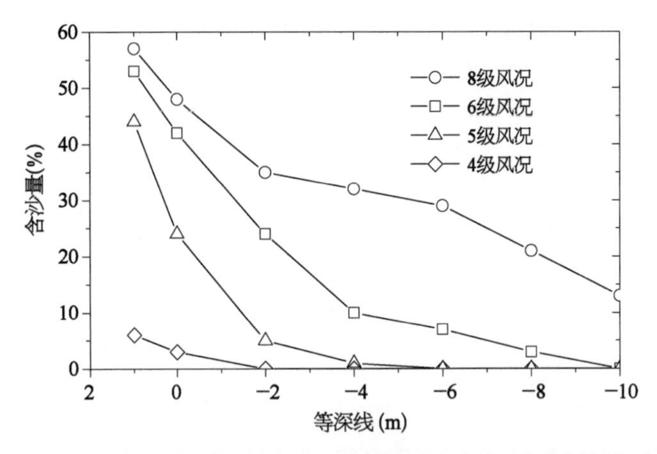

图 3-8　不同风况下波浪破碎在不同等深线处产生含沙量占总含沙量比例

3.3　含沙量垂向分布特征

3.3.1　潮流作用下含沙量垂线分布[12]

潮流是海水质点在引潮力作用下的水平运动。虽然潮流流速随潮位也呈周期性变化，但是在研究泥沙垂向分布时，相对于泥沙的响应时间，潮流的周期性可以忽略，潮流作用下的泥沙运动与河流中没有本质上的差别，可以近似认为是单向水流作用下的泥沙运动，这里采用有限掺混长度理论研究单向水流作用下悬移质含沙量的分布。

3.3.1.1 有限掺混长度理论

1) 基于有限掺混长度理论的紊动扩散

根据普朗特的掺混长度理论，试设想有一个水团（或质团）在流场中做随机性运动，水团在运动过程中将保持起始点所具有的各种水流性质（如动量、热量、含沙量等），直到它在垂直于水流的方向经过一个距离 l 后终止行程并和当地水流相混合时，性质才发生急剧改变，失去原有特性而和当地的平均性质取得一致。假设水团起始点和终点平均性质的差别等于这一性质在终点的脉动，则这一距离 l 相当于漩涡在水流垂直方向的生命跨度，称为紊流的掺混长度。以泥沙运动为例（图 3-9），根据质量守恒原理，当有水团以速度 w_m（称为掺混速度）从 $z-l/2$ 运动到 $z+l/2$ 位置时，必有相应体积的水团从 $z+l/2$ 运动到 $z-l/2$ 位置，可假设两个水团在垂向上的运动速度大小相同，则两个水团同时到达位置 z 处，单位时间内在垂直方向上通过单位面积的含沙量（即位置 z 处紊动扩散产生的泥沙通量）为

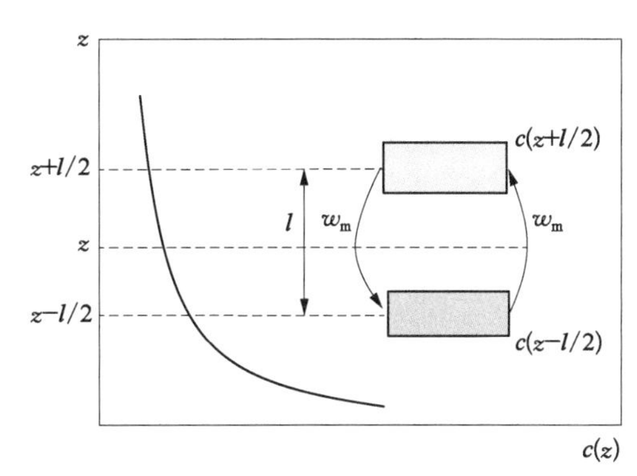

图 3-9 有限掺混长度理论示意图

$$q_m = w_m[c(z-l/2) - c(z+l/2)] \tag{3-1}$$

一般情况下，由于垂线方向泥沙浓度呈上小下大的分布特点，上下运动的水团将导致向上的泥沙净通量。按照扩散理论，平衡状态下这种紊动扩散由泥沙重力所平衡，即

$$q_m - \omega_s c(z) = 0 \tag{3-2}$$

式中 ω_s ——泥沙颗粒的沉降速度。

由于紊流中流体质点（或质团、微团）的运动与分子运动一样具有随机性，并且水流中的动量、热量、含沙量等性质呈现出和分子扩散相似的现象，即各种量均呈现出从高含量处向低含量处运动的性质，因此很多研究将成功解释分子扩散现象的菲克定律借用到紊流引起的扩散研究中。以泥沙悬浮运动为例，可以认为单位时间内在垂直方向上由于紊动产生的泥沙通量与泥沙浓度梯度成比例，即

$$q_m = -\varepsilon_{\mathrm{Fick}} \frac{\mathrm{d}c}{\mathrm{d}z} \tag{3-3}$$

式中 $\varepsilon_{\mathrm{Fick}}$ ——泥沙扩散系数，角标 Fick 表示遵循菲克定律的形式，负号表示扩散方向和浓度梯度方向相反。

由式(3-2)和式(3-3)可以得目前广泛应用的一维扩散方程：

$$\varepsilon_{\text{Fick}} \frac{\partial c}{\partial z} + \omega_s c = 0 \tag{3-4}$$

考虑边界条件，将上式积分得

$$c(z) = c(z_c) e^{-\int_{z_c}^{z} \frac{\omega_s}{\varepsilon_{\text{Fick}}} dz} \tag{3-5}$$

式中　$c(z_c)$——参考点浓度；

z_c——参考点高度。

由此可知，求解式(3-5)的关键在于建立合理的扩散系数表达式和准确确定参考浓度。

虽然紊流中流体质点的运动可以类比于分子的随机运动，但是两者还是有一定区别的。Taylor 用拉格朗日方法研究单个质点在均匀紊流中紊动扩散时，指出菲克定律只有在 $t/T_L \to \infty$，即质点掺混所需时间远远大于摆脱历史影响所需时间才有效：

$$\vec{q_m} = -w'^2 T_L \cdot \text{grad}\, c \tag{3-6}$$

式中　t——掺混时间；

T_L——拉格朗日积分时间尺度(Lagrangian integral time scale)表征流体质点摆脱历史影响所必须经历的时间度量；

w'——扩散速度。

该条件在空间上表现为：

$$l/L \to 0 \tag{3-7}$$

其中，掺混长度 $l \approx w' T_L$，L 为 t 时刻内分子运动的距离。该条件表明，掺混长度与质点的位置、平均流速无关。然而紊流中情况复杂，很多时候菲克定律不能严格满足掺混长度既是位置又是流速场的函数，相对于研究对象的分布尺度并不是无穷小。为了区别于满足菲克定律的掺混长度，Nielsen 和 Teakle 将紊流中的掺混长度称为有限掺混长度。

正如文献[10]中所述："动量交换更多地通过小尺度漩涡完成，而泥沙的扩散则主要是较大尺度紊动的交换作用。这样，虽然同样都是建立在掺混长度理论基础上，但流速分布比含沙量分布更为可靠一些。"因为漩涡尺度越大，掺混长度也越大，所以泥沙扩散更容易不满足扩散定律。漩涡运动和泥沙扩散是水流挟沙过程的两个方面，前者为后者提供动力条件，两者必然存在联系，也存在差异。因此，泥沙研究中通常用施密特数 S_c (Schmidt number，$S_c = v_T/\varepsilon$) 或修正系数 $\beta(\beta = 1/S_c)$ 来修正紊动涡黏系数 $v_T = w_m l$ 的方法得到扩散系数 ε。然而，从已知的悬移质浓度垂线分布数据，利用传统的扩散方程反推扩散系数或 β，结果常常相互矛盾或没有规律性[10]。除去试验本身的误差外，泥沙扩散悬浮机理自身的不完善是造成相互矛盾结果的根本原因。刘大有基于一般两相流的双流体模型分析了传统扩散方程的不足，认为传统泥沙运动理论的缺陷主要是因为引入菲克定律引起的，其次是扩散模型本身的近似。倪晋仁和梁林讨论了传统扩散理论在描述泥沙颗粒垂线分布时的不足，并指出动理学在悬浮泥沙运动研究中的应用前景。傅旭东和王光谦以两相流模型为基础，定量分析了传统泥沙扩散方程的内在误差。这些研究工作都表明，从根本上完善泥沙扩散悬浮机理必须解决菲克定律局限性的问题。

为了避免菲克定律的局限性，Nielsen 和 Teakle 对式(3-1)进行泰勒展开得

$$q_{\mathrm{m}}=-w_{\mathrm{m}}l\left(\frac{\mathrm{d}c}{\mathrm{d}z}+\frac{l^2}{24}\frac{\mathrm{d}^3c}{\mathrm{d}z^3}+\cdots\right)=-w_{\mathrm{m}}l\frac{\mathrm{d}c}{\mathrm{d}z}\left(\sum_{n=1}^{\infty}\left[\frac{l^{(2n-2)}}{(2n-1)!\ 2^{(2n-2)}}\frac{\frac{\mathrm{d}^{(2n-1)}c}{\mathrm{d}z^{(2n-1)}}}{\frac{\mathrm{d}c}{\mathrm{d}z}}\right]\right) \tag{3-8}$$

由式(3-2)和(3-8)得

$$w_{\mathrm{m}}l\left(\frac{\mathrm{d}c}{\mathrm{d}z}+\frac{l^2}{24}\frac{\mathrm{d}^3c}{\mathrm{d}z^3}+\cdots\right)+\omega_{\mathrm{s}}c=0 \tag{3-9}$$

则表观扩散系数(满足菲克定律形式的扩散系数)应为

$$\varepsilon_{\mathrm{Fick}}=w_{\mathrm{m}}l\left[1+\frac{l^2}{24}\frac{\frac{\mathrm{d}^3c}{\mathrm{d}z^3}}{\frac{\mathrm{d}c}{\mathrm{d}z}}+\cdots\right] \tag{3-10}$$

由此可见，挟沙水流中的扩散系数不仅与掺混长度 l、掺混速度 w_{m} 有关，而且与浓度的高阶导数也有关，传统扩散理论未能反映这一点。

2) 均匀紊流中的紊动扩散

为了更清楚地认识扩散与浓度高阶导数相关项的关系，应考虑均匀紊流(homogenous turbulence flow)的情况。均匀紊流中，紊流在空间各点的统计特征值都一样，即不随坐标值改变，此时掺混长度 l 和掺混速度 w_{m} 为常数。可假设浓度分布具有如下形式：

$$c(z)=c(z_{\mathrm{c}})e^{-(z-z_{\mathrm{c}})/L_{\mathrm{c}}} \tag{3-11}$$

式中　L_{c}——泥沙浓度分布尺度；

z_{c}——参考浓度高度。

将式(3-11)代入式(3-8)可得

$$q_{\mathrm{m}}=-w_{\mathrm{m}}l\frac{\mathrm{d}c}{\mathrm{d}z}\left[2\frac{L_{\mathrm{c}}}{l}\sinh\left(\frac{l}{2L_{\mathrm{c}}}\right)\right]=-w_{\mathrm{m}}l\frac{\mathrm{d}c}{\mathrm{d}z}\left[1+\frac{1}{24}\left(\frac{l}{L_{\mathrm{c}}}\right)^2+\cdots\right] \tag{3-12}$$

由式(3-12)可知，只有在 $l/L_{\mathrm{c}}\rightarrow 0$ 时紊动掺混过程才满足菲克定律，其在形式上才与式(3-3)一致。进一步结合式(3-2)和式(3-10)分别得

$$L_c=\frac{l}{2\sinh^{-1}\left(\frac{\omega_s}{2w_m}\right)}=\frac{lw_m}{\omega_s}\left[1+\frac{1}{24}\left(\frac{\omega_s}{w_m}\right)^2-\cdots\right] \tag{3-13}$$

$$\varepsilon_{Fick}=\frac{\omega_s l}{2\sinh^{-1}\left(\frac{\omega_s}{2w_m(z)}\right)}=w_m l\left[1+\frac{1}{24}\left(\frac{\omega_s}{w_m}\right)^2+\cdots\right] \tag{3-14}$$

式(3-14)说明，即使在均匀紊流条件下，泥沙扩散系数也不只是仅与水流条件有关，还与泥沙的沉降速度有关。这样修正系数可表示为

$$\beta=\left[1+\frac{1}{24}\left(\frac{\omega_s}{w_m}\right)^2+\cdots\right] \tag{3-15}$$

相似的，van Rijn 在研究明渠流中泥沙运动规律时，认为修正系数 β 与摩阻流速 u_*、沉降速度有关，即

$$\beta=1+2\left[\frac{\omega_s}{u_*}\right]^2 \qquad \left(0.1<\frac{\omega_s}{u_*}<1\right) \tag{3-16}$$

式(3-15)和式(3-16)都反映出表观扩散系数随泥沙沉降速度与某个特征速度比值的增大而增大。扩散是紊流中普遍存在的性质，均匀紊流中某些性质又常常可以推广到非均匀紊流中，因此不妨假设式(3-15)也适用于明渠水流，则此时掺混速度 w_m 是水深 z 的函数，修正系数 β 也应为 z 的函数。由此可见，至少在形式上式(3-15)更为合理。

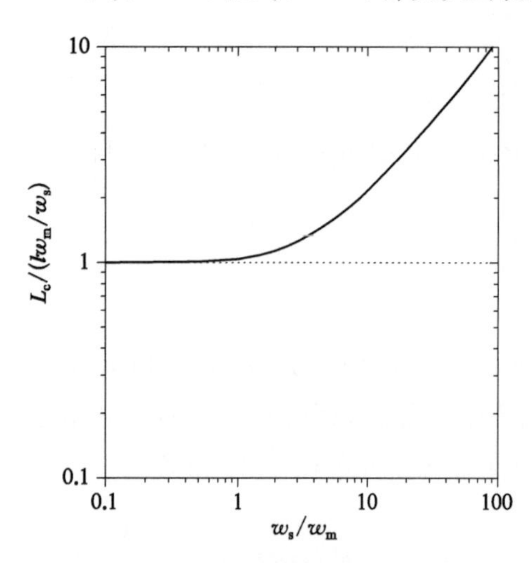

图 3-10　均匀紊流中有限掺混长度模型的 L_c 和菲克定律的 L_c 的比较

下面通过浓度分布尺度 L_c 的比较，表明采用菲克定律可能带来的误差。按照菲克定律，浓度分布尺度应为 lw_m/ω_s。如图 3-10 所示，在 $\omega_s/w_m\leqslant 1$，即沉降速度小于或相当于扩散速度时，两种 L_c 非常接近，菲克定律适用；在 $\omega_s/w_m>1$ 时，两种 L_c 偏差越来越明显。

3.3.1.2　水流作用下的悬沙分布

1) 掺混速度和掺混长度

从式(3-9)可知，有限掺混扩散模型建立的关键是合理确定掺混速度 w_{mc} 和掺混长度 l_c（角标 c 表示水流条件，区别于波浪条件）。

下面首先确定掺混速度 w_{mc}。紊流中漩涡的运动对于水体主要表现为动量的交换，从而决定速度分布；而对于泥沙则起到使之产生紊动扩散的作用，从而决定浓度分布。泥

沙和水体都是构成漩涡运动的实体，有近似相同的垂向运动速度。Ni 和 Wang 根据 Hino 和 Yalin 的研究结果，指出泥沙对紊动强度的影响是轻微的，可以忽略。因此，可近似由水流垂向脉动强度确定泥沙的垂向扩散速度。

这里采用 Nezu 和 Nakagawa 的明渠水流紊动强度分布公式来表示垂向掺混速度：

$$w_{mc} \approx \sqrt{\overline{v'^2}} = 1.27u_{*c}\exp(-z/h) \tag{3-17}$$

式中　v'——水体垂向脉动速度；

u_{*c}——水流摩阻流速；

h——水深。

对于掺混长度，根据卡门紊流相似假说可知

$$l_c = \kappa\left|\frac{du/dz}{d^2u/dz^2}\right| \tag{3-18}$$

式中　κ——卡门常数；

u——水平方向流速。

根据普朗特的掺混长度理论可知

$$\tau = \rho l_c^2 \frac{du}{dz}\left|\frac{du}{dz}\right| \tag{3-19}$$

式中　τ——剪切应力；

ρ——流体密度。

由式(3-18)和式(3-19)可得

$$\tau = \rho\kappa^2 \frac{(du/dz)^4}{(d^2u/dz^2)^2} \tag{3-20}$$

可见，只要能够确定剪切应力分布，就能根据式(3-20)确定 du/dz，进而根据式(3-18)得到掺混长度 l。

大量研究表明，明渠流中无论是清水还是挟沙水流，剪切应力都基本呈线性分布，即

$$\tau = \tau_0\left(1-\frac{z}{h}\right) \tag{3-21}$$

式中，$\tau_0 = \rho u_{*c}^2$ 为床面剪切应力。因此，可得掺混长度分布为

$$l_c = 2\kappa h\left[\left(1-\frac{z}{h}\right)^{\frac{1}{2}} - \left(1-\frac{z}{h}\right)\right] \tag{3-22}$$

另外，根据式(3-18)和式(3-22)可解得与《泥沙运动力学》(钱宁，万兆惠，1983)中公式(7.33)相同的流速分布：

$$\frac{u_{\max}-u}{u_{*c}}=-\frac{1}{\kappa}\left\{\left(1-\frac{z}{h}\right)^{1/2}+\ln\left[1-\left(1-\frac{z}{h}\right)^{1/2}\right]\right\} \tag{3-23}$$

式中　$u_{\max}$——水面处的流速。

这表明上述掺混长度分布表达式是合理的。

垂向上某一位置处的掺混长度实际上是该位置处可能出现的不同尺度紊动漩涡大小的平均量度，不同考察对象平均的结果不相同。对于水体而言，作为紊动的载体，几乎所有尺度的漩涡都参与动量传递，掺混长度是所有漩涡的平均量度，可称为水体掺混长度；对于泥沙而言，并不是所有漩涡都能挟带泥沙，只有那些尺度足够大、能量足够高的漩涡才可以，这样反映泥沙扩散的掺混长度是那些尺度相对较大的漩涡的平均量度，可称为泥沙掺混长度。单从泥沙粒径大小考虑，颗粒越大，所需的能够挟带泥沙的漩涡的最小尺度也越大，则平均量度越大，掺混长度也越大。实际情况下这种平均可能更为复杂，和漩涡所能挟带的泥沙量也相关，宏观上表现为与泥沙浓度相关。随着浓度的增大，泥沙对紊动的制约作用越来越明显，水体掺混长度随浓度增加而减小(卡门常数减小)，由于泥沙以水体为载体，其掺混长度也必然随浓度增加而减小。此外，泥沙浓度分布通常上小下大，浓度梯度进一步起到抑制掺混的作用，这种抑制可能对泥沙本身影响更为明显，导致泥沙掺混长度进一步减小。当泥沙浓度足够大，梯度抑制作用足够明显时，泥沙掺混长度将可能小于水体掺混长度。对于易于悬浮的细颗粒泥沙，由于其掺混长度本身与水体掺混长度接近，而且相同浓度时颗粒间相互作用更为明显，所以细颗粒泥沙更容易表现出泥沙掺混长度小于水体掺混长度的现象。以上图案的描述含有假设成分，但总体上讲与目前人们的认识还是相一致的，即动量交换更多地通过小尺度漩涡来完成，而泥沙扩散则主要通过较大尺度紊动交换来实现。

清水中，卡门常数 κ 不因流量、平均流速和边界条件(包括几何尺寸和粗糙度)而变；挟沙水流中，卡门常数因挟沙量的大小及其沿垂线的分布而异。挟沙水流中卡门常数变化规律的研究是以水体为考察对象，反映泥沙的存在对水流结构的影响。式(3-22)正是以水体为研究对象推导的掺混长度。当以泥沙为考察对象时，按照上面描述的图画，泥沙掺混长度应该有别于水体掺混长度，但因为水体和泥沙是同一过程的两个参与者，所以可假设这种差异通常局限在数量上，而分布形式上是一致的。于是，根据式(3-22)得到泥沙掺混长度分布：

$$l_c=2\kappa_s h\left[\left(1-\frac{z}{h}\right)^{\frac{1}{2}}-\left(1-\frac{z}{h}\right)\right] \tag{3-24}$$

式中　κ_s——泥沙掺混长度系数，需根据试验来确定。

2) 含沙量对泥沙沉降速度的影响

水体中如果同时存在许多泥沙颗粒，有一定的含沙浓度，则对任何一颗泥沙来说，其他颗粒的存在将对它的沉降产生影响，此时的泥沙沉降速度称为群体沉降速度。对非黏性泥沙而言，泥沙浓度对泥沙沉降速度通常产生制约作用，浓度越大，群体沉降速度越小。

为了反映泥沙浓度对颗粒沉降速度的影响，这里及后面波浪、波流共同作用下的模型都采用Cheng的群体沉降速度公式：

$$\omega_s = \omega_{s0}(1 - c_V)^n \tag{3-25}$$

$$n = \frac{\ln\left(\dfrac{2-2c_V}{2-3c_V}\right) + 1.5\ln\left\{\dfrac{\sqrt{25 + \left[\dfrac{(1-c_V)(2-3c_V)^2}{4+4\Delta c_V}\right]^{2/3}(R^{4/3}+10R^{2/3})} - 5}{\sqrt{25+R^{4/3}+10R^{2/3}} - 5}\right\}}{\ln(1-c_V)} \tag{3-26}$$

式中　ω_{s0}——泥沙颗粒在静水中沉降速度；

c_V——泥沙体积浓度；

n——沉降速度抑制系数；

$\Delta = (\rho_s - \rho)/\rho$，其中 ρ_s 和 ρ 分别为泥沙和水的密度。

R 的表达式为

$$R = (\sqrt{25 + 1.2d_*^2} - 5)^{1.5} \tag{3-27}$$

式中　$d_* = (\Delta g/\nu^2)^{1/3} d$；

g——重力加速度；

ν——运动黏滞系数；

d——泥沙粒径。

3）泥沙粒径和浓度对泥沙掺混长度的影响

下面结合Coleman、Lyn、Wang、Qian及周家俞的泥沙试验资料定量分析泥沙粒径和浓度对泥沙掺混长度的影响，并验证本模型的合理性。试验基本参数见表3-7。

表3-7　试验基本参数

组　次	u_*(m/s)	d(mm)	h(m)	κ
C-105	0.041	0.105	0.169～0.173	0.230～0.340
C-210	0.041	0.21	0.167～0.172	0.260～0.400
C-420	0.041～0.045	0.42	0.167～0.174	0.341～0.280
L-150	0.036	0.15	0.065	—
W-150	0.073 7～0.074 1	0.15	0.08	—
Z-64	0.033～0.036 5	0.064	0.111～0.136	—

除C-105组次中的9组、W-150和L-150组次中试验数据用于验证外，选取其余数据进行分析。选择合理的 κ_s 值，并以靠近床面的测量点浓度作为参考浓度，利用局部均

匀近似法计算泥沙浓度垂线分布。从计算结果和测量值的比较来看,两者吻合较好,除去 κ_s 取值的因素,至少说明该模型能够反映泥沙浓度垂线分布特征(图 3-11)。因此,进一步分析 κ_s 取值的规律是模型能够应用到实践中的关键。

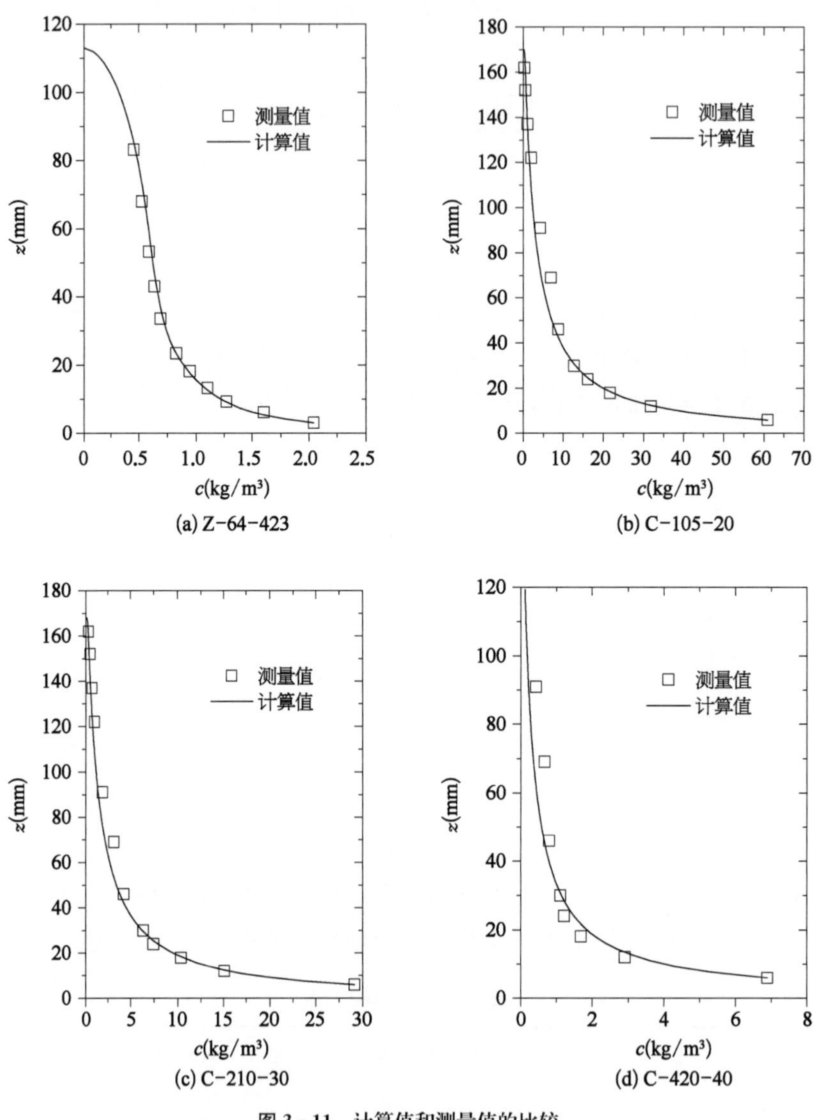

图 3-11 计算值和测量值的比较

图 3-12 显示了泥沙掺混长度系数 κ_s 与水深平均浓度的关系。可见,在试验范围内,泥沙粒径相同情况下,泥沙掺混长度系数 κ_s 与水深平均浓度 C_{mean} 的对数值呈线性关系,平均含沙量越大,掺混长度越小。当泥沙浓度足够低时,可认为泥沙的存在对水流结构没有影响,即 $\kappa=0.4$。此时,按照前面描述的情况,由于泥沙颗粒比水重,泥沙掺混长度应该大于水体掺混长度,即 $\kappa_s>0.4$。从图 3-12 趋势线的外推来看,低浓度时泥沙掺混长度系数均大于 0.4,并且同浓度时泥沙粒径越大,κ_s 也越大,这与前面的推论是一致的。

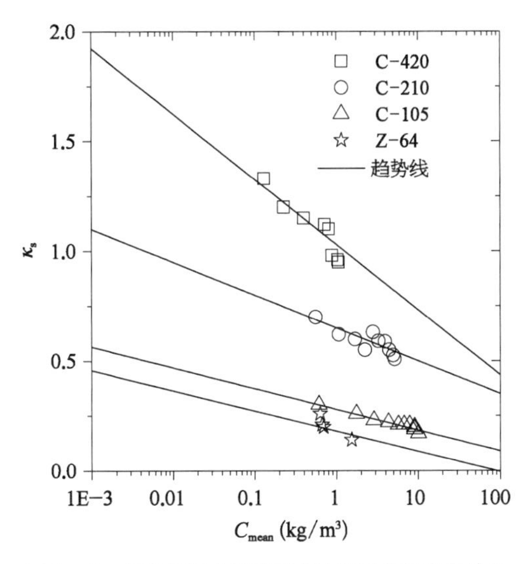

图 3-12 泥沙掺混长度系数和水深平均浓度的关系

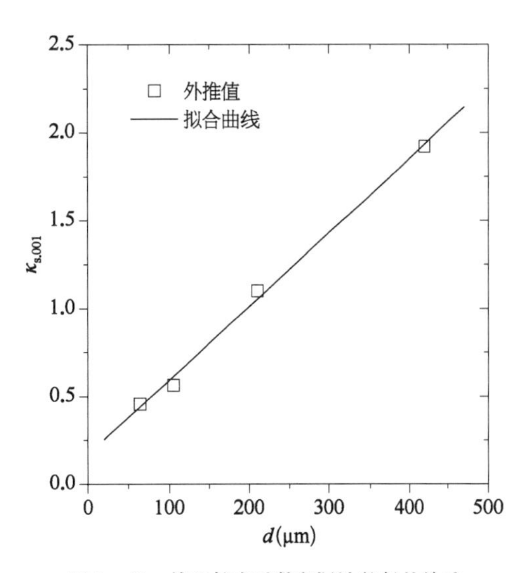

图 3-13 掺混长度系数和泥沙粒径的关系

（$\kappa_{s,001}$表示泥沙水深，平均浓度为 0.001 kg/m³ 时的泥沙掺混长度系数）

将水深平均浓度为 0.001 kg/m³时的 κ_s 记为 $\kappa_{s,001}$，并认为 $\kappa_{s,001}$ 仅与泥沙粒径相关（图 3-13），则两者关系可近似表示为

$$\kappa_{s,001} = 0.171\,52 + 0.004\,2d \qquad (64\ \mu\text{m} \leqslant d \leqslant 420\ \mu\text{m}) \tag{3-28}$$

式中 d——泥沙粒径（μm）。

泥沙粒径越小越容易悬浮，随水体运动性也越好，$\kappa_{s,001}$ 也越接近卡门常数。

由于泥沙掺混长度系数 κ_s 与水深平均浓度 C_{mean} 的对数值呈线性关系，则 κ_s 随浓度增大而减小的快慢（即趋势线的斜率 a）与浓度本身无关，仅与泥沙自身特性（即粒径）有关。泥沙粒径越大，随着浓度的增大，泥沙掺混长度减小的也越快。趋势线斜率与泥沙粒径的关系如图 3-14 所示，可表示为

$$a = -0.015\,3 - 4.67 \times 10^{-4} d + 1.98 \times 10^{-6} d^2 - 3.63 \times 10^{-9} d^3 \tag{3-29}$$

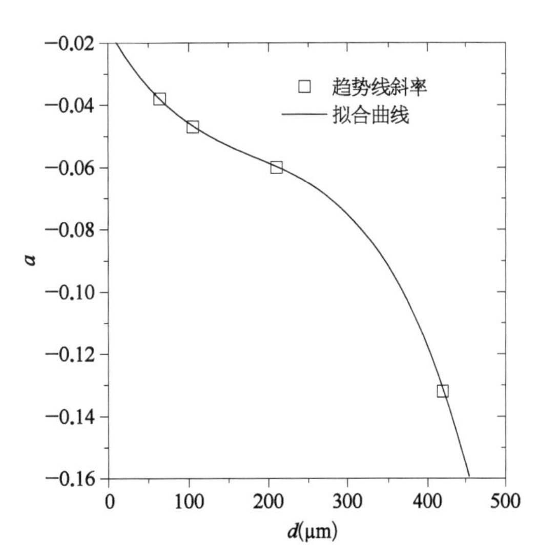

图 3-14 趋势线斜率与泥沙粒径的关系

式中 d——泥沙粒径（μm）。

根据式（3-28）和式（3-29）可得泥沙掺混长度系数 κ_s：

$$\kappa_s = a[\ln(C_{mean}) - \ln(0.001)] + \kappa_{s,001} \tag{3-30}$$

综上所述，式（3-5）、式（3-14）、式（3-17）、式（3-24）、式（3-25）和式（3-30）构成

了完整的悬沙分布模型。除特别说明外，模型中变量均取国际单位。由于式(3－30)中包含的水深平均浓度 C_{mean} 未知，所以需要试算。不妨先用局部均匀近似法以 $\kappa_s=0.4$ 计算出浓度分布和水深平均浓度，然后根据该水深平均浓度由式(3－30)计算 κ_s，再次用局部均匀近似法计算浓度分布，如此迭代循环，直到浓度分布收敛。

下面采用前面分析中没有用到的 Lyn、Wang 和 Qian 试验数据对该模型进行简单验证。图 3－15 为模型计算结果和测量值的比较，结果显示该模型能够较精确地给出泥沙浓度垂线分布。另外，式(3－28)～式(3－30)的适用范围依赖于现有的试验数据，其在更大范围的适用性有待进一步验证和研究。

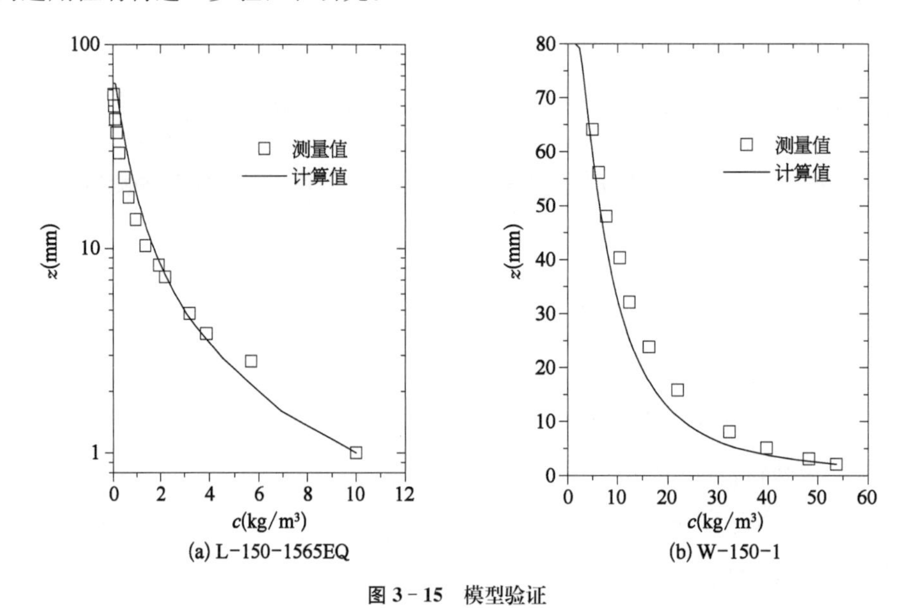

图 3－15　模型验证

假设泥沙扩散系数等于清水紊流的动量交换系数，即泥沙扩散系数在垂向上呈抛物线形式分布，则根据扩散方程式(3－4)可得著名的 Rouse 公式。Rouse 公式在应用上获得了巨大成功，但也存在缺点。基于有限掺混长度概念的悬沙分布模型克服了传统模型中的一些不足，与 Rouse 公式计算结果比较，表观扩散系数能够更为真实地反映了泥沙的扩散能力(图 3－16)。

3.3.2　波浪作用下含沙量垂线分布

与单向水流运动情况相比，波浪有其独特的运动特性：① 波浪是非恒定的；② 与单向水流相比，单向水流中边界层能够得到充分发展，而在全部水深上都存在黏性剪切应力(层流情况)或紊流剪切应力(紊流情况)，水流流速沿深度方向的分布都受这种剪切应力的控制。对于周期性的振荡波浪水流，水流在较短的时间内正负交变，边界层得不到充分发展，只有在床面附近较薄的一层受到床面影响而存在剪切应力，形成近底边界层。超出此层以后的水流受壁面的影响可以忽略不计，剪切应力接近为零，因此可以作为无旋运动

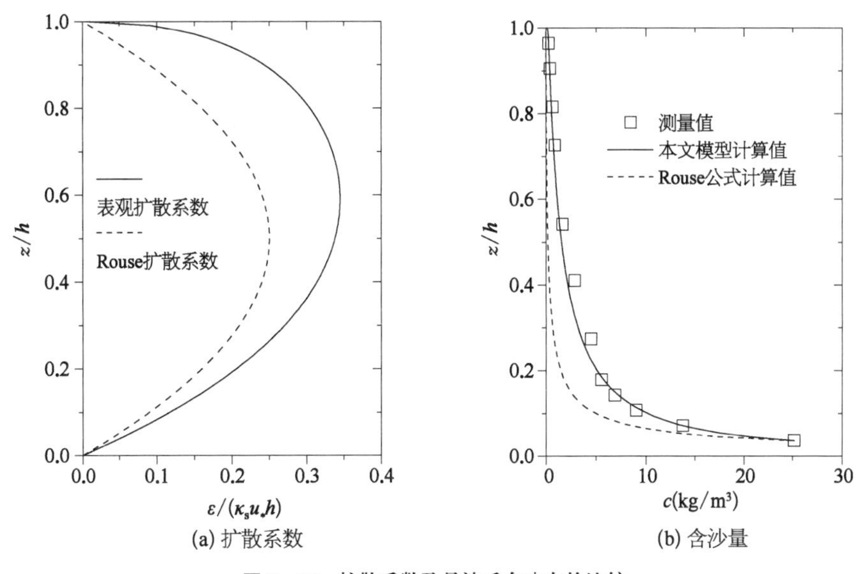

图 3-16　扩散系数及悬沙垂向分布的比较

来对待,流速场可用势流函数来描述。为此,有关波浪作用下悬移质含沙量分布的研究,也应充分考虑上述波浪运动规律。

3.3.2.1　模型的建立

波浪作用下的泥沙起悬是由近床面波浪边界层的紊动作用所造成的。根据床面条件的不同,紊动作用可以划分为两种形式:当床面出现沙纹时,悬沙是由沙纹背面形成的漩涡挟带泥沙,以泥沙云的形式周期性跃起而产生;当波浪强度较大,沙纹消失而床面产生层移运动时,床面有一薄层产生高强度输沙,泥沙则以猝发的形式跃起。不论是泥沙云,还是猝发体,实质上都是挟带泥沙的漩涡,只是不同条件下漩涡的产生方式不同而已,在数学模型中常表现为摩阻系数的不同。沙纹床面上的摩擦阻力除了表面摩阻外,还增加了形状阻力。这些挟沙漩涡一经脱离床面便开始形成泥沙的扩散,其自身的强度也开始减弱,这使床面边界层附近的水体含有大量的泥沙。

正如上面所述,由于波浪运动的短周期往复流性质,波浪边界层得不到充分发展,紊动强度随高度的增加衰减很快,以至于在边界层外可以忽略紊动的影响,直接采用势流理论来描述波浪水流的速度场。而泥沙浓度的衰减并没有紊动强度衰减那么快,甚至整个水体都会有泥沙存在。这说明,在紊动强度很弱的上部水体存在另外一种动力因素支持泥沙悬浮。Kennedy 和 Locher(1972)认为在上部水体波浪水质点的轨迹运动是支持泥沙悬浮的主要动力因素。Kos'yan(1985)将波浪作用下泥沙悬浮的因素划分为三类:边界层中产生的紊动、垂向速度梯度产生的紊动和水质点垂向轨迹运动。其中,边界层中产生的紊动随床面粗糙度的增加而增大,超出边界层范围后衰减很快;垂向速度梯度产生的紊动在整个水深都很小,可以忽略;水质点垂向轨迹运动在上部水体作用明显,在近床面范围内作用很小。下面在这些研究的基础上,根据控制泥沙悬浮因素的变化规律建立波浪作用下悬移质时均浓度垂向分布模型。

1) 边界层内

与单向水流作用下相同,依据有限掺混长度理论建立模型的关键是合理确定掺混速度 w_{mw} 和掺混长度 l_w(角标 w 表示波浪条件)。依据 Nezu 和 Nakagawa 的研究,Nielsen 和 Teakle 认为波浪作用下的掺混速度可表示为

$$w_{mw}(z)=w_{mw}(z_0')\exp\left(-\frac{z-z_0'}{L_w}\right) \tag{3-31}$$

式中 z_0'——床面(或沙纹峰顶)上的某一微小高度;

L_w——掺混速度分布尺度。

Absi 建议掺混速度分布尺度等于边界层厚度 δ_w,$w_{mw}(z_0')$ 与波浪摩阻流速 u_{*w} 成正比,即 $w_{mw}(z_0')=\gamma u_{*w}$。为了与单向水流中公式一致,按照 Absi 的建议可将掺混速度近似表示为

$$w_{mw}(z)=\gamma u_{*w}\exp\left(-\frac{z}{\delta_w}\right) \qquad (0\leqslant z\leqslant\delta_w) \tag{3-32}$$

式中,γ 根据 Nielsen 和 Teakle 的研究取为 0.4。

根据 You 等的公式确定边界层厚度为

$$\delta_w=\frac{2\kappa u_{*w}}{\omega} \tag{3-33}$$

式中 $\omega=2\pi/T$——角速度;

T——波浪周期。

摩阻流速的表达式为

$$u_{*w}=(0.5f_w u_w^2)^{0.5} \tag{3-34}$$

式中 u_w——底部水质点轨迹运动最大速度;

f_w——波浪摩阻系数,采用 Swart 公式计算:

$$f_w=\exp[5.213\ (2.5k_s/A)^{0.194}-5.977] \tag{3-35}$$

式中 $A=u_w/\omega$——底部水质点轨迹运动振幅;

k_s——床面粗糙度。

Swart 公式的应用范围为边界层为粗糙紊流,本书以后所采用的试验或现场数据中,大部分满足 Swart 公式的应用范围,少量数据虽不完全满足其应用范围,但也在粗糙紊流过渡区且接近粗糙紊流区,因此我们均采用 Swart 公式近似计算 f_w。

边界层内的掺混长度为

$$l_{w}(z)=\lambda' z \qquad (0 \leqslant z \leqslant \delta_{w}) \tag{3-36}$$

式中　λ'——系数,Nielsen 和 Teakle 及 Absi 建议取值为 1。

2) 上部水体

在远离床面的上部水体,紊动作用基本消失,波浪水质点垂向运动成为悬浮泥沙的主要因素。当水质点垂向速度分量方向向上且大小超过泥沙颗粒沉降速度时,水体能够带动泥沙向上运动;当水质点垂向速度方向转为向下时,则加速泥沙的沉降。从时间平均的角度来看,向下运动的泥沙总量不可能超过向上运动的泥沙总量。因此,与紊动扩散一样,将存在一个向上的泥沙净通量,该净通量由泥沙重力所平衡。根据水质点运动轨迹特性,认为掺混长度与椭圆轨迹的垂向半径作成比例,即

$$l_{w}(z)=\lambda \int_{0}^{T/4} w \mathrm{d}t=\lambda \frac{H}{2} \frac{\sinh(kz)}{\sinh(kh)} \tag{3-37}$$

式中　H——波高;

k——波数;

λ——系数,需根据试验来确定。

掺混速度定义为轨迹速度垂向分量的均方根值,即

$$w_{mw}(z)=\left(\frac{1}{T} \int_{0}^{T} w^{2} \mathrm{d}t\right)^{\frac{1}{2}}=\frac{\pi H}{\sqrt{2} T} \frac{\sinh(kz)}{\sinh(kh)} \tag{3-38}$$

3) 过渡层

如前所述,水体紊动在边界层外很快衰减,而泥沙浓度并没有这么剧烈的衰减变化,并且离边界层不远的范围内,水质点的垂向速度还比较小,不足以维持如此多的泥沙悬浮,因此在上部水体与边界层间必然存在一个过渡层,紊动对泥沙的作用在边界层外逐渐衰减,泥沙悬浮的因素由水流紊动逐渐过渡到水质点轨迹运动。考虑到依据现有试验数据难以精确确定过渡层范围和过渡方式,初步假设过渡层的上边界为 1/3 水深位置,掺混长度和掺混速度为线性过渡。

考虑边界条件:

$$w_{mw}(\delta_{w})=\gamma u_{*w} \exp(-1) \tag{3-39}$$

$$w_{mw}(\delta_{m})=\frac{\pi H}{\sqrt{2} T} \frac{\sinh(k\delta_{m})}{\sinh(kh)} \tag{3-40}$$

$$l_{w}(\delta_{w})=\lambda' \delta_{w} \tag{3-41}$$

$$l_w(\delta_m) = \lambda \frac{H}{2} \frac{\sinh(k\delta_m)}{\sinh(kh)} \tag{3-42}$$

可得过渡层掺混速度和掺混长度为

$$w_{mw}(z) = \frac{z-\delta_w}{\delta_m-\delta_w} w_{mw}(\delta_m) + \frac{\delta_m - z}{\delta_m - \delta_w} w_{mw}(\delta_w) \quad (\delta_w \leqslant z \leqslant \delta_m) \tag{3-43}$$

$$l_w(z) = \frac{z-\delta_w}{\delta_m-\delta_w} l_w(\delta_m) + \frac{\delta_m - z}{\delta_m - \delta_w} l_w(\delta_w) \quad (\delta_w \leqslant z \leqslant \delta_m) \tag{3-44}$$

式中，$\delta_m = h/3$ 为过渡层上边界(或称为上部水体下边界)。

3.3.2.2 与试验结果的比较

式(3-9)、式(3-32)、式(3-36)～式(3-38)、式(3-43)和式(3-44)构成了波浪作用下悬沙时均浓度分布模型。和单向水流中模型相同，可采用局部均匀近似法进行求解。下面与 Graaff(1988)的 C 系列、Thorne 和 Williams(2002)、赵冲久(2003)的 A～F 组试验结果进行比较，对模型的预测能力进行检验，将最靠近床面的测量值作为参考浓度。试验条件见表 3-8。

表 3-8 波浪悬沙试验基本参数

学 者	试验组数	水深 h(m)	波浪周期 T(s)	波高 H(m)	代表粒径 (mm)	λ
Graaff(1988)	39	0.3	1.7/2.3	0.04～0.14	0.079～0.352	0.22～4
Thorne & Williams(2002)	11	4.5	4.92～5.1	0.617～1.299	0.25	0.4～2.5
赵冲久(2003)[31]	6	0.16/0.25	0.9～1.3	0.058～0.089	0.06	0.4～1.1

1) Graaff 的系列试验

Graaff(1988)对波浪作用下泥沙运动进行了系列试验研究，其中编号为 C 的试验采用规则波，在人工沙纹床面上进行。人工床面上铺均匀沙，铺沙量保证不形成新的沙纹，影响原有的床面形状。这样能够确保所有试验中床面粗糙度相同。C 系列试验共分 6 组，C1～C6，分别对应 6 种不同的波浪条件(表 3-9)。每组试验采用 4～8 种不同粒径均匀沙，静水深都保持在 0.3 m。

表 3-9 C 系列试验条件

组 次	波高 (m)	周期 (s)	水深 (m)	沙纹高度 (m)	沙纹长度 (m)
C1	0.04	1.7	0.3	0.02	0.08
C2	0.06	1.7	0.3	0.02	0.08
C3	0.12	1.7	0.3	0.02	0.08

（续表）

组　次	波高 (m)	周期 (s)	水深 (m)	沙纹高度 (m)	沙纹长度 (m)
C4	0.04	2.3	0.3	0.02	0.08
C5	0.07	2.3	0.3	0.02	0.08
C6	0.24	2.3	0.3	0.02	0.08

模型计算值与试验测量值的比较如图 3－17 和图 3－18 所示。因为采用人工沙纹床面，床面粗糙度较大，波浪边界层约占整个水深的 1/10。从图中可见，表观扩散系数在过

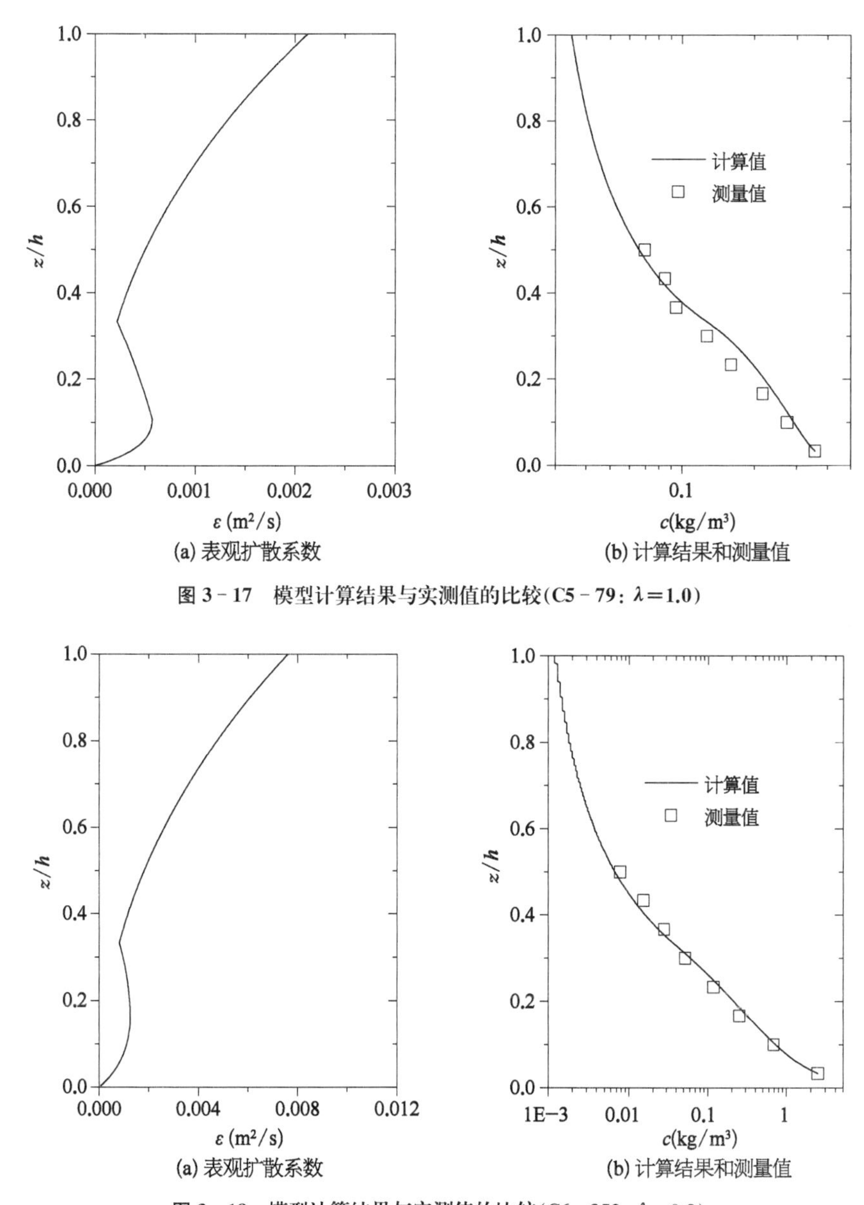

图 3－17　模型计算结果与实测值的比较（C5－79：$\lambda=1.0$）

图 3－18　模型计算结果与实测值的比较（C6－352：$\lambda=0.9$）

渡层内有明显减小的趋势，这说明在当前波浪条件下，在该位置处波浪水质点轨迹运动不能完全弥补紊动衰减造成的水体掺混能力的下降。除去 λ 取值的因素，至少说明该模型能够反映泥沙浓度垂线分布特征。

2) Thorne 和 Williams 大尺度水槽试验

Thorne 和 Williams(2002) 在长×宽×高＝ 230 m×5 m×7 m 的大尺度波浪水槽内进行了悬沙试验。该水槽能够提供与实际海况相当的波浪条件，为在自然条件下验证模型的可靠性提供了资料。试验保持静水深约为 4.5 m。由于采用非均匀沙，悬沙呈现明显的分选特性。这里选取 d_{35} ＝ 0.25 mm 为代表粒径进行计算。计算结果与实测值的比较如图 3－19 和图 3－20 所示。比较结果显示，本模型能够合理地描述大尺度波浪条件下的悬沙浓度分布。

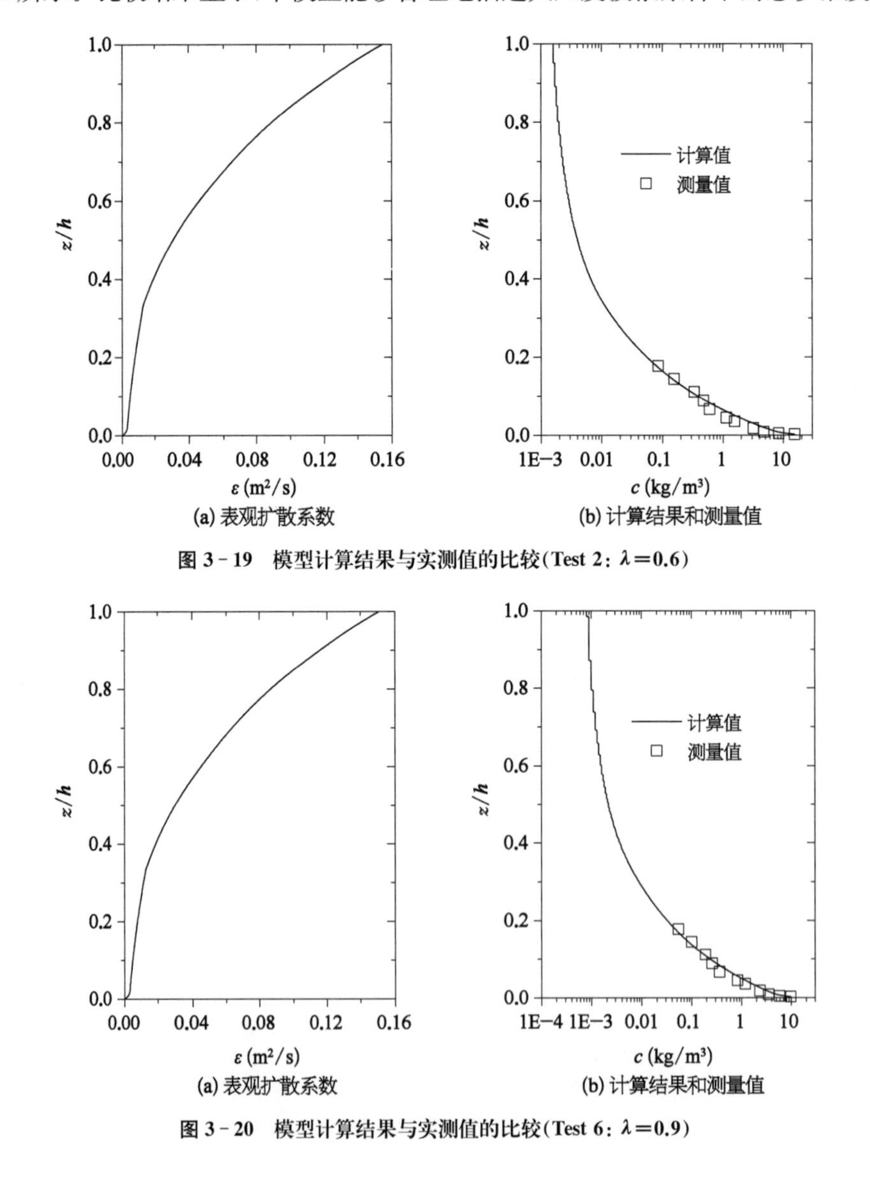

图 3－19　模型计算结果与实测值的比较(Test 2：λ＝0.6)

图 3－20　模型计算结果与实测值的比较(Test 6：λ＝0.9)

3）赵冲久粉沙试验

为了验证本节建立的模型能否适用于粉沙，我们采用赵冲久（2003）的粉沙试验进行对比。该粉沙试验的水槽尺寸和波浪条件与Graaff试验相似。不同之处主要有两方面：一方面本试验采用天然的非均匀粉沙，另一方面本试验为动床试验。静水深为0.16 m或0.25 m，波高为5.8～8.9 cm。这里仅对潍坊粉沙的试验进行比较。模型计算采用$d_{35}=0.06$ mm为代表粒径。计算结果与实测值的比较如图3-21和图3-22所示。从比较结果可见，在浓度不是特别高时，本模型对粉沙也有较好的估计。需要指出的是，由于试验测量手段的限制，该试验泥沙浓度的最低测量点一般在过渡层内，而不在边界层内。

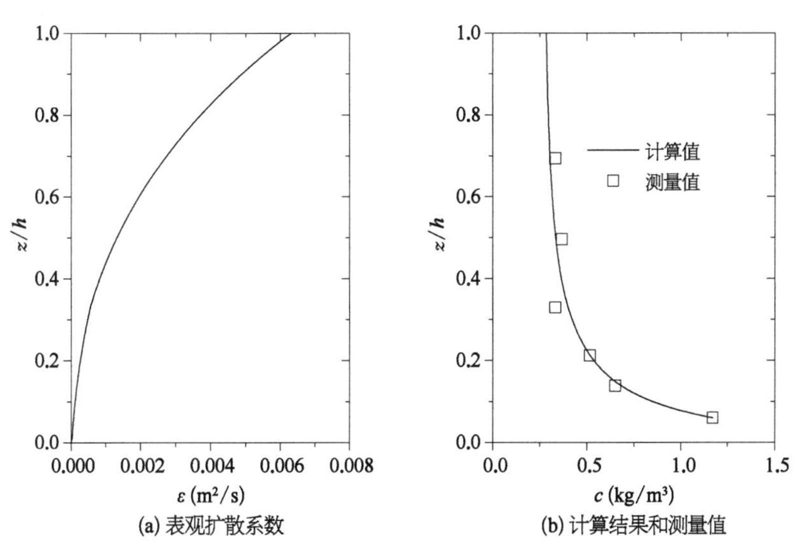

(a) 表观扩散系数　　(b) 计算结果和测量值

图3-21　模型计算结果与实测值的比较(Test D: $\lambda=0.75$)

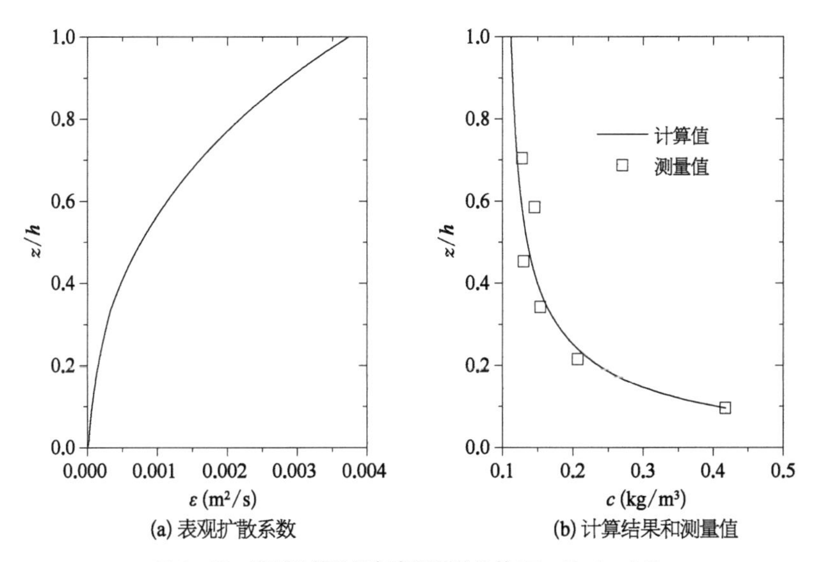

(a) 表观扩散系数　　(b) 计算结果和测量值

图3-22　模型计算结果与实测值的比较(Test E: $\lambda=0.7$)

3.3.2.3 关于 λ 的讨论

上一节对模型计算结果与试验结果进行了比较，初步证明了本节建立的模型能够较好地反映波浪作用下泥沙的悬浮规律。模型中掺混长度公式的系数 λ 采用的是最优值。该系数的取值决定了模型能否正确反映过渡层和上部水体的泥沙分布。本节对该系数的取值做进一步分析。

由表 3－9 可知，Graaff 试验中 C1～C3 组次波浪周期为 1.7 s，波高从 4 cm 增加到 12 cm。由图 3－23 可见，λ 值随波高的增大而减小，并且 λ 的变化幅度也随波高的增大而明显减小。C4～C6 组次波浪周期为 2.3 s，波高从 4 cm 增加到 14 cm。图 3－24 显示出与图 3－23 相同的规律。

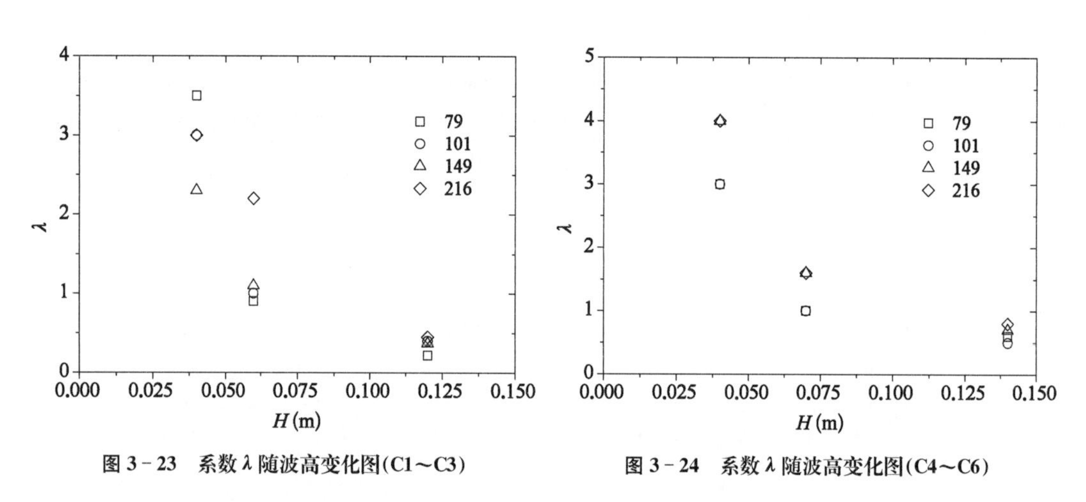

图 3－23　系数 λ 随波高变化图(C1～C3)

图 3－24　系数 λ 随波高变化图(C4～C6)

从系数 λ 与泥沙粒径的关系可见，泥沙粒径对 λ 没有明显的影响(图 3－25)。当波浪强度较大时(如 C3 和 C6)，λ 几乎不随泥沙粒径变化。在波浪强度较弱时(如 C1 和 C4)，虽然泥沙粒径不同 λ 也不同，但是并没有任何规律性。其原因可能是波浪强度弱时泥沙浓度较低，测量值不精确所致，也可能是 λ 在低浓度条件下对泥沙颗粒大小比较敏感。因此，可初步认为系数 λ 与泥沙粒径无关。

由上面的分析可知，系数 λ 主要与波浪条件相关，即随波浪强度增大而减小。图 3－26 显示了 λ 与无量纲系数 $U_d/(gT)$ 的关系，可由式(3－45)确定 λ。

$$\lambda = 0.6 + 11.01\exp\left(-251\,\frac{U_d}{gT}\right) \tag{3-45}$$

式中　g——重力加速度；

U_d——静水面上波浪水质点水平速度振幅。

$$U_d = \frac{\pi H}{T}\coth(kh) \tag{3-46}$$

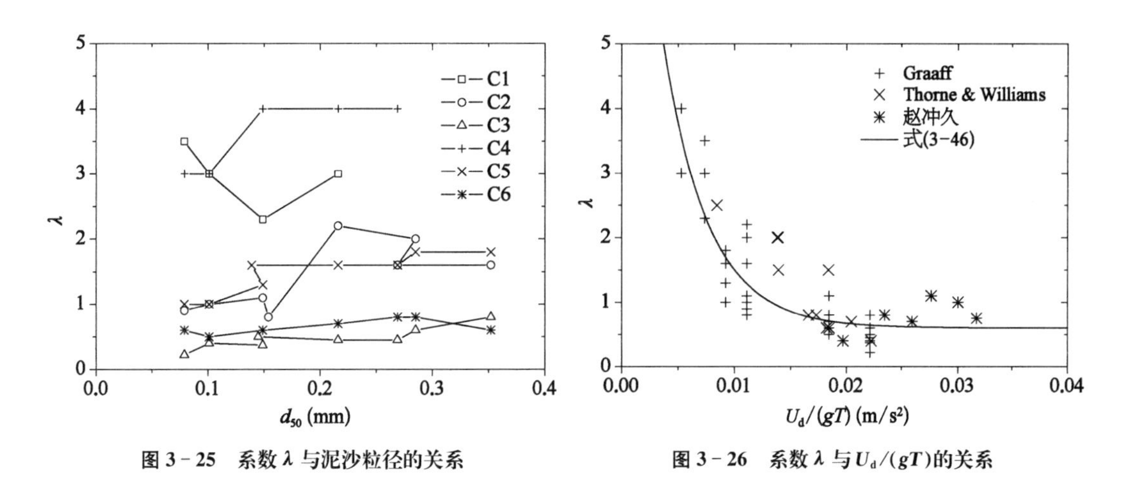

图 3-25　系数 λ 与泥沙粒径的关系　　图 3-26　系数 λ 与 $U_d/(gT)$ 的关系

结合式(3-45),模型计算结果与测量值的比较如图 3-27 所示。表 3-10 列出了 λ 的计算值与最优值。当 λ 计算值与最优值有较大的偏差时,浓度计算结果与实测值的偏差并不大。这说明本模型对 λ 的取值不是很敏感,利用式(3-45)基本能够得到较好的预测结果。

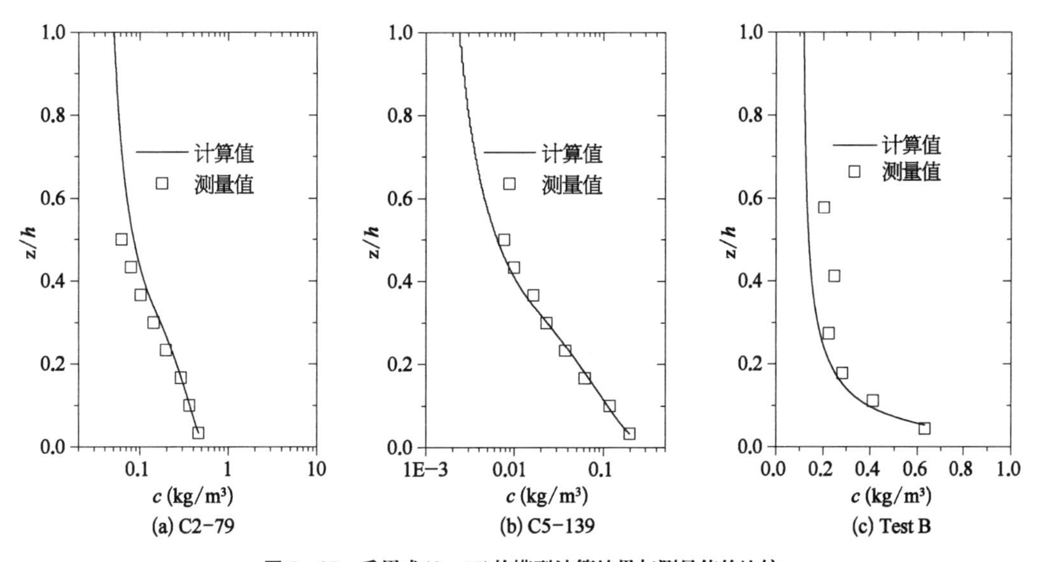

图 3-27　采用式(3-45)的模型计算结果与测量值的比较

表 3-10　λ 计算值与最优值的比较

λ 值	C2-79	C5-139	Test B
λ 计算值	1.29	1.69	0.61
λ 最优值	0.9	1.85	1.0

3.3.2.4　高浓度含沙水体特性

一般认为,悬移质的存在抑制紊动的产生。但究竟是使紊动的强度减弱,还是使紊动的尺度减小，或者是两者都减小，一直没有统一的结论。《泥沙运动力学》(钱宁，万兆惠，1983)指出："用于悬移泥沙的能量(即悬浮功)取自紊动动能，而后者是由有效势能转化而来。一般情况下，悬浮功不过占有效势能的4%～5%或更小；即使在高含沙条件下，由于泥沙沉降速度因黏性增加而大幅减小，这个比值也不超过10%。正是因为悬浮功只占有效势能很小的一部分，所以一般情况下，悬移质对水流紊动的影响不易察觉。"通常认为紊动强度减弱的原因有以下两方面：

(1) 当存在推移质泥沙特别是当运动比较强烈时，水流的势能不再是全部通过流体间的剪切力传递到边界以产生紊动漩涡，而是有一部分势能通过颗粒间碰撞而产生的剪切力传递到边界。通过颗粒剪应力传递到边界的这部分势能不直接产生紊动，因而导致产生紊动的有效势能减少，这样可能导致紊动强度的减弱。由于在粉沙及更细的黏性泥沙为主要组成的床面上，使泥沙颗粒起动的力也基本能使其悬浮，基本不存在推移质，所以细颗粒泥沙在该方面对紊动强度没有明显的影响。

(2) 挟沙水流比清水黏性大，这可能使小尺度紊动强度减弱，从而使总的紊动强度减弱。相同的水动力条件下，细颗粒泥沙比粗颗粒泥沙更多地被悬浮，这使得水体黏性更为增大，从这方面讲细颗粒泥沙较粗颗粒泥沙对紊动的抑制更强烈。

Yalin(1972)认为，悬移质遏制紊动主要是使紊动尺度减小，并指出因悬移质的存在而引起的流速梯度的增加与掺混长度的减少大体相当。日野幹雄(1963)通过理论分析，也得到过泥沙的存在使漩涡平均尺度减小的结论。Kovacs(1998)认为掺混长度的减少量与泥沙体积浓度的立方根成正比，泥沙浓度越高，掺混长度越小。

以上研究都是针对明渠水流进行的，反映了泥沙的存在对水流紊动结构影响的一般特性。对于泥沙如何影响波浪边界层附近紊动结构的研究还比较少。最近，Lamb等在振荡流水槽中对粉沙高浓度水体特性进行试验研究，测量了紊动强度和悬沙浓度。该试验为进一步揭示悬移质对水流紊动结构的影响提供了试验依据。下面，依据Lamb等的试验，结合有限掺混长度理论对高浓度含沙水体做进一步分析。

1) 清水紊动强度分布

Absi根据Nezu和Nakagawa对明渠水流紊动强度分布规律的研究认为，波浪作用下平衡状态时紊动强度依然遵循指数分布，并将紊动强度K表示为

$$\sqrt{K} \approx u_{*\mathrm{w}} \exp(-z/\delta_{\mathrm{w}}) \tag{3-47}$$

下面根据Lamb等试验中清水试验数据检验该假设是否合理。分别对15组清水试验的紊动强度数据用指数曲线进行拟合，然后外推得到$z=0$处的紊动强度值$K_{\max}$。首先，比较$\sqrt{K_{\max}}$与采用式(3-34)计算得到的摩阻流速。由图3-28可见，$\sqrt{K_{\max}}$与$u_{*\mathrm{w}}$基本相等。这证明式(3-47)中以摩阻流速作为紊动强度尺度是合理的。以第13组清水试验为例，式(3-47)计算结果与测量值的比较如图3-29所示。由图可见，在靠近床面3 cm

的区域内计算值与测量值吻合良好，在 3 cm 以上区域计算值明显小于测量值。Lamb 等的试验是在振荡流封闭水槽中进行的，水槽宽度仅为 20 cm，近床面处紊动可能受到水槽侧壁影响相对较小，但在较高位置处的水流紊动将明显受到水槽两侧壁面影响，因此实测值在上部区域比计算值偏大是正常的。

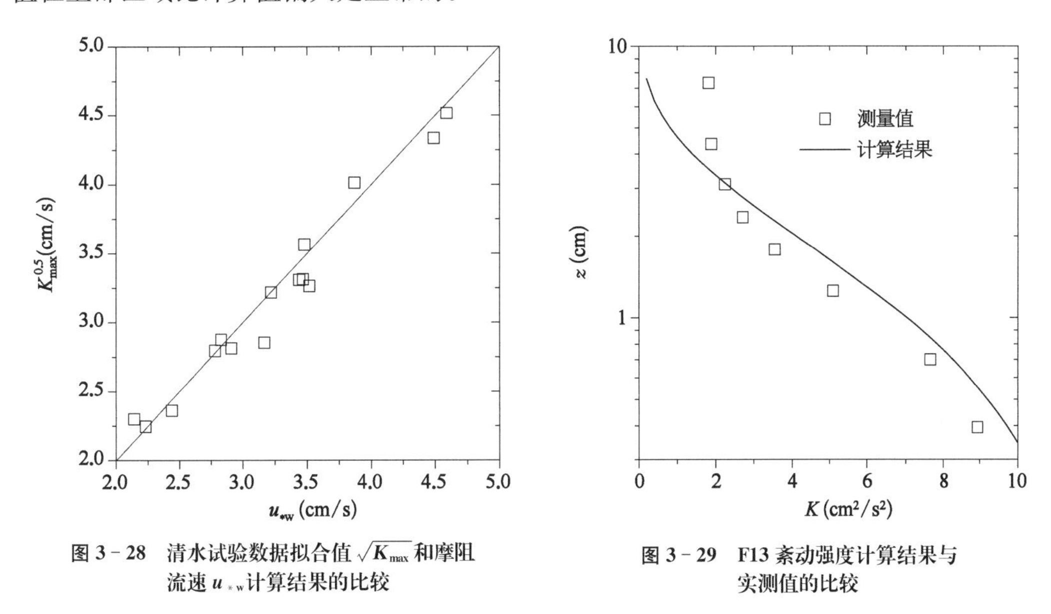

图 3-28　清水试验数据拟合值 $\sqrt{K_{max}}$ 和摩阻流速 u_{*w} 计算结果的比较

图 3-29　F13 紊动强度计算结果与实测值的比较

假设水流或波浪沿 x 方向运动，紊动强度 K 在 x、y 和 z 方向的分量可分别表示为 $(\overline{u'^2})^{1/2}$、$(\overline{v'^2})^{1/2}$ 和 $(\overline{w'^2})^{1/2}$，则

$$K=\frac{1}{2}(\overline{u'^2}+\overline{v'^2}+\overline{w'^2}) \tag{3-48}$$

Nezu 和 Nakagawa 以明渠流为研究对象，给出如下关系：

$$(\overline{u'^2})^{1/2}=2.30u_{*c}\exp(-z/h) \tag{3-49}$$

$$(\overline{v'^2})^{1/2}=1.63u_{*c}\exp(-z/h) \tag{3-50}$$

$$(\overline{w'^2})^{1/2}=1.27u_{*c}\exp(-z/h) \tag{3-51}$$

可见，三个方向的分量对紊动强度的贡献沿水深成固定比例：

$$\overline{u'^2}/(2K)=0.55 \tag{3-52}$$

$$\overline{v'^2}/(2K)=0.28 \tag{3-53}$$

$$\overline{w'^2}/(2K)=0.17 \tag{3-54}$$

贡献大小依次为 $\overline{u'^2}>\overline{v'^2}>\overline{w'^2}$。

通过分析 Lamb 试验数据可知，波浪边界层中紊动强度分量沿水深也呈固定比例（图 3-30）。其比例关系见式(3-55)～式(3-57)。

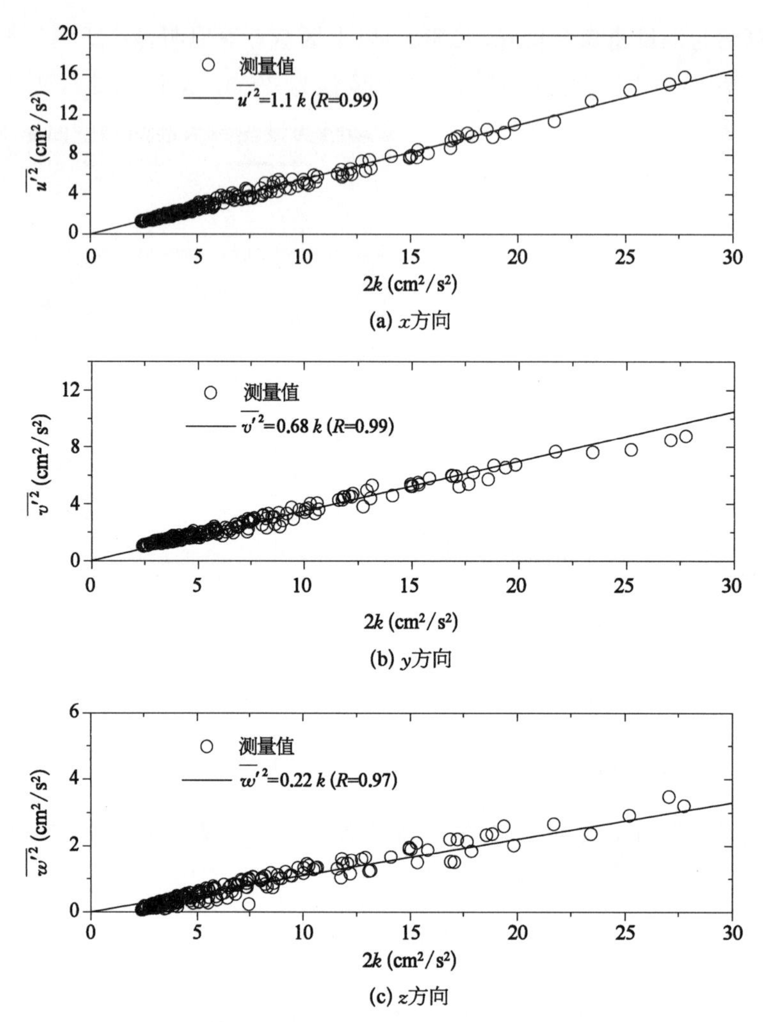

图 3-30　清水中紊动动能各方向分量与总紊动动能 K 的关系

$$\overline{u'^2}/(2K)=0.55 \tag{3-55}$$

$$\overline{v'^2}/(2K)=0.34 \tag{3-56}$$

$$\overline{w'^2}/(2K)=0.11 \tag{3-57}$$

可见，波浪边界层中三个方向的分量对紊动强度的贡献大小与明渠流中相似。

2) 高浓度含沙水体中紊动抑制现象

与上面分析方法相同，对 Lamb 等试验中 13 组有明显分层现象的高浓度水体的紊动强度进行分析。从 $\sqrt{K_{max}}$ 拟合结果和式(3-47)计算可以明显看出，拟合值明显小于计算得到的摩阻流速 u_{*w}（图 3-31）。这说明，较高浓度泥沙的存在对紊动强度的发展的确有明显的抑制作用。

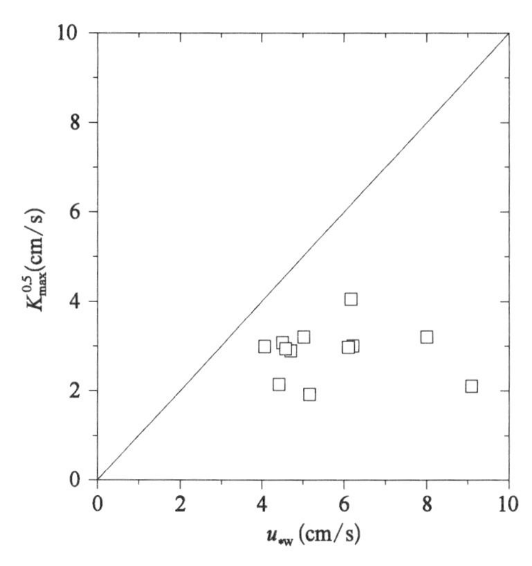

图 3-31 波浪作用下挟沙水流中拟合值 $\sqrt{K_{max}}$ 和摩阻流速 u_{*w} 计算值的比较

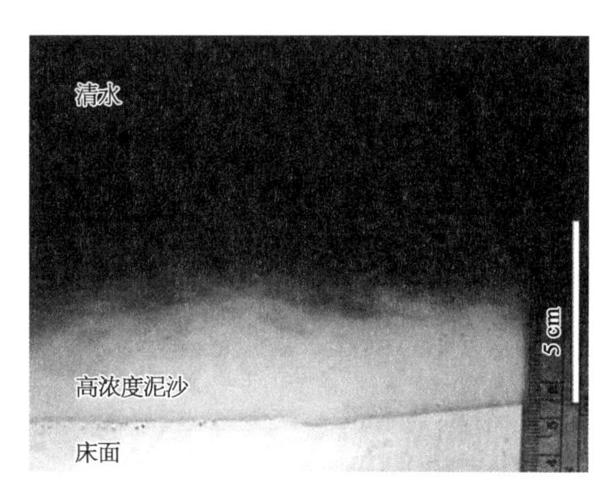

图 3-32 Lamb 等试验中的高浓度泥沙

3) 高浓度含沙水体中紊动强度分布

高浓度含沙水体中紊动强度分布和水体中含沙量大小直接相关，因此如何确定高浓度层厚度是确定水流紊动抑制程度的首要问题。从试验现象来看，高浓度泥沙经常伴随着泥沙分层现象，即在高浓度泥沙层上部，泥沙浓度陡然变小，上下两层水体颜色差别明显(图 3-32)。从运动形式上看，高浓度泥沙绝大部分属于悬移质。

以往一些研究将高浓度泥沙水体厚度定义为泥沙浓度等于 10 kg/m³处的高度 δ_{10}：

$$\delta_{10}=\{z \mid c(z)=10\ \text{kg/m}^3\} \tag{3-58}$$

Lamb 和 Parsons 的分析表明，δ_{10} 不能较好地反映高浓度层的实际高度。他们认为，泥沙浓度为 $0.1c_{bed}$ 处的高度能更合理地反映实际情况：

$$\delta_{LP}=\{z \mid c(z)=0.1c_{bed},\ 0 \leqslant a \leqslant h\} \tag{3-59}$$

式中 c_{bed}——近床面泥沙浓度，取测量最低点浓度值。

此外，Traykovshi(2000)发现，高浓度层厚度跟边界层厚度相关：

$$\delta_T=A\ (f_w/8)^{1/2} \tag{3-60}$$

式中 f_w——摩阻系数，采用 Grant 和 Madsen(1979)公式。

Vinzon 和 Mehta(1998)根据能量平衡理论认为

$$\delta_{VM}=0.65\left[\frac{(A^3k_s)^{3/2}}{T^3\ \dfrac{\rho_s-\rho_0}{\rho_0}gC_{mv}\omega_s}\right]^{1/4} \tag{3-61}$$

式中 ρ_s——泥沙密度；

C_{mv}——平均体积浓度。

式(3-60)和式(3-61)同样不能反映高浓度层的实际高度。

根据含高浓度的悬沙在上部泥沙浓度陡然变小的特点，本书认为，泥沙浓度垂线分布曲线曲率最大处，浓度变化最为明显，该位置到床面为高浓度泥沙层高度，即

$$\delta_H = \left\{ z \mid \max\left[\frac{c''(z)}{(1+c'(z)^2)^{3/2}} \right], 0 \leqslant z \leqslant h \right\} \tag{3-62}$$

以分层现象最为明显的第12组挟沙试验为例，比较各种定义的高浓度层高度，可见 δ_H、δ_{VM} 和 δ_{LP} 比较接近，而本书定义 δ_H 在其他四种定义中更为合理(图3-33)。

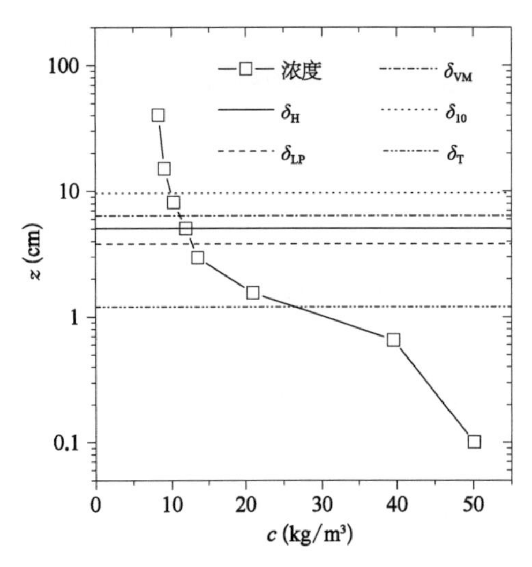

图3-33 各种高浓度层厚度定义的比较

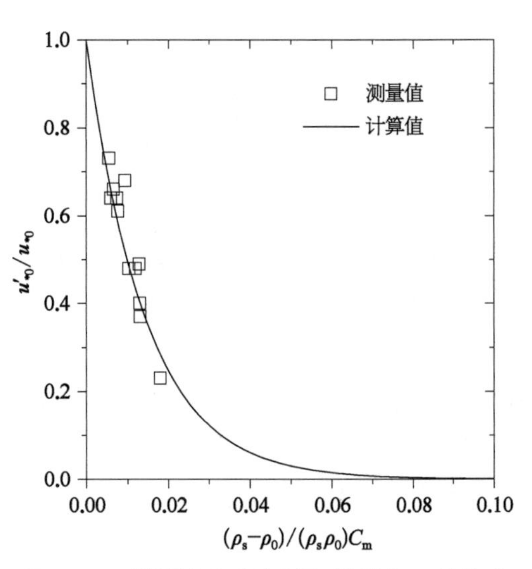

图3-34 摩阻流速和高浓度层平均浓度 C_m 的关系

从高浓度层内泥沙的平均浓度和相对摩阻流速(挟沙水流摩阻流速与清水摩阻流速的比值)的关系可见，平均浓度越大，相对摩阻流速越小，从而紊动强度也越小(图3-34)。根据这些测量值可以给出高浓度水流中摩阻流速表达式为

$$u'_{*w} = u_{*w} \exp\left(-\alpha_1 \frac{\rho_s - \rho_0}{\rho_s \rho_0} C_m\right) \tag{3-63}$$

式中 ρ_s、ρ_0——分别为泥沙密度和水的密度；

C_m——高浓度层内泥沙平均浓度；

α_1——无量纲系数，本节取 $\alpha_1 = 70$。

将式(3-63)代入式(3-47)得

$$\sqrt{K} = u_{*w} \exp\left(-\alpha_1 \frac{\rho_s - \rho_0}{\rho_s \rho_0} C_m\right) \exp\left(-\frac{z}{\delta_w}\right) \tag{3-64}$$

以第4组泥沙试验为例可见，紊动强度计算结果与测量值吻合较好(图3-35)。与清水中类似，距离床面3 cm以上区域中计算结果小于实测结果。

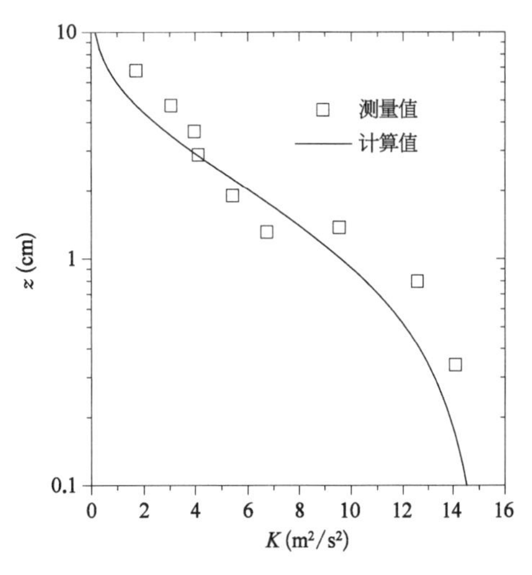

图3-35 S4高浓度水体总紊动强度计算结果与实测值比较

前面分析了清水中波浪边界层内紊动强度分量沿水深也呈固定比例，那么浑水中是否也有相同的规律呢？Kobayashi等在研究破波带内泥沙运动时给出了肯定的回答，即

$$\overline{u'^2}/(2K)=0.6 \tag{3-65}$$

$$\overline{v'^2}/(2K)=0.3 \tag{3-66}$$

$$\overline{w'^2}/(2K)=0.1 \tag{3-67}$$

Kobayashi的试验中泥沙浓度不是很高，没有出现分层现象，那么对于波浪作用出现分层现象时，各方向紊动强度比例如何，也应该做进一步分析。同前面清水中分析步骤相同，由图3-36可见，高浓度水体中，边界层内紊动强度分量沿水深也呈固定比例，各方向上比例略有不同，即

$$\overline{u'^2}/(2K)=0.53 \tag{3-68}$$

$$\overline{v'^2}/(2K)=0.38 \tag{3-69}$$

$$\overline{w'^2}/(2K)=0.09 \tag{3-70}$$

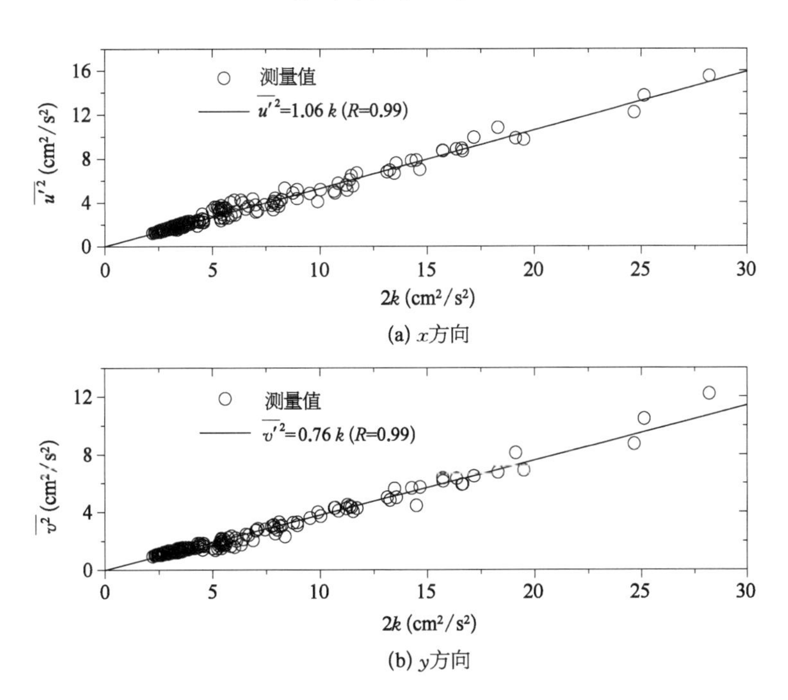

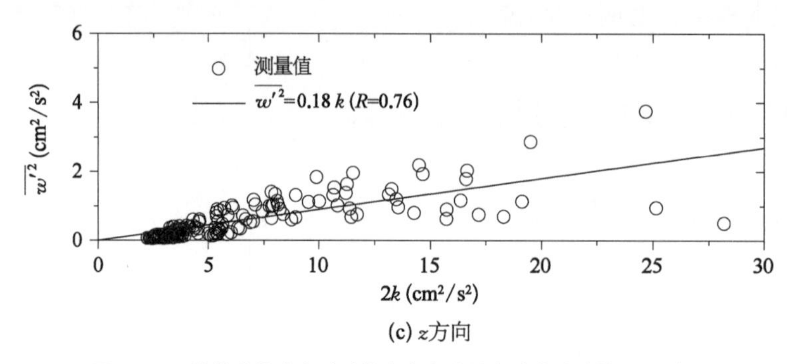

(c) z方向

图 3-36　挟沙水流中紊动动能各方向分量与总紊动动能 k 的关系

比较式(3-65)～式(3-70)可知，在高浓度泥沙条件下，各方向紊动强度分量在总紊动强度 K 中所占比例变化不大，x 方向分量变化最小，因为泥沙对紊动的抑制作用，挟沙水流中 z 方向分量所占比例略有下降。与图 3-30 比较可见，挟沙水流中垂向紊动动能与总紊动动能的线性关系没有清水中明显，其原因可能跟挟沙水流中垂向紊动强度相对紊动强度在 x、y 方向分量小，易受泥沙颗粒影响，难以准确测量有关。此外，与明渠水流中分量比例相比，波浪条件下 z 方向分量所占比例明显减小，y 方向分量所占比例增大，x 方向分量所占比例变化较小。这可能与波浪作用下近底水流振荡运动抑制紊动发展有关。3.3.2 节"模型的建立"中，Nielsen 和 Teakle 建议边界层内掺混速度系数 γ 取 0.4，该系数的平方与紊动强度在 z 方向分量占总紊动强度的比例在相同的量级上。这与前面由水流垂向脉动强度确定泥沙垂向扩散速度的假设是一致的。

4) 高浓度泥沙对掺混长度的影响

如前所述，悬移质的存在促使掺混长度减小。Balmforth 等利用掺混长度模型研究了浓度梯度产生的浮力对流体紊动的影响，并给出掺混长度表达式：

$$l'_{\mathrm{w}}(z)=\frac{l_{\mathrm{w}}K^{1/2}}{(K+rl_{\mathrm{w}}{}^{2}b_{z})^{1/2}} \tag{3-71}$$

式中　l'——紊动被抑制后的掺混长度；

b_{z}——浮力频率；

r——无量纲的系数。

$$b_{\mathrm{z}}=-\frac{g}{\rho}\frac{\mathrm{d}\rho}{\mathrm{d}z}=-g\frac{\rho_{\mathrm{s}}-\rho_{0}}{\rho_{\mathrm{s}}\rho}\frac{\mathrm{d}c}{\mathrm{d}z} \tag{3-72}$$

式中　ρ——流体密度。

因为即使泥沙浓度达到 100 kg/m³ 时，水体密度增加也只有约 6.2%，所以可以将式(3-72)简化为

$$b_z \approx -g\frac{\rho_s-\rho_0}{\rho_s\rho_0}\frac{\mathrm{d}c}{\mathrm{d}z} \tag{3-73}$$

以第15组挟沙试验为例，高浓度泥沙水体内掺混长度分布如图3-37所示，与清水中掺混长度比较，高浓度水体的掺混长度明显偏小。

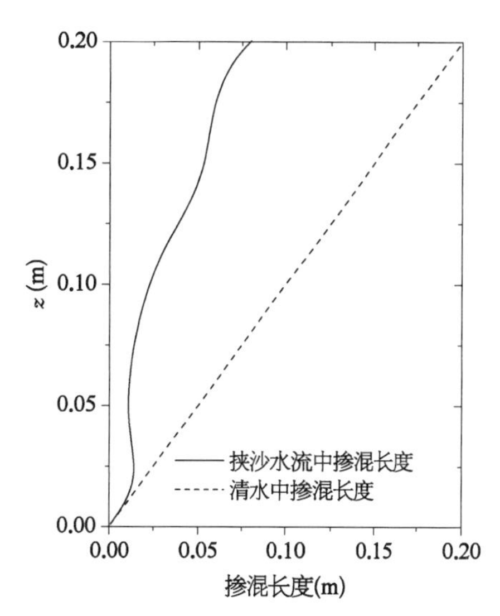

图3-37　S15高浓度泥沙水体内掺混长度分布

5）与试验结果的比较

在高含沙水体中，仍然假设泥沙掺混速度与垂向紊动速度相关，即

$$w_m = \sqrt{\overline{w'^2}} \tag{3-74}$$

则根据前面对高浓度含沙水体特性的分析，由式(3-36)、式(3-64)、式(3-70)、式(3-71)和式(3-74)结合式(3-9)、式(3-25)组成了考虑紊动抑制和泥沙制约沉降因素的泥沙浓度分布模型。该模型能够反映波浪条件下高浓度层泥沙的分布规律。以最低测量点浓度作为参考浓度，计算结果与试验结果的比较如图3-38所示。

由图3-38可见，计算值与测量值在靠近床面的范围内吻合很好。而离床面较远处，计算浓度明显小于实测值，主要是因为理论模型未考虑试验中水槽两侧壁的影响所造成的。

按照Balmforth等的定义，式(3-71)中r为无量纲掺混长度参数。模型计算时，r取最优值。那r反映怎样的物理意义呢？若假设泥沙的存在对紊动没有抑制影响，那么掺混长度和掺混速度跟泥沙浓度都没有依赖关系，则可以得到泥沙浓度的分布为c_b。设$\overline{C}$和$\overline{C_b}$分别表示实际泥沙浓度c和假想浓度c_b的水深平均值，则泥沙由于自身对水流紊动发

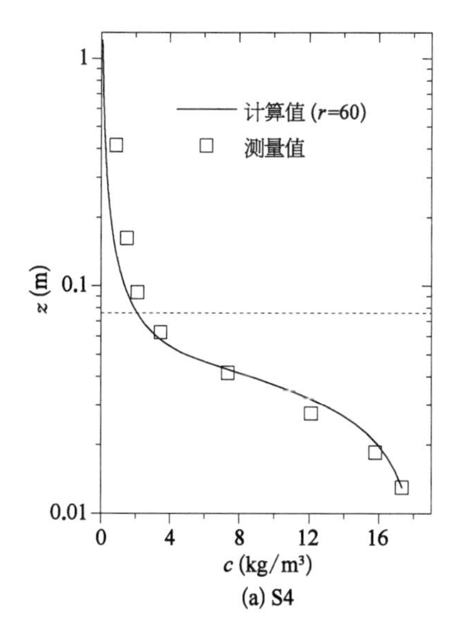

(a) S4

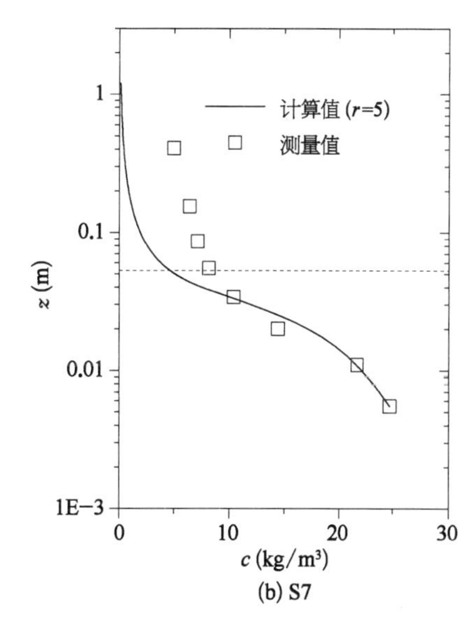

(b) S7

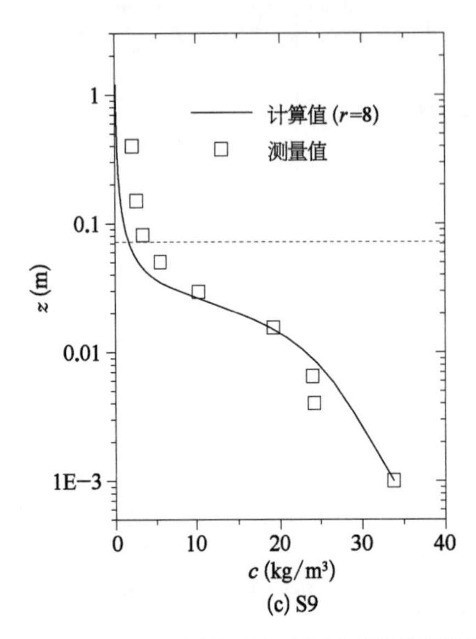

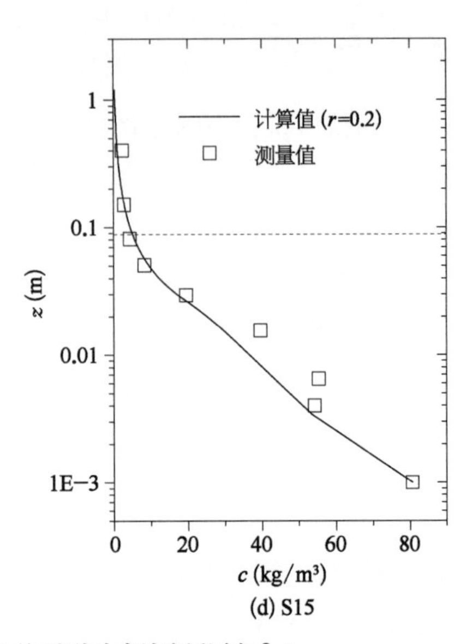

图 3-38 模型计算值与测量值的比较(虚线为高浓度层厚度 δ_H)

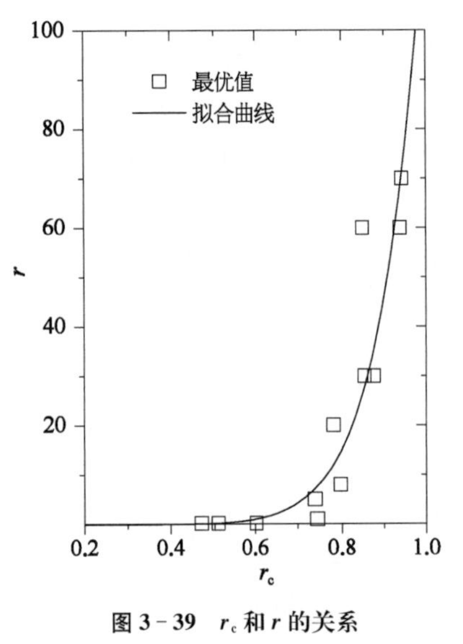

图 3-39 r_c 和 r 的关系

展的抑制而使自身的悬浮量也受限制的程度 r_c 可表示为

$$r_c = (\overline{C} - \overline{C_b})/\overline{C} \tag{3-75}$$

从 r 与 r_c 的关系可知，r 实际反映了泥沙浓度梯度对自身运动的限制程度(图 3-39)。浓度越高，紊动抑制越明显，r 也越大。

于是可建立两者之间的关系为

$$r = 5\,352\tan(0.023\,25 r_c^{9.444}) \tag{3-76}$$

泥沙对水流的抑制作用越强，泥沙实际平均浓度 $\overline{C}$ 和假想浓度 $\overline{C_b}$ 相差也越多，进而 r 也越大。以当前试验数据可确定式(3-76)适用范围为：$0.47 \leqslant r_c \leqslant 0.95$。

3.3.2.5 简化模型

前面分析了高浓度含沙水体紊动结构、高浓度层厚度等特性，并在有限掺混长度理论的基础上建立了数学模型，计算结果与实测值吻合较好。该模型中，摩阻流速等多个物理量与浓度分布相关，而浓度分布未知，因此需要迭代求解。由于与浓度相关的量较多，迭代求解过程对浓度及相关量初始值的设置非常敏感，容易产生不收敛现象。这严重制约着该模型的广泛应用。为此，本节寻求一种简单有效的方法反映泥沙浓度对紊动制约的影响。

实际上，不论是掺混长度减小，还是紊动强度的减弱，最后都导致泥沙扩散系数的减小。因此，通过相对简单的函数直接修正泥沙扩散系数不失为一种合理的简化方法，特别是在进一步建立三维泥沙数学模型时将有广泛的应用价值。van Rijn(2007)对波流共同作用下泥沙运动研究的总结中对泥沙的制约紊动作用进行了分析，并给出了扩散系数修正函数(紊动制约函数)：

$$\phi_{\mathrm{d}}=\phi_{\mathrm{fs}}[1+(c_{\mathrm{V}}/c_{\mathrm{gel,\,s}})^{0.8}-2(c_{\mathrm{V}}/c_{\mathrm{gel,\,s}})^{0.4}] \tag{3-77}$$

式中，c_{V} 为体积浓度；$c_{\mathrm{gel,\,s}}=0.65$ 为床面最大体积浓度；ϕ_{fs} 为额外修正函数，表达式为

$$\phi_{\mathrm{fs}}=d_{50}/(1.5d_{\mathrm{sand}}) \tag{3-78}$$

式中，$d_{\mathrm{sand}}=62\ \mu\mathrm{m}$ 为沙与粉沙的分界粒径。

利用式(3-77)，按照局部均匀近似法，表观扩散系数可近似表示为

$$\varepsilon_{\mathrm{Fick,\,w}}=\phi_{\mathrm{d}}\frac{\omega_{\mathrm{s}}l_{\mathrm{w}}}{2\sinh^{-1}\left(\dfrac{\omega_{\mathrm{s}}}{2w_{\mathrm{mw}}}\right)} \tag{3-79}$$

其中，掺混长度和掺混速度由式(3-32)、式(3-36)～式(3-38)、式(3-43)～式(3-45)确定。

考虑泥沙制约沉降因素，采用单向水流模型中的式(3-25)。这样式(3-5)、式(3-25)和式(3-79)就构成了波浪作用下适用于高浓度情况的时均浓度垂线分布模型。下面利用 Lamb 等试验数据和赵冲久黄骅粉沙试验数据对该模型进行检验(图 3-40 和图 3-41)。

从比较结果来看，该简化模型能够可靠地反映波浪条件下高浓度泥沙垂线分布特征。

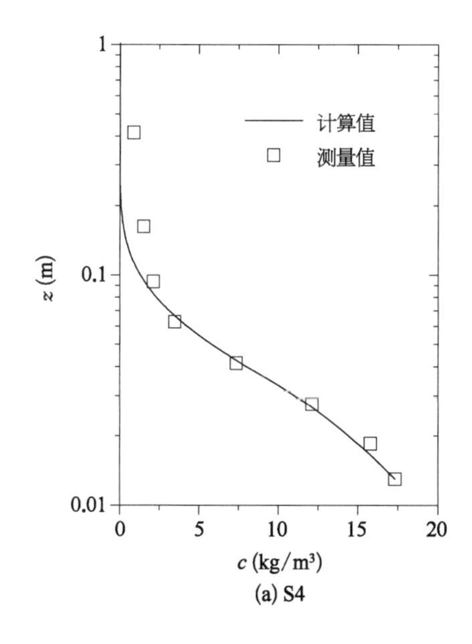

(a) S4

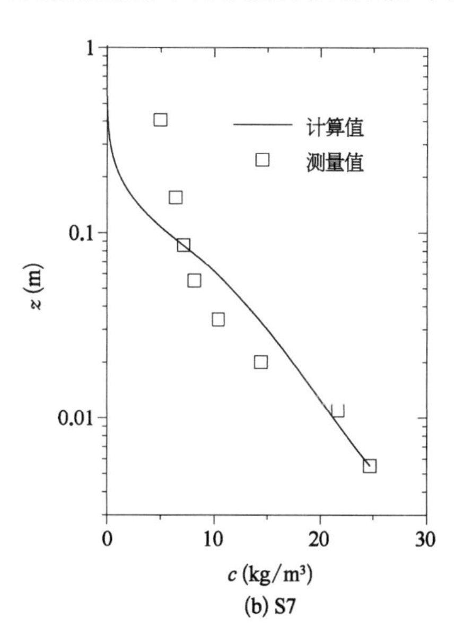

(b) S7

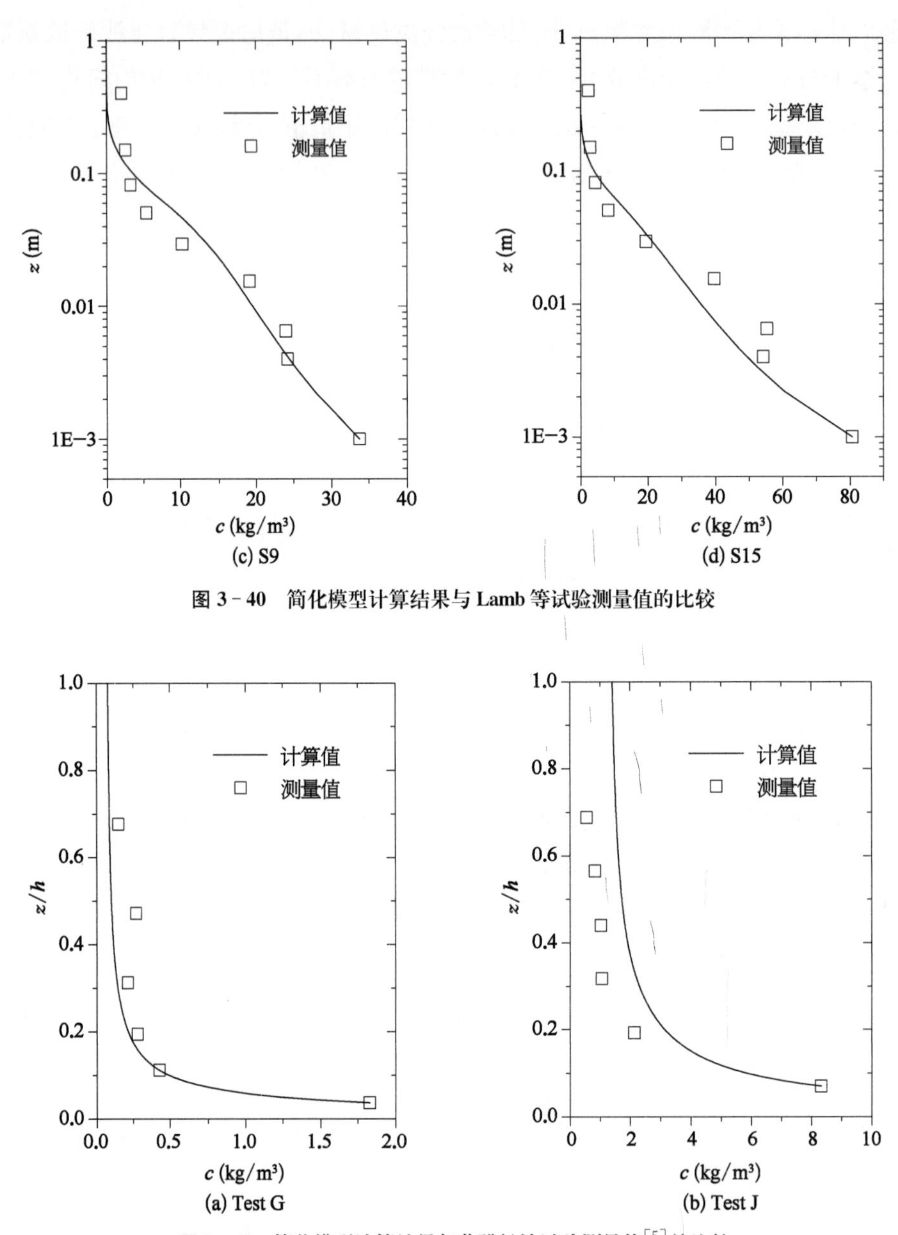

图 3-40　简化模型计算结果与 Lamb 等试验测量值的比较

图 3-41　简化模型计算结果与黄骅粉沙试验测量值[5]的比较

3.3.3　波流共同作用下含沙量垂线分布

3.3.3.1　模型的建立

海岸地区,波浪和潮流是同时存在的。波浪和潮流共存时水流条件复杂,目前对流速分布已经有了较深入的研究,但水流紊动强度、剪切力分布等问题还不是十分清楚,特别是在波流运动方向存在夹角的情况下,这些问题还有待进一步研究。海岸地区泥沙悬浮运动同时受波浪和潮流两种动力因素影响,这使得问题变得异常复杂。因此,研究者往往针对泥沙问题的特殊性，忽略某些次要因素，以简化问题的复杂程度。本节在前面研究的基础上按照 van Rijn 的模式建立波流共同作用下悬沙时均浓度分布模型。

依据 van Rijn(2007)在总结波流共同作用下泥沙运动研究时给出的模式，波流共同作用下扩散系数可表示为潮流和波浪单独作用时扩散系数的非线性叠加，即

$$\varepsilon_{cw} = \phi_d[\varepsilon_c^2 + \varepsilon_w^2]^{0.5} \tag{3-80}$$

式中 ε_c、ε_w——分别为单向水流和波浪单独作用时不考虑紊动制约因素的扩散系数。

根据前面对单向水流和波浪作用下悬移质浓度垂线分布的研究，ε_c 和 ε_w 可以由以下两式确定：

$$\varepsilon_c = \frac{\omega_s l_c}{2\sinh^{-1}\left(\frac{\omega_s}{2w_{mc}}\right)} \tag{3-81}$$

$$\varepsilon_w = \frac{\omega_s l_w}{2\sinh^{-1}\left(\frac{\omega_s}{2w_{mw}}\right)} \tag{3-82}$$

其中，l_c 和 w_{mc} 分别按式(3-24)和式(3-17)计算；l_w 按式(3-36)、式(3-37)和式(3-44)计算；w_{mw} 按式(3-32)、式(3-38)和式(3-43)计算。

当流强波弱时，由于流速较大，波浪水质点轨迹运动在水流运动方向会产生明显的变形，从而削弱波浪水质点运动对泥沙的掺混作用。因此，当流强波弱时有必要对波浪扩散系数 ε_w 进行修正，即增加限定条件：

$$\varepsilon_w(z > h/3) = \{\varepsilon_w(h/3) \mid \varepsilon_w(h/3) \leqslant 0.7\varepsilon_c(h/3)\} \tag{3-83}$$

式(3-83)表示，当 1/3 水深处波浪扩散系数小于 0.7 倍的潮流扩散系数时，即流强波弱时，波浪在上部水体 ($z > 1/3h$) 中的扩散系数为常数。

另外，波流共存时，水流的掺混长度受波浪的影响，泥沙粒径对掺混长度的影响可能没有纯流时那样明显，因此对掺混长度系数也进行适当修正，增加限制条件：

$$\kappa_s = \begin{cases} a(\ln C_{mean} - \ln 0.001) + \kappa_{s,001} & (\kappa_s \leqslant 0.4) \\ 0.4 & (\kappa_s > 0.4) \end{cases} \tag{3-84}$$

式(3-80)结合式(3-5)、式(3-25)和参考浓度即可求得悬沙浓度分布。因为该模型涉及公式较多，下面集中列出模型中的主要公式：

波流共同作用下的总扩散系数：

$$\varepsilon_{cw} = \phi_d[\varepsilon_c^2 + \varepsilon_w^2]^{0.5}$$

$$\phi_d = \phi_{fs}[1 + (c_V/c_{gel,s})^{0.8} - 2(c_V/c_{gel,s})^{0.4}]$$

水流作用下扩散系数相关公式：

$$\varepsilon_c = \frac{\omega_s l_c}{2\sinh^{-1}\left(\frac{\omega_s}{2w_{mc}}\right)}$$

$$l_c = 2\kappa_s h\left[\left(1-\frac{z}{h}\right)^{\frac{1}{2}} - \left(1-\frac{z}{h}\right)\right]$$

$$\kappa_s = \begin{cases} a(\ln C_{mean} - \ln 0.001) + \kappa_{s,001} & (\kappa_s \leqslant 0.4) \\ 0.4 & (\kappa_s > 0.4) \end{cases}$$

$$w_{mc} = 1.27u_{*c}\exp(-z/h)$$

波浪作用下扩散系数相关公式：

$$\varepsilon_w = \frac{\omega_s l_w}{2\sinh^{-1}\left(\frac{\omega_s}{2w_{mw}}\right)}$$

$$\varepsilon_w(z > h/3) = \{\varepsilon_w(h/3) \mid \varepsilon_w(h/3) \leqslant 0.7\varepsilon_c(h/3)\}$$

$$l_w(z) = \lambda' z \qquad (0 \leqslant z \leqslant \delta_w)$$

$$l_w(z) = \frac{z-\delta_w}{\delta_m-\delta_w}l_w(\delta_m) + \frac{\delta_m - z}{\delta_m - \delta_w}l_w(\delta_w) \qquad (\delta_w < z < \delta_m)$$

$$l_w(z) = \lambda\frac{H}{2}\frac{\sinh(kz)}{\sinh(kh)} \qquad (z \geqslant \delta_m)$$

$$w_{mw}(z) = w_{mw}(z_0')\exp\left(-\frac{z-z_0'}{L_w}\right) \qquad (0 \leqslant z \leqslant \delta_w)$$

$$w_{mw}(z) = \frac{z-\delta_w}{\delta_m-\delta_w}w_{mw}(\delta_m) + \frac{\delta_m - z}{\delta_m - \delta_w}w_{mw}(\delta_w) \qquad (\delta_w < z < \delta_m)$$

$$w_{mw}(z) = \frac{\pi H}{\sqrt{2}T}\frac{\sinh(kz)}{\sinh(kh)} \qquad (z \geqslant \delta_m)$$

群体沉降速度公式：

$$\omega_s = \omega_{s0}(1-c_V)^n$$

3.3.3.2 模型的验证

下面用 van Rijn 等(1993,1995)和 Chen(1992)进行的波流共同作用下的悬沙试验数据对上面建立的模型进行检验。表 3－1 列出了试验的相关参数，其中 θ 为波浪和潮流的夹角。因为试验中没有给出潮流摩阻流速，这里根据试验测得的水深平均流速 U_m 按式(3－85)进行计算。

$$u_{*c}=\frac{\kappa U_m}{\left[\ln\left(\frac{h}{z_0}\right)-1\right]} \tag{3-85}$$

式中，z_0 为流速等于零处距床面的距离，可由下式确定：

$$z_0=\frac{k_s}{30} \tag{3-86}$$

表 3-11 试验基本参数

组 次	h(m)	H(m)	T(s)	θ(°)	U_m(m/s)	d_{50}(μm)
T200, 10, 40	0.51	0.098	2.6	0	0.45	205
T10, 19, 90	0.43	0.093	2.24	90	0.117	100
T14, 20, 60	0.42	0.131	2.3	60	0.235	100
Test A	0.25	0.065	1.76	180	0.08	180

本章所建立的模型从理论上较好地反映了实际物理现象，但在实际应用中是否依然具有优越性和更高的精度，需要进一步验证。下面通过与 van Rjin 模型计算结果的比较进行说明。本章所建立的模型与 van Rjin 模型的主要区别在于扩散系数 ε_c 和 ε_w 的形式不同。van Rjin 认为，流和波单独作用时扩散系数形式如图 3-42 所示。

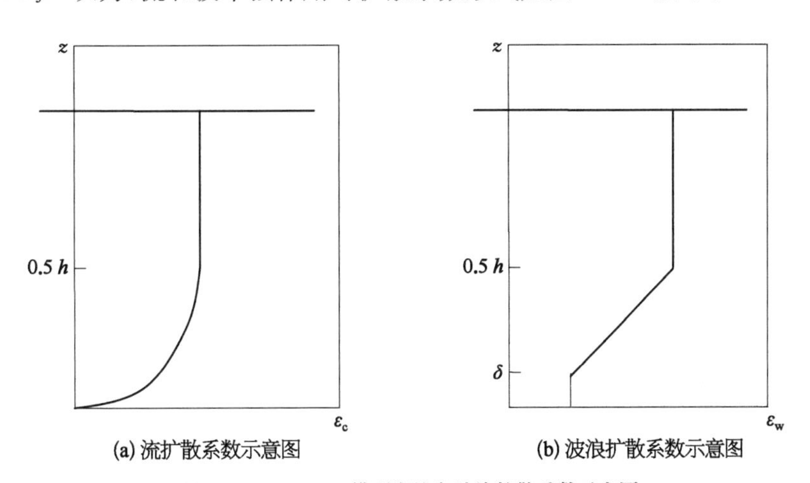

(a) 流扩散系数示意图　　(b) 波浪扩散系数示意图

图 3-42 van Rjin 模型潮流和波浪扩散系数示意图

van Rjin 将潮流扩散系数表示为

$$\varepsilon_c=\kappa u_{*c}z\left(1-\frac{z}{h}\right) \qquad (z\leqslant 0.5h) \tag{3-87}$$

$$\varepsilon_c=0.25\kappa u_{*c}h \qquad (z>0.5h) \tag{3-88}$$

将波浪扩散系数表示为

$$\varepsilon_w=\varepsilon_{w,\,bed}=\alpha_1\beta\delta u_w \qquad (z\leqslant\delta) \tag{3-89}$$

$$\varepsilon_{\mathrm{w,\,max}} = \alpha_2 \frac{hH}{T} \qquad (z \geqslant 0.5h) \tag{3-90}$$

$$\varepsilon_{\mathrm{w}} = \varepsilon_{\mathrm{w,\,bed}} + (\varepsilon_{\mathrm{w,\,max}} - \varepsilon_{\mathrm{w,\,bed}})\left(\frac{z-\delta}{0.5h-\delta}\right) \qquad (\delta < z < 0.5h) \tag{3-91}$$

式中，α_1、α_2 为常系数；β 为修正系数，按照式(3-16)计算；δ 为波浪边界层高度。各个参数的计算公式不详细列出，请参考相关文献。

图 3-43～图 3-46 显示了本章模型中扩散系数分布形式和悬沙浓度垂向分布计算结果。当流强波弱时，总扩散系数在形状和大小上与流单独作用时的扩散系数接近，波浪作用

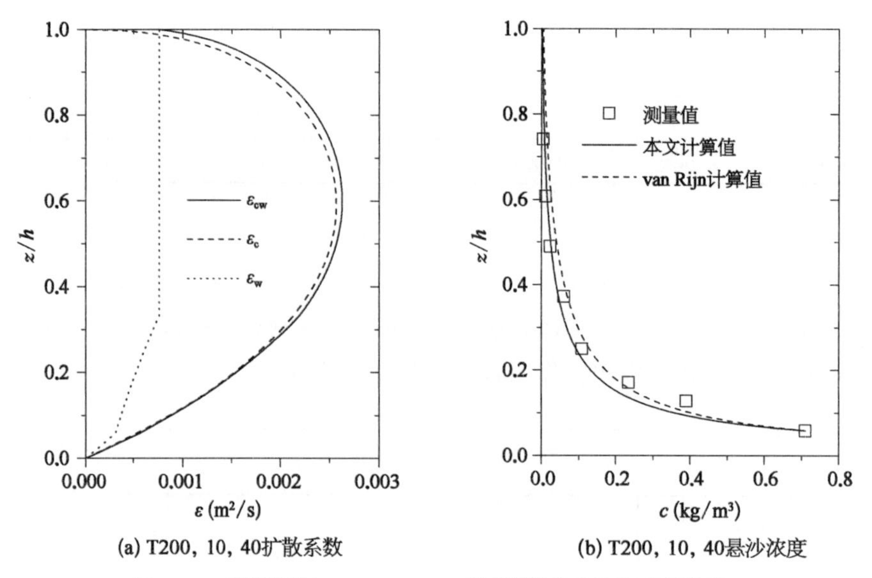

图 3-43　计算结果与 van Rijn(1993)试验测量值的比较(流强波弱)

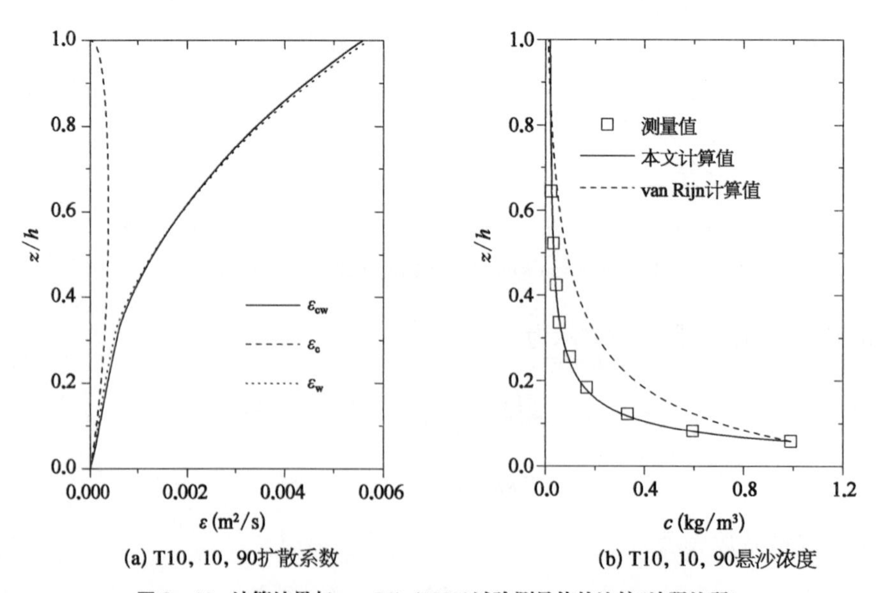

图 3-44　计算结果与 van Rijn(1995)试验测量值的比较(波强流弱)

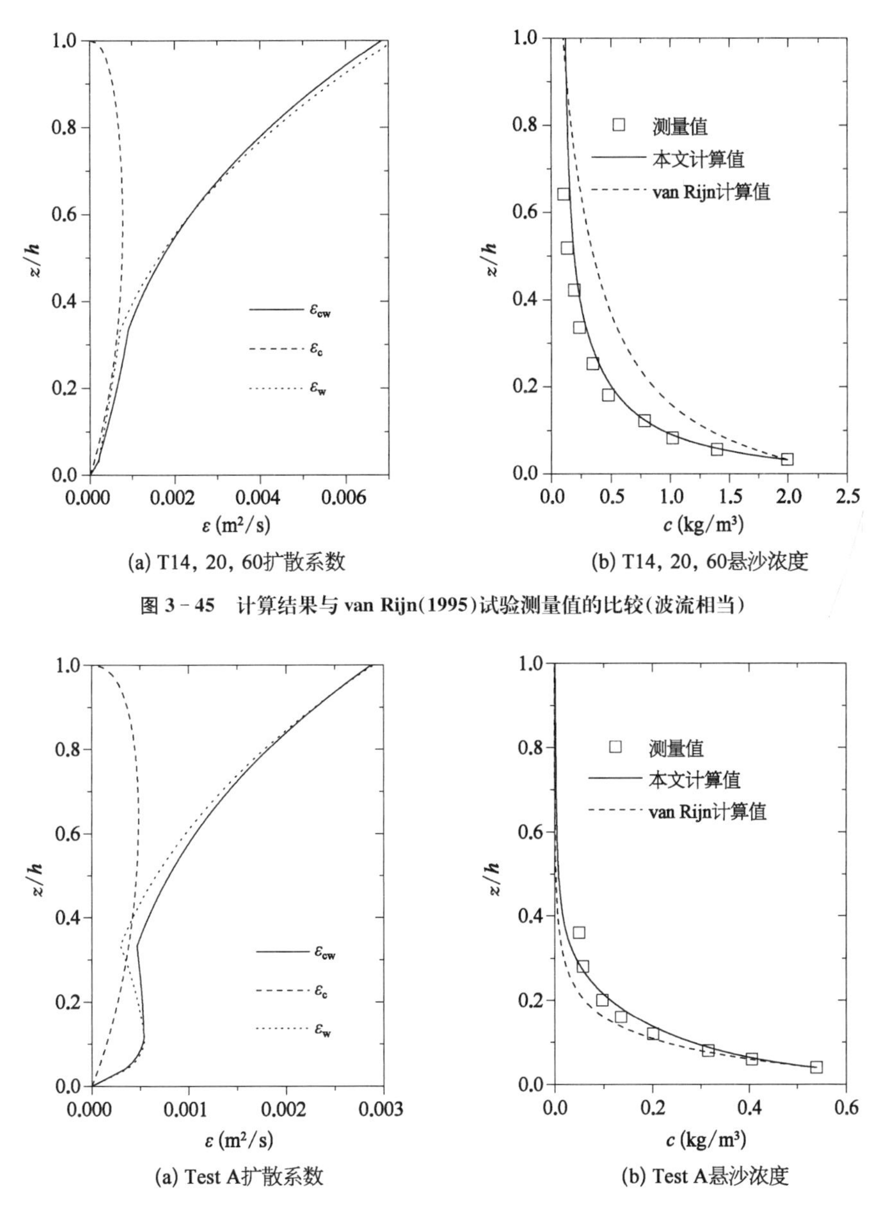

(a) T14，20，60扩散系数

(b) T14，20，60悬沙浓度

图 3-45　计算结果与 van Rijn(1995)试验测量值的比较(波流相当)

(a) Test A扩散系数

(b) Test A悬沙浓度

图 3-46　计算结果与 Chen(1992)试验测量值的比较(波流相当)

对总扩散系数的增加贡献很小(图 3-43)；当波强流弱时，总扩散系数在形状和大小上与波浪单独作用时的扩散系数接近，潮流作用对总扩散系数的增加贡献很小(图 3-44)；波流强度相当时，在靠近水面附近，依然以波浪作用贡献为主，而在底部两者的贡献都很重要(图 3-45 和图 3-46)。

此外，图中还显示了 van Rjin 模型泥沙浓度计算结果。比较可见，本模型与实测值吻合更好，具有更高的精度和适用范围。这说明，本章中所建立模型不仅从理论上更为完善，在实际应用中也有更好的表现。综上所述，该模型能够较好地反映波流共同作用下悬沙浓度分布规律。

3.4 复合沿岸输沙率

在京唐港区细沙粉沙质海岸，风暴潮作用期间，大浪产生的破波沿岸流与风暴潮沿岸潮流叠加，产生较强的复合沿岸流。复合沿岸流挟带上游泥沙及滩地泥沙，产生较强的沿岸输沙。此输沙带沿防沙堤进入航道，产生骤淤。为了与通常仅由波浪产生的沿岸输沙区分，将破波产生的沿岸流和风暴潮沿岸潮流叠加而成所产生的沿岸输沙称为复合沿岸输沙。准确计算复合沿岸输沙率，对于预测细沙粉沙质海岸航道骤淤量是十分重要的。

3.4.1 沿岸输沙率公式

波浪从深水传到近岸的过程中，由于水深的变化、地形的影响及其内部能量的耗散，会发生浅水变形直至波浪破碎，产生沿岸方向的水体运动即为波生沿岸流，从而产生沿岸输沙。沿岸输沙问题的研究，可大体分为波能流法（或能量法）、河流输沙类比法和纯经验法等。波能流法的基本假定是破波带内总的沿岸输沙与波浪所具有能量的沿岸分量成正比。由于波能流法沿岸输沙率公式与之后根据能量输沙原理获得的输沙率公式结构相同，因而前者重新被赋予了理论意义，并且在工程应用上优于其他方法。下文着重介绍三个波能流法预测公式。

1) CERC 公式(1984)

20 世纪 30 年代，丹麦工程师 Munch-Peterson 指出，可以通过测定单位波峰线长度上波能流的沿岸分量近似预报沿岸输沙率的方向和总量[14]，从而最早将沿岸输沙与波能建立联系。波能流法真正最早是由 Grant(1943)[15]提出，其后，国外许多学者开展了大量的现场实测和室内研究。波能流法沿岸输沙率公式起初是纯经验公式，Watts[16]和 Caldwell[17]最早开展了沿岸输沙率现场调查，并将体积输沙率与波能流沿岸分量建立了经验关系。之后，Savage[18]汇总了当时各种有效的现场调查和室内试验数据，基于波能流法建立体积沿岸输沙率计算公式，并被美国陆军工程兵团采用，编入了 1966 年版的 *Shore Protection Manual*，即 CERC 公式的早期形式。因上述公式依据完全经验的方法建立，虽提供了沿岸输沙率确定的思路，但在量纲上并不和谐，造成物理意义不明确。Inmam 和 Bagnold[19]根据 Bagnold[20]对于风成沙输移和河流泥沙输移的研究，建议用浮容重输沙率代替体积输沙率，从而使公式量纲达到一致。1970 年，Komar 和 Inman[21]基于 Bagnold[20]的能量输沙理论，采用在加利福尼亚银滩和墨西哥埃尔莫雷诺海滩得到的波浪、沿岸流和输沙率同步观测数据，建立了浮容重沿岸输沙率与波能流的关系式，从理论上证明了以往纯经验公式的合理性，使波能流法有了坚实的理论基础。Komar 和 Inman 所建立的沿岸输沙率公式也被多次收录在后续更新版本的 *Shore Protection Manual* 中[22]，作为改进的 CERC 公式进行推荐，见下式：

$$I_1 = K\ (EC_g)_b \cos\alpha_b \sin\alpha_b \tag{3-92}$$

式中 I_r——浮容重沿岸输沙率（$kg \cdot m/s^2$）；

a——天然沙滩孔隙率，一般取 0.4；

$(EC_g)_b = \frac{\sqrt{2}}{8}\rho g^{3/2} H_b^{2.5}$——破波波能流（W/m 或 $kg \cdot m/s^2$）；

H_b——破波波高；

α_b——破波角（°）；

K——公式的经验系数。

改进后的 CERC 公式是一个半经验半理论公式，沿岸输沙率与波能流之间通过综合系数 K 建立关系。Komar 和 Inman[21]最初确立该公式时采用的 K 值为 0.77，之后通过不断扩充可靠的现场实测资料，将 K 值减小到 0.57[23]。许多学者在应用 CERC 公式时，依据自身获取的数据资料也对 K 值进行了修正，各家取值差异较大，取值范围在 0.05～0.92[24-26]。由此表明，K 值可能并不是一个简单的定常值，在不同海岸环境应有不同选择。这是因为 CERC 公式仅明确了沿岸输沙率与波浪动力之间的关系，还未反映出泥沙粒径、岸滩坡度等多种海岸环境因素的影响。由于结构简单、使用方便，该式广泛用于国内外许多沙质海岸。

2）Kamphuis 公式[27]（1991）

$$Q = K\ \frac{1}{(1-a)\rho_s}(\rho/T_p) L_0^{1.25} H_{bs}^2 (\tan\beta)^{0.75} D_{50}^{-0.25} \sin^{0.6}(2\alpha_b) \tag{3-93}$$

式中 ρ_s——泥沙密度（kg/m^3）；

ρ——海水密度（kg/m^3）；

g——重力加速度（m/s^2）；

T_p——波谱峰周期（s）；

H_{bs}——破波有效波高；

$\tan\beta$——岸滩坡度；

d_{50}——泥沙中值粒径；

K——公式系数。

其他参数说明同式（3－92）。值得注意的是，式（3－93）计算得出的 Q 是年输沙率（m^3/年）。

Kamphuis 经过无因次量纲分析后，通过对三维水力规则波与不规则波模型试验的数据资料处理后推得该式。

3）孙林云公式[28]（1992）

$$Q=\frac{0.6\times10^{-2}}{(\rho_s-\rho)g}I_r^{-1/2}\ (EC_g)_b\ \frac{\bar{V}_l}{\omega} \tag{3-94}$$

式中 I_r——波浪破碎因子（即伊利巴伦数），$I_r=\dfrac{\tan\beta}{(H_b/L_0)^{0.5}}$；

$\tan\beta$——岸滩坡度；

L_0——深水波长(m)；

ω——海滩泥沙中值沉降速度(m/s)；

$u_{mb}=\sqrt{2E_b/\rho h_b}$——破波时底部水质点最大轨迹速度(m/s)；

$\bar{V}_l=6.73I_r^{7/8}u_{mb}\sin\alpha_b\cos\alpha_b$——破波带平均沿岸流流速。

其他参数说明同式(3-92)。

孙林云[28]通过显著性参数量纲分析与理论推导，考虑了波浪上爬带、破波类型与泥沙粒径对沿岸输沙的影响，并与式(3-92)中的 K 值建立了关系，从而得到式(3-94)。孙林云公式先以毛里塔尼亚友谊港现场实测输沙率资料为参数率定依据，接着再对室内试验资料作了验证，吻合程度较高，实现了计算现场原型沙和试验室模型沙不同量级沿岸输沙率的统一形式[29]，该公式现已进一步推广至波流共同作用下细沙粉沙质海岸复合沿岸输沙率计算[11]。

采用毛里塔尼亚友谊港的现场实测资料分别对以上公式进行验证。友谊港地处非洲大陆西北部毛里塔尼亚首都努瓦克肖特市，大西洋东岸，是毛里塔尼亚最大的出海口。该港是一个单突堤半掩护港口，1978 年由我国援建，1988 年元旦正式开港。该地附近海岸线平直，水域辽阔。除有波浪作用外，还有潮流和海流的作用，但相比剧烈的波浪作用，潮流和海流的影响可以忽略不计。自北向南的沿岸流较大，年沿岸输沙量也较大。得出的点值分布及各公式的相关系数与离散度如图 3-47～图 3-49 及表 3-12 所示。图中的实测值与计算值均采用浮重输沙率的对数坐标；友谊港数据为 1983 年的实测情况，努港为 1976—1982 年的实测情况。

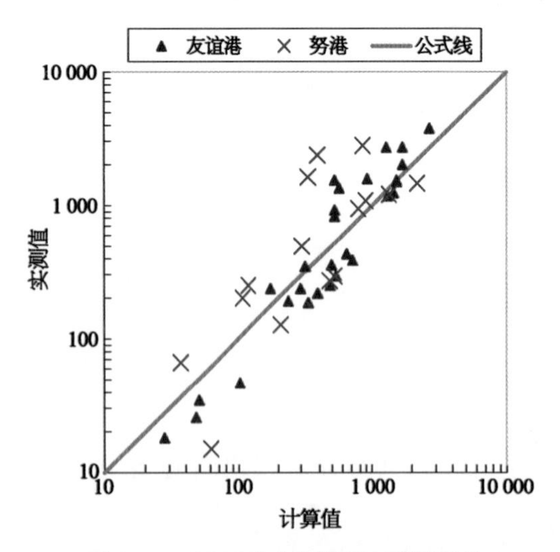

图 3-47　CERC 公式计算值与实测值比较

比较数列的相关系数和均方差散度是衡量公式准确性的一大方法。相关系数越大，均方差越小，说明公式的准确性和可靠性越好。

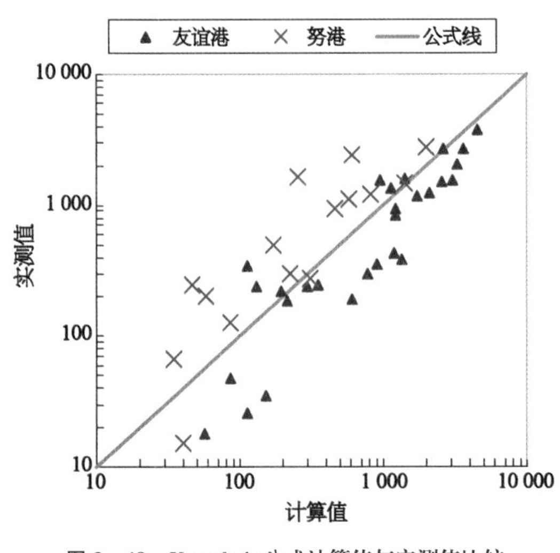

图3-48　Kamphuis公式计算值与实测值比较

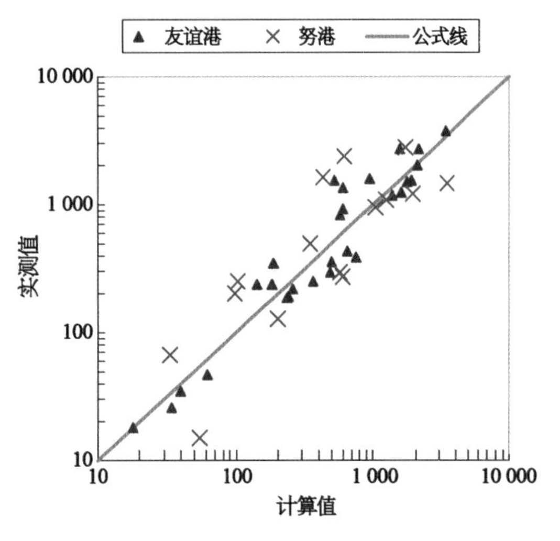

图3-49　孙林云公式计算值与实测值比较

表3-12　各公式的相关系数与均方差散度

公　式	CERC公式		Kamphuis公式		孙林云公式	
	友谊港	努港	友谊港	努港	友谊港	努港
相关系数	0.897 2	0.466 0	0.922 1	0.540 2	0.912 3	0.807 4
均方差散度	0.327 0	0.396 1	0.475 5	0.373 5	0.270 7	0.444 0

CERC公式在标准沙质海岸，即泥沙粒径中等、岸滩坡度较规则的情况下，适用性较好，且使用方便简易。但因为该式只包含动力条件，而未对泥沙因素进行考虑，故该式在不同地域的使用上有一定的局限性。

Kamphuis公式中几乎包含了所有可能影响沿岸输沙率的计算参量，但从对两地资料验证情况看来，预测值与实测值符合不好，说明该公式对于各参量之间的因次协调关系有待进一步改善。

孙林云公式，使用了临底流速与泥沙中值沉降速度的比值来修正波能因子，并引入无因次量伊利巴伦数 I_r 来表征波浪破碎类型对沿岸输沙的影响，这就使破波波能流和岸滩泥沙因素有效地结合起来。而从与实测资料的验证情况来看，孙林云计算公式的相关系数及均方差散度均比较理想，其公式的输沙率预测值与实测值也最为接近。

此外，对于波能较小的情况，三个公式的计算值都略微偏大，以Kamphuis公式最为明显。而在波能较大的情况时，三个公式的计算值都较实测值偏大，Kamphuis公式的计算值也比波能小的情况更加接近实测值，这说明波能流法系列公式都存在这个问题，即输沙率系数不应是单一的常数值。

3.4.2　复合沿岸输沙率初步估算公式

沿岸输沙率计算公式都是针对仅考虑波浪作用下的沙质海岸。沙质海岸由于岸坡较陡，为1/20～1/50，破波带潮流较弱，常可略去。而细沙粉沙质海岸，岸滩坡度相对较缓，为1/70～1/400，尤其是风暴潮期间，近岸波浪较大，破波水深较深，破波带较宽，近岸潮流流速也较大。因此，细沙粉沙质波流共同作用下的复合沿岸输沙率计算应当考虑波浪和潮流的共同作用。

根据前面对沿岸输沙公式的分析，孙林云公式物理意义明确，与实测资料的验证也较好。因而，可以在该沿岸输沙公式基础上进行拓展，从而建立适合于粉沙质海岸的复合沿岸输沙计算公式。在式(3-94)中，$\bar{V}_l$ 用 $\bar{V}_l+\bar{V}_c$ 代替，其中 $\bar{V}_c$ 为风暴潮涨潮(或落潮)平均流速，即将沿岸流流速以波浪作用的沿岸流平均流速 $\bar{V}_l$ 与潮流平均流速 $\bar{V}_c$ 进行简单叠加，求出复合沿岸流流速，进而计算出复合沿岸输沙，则式(3-94)变为以下形式：

$$Q=\frac{0.6\times10^{-2}}{(\rho_s-\rho)g}I_r^{-1/2}\,(EC_g)_b\,\frac{\bar{V}_l+\bar{V}_c}{\omega} \tag{3-95}$$

利用式(3-95)可进行复合沿岸输沙率的初步估算。

由于波浪、潮流共同作用下近岸破波水流和泥沙输移特性较为复杂，如何求得与天然较为符合的复合沿岸流是合理计算复合沿岸输沙的关键。为此，开展复合沿岸输沙物理模型专题试验，进一步完善复合沿岸输沙率计算公式，探讨其合理性和适用性。

3.4.3 复合沿岸输沙率试验概况

物理模型试验是一种传统的研究方法，和数值模型比较，具有试验现象直观、可操作性强、数据结果较真实可靠等特点；和现场观测或试验比较，具有投入少、成果见效快、试验周期短等特点。为了进一步认识近岸波浪水流特性及沿岸泥沙运动特性，开展近岸波浪与水流共同作用下沿岸泥沙运动概化物理模型试验。

试验中，假定：

(1) 试验模拟的是一段平直海岸，试验场地泥沙冲淤不影响岸滩坡度。

(2) 波浪斜向入射，破波带内，泥沙输移以悬移质为主。

1) 试验场地布置

试验在南科院长50 m×宽40 m×高0.5 m的港池中进行(图3-50)。岸线上下游的两个水流分配器通过双向泵相连，用于形成港池上下游水体循环系统，减少水体在造波机前回流，并生成均质沿岸流。场地西面配有1台推板式造波机，用于生成1～7 cm的外海波浪。场地南侧为3台功率为500 kW的抽水泵和尾门系统，用于控制试验场地水位。试验上游段设有导流装置，用于束导循环水泵流出的水流，使其与岸线平行并沿岸均匀。为了减小波浪增水及直立壁反射对沿岸流流态造成的影响，场地两侧设有回水池，并在场地的西面和南面分别设有消浪块石和消浪墙。模型布置如图3-51所示。

图3-50　模型实体全景

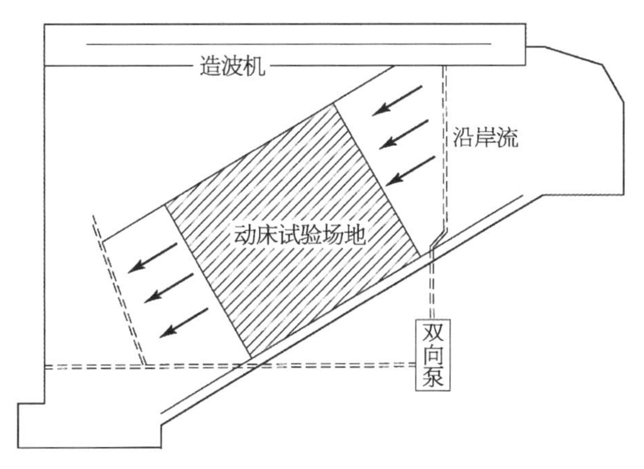

图3-51　试验场地布置概况

2）试验主要参数及组次

模型通过调节循环双向泵转速来调整外加沿岸水流强弱，并通过改变造波机频率及离心距，间接调整试验外海波浪的周期和波高。共选取三种双向泵转速（0 r/min、80 r/min 和 130 r/min）、三种波周期（0.6 s、0.8 s 和 1.0 s）、七种外海波高（1.3 cm、1.7 cm、2.0 cm、2.8 cm、3.0 cm、4.5 cm 和 6.0 cm）结合两种坡度分别进行动床水流泥沙试验，共组合 78 组次试验。其中，1/30 单一坡度组次 33 组，1/120～1/220 复合坡度组次 45 组。坡度如图 3-52 和图 3-53 所示。

3）试验泥沙粒径

模型沙采用经特殊处理的精煤粉（图 3-54）。坡度为 1/30 单一坡度时，模型沙 d_{50} 为

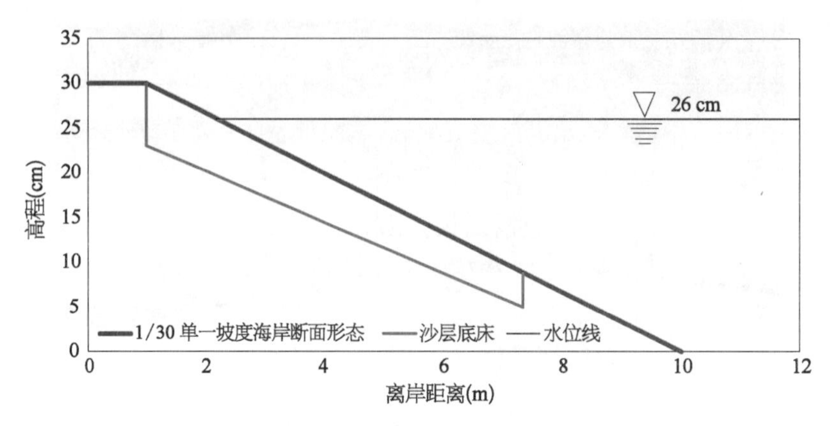

图 3-52　岸滩坡度 1/30 断面剖面形态图

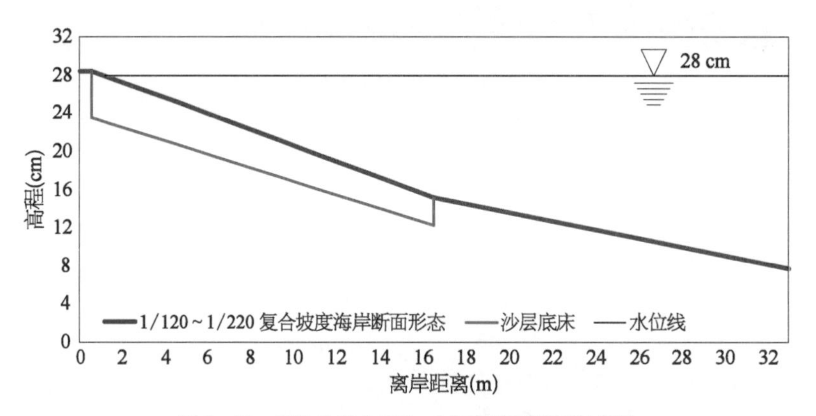

图 3-53　岸滩坡度 1/120～1/220 断面剖面形态图

(a) 无烟精块煤　　(b) 精煤粉模型沙

图 3-54　精块煤和精煤粉模型沙

0.24 mm；坡度为 1/120～1/220 复合坡度时，模型沙 d_{50} 为 0.13 mm。波浪与水流在近岸破波区作用合成，复合流速以波流同向或同向斜交后较大，考虑到波流作用特性对沿岸输沙的影响及波流逆向或逆向斜交波流作用的复杂性，本模型仅进行波流同向斜交作用下沿岸输沙率试验。其中，造波机轴线与岸线法线的夹角为 30°。

在定床物理模型研究的基础上，选取适当模型区域(区域宽度至少涵盖破波带)，将混凝土底质换成厚度为 3～7 cm 的沙质底质，进行动床物理模型试验。

为准确了解泥沙中值粒径及泥沙组成配比，试验准备了 4 套颗分筛和振动筛分器，每套颗分筛配备从 20～300 目孔径不等的 15 个分筛，具体筛孔目数与泥沙粒径对照见表 3-13。为了试验方便简洁，通过前期颗分比对，每组试验选取 6 个有效分筛对试验泥沙进行对比颗分。对于 1/30 单一坡度模型，选取 20 目、40 目、60 目、80 目、100 目、120 目 6 个分筛孔径进行筛分(图 3-55)。对于 1/120～1/220 复合坡度模型，选取 20 目、40 目、80 目、120 目、200 目、280 目 6 个分筛孔径进行筛分(图 3-56)。

表 3-13　筛孔目数与粒径对照表

筛孔目数	10	20	40	60	80	100	120	140
粒径(mm)	1.7	0.9	0.45	0.28	0.18	0.154	0.125	0.11
筛孔目数	160	180	200	220	240	260	280	300
粒径(mm)	0.098	0.09	0.075	0.065	0.063	0.058	0.055	0.05

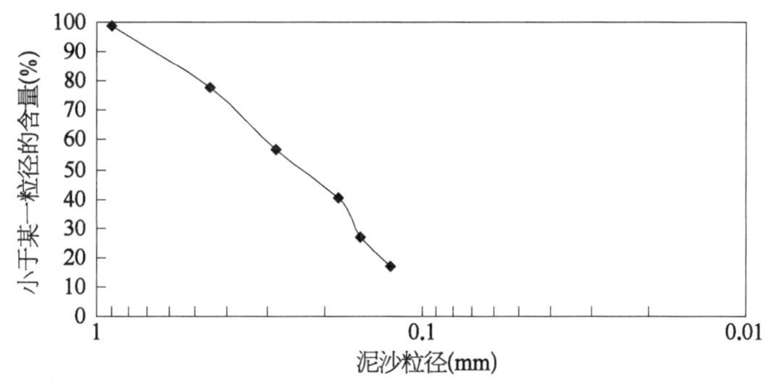

图 3-55　1/30 单一坡度模型粒径颗分

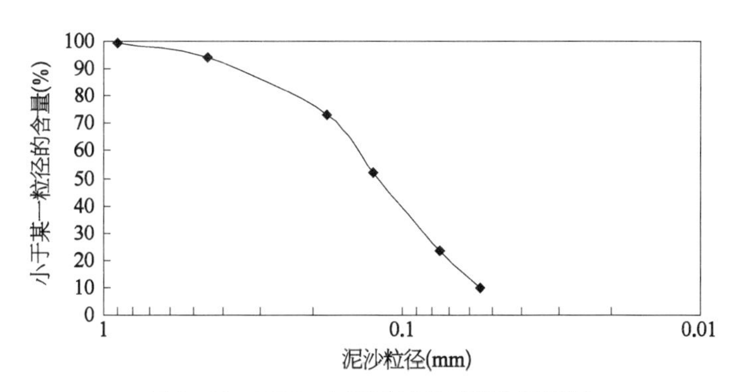

图 3-56　1/120～1/220 复合坡度模型粒径颗分

除了绘制粒径级配曲线图之外，还分析了泥沙的均匀系数、等级系数、筛分系数和歪度等特性。

海滩底质的均匀系数 C_u 与等级系数 C_g 定义为

$$C_u = \frac{D_{60}}{D_{10}} \tag{3-96}$$

$$C_g = \frac{D_{30}^2}{D_{60} \times D_{10}} \tag{3-97}$$

均匀系数 C_u 值若介于 1 到 4 间，为均匀土壤；若在 5 到 8 之间，为级配好的土壤；大于 9 时，为级配良好的土壤。等级系数 C_g 若介于 1 到 3 间，土壤级配良好；砾石的等级系数大于 4，理想的等级系数为 2。

筛分系数定 S_0 定义为

$$S_0 = \sqrt{\frac{D_{75}}{D_{25}}} \tag{3-98}$$

歪度 S_K 定义为

$$S_K = \frac{D_{25} \times D_{75}}{D_{50}^2} \tag{3-99}$$

式中　S_0——表示沙砾的均匀度，其值愈小，粒径大小愈均匀，如表示由同一大小粒径的沙砾所组成。

S_K——表示粒径分布曲线的对称性，$S_K = 1$ 表示粒径分布大小对称。

表 3-14　泥沙粒径特性分析

判别标准	均匀系数 C_u	等级系数 C_g	筛分系数 S_o	歪度 S_k
单一坡度	3.10	0.93	1.67	1.09
复合坡度	2.73	0.88	1.59	0.84
判别条件	均匀土壤 ($1 < C_u < 4$)	理想系数 ($C_g = 2$)	$S_o = 1$ 表示泥沙由同一粒径沙粒组成	$S_k = 1$ 表示粒径分布大小对称
	级配好 ($5 < C_u < 8$)	级配良好 ($1 < C_g < 3$)		
	级配良好 ($9 < C_u$)	砾石 ($C_g > 4$)		

4) 试验组次汇总

表 3-15 和表 3-16 分别给出了单一坡度和复合坡度试验的组次。

表 3-15　1/30 单一坡度试验主要参数一览表

双向泵转速(r/min)	周期(s)	波高(cm)			
0	0.6	1.7	2.8	4.5	
	0.8	1.7	2.8	4.5	6.0
	1.1	1.7	2.8	4.5	6.0
80	0.6	1.7	2.8	4.5	
	0.8	1.7	2.8	4.5	6.0
	1.1	1.7	2.8	4.5	6.0

（续表）

双向泵转速(r/min)	周期(s)	波高(cm)			
130	0.6	1.7	2.8	4.5	
	0.8	1.7	2.8	4.5	6.0
	1.1	1.7	2.8	4.5	6.0

表3-16　1/120～1/220复合坡度试验主要参数一览表

双向泵转速(r/min)	周期(s)	波高(cm)				
0	0.6	1.3	2.0	3.0	4.5	6.0
	0.8	1.3	2.0	3.0	4.5	6.0
	1.0	1.3	2.0	3.0	4.5	6.0
80	0.6	1.3	2.0	3.0	4.5	6.0
	0.8	1.3	2.0	3.0	4.5	6.0
	1.0	1.3	2.0	3.0	4.5	6.0
130	0.6	1.3	2.0	3.0	4.5	6.0
	0.8	1.3	2.0	3.0	4.5	6.0
	1.0	1.3	2.0	3.0	4.5	6.0

5）测量方法

试验波高及波周期统一采用DJ800波高采集系统进行测量；波向角采用量角器测量；沿岸流速采用旋桨式流速流向仪测量；含沙量采用接触式光电式浊度仪测量并用比重瓶抽样分析校核；泥沙粒径采用筛分法测量；试验地形采用退水围等深线法和断面地形测量相互校核，分别用地形法结合加沙量、捕沙量及水文法确定试验沿岸输沙率。

为了保证试验的准确性，并尽量减少由于人为因素导致的测量误差，对于紊动变化较大的试验要素，都采用了两种或两种以上的方法进行计算和测量，而对于采用单一方法测量的要素，试验中采用多次测量取平均值的方法进行校正。

3.4.4　复合沿岸输沙率试验及参数确定

1）单纯波浪作用下近岸波高和沿岸水流特性

（1）波高与流速分布。图3-57为单纯波浪作用下的近岸试验图。对于两种坡度来讲，外海波高不变，由于复合坡度岸坡变缓，破波带宽度明显增大数倍。同时，波浪进入近海海域时，波浪变形状况减弱，波高破碎后，很快达到稳定状态，波浪因破碎而耗散的能量较单一坡度海岸变小，波浪破碎强度减弱。

在两种海岸坡度条件下，波高垂直海岸方向上的剖面分布呈一致性。在外海海域，地形平坦，水深较大，波浪在传播过程中受局部地形变化变化小，波高趋于定值。当波浪进入近海海域，随水深逐步减小而发生浅水变形，波高变大。当波高与水深的比值达到某一

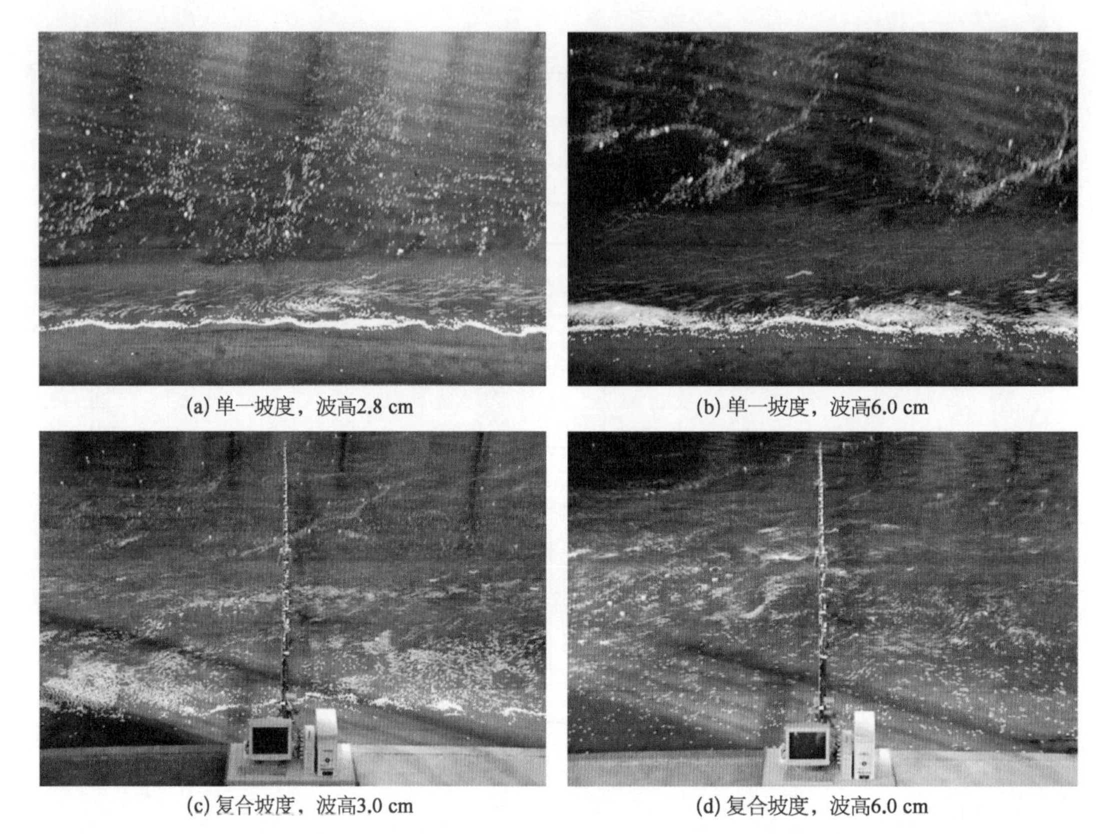

(a) 单一坡度，波高2.8 cm　　(b) 单一坡度，波高6.0 cm

(c) 复合坡度，波高3.0 cm　　(d) 复合坡度，波高6.0 cm

图 3-57　两种坡度、周期 0.8 s、不同入射波高的破波沿岸流流态

临界值，波浪能量不足以支撑波高继续增大，波浪发生破碎。波高破碎后，一部分波能参与水体紊动耗散，波高减小，而稳定后的波浪随水深减小继续发生浅水变形和破碎。此过程为连续过程，表现为波高在经过破波点后持续减小。在相同坡度条件下，破波带宽度随深水入射波高的增加而相应变宽，而在相同深水入射波高条件下，破波带宽度随岸滩坡度变缓而增大(图 3-58)。理论分析和实测结果均表明，波浪作用下沿岸流流速分布在剖面上都存在一个峰值，且在其两侧呈现单调递减趋势。随着破波波高变大，最大流速点逐渐向离岸方向偏移，过流断面面积也随之增大(图 3-59)。岸坡较陡的单一坡度条件下，沿

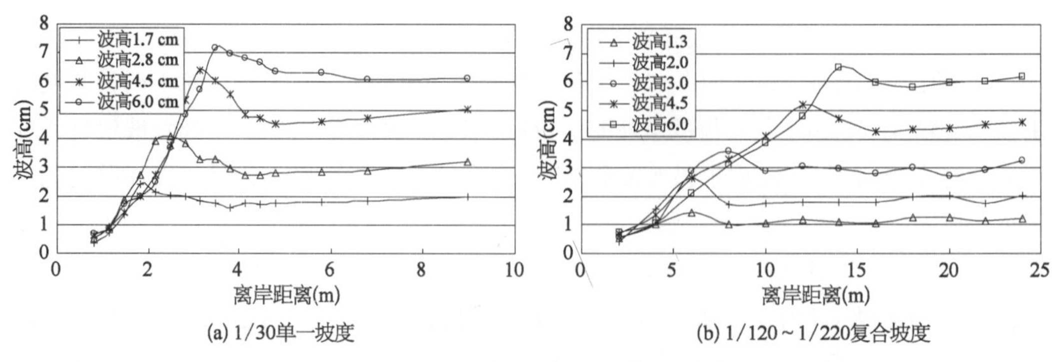

(a) 1/30单一坡度　　(b) 1/120～1/220复合坡度

图 3-58　周期 0.8 s，两种坡度波高剖面分布

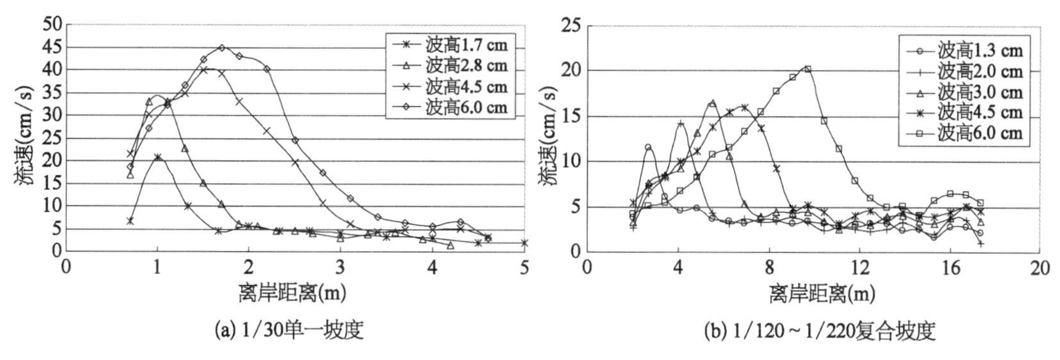

(a) 1/30单一坡度　　(b) 1/120～1/220复合坡度

图 3－59　周期 0.8 s,两种坡度流速剖面分布

岸流峰值较大,但破波带分布较窄;而在坡度较缓的复合坡度条件下,沿岸流峰值明显减小,但破波带分布较宽。

在相同外海波高条件下,波周期差异对破波波高影响不大,特别是对于岸滩坡度较缓的粉沙质海岸,周期对破波波高、破波沿岸流速的影响基本可以忽略(图 3－60～图 3－61)。

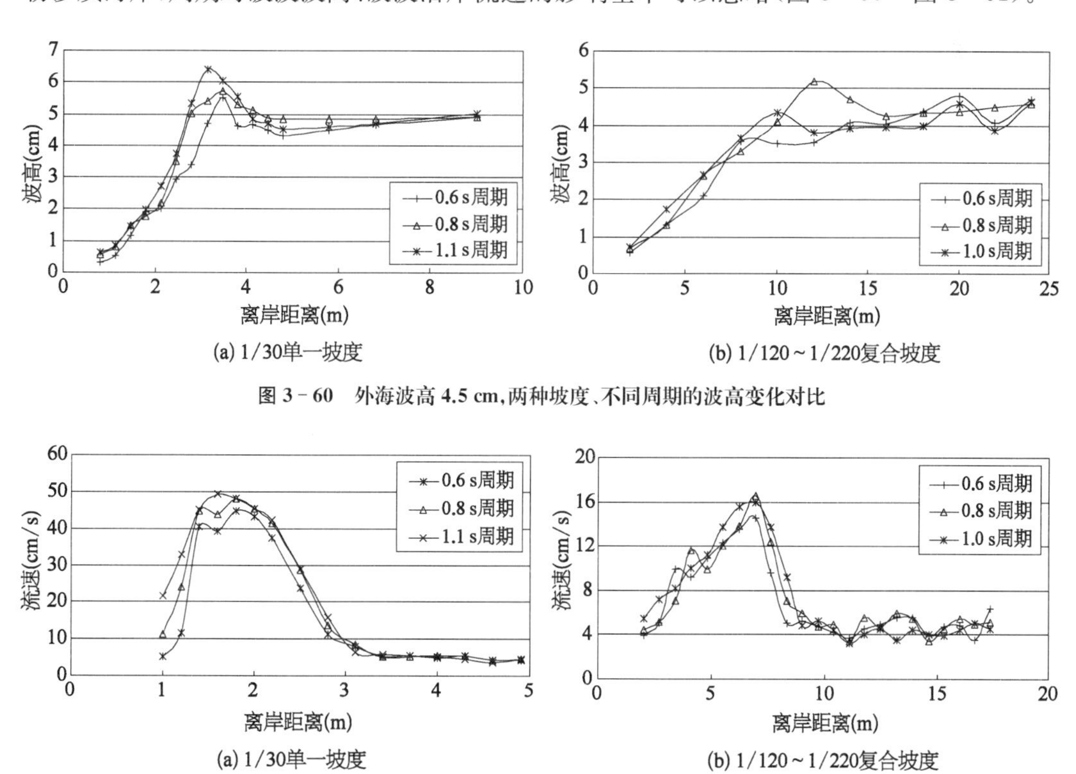

(a) 1/30单一坡度　　(b) 1/120～1/220复合坡度

图 3－60　外海波高 4.5 cm,两种坡度、不同周期的波高变化对比

(a) 1/30单一坡度　　(b) 1/120～1/220复合坡度

图 3－61　外海波高 4.5 cm,两种坡度、不同周期的流速变化对比

(2) 波生沿岸流计算拟合。波浪在近岸带传播过程中,伴随着破波产生波生沿岸流(或简称沿岸流),根据研究,破波沿岸流的大小与入射波要素(波高、周期、入射角),以及破波形式、岸滩坡度等多种因素有关,不同波要素的沿岸流速分布有较大的变化。尤其是岸滩坡度不同,沿岸流的大小及分布有较大的差别。同样的入射波要素,坡度较陡的岸滩产生的沿岸流比坡度较缓时要大得多。

孙林云在1992年研究毛里塔尼亚友谊港典型沙质海岸时，曾得到以下破波带平均沿岸流公式：

$$V_l = 6.73 I_r^{7/8} u_{mb} \sin\alpha_b \cos\alpha_b \tag{3-100}$$

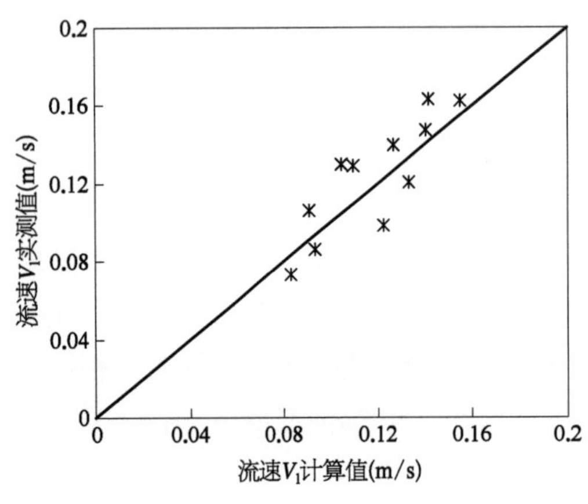

图3-62 1/30单一坡度波生沿岸流与式(3-98)计算值对比图

根据本次试验结果，1/30单一坡度的试验点与上述公式比较吻合，如图3-62所示。

在1/120～1/220复合坡度情况下，由于岸坡相对较缓，破波带较宽，近岸波浪在破波带内连续破碎。但由于水深较小，底摩阻作用增大，导致近岸波生沿岸流较小，同时破波形态由近似卷破波变为崩破波，平均破波沿岸流与上式给出的计算结果普遍要小，经拟合引入与岸滩坡度有关的系数K，点据拟合曲线如图3-63所示。

$$K = 0.236\,43 m^{-0.424} \tag{3-101}$$

此时，平均沿岸流公式可修正为

$$V_l = 1.59 m^{-0.424} I_r^{7/8} u_{mb} \sin\alpha_b \cos\alpha_b \tag{3-102}$$

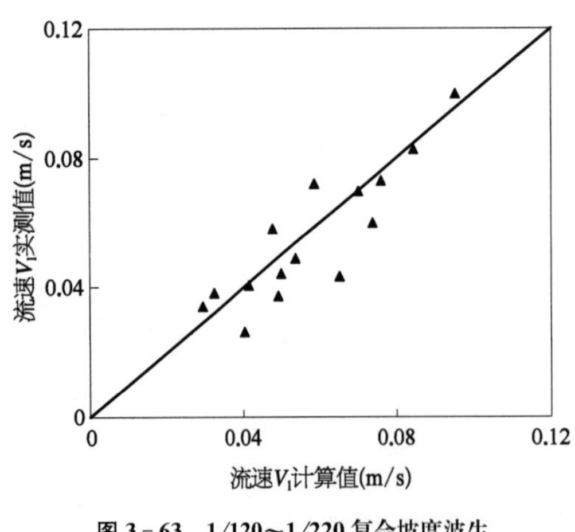

图3-63 1/120～1/220复合坡度波生沿岸流试验值拟合图

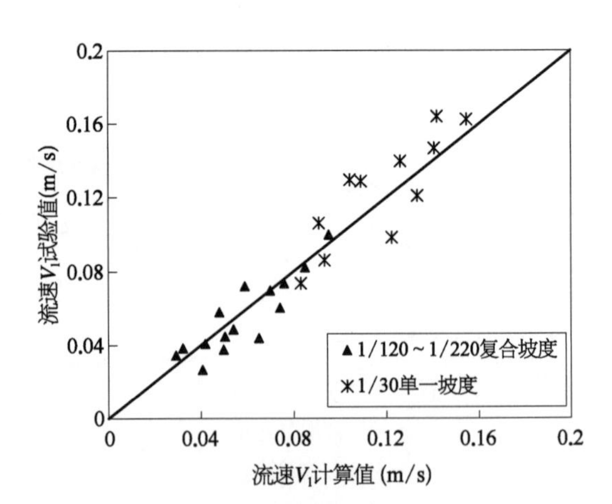

图3-64 两种坡度波生沿岸流试验值与计算值对比图

经过进一步分析，上述两种坡度的平均沿岸流计算公式可以统一为式(3-102)，当$m = 1/30$时，$1.59m - 0.424 \approx 6.73$，还原到原公式，两种坡度的沿岸流试验结果如图3-64所示。

(3) 合理性分析。引用《海岸工程》[30]中提到的破波沿岸流计算公式，分别在沙质海岸条件下和粉沙质海岸条件下，将流速试验值与各破波沿岸流流速计算公式，包括修改系数后的孙林云流速计算式(3-102)，得到的流速计算值进行对比。

表3-17　破波沿岸流计算公式汇总

公式名称	公　式	备　注
普特兰公式	$U_{L1}=\frac{A_o}{2}\left[\left(1+\frac{B_o}{A_o}\right)^{1/2}-1\right]$ 其中：$A_o=\frac{2.61mH_b}{k_{f1}T}\cos\alpha_b$ $B_o=4C\sin\alpha_b$	C 为孤立波波速 k_{f1} 为摩阻系数，取0.25～0.20
斯沃特公式	$U_{L2}=\frac{A_o}{2}\left[\left(1+\frac{B_o}{A_o}\right)^{1/2}-1\right]$ 其中：$k_{f2}=\exp\left[5.213\left(\frac{B}{\Delta}\right)^{-0.194}-5.977\right]$ $B=\frac{H_b}{2\sinh(kd_b)}$	斯沃特主要是通过对琼森和坎菲斯试验资料的整理，对普特兰公式中的系数 k_{f1} 进行了修正，并给出计算公式 其中：B 为波浪在水底的最大振幅；Δ 为海底粗糙度，一般取泥沙粒径
埃格里逊公式	$U_{L3}=\left[\frac{3}{8}\left(\frac{gH_b^2n_b}{d_b}\cdot\frac{\sin\beta\cdot\sin\alpha_b\cdot\sin 2\alpha_b}{k_{f3}}\right)\right]^{1/2}$ 其中：$n_b=\frac{1}{2}\left[1+\frac{2kd_b}{\sinh(2kd_b)}\right]$ $k_{f3}=2\left(\lg\frac{d_b}{\Delta}+1.74\right)^{-2}$	β 为岸滩坡角，$\sin\beta\approx\tan\beta=m$
朗吉特-希金斯公式	$U_{L4}=M_1m(gH_b)^{1/2}\sin(2\alpha_b)$ 其中：$M_1=\frac{0.694\varphi\left(2\frac{d_b}{H_b}\right)}{k_{f4}}$	φ 为混合系数，取0.2 $\frac{d_b}{H_b}=1.2$ k_{f4} 为摩阻系数，取值0.01

图3-65和图3-66所表明，在粉沙质海岸和沙质海岸条件下，引入坡度因子 m 后的孙林云破波沿岸流计算公式和其他计算公式相比，与试验结果较吻合，可用于对纯波浪破碎产生波生流流速的计算。

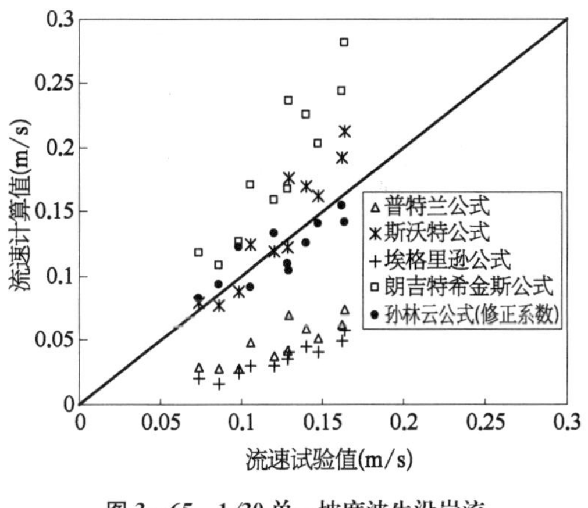

图3-65　1/30单一坡度波生沿岸流计算值与试验值对比

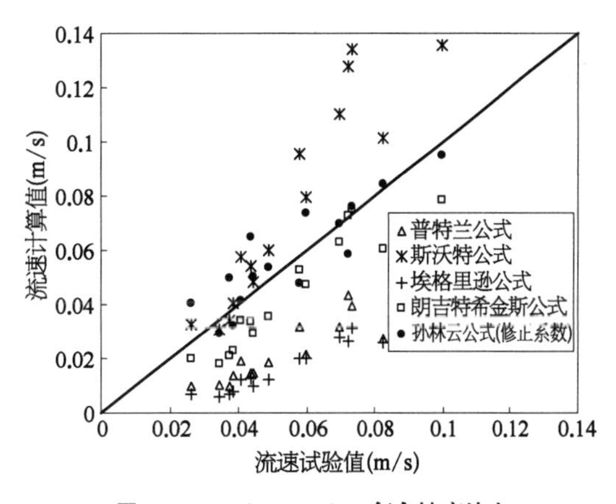

图3-66　1/120～1/220复合坡度波生沿岸流计算值与试验值对比

2）波流共同作用下近岸波高和沿岸水流特性

（1）波高与流速分布。图 3－67 为两种坡度下波浪与水流共同作用下的近岸试验现场。

(a) 单一坡度，波高2.8 cm，周期0.6 s，转速80 r/min

(b) 复合坡度，波高3.0 cm，周期0.6 s，转速80 r/min

(c) 单一坡度，波高2.8 cm，周期0.8 s，转速80 r/min

(d) 复合坡度，波高3.0 cm，周期0.8 s，转速80 r/min

(e) 单一坡度，波高2.8 cm，周期1.0 s，转速80 r/min

(f) 复合坡度，波高3.0 cm，周期1.0 s，转速80 r/min

图 3－67　不同坡度、不同周期、相似入射波高试验情况

图 3－68 为波流共同作用下，两种坡度不同入射波近岸波高的沿程变化。由图可知，由于沿岸叠加水流，水流运动对波浪传播产生部分影响，破波带内波高沿程规律与单纯波浪作用下基本一致，但破波波高存在略有减小的趋势。

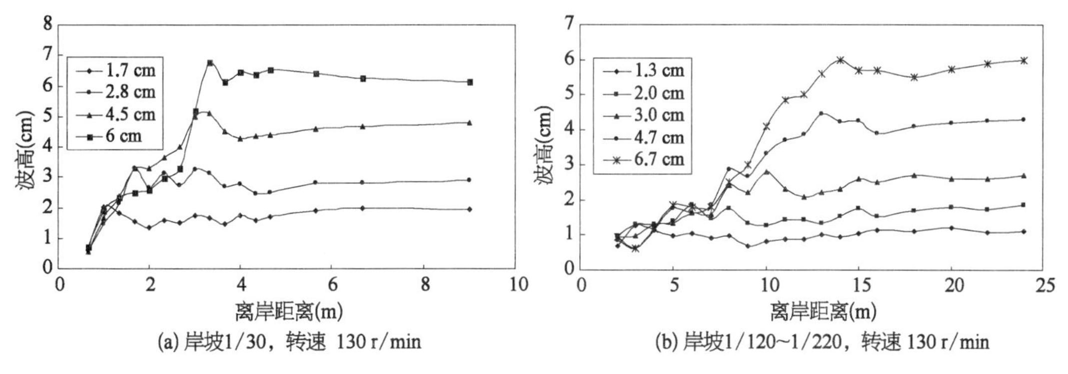

(a) 岸坡1/30，转速 130 r/min　　(b) 岸坡1/120~1/220，转速 130 r/min

图3-68　波流共同作用下两种坡度近岸波高沿程变化

图3-69为波流共同作用下，两种坡度不同入射波条件下，近岸破波带沿岸流沿程变化。由图可见，由于叠加了平行于海岸的沿岸水流，对于岸坡较缓的复合坡度而言，破波区内波生沿岸流和沿岸水流叠加形成复合沿岸流，其流速值明显比单纯波浪作用下波生沿岸流要大。而对于岸坡较陡的单一坡度而言，由于破波区较窄，叠加的沿岸水流对波生沿岸流影响较小。

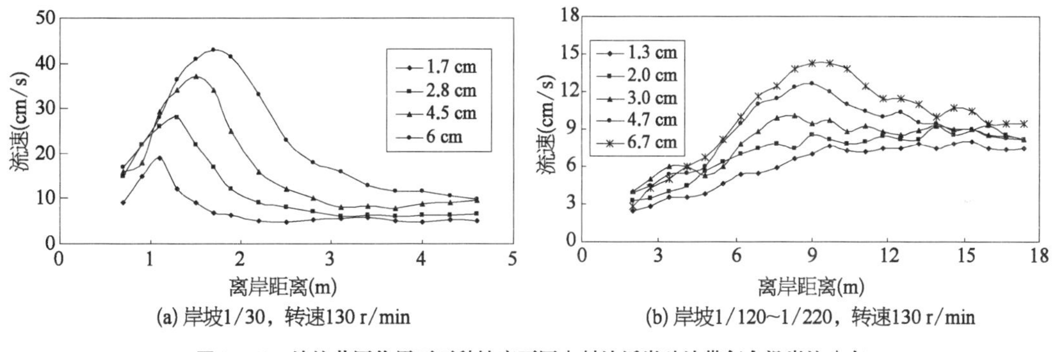

(a) 岸坡1/30，转速130 r/min　　(b) 岸坡1/120~1/220，转速130 r/min

图3-69　波流共同作用下两种坡度不同入射波近岸破波带复合沿岸流分布

(2) 复合沿岸流计算拟合。近岸带水流通常是由波生沿岸流与潮流共存，相对而言坡度较陡的沙质海岸，破波带较窄，波生沿岸流较大，潮流较弱，因此在研究沿岸输沙率时，潮流常常可以忽略。而对于坡度相对较缓的细沙粉沙质海岸，由于破波带较宽，波生沿岸流往往与潮流为同一量级。因此，在研究破波带内两种水流引起的复合沿岸输沙率时，就需要关心这两种水流是如何合成的。由于波生沿岸流和潮流近岸流均是沿岸方向，可以把这两种水流流速做线性叠加，即

$$V_m = V_l + V_c \tag{3-103}$$

式中　V_l——破波带波生沿岸流平均流速；

V_c——破波带潮流平均流速；

V_m——波流相互作用后的合成流速，也称复合沿岸流流速。

可见，上式中两种流速进行了无损耗叠加，而忽略了波流相互作用中底质摩阻和水体紊动对流速产生的影响。

从能量观点出发，根据两种水流作用能量守恒，得到

$$V_l^2+V_c^2=V_m^2+h_f \tag{3-104}$$

式中，h_f 为波流相互作用中的能量耗散项，主要包含底摩阻状况和水体紊动形态的影响。将两种流速合成作用下的能量损耗项 h_f 和这两种耗能因子建立关系，为

$$h_f=c_1\cdot f_w\xi \tag{3-105}$$

式中　f_w——底摩阻系数；

　　ξ——表征水体紊动形态的参数。

Kamphuis(1974)等认为底摩阻系数 f_w 与泥沙粒径 D_{90} 成正比，并与底床形态系数 i_w 和水深 h 有关。而水体紊动形态主要参看两种水流叠加时的相互作用状况，取决于两种水流的流速值 V_l 和 V_c 的大小。分别将底摩阻系数 f_w 和表征水体紊动形态的参数 ξ 分别与各自的影响因子建立关系，得到

$$f_w=c_2\cdot D_{90}i_wh \tag{3-106}$$

$$\xi=c_3\cdot V_lV_c \tag{3-107}$$

联立式(3-102)～式(3-104)可得到

$$h_f=(c_1c_2c_3)\cdot D_{90}i_wh\cdot V_lV_c \tag{3-108}$$

式中　c_1、c_2、c_3——均为常数项。

可知，对于固定海岸，由于海岸坡度和海床底质条件一定，上述各因子中 D_{90}、i_w、h 均保持不变，即海岸底摩阻条件不变，两种水流叠加时的能量损耗项 h_f 主要由水体紊动形态系数 ξ 决定，即

$$k=(c_1c_2c_3)\cdot D_{90}i_wh=C\cdot D_{90}i_wh \tag{3-109}$$

其中，C 为常数项。即

$$h_f=k\cdot V_lV_c \tag{3-110}$$

将上式代入式(3-104)中进行整合，得到

$$V_m=\sqrt{V_l^2+V_c^2-kV_lV_c} \tag{3-111}$$

当 $V_c=0$ 时，$V_m=V_l$；当 $V_l=0$ 时，$V_m=V_c$。可见，式(3-108)能保持在波流叠加作用和波流单独作用转换时的公式连续性。

对两种坡度条件下的波生沿岸流与恒定流的流速变化规律进行了分析可知，波流相互作用的合成流速，即复合流速，与线性叠加相比要小。根据本次试验数据，采用对比拟

合方法，发现当 $k=0.3$ 时恰能同时满足两种岸滩坡度下复合流速计算关系，结果如图 3-70 所示。图中 V_l 和 V_c 均采用实测破波带断面平均流速。在 1/30 单一坡度条件下，由于破波带平均潮流流速较小，波流作用后复合流速变化不明显，所以两种公式在复合流速计算上差异不大。而在 1/120～1/220 复合坡度条件下，一方面由于破波带水深变浅，底摩阻的耗能作用增强；另一方面，海岸坡度变缓，导致破波带变宽，破波带平均潮流流速增大，波流相互作用后水体紊动的影响效果显著。式(3-111)的计算结果更能准确表达波流作用在破波区的变化特点。

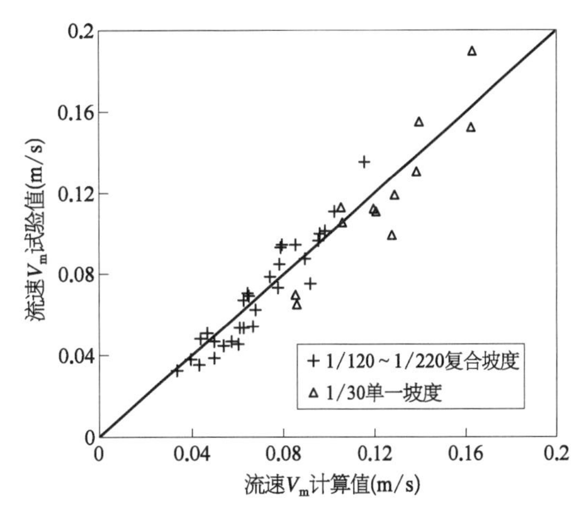

图 3-70　1/120～1/220 复合坡度计算值[按式(3-108)]与试验值对比

3) 复合沿岸输沙率计算公式

前面已经讨论了波浪作用下的沿岸输沙率，将式(3-94)中的 $\bar{V}_l$ 用本次试验推导的波生沿岸流及波流共同作用的复合沿岸流计算公式予以代替，可以得到复合沿岸输沙率的计算公式，即

$$Q=\frac{0.6\times 10^{-2}}{(\rho_s-\rho)g}I_r^{-1/2}\ (EC_g)_b\ \frac{V_m}{\omega} \tag{3-112}$$

$$V_m=\sqrt{V_l^2+V_c^2-0.3V_lV_c}$$

$$V_l=1.59m^{-0.424}I_r^{7/8}u_{mb}\sin\alpha_b\cos\alpha_b$$

式中　V_m——破波沿岸流与沿岸潮流作用后的复合流速。

当式(3-112)应用到波浪作用下沿岸输沙率计算时，可以还原到式(3-94)。

4) 复合沿岸输沙率试验

本次试验通过地形冲淤变化对近岸海域波流共同作用下输沙率进行研究分析。地形冲淤变化不但能表征输沙率值的大小，还能体现底质泥沙的物理特性和海岸地形变化的趋势。试验分别采用 0.13 mm 和 0.24 mm 两种粒径精煤粉开展试验。

对于 1/30 单一坡度海岸，先铺设初始地形，在初始地形上进行某一周期微浪组次试验，然后收沙测量。在微浪试验后地形上继续进行小浪组次试验，依次类推，进行中浪和大浪试验。在某一周期所有组次试验完成后，重新铺置底沙，开始下一周期系列试验。当无流条件下所有周期试验完成后，再依次进行双向泵转速 80 r/min 和双向泵转速

130 r/min 组次试验。对于 1/120～1/220 复合坡度海岸，由于试验场地面积较大，试验组次较多，重新铺设地形程序复杂，劳动量大。为简化试验步骤，将三种流速对应同一波高的三组试验依次连续进行，即复合坡度试验由周期区分组次，共需铺设地形三次。试验前后分别采用剖面法和等深线法对地形冲淤变化进行测量。

图 3－71 和图 3－72 为试验前后的地形情况。试验中发现，对于 1/30 单一坡度海岸，由于破波带较窄，海岸泥沙运动主要集中在近海破波区域，且海岸坡度较大，破波形态以卷破波为主，波浪破碎掀沙动力较强，破波带地形呈侵蚀形态，侵蚀程度随外海波高的增加而增加。而对于未破波区域，海岸平整，海岸泥沙运动较小。近海海域波浪上爬带小，泥沙输移多为沿岸运动，海岸线位置基本不变。

(a) 原始地形

(b) 试验后地形

图 3－71　1/30 单一坡度试验前后等深线地形变化(周期 0.8 s，波高 4.5 cm，双向泵 130 r/min)

(a) 原始地形

(b) 试验后地形

图 3－72　1/120～1/200 复合坡度试验前后等深线地形变化(周期 0.8 s，波高 4.5 cm，双向泵 130 r/min)

对于 1/120～1/220 复合坡度海岸，破波带较宽，海岸泥沙运动的区域较 1/30 单一坡度海岸大得多，地形变化也随着外海波高的变化而产生差异。在微浪条件下，破波区域泥沙沿岸运动缓慢，地形侵蚀变化不大，未破波区域泥沙在波浪作用下随水质点发生椭圆运动，并形成离岸沙纹或沙坡，地形变化以破波带外为主。在大浪条件下，破波范围扩大，泥沙侵蚀带宽度主要集中在破波点附近，泥沙运动以整体运移为主。试验后由于海岸泥沙上爬作用，海岸线向海移动，近海地形都有一块小突变区域，即突起沙坝（或凹陷深槽）。而大浪条件下，深槽后还会出现离岸沙坝，这些就是在天然沙质海岸下出现的所谓沙坝深槽现象。这种现象说明，对于某一特定的波浪动力条件，会对某一水深范围内（即破波带附近）的岸滩泥沙作用显著。在该区域内，波浪能量消耗巨大，泥沙运动剧烈、交换频繁、输移明显。

两种海岸条件都表明，对于海岸线向岸一侧，不同波浪作用后，海岸形态基本保持不变。而对于近海区域，虽然在波浪作用下产生一定的侵蚀、堆积现象，但变化幅度较小，并不影响海岸整体坡度。可见泥沙向离岸运动并不显著，以沿岸运动为主。

为减小由于试验设备和工作疏忽引起的试验误差，提高试验结果的准确性，对于1/30单一坡度和1/120～1/220复合坡度两种岸滩条件下沿岸输沙率试验值的计算，作者同时运用地形法和水文法两种方法进行计算比对。

（1）地形法：就是通过试验加沙量、上游收沙量和地形冲淤量等数据，求得试验断面的总输沙量，进而结合试验时间，求得试验断面输沙率试验值。由于在计算试验地形冲淤时有断面法和等深线法两种方法，所以地形法输沙率又包含断面法冲淤值和等深线法冲淤值两种。

地形法输沙率＝（上游加沙量－上游收沙量－地形冲淤量）/试验时间

（2）水文法：即通过试验破波带实测输沙率和试验破波带实测流速，运用水文法求得试验断面沿岸输沙率，作为输沙率试验值。水文法输沙率计算公式如下：

$$Q_s = \bar{V}_l \cdot \bar{d}_b \cdot \bar{S}_b \cdot X_b \tag{3-113}$$

式中　$\bar{d}_b$——破波带平均水深，$\bar{d}_b = 1/2d_b$，其中 d_b 为破波水深；

X_b——破波带宽度，$X_b = d_b/m$，其中 m 为破波带坡度；

$\bar{S}_b$——破波带平均含沙量。

考虑试验过程中的随机性和人为因素，为保证试验数据的稳定和试验结果的客观、准确，选取地形法中等深线法的试验数据和水文法的试验数据进行联合处理，取两者平均值作为本次沿岸输沙率研究物理模型试验的最终试验结果。这样，既可以平衡两种方法之间的差异性，也可以减少其他因素对试验数据的影响。

5）计算公式合理性分析

将试验值及典型沙质海岸实例毛里塔尼亚友谊港实测资料进行比较，结果分别如图3-73～图3-75所示。由该三图可知，式(3-112)不仅与试验结果吻合较好，而且与现场实测值也保持良好的统一关系，表明公式中考虑的输沙影响因素是合适的，该公式既可适用于粉沙质海岸，也可适用于沙质海岸。

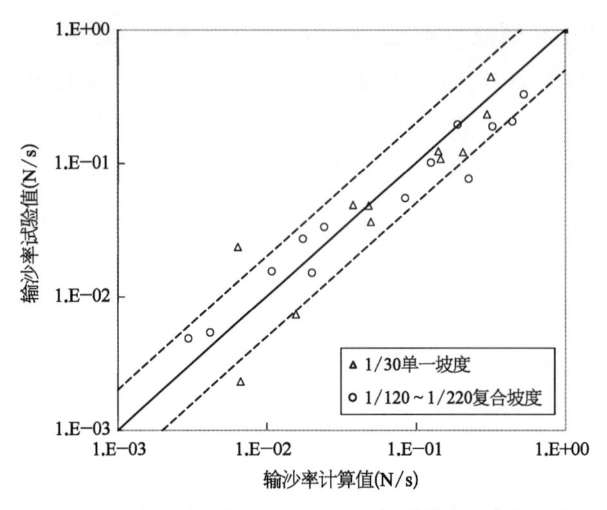

图 3-73　单纯波浪作用下式(3-112)计算值和试验值比较

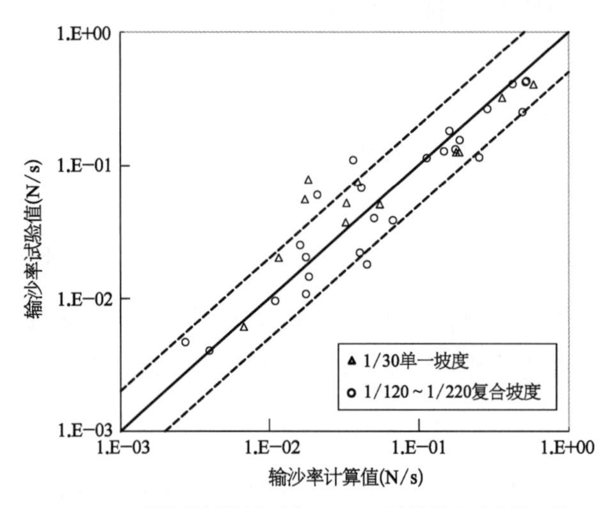

图 3-74　波流共同作用下式(3-112)计算值和试验值比较

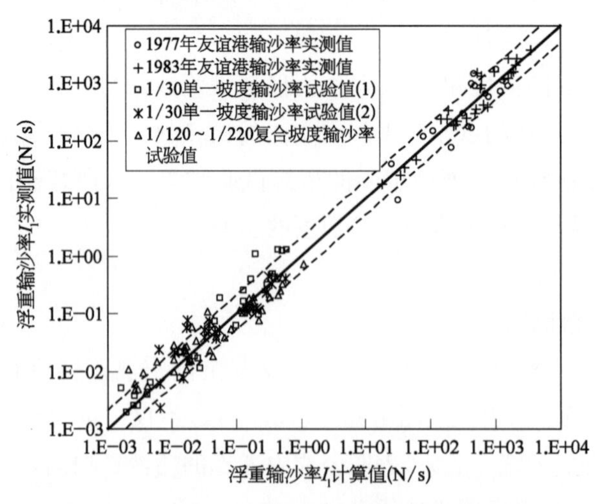

图 3-75　式(3-112)与模型试验值、原型实测值比较

参考文献

[1] 赵群.基于SWAN和ECOMSED模式的大风作用下黄骅港波浪、潮流、泥沙的三维数值模拟[J].泥沙研究,2007(4): 17-26.

[2] 季则舟.粉沙质海岸港口水域平面布局特点[J].海洋工程,2006,24(4): 81-85.

[3] 高学平,秦崇仁,赵子丹.板结粉沙运动规律的研究[J].水利学报,1994(12): 1-6.

[4] 徐宏明,张庆河.粉沙质海岸泥沙特性实验研究[J].泥沙研究,2000(3): 42-49.

[5] 张庆河,张娜,胡嵋,等.黄骅港泥沙静水沉降特性研究[J].港工技术,2005(3): 1-4.

[6] 赵冲久,刘富强.粉沙质海岸泥沙运动特点的实验研究[J].水道港口,2002,23(4): 259-261.

[7] 孙林云,刘建军,孙波,等.京唐港泥沙淤积及完善挡沙堤研究物理模型试验报告[R].南京: 南京水利科学研究院,2005.

[8] 刘建军,肖立敏,孙林云,等.唐山港京唐港区20万吨级航道工程波浪潮流泥沙物理模型试验研究[R].南京: 南京水利科学研究院,2010.

[9] 孙林云,等.粉沙质海岸建港条件中的泥沙问题(一)——波浪作用下细沙及粉沙起动问题研究(初稿)[R].南京: 南京水利科学研究院,1996.

[10] 孙波,孙林云,刘建军,等.京唐港自然条件及海岸泥沙运动分析[R].南京: 南京水利科学研究院,2005.

[11] 孙林云,吴炳良,郭天润.波流共同作用下细沙粉沙质海岸复合沿岸输沙率计算[J].水利水运工程学报,2011(4): 131-137.

[12] 严冰.粉沙质海岸泥沙运动及航道淤积机理[M].北京: 人民交通出版社,2013.

[13] 曹文洪,张启舜,胡春宏.黄河河口海岸近岸带水体含沙量的横向分布[J].水利学报,2001(2): 54-58.

[14] Army Corps of Engineers. Coastal Engineering Manual [M]. Washington DC: Army Corps of Engineers, 2004.

[15] Grant U S. Waves as a transporting agent [J]. American Journal of Science, 1943, 241: 117-123.

[16] Watts G M. A study of sand movement at South Lake Worth Inlet Florida [Z]. Vicksburg: Coastal Engineering Research Center, 1953.

[17] Caldwell J M. Wave action and sand movement near Anaheim Bay, California [Z]. Vicksburg: Coastal Engineering Research Center, 1956.

[18] Savage R P. Laboratory determination of littoral-transport rates [J]. Journal of the Waterways and Harbors Division, 1962, 88(2): 69-92.

[19] Inman D L, Bagnold R A. Littoral processes [J]. The Sea, 1963, 3: 529-553.

[20] Bagnold R A. Beach and nearshore processes: Mechanics of marine Sedimentation [A]. The sea: Ideas and Observations [C]. New York: Interscience,1963(3): 507-528.

[21] Komar P D, Inman D L. Longshore sand transport on beaches [J]. Journal of Geophysical Research, 1970, 75(30): 5914-5927.

[22] US Army Corps of Engineers. Shore protection manual [M]. Vicksburg: Coastal Engineering Research Center, 1984.

[23] Komar P D. Beach sand transport: distribution and total drift [J]. Journal of Waterway, Port, Coastal and Ocean Engineering, 1977, 103(2): 225-239.

[24] Bruno R O, Dean R G, Gable C G. Longshore transport evaluations at a detached breakwater [C]// Proceedings of 17th International Conference on Coastal Engineering. Sydney: ASCE, 1980: 1453-1475.

[25] Wang P, Kraus N C, Davis Jr R A. Total longshore sediment transport rate in the surf zone: field measurements and empirical predictions [J]. Journal of Coastal Research, 1998, 14(1): 269 - 282.
[26] Smith E R, Wang P, Ebersole B A, et al. Dependence of total longshore sediment transport rates on incident wave parameters and breaker type [J]. Journal of Coastal Research, 2009, 25(3): 675 - 683.
[27] Kamphuis J W. Alongshore Sediment Transport Rate [J]. Journal of Waterway, Port, Coastal, and Ocean Engineering, 1991, 117(6): 624 - 640.
[28] 孙林云.沙质海岸破波带沿岸输沙率问题的研究[D].南京：南京水利科学研究院,1992.
[29] 郭天润.波流作用下砂纸海岸的沿岸输沙研究[D].南京：河海大学,2009.
[30] 严恺,梁其荀.海岸工程[M].北京：海洋出版社,2002.
[31] 赵冲久.近海动力环境中粉沙质泥沙运动规律的研究[D].天津：天津大学,2003.

第 4 章

水沙数学模型

数值模拟是海岸泥沙研究中最常用的手段，随着模拟技术的进步，数值模拟也从二维模型向三维模型发展。本章介绍二维水沙数学模型及三维水沙数学模型的建立，并以黄骅港航道泥沙淤积计算为例，介绍其工程应用。

4.1 二维水沙数学模型建立及应用

4.1.1 波流共同作用下水体挟沙能力

“挟沙能力”最初表示在一定的水流及边界条件下能够通过河段下泄的泥沙总量。由于挟沙能力公式便于应用，目前在河口、海岸二维泥沙数学模型的研究中也得到了广泛应用[1-5]。河口海岸地区情况更为复杂，除潮流作用外，波浪往往对泥沙悬浮起到重要作用，建立波流共同作用下的挟沙能力公式具有重要意义。张庆河、严冰[4-5]对窦国仁等[6]提出的波流挟沙能力公式进行修正，以使该公式更为合理地反映海岸地区泥沙运动规律，此处简述一下主要结论。

4.1.1.1 潮流挟沙能力

根据挟沙能力的定义，可知挟沙能力 S_c 就是饱和状态下的含沙量，可由水深平均饱和含沙量表示[9]，即

$$S_c = \frac{1}{h}\int_0^h c_s \mathrm{d}z \tag{4-1}$$

式中 c_s——泥沙浓度垂向分布；

h——水深。

推导可得窦国仁潮流挟沙能力公式[6]：

$$S_c = \beta_1 \frac{\rho_s \rho_0}{\rho_s - \rho_0} \frac{U_m^3}{h w_s C^2} \tag{4-2}$$

式中 β_1——由实测数据确定，窦国仁等[6]建议取 0.023；

ρ_s、ρ_0——分别为泥沙颗粒密度和水的密度；

U_m——水深平均流速；

w_s——泥沙沉降速度；

C——谢才系数。

由式(4-2)可见，挟沙能力与流速 U_m 的三次方成正比。若床面粗糙度不变(即 C 不

变)，流速增大1倍时，挟沙能力将增大到8倍；反之，流速突然减小1倍，则挟沙能力将减小至1/8。

4.1.1.2 波浪挟沙能力

窦国仁波浪挟沙能力公式[6]为

$$S_w = \alpha_1 \beta' \frac{\rho_0 \rho_s}{\rho_s - \rho_0} \frac{H^2}{hTw_s} \tag{4-3}$$

式中 H——波高；

T——波周期；

α_1——小于1的系数；

β'——小于1的系数。

该波浪挟沙能力公式没有区分破碎波和非破碎波，也没有考虑近底边界层影响，为了使公式在海岸地区有更好的适用性，下面分为未破碎波和破碎波条件分别推导波浪挟沙能力公式。

1) 未破碎波挟沙能力

由于波浪在近床面附近产生近似振荡流的周期性往复运动，紊动被限制在波浪边界层范围内。通常可将波浪边界层简化为振荡流边界层，二维情形下边界层内控制方程[12]可表示为

$$\frac{\partial U}{\partial t} + U\frac{\partial U}{\partial x} + V\frac{\partial U}{\partial z} = -\frac{1}{\rho}\frac{\partial P}{\partial x} + \frac{1}{\rho}\frac{\partial \tau}{\partial z} \tag{4-4}$$

$$\frac{\partial P}{\partial z} = 0 \tag{4-5}$$

空间均匀振荡流条件下，式(4-4)退化为

$$\rho\frac{\partial U}{\partial t} = -\frac{\partial P}{\partial x} + \frac{\partial \tau}{\partial z} \tag{4-6}$$

由于边界层外切应力为零，因此有

$$\rho\frac{\partial U_0}{\partial t} = -\frac{\partial P}{\partial x} \tag{4-7}$$

式中 U_0——边界层外自由流速，$U_0 = \hat{U}_0 \sin \omega t$，其中 $\hat{U}_0$ 为 U_0 最大值；

ω——圆频率。

边界层内压力沿 x 方向梯度为常数，则由式(4-6)和式(4-7)可得

$$\rho \frac{\partial}{\partial t}(U_0 - U) = -\frac{\partial \tau}{\partial z} \tag{4-8}$$

振荡流周期平均耗散能量 D_{B1} 可以表示为

$$D_{B1} = \frac{1}{T}\int_0^T \int_0^\infty \left| \tau \frac{\partial U}{\partial z} \right| dz\,dt \tag{4-9}$$

式中 T——振荡流或波浪周期。

把式(4-8)代入式(4-9)可得

$$D_{B1} = \frac{1}{T}\int_0^T |\tau_{wb} U_0| \, dt \tag{4-10}$$

其中,τ_{wb} 为床面剪切应力,紊流情况下:

$$\tau_{wb} = \frac{1}{2}\rho f_w U_0^2 \tag{4-11}$$

式中 f_w——波浪摩阻系数。

这样式(4-10)可以表示为

$$D_{B1} = \frac{2}{3\pi}\rho f_w \hat{U}_0^3 \tag{4-12}$$

$\hat{U}_0$ 相当于波浪底部水质点轨迹运动最大速度 U_w,则由底部摩阻产生的波能耗散为

$$D_{B1} = \frac{2}{3\pi}\rho f_w U_w^3 \tag{4-13}$$

依据微幅波理论则有

$$D_{B1} = \frac{2\pi^2}{3}\rho f_w \frac{H^3}{T^3 \sinh^3(kh)} \tag{4-14}$$

式中 k——波数。

因为波浪作用下的泥沙悬浮跟边界层内水流紊动和边界层外水质点轨迹运动都有关,根据能量叠加原理,不妨设与紊动有关的泥沙含量占泥沙总量的比例为 r_1,则与水质点轨迹运动有关的泥沙含量所占比例为 $1-r_1$。若水流紊动用于悬浮泥沙所消耗的能量 R_2 占水流紊动能量 D_{B1} 的比例为 α_2,则根据能量平衡可得

$$R_2 = \alpha_2 D_{B1} = \frac{\rho_s - \rho_0}{\rho_s} g\omega_s r_1 h S_{w1} \tag{4-15}$$

式中 S_{w1}——波浪挟沙能力。

于是得到未破碎波的波浪挟沙能力公式:

$$S_{w1}=\beta_2\frac{\rho\rho_s}{\rho_s-\rho_0}\frac{f_wH^3}{T^3ghw_s\sinh^3(kh)}\approx\beta_2\frac{\rho_0\rho_s}{\rho_s-\rho_0}\frac{f_wH^3}{T^3ghw_s\sinh^3(kh)} \tag{4-16}$$

其中，$\beta_2=(2\pi^2\alpha_2)/(3r_1)$，需要根据试验确定。

对于不规则波，式(4-16)中波高可采用均方根波高计算。

2) 破碎波挟沙能力

考虑缓坡海岸破波带内消耗的总能量时，总能量损耗应为

$$D_B=D_{B1}+D_{B2} \tag{4-17}$$

式中　D_{B2}——波浪破碎引起的能量耗散。

采用 Rattanapitikon 和 Shibayama[15] 的公式来表示 D_{B2}，对于不规则破碎波：

$$D_{B2}=KQ_B\frac{c_g\rho_0g}{8h}\left\{H_{rms}^2-\left[h\exp\left(-0.58-2.0\frac{h}{\sqrt{LH_{rms}}}\right)\right]^2\right\} \tag{4-18}$$

式中　K——系数，取为 0.1；

L——波长；

H_{rms}——均方根波高；

Q_B——波浪群体中破碎波的比率，可表示为

$$Q_b=\begin{cases}0 & \left(\dfrac{H_{rms}}{H_b}\leqslant 0.43\right)\\ -0.738\left(\dfrac{H_{rms}}{H_b}\right)-0.280\left(\dfrac{H_{rms}}{H_b}\right)^2+1.785\left(\dfrac{H_{rms}}{H_b}\right)^3+0.235 & \left(\dfrac{H_{rms}}{H_b}>0.43\right)\end{cases} \tag{4-19}$$

式中　H_b——临界破碎波高，可表示为

$$H_b=0.1L_0\left\{1-\exp\left[-1.5\frac{\pi h}{L_0}(1+15m^{4/3})\right]\right\} \tag{4-20}$$

式中　m——海滩坡度；

L_0——深水波长。

仍然按照能量平衡观点，可以推导出破碎波浪的挟沙能力公式为

$$S_{w2}=\beta_2\frac{\rho_0\rho_s}{\rho_s-\rho_0}\frac{f_wH_{rms}^3}{T^3gh\omega_s\sinh^3(kh)}+\beta_3\frac{\rho_s}{\rho_s-\rho_0}\frac{D_{B2}}{gh\omega_s} \tag{4-21}$$

式中　β_3——系数，由试验确定。

比较式(4-21)和式(4-16)可见，式(4-16)可认为是式(4-21)中 $\beta_3=0$ 时的特殊情况。

4.1.1.3 波流共同作用下的挟沙能力

窦国仁等[6]通过能量叠加原理认为波流共同作用下挟沙能力可以由波浪与潮流单独作用下挟沙能力的叠加近似表示。因此,根据式(4-2)和式(4-21),波流共同作用下挟沙能力 S_{cw} 可以表示为

$$S_{cw}=S_c+S_{w2} \tag{4-22}$$

4.1.1.4 挟沙能力参数的确定

从上面的推导过程可知,挟沙能力公式计算结果的精确程度与 β_1、β_2 和 β_3 三个系数的取值有很大关系,需要根据实测资料来确定。窦国仁等[6]根据南科院水槽资料及长江和黄河资料确定潮流挟沙能力式(4-2)式中的系数 β_1 为 0.023。张庆河、严冰[4-5]通过收集到的三组非破碎波水槽数据和一组现场数据确定 β_2 为 0.045;同时认为,对于粉沙质海岸,β_3 可取 2.5×10^{-5}。

4.1.2 二维水沙数学模型的建立

图 4-1 显示了二维水沙数学模型的组成情况,下面将进一步对各个模型进行简要的介绍。

4.1.2.1 风浪的数值模拟

由于黄骅港外航道回淤受大风浪过程的控制,因此比较准确地模拟风浪过程是揭示外航道回淤的基础。近年来,以第三代风浪为代表的风浪生成与演化的方向谱计算模型越来越多地在工程中得到应用。因此,这里我们采用第三代风浪模型中得到广泛应用的 SWAN 模型来模拟黄骅港海域的风浪过程。SWAN 模型采用波作用谱平衡方程描述风浪生成及其在近岸区的演化过程。在直角坐标系中,波作用谱平衡方程可表示为

$$\frac{\partial}{\partial t}N+\frac{\partial}{\partial x}C_xN+\frac{\partial}{\partial y}C_yN+\frac{\partial}{\partial \sigma}C_\sigma N+\frac{\partial}{\partial \theta}C_\theta N=\frac{S}{\sigma} \tag{4-23}$$

式中 σ——波浪的相对频率(在随水流运动的坐标系中观测到的频率);

θ——波向(各谱分量中垂直于波峰线的方向);

C_x、C_y——x、y 方向的波浪传播速度;

C_σ、C_θ——σ、θ 空间的波浪传播速度。

式(4-23)左端第一项表示波作用谱密度随时间的变化率,第二项和第三项分别表示波作用谱密度在地理坐标空间中传播时的变化,第四项表示由于水深变化和潮流引起的波作用谱密度在相对频率 σ 空间的变化,第五项表示波作用谱密度在谱分布方向 θ 空间的传播(即由水深变化和潮流引起的折射)。式(4-23)右端 $S(\sigma, \theta)$ 是以波作用谱密度表示的源项,包括风能输入、波与波之间的非线性相互作用和由于底摩擦、白浪、水深变浅引起

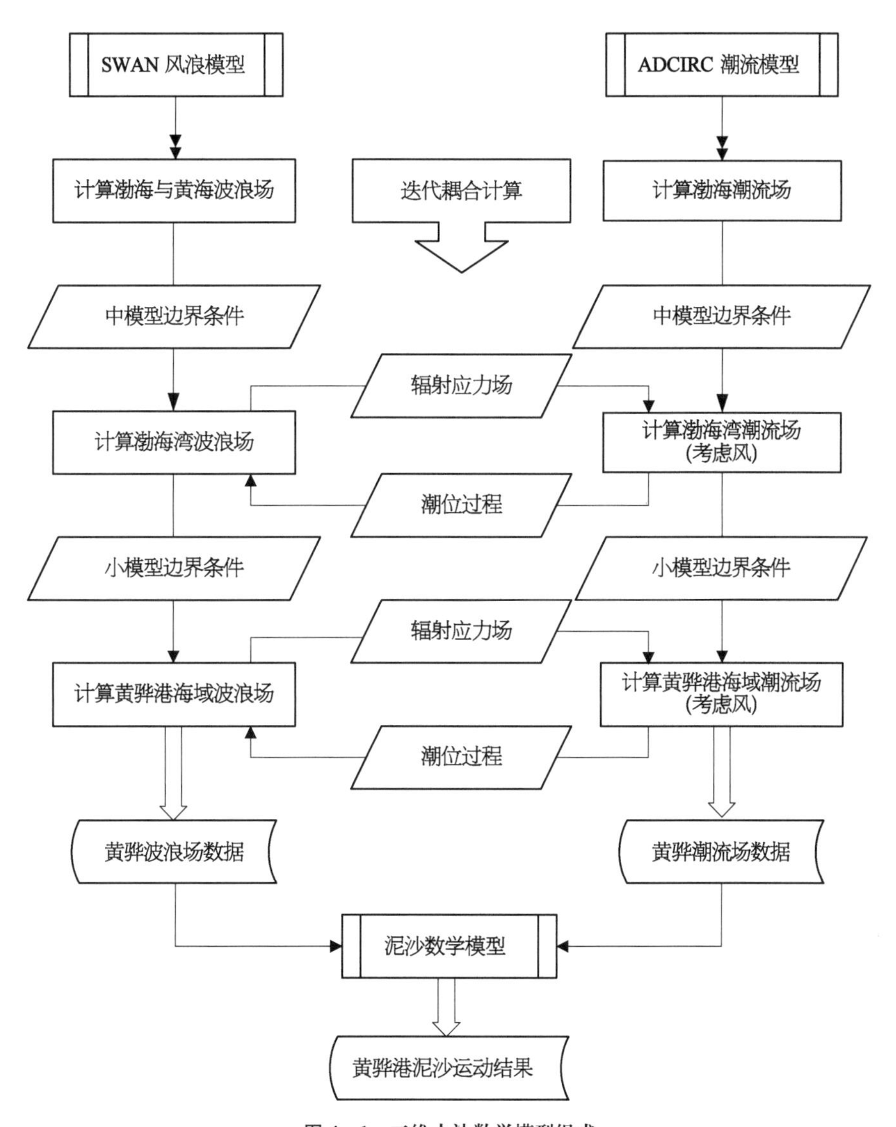

图 4-1　二维水沙数学模型组成

的波浪破碎等导致的能量耗散,并假设各项可以线性叠加。式中的传播速度均采用线性波理论计算。

$$C_x=\frac{\mathrm{d}x}{\mathrm{d}t}=\frac{1}{2}\left[1+\frac{2kd}{\sinh(2kd)}\right]\frac{\sigma k_x}{k^2}+U_x \tag{4-24}$$

$$C_y=\frac{\mathrm{d}y}{\mathrm{d}t}=\frac{1}{2}\left[1+\frac{2kd}{\sinh(2kd)}\right]\frac{\sigma k_y}{k^2}+U_y \tag{4-25}$$

$$C_\sigma=\frac{\mathrm{d}\sigma}{\mathrm{d}t}=\frac{\partial\sigma}{\partial d}\left[\frac{\partial d}{\partial t}+\vec{U}\cdot\nabla d\right]-C_g\vec{k}\cdot\frac{\partial\vec{U}}{\partial s} \tag{4-26}$$

$$C_\theta=\frac{\mathrm{d}\theta}{\mathrm{d}t}=\frac{1}{k}\left[\frac{\partial\sigma}{\partial d}\cdot\frac{\partial d}{\partial m}+\vec{k}\cdot\frac{\partial\vec{U}}{\partial m}\right] \tag{4-27}$$

式中 $\vec{k}$——波数，$\vec{k}=(k_x, k_y)$；

D——水深；

$\vec{U}$——流速，$\vec{U}=(U_x, U_y)$；

s——沿 θ 方向的空间坐标；

m——垂直于 s 的坐标；

$\partial/\partial t$——微分算子，定义为 $\frac{\mathrm{d}}{\mathrm{d}t}=\frac{\partial}{\partial t}+\vec{C}\cdot\nabla_{x,y}$。

通过数值求解式(4-23)，可以得到大风过程中风浪从生成、成长直至大风过后衰减的全过程。最新的SWAN模型还能近似模拟波浪绕射及出水和淹没式建筑物对波浪的遮拦影响，因此总体上来说SWAN模型能够给出波浪场的合理分布。关于SWAN模型的详细讨论可见用户手册说明。

黄骅港海域风浪计算模型采用大、中、小嵌套方式进行，渤海与黄海为大模型，渤海湾为中模型，黄骅港海域为小模型。风浪的具体计算过程为：① 收集黄骅港新村气象站和其他气象站资料，整理出强风的变化过程；② 根据实际风场变化，进行大模型计算并利用大模型计算结果给出随时间变化的渤海湾风浪边界条件；③ 进行渤海湾中模型计算，给出黄骅港海域波浪计算边界条件，在此计算过程中考虑渤海湾实际潮流变化对波浪的影响，即计算为波流耦合进行；④ 进行黄骅港海域小模型波浪场计算，此步骤为波流耦合计算，波浪场计算结果完全包含了流场影响。

为了验证SWAN模型的适用性，我们对黄骅港海域实测风浪与计算结果进行了比较。由于强风作用在黄骅港回淤中占有重要地位，这里重点讨论强风作用下黄骅港海域波浪场情况。交通部天津水运工程科学研究所(简称天科所)于2003年11月份在黄骅港海域东经117°59′14.17″、北纬38°22′15.85″(测波站1)和东经118°03′48.39″、北纬38°24′19.78″(测波站2)，航道里程分别约为W6＋700(5 m等深线处)和W13＋700(7 m等深线处)南侧200～400 m处布置了测波仪进行波浪测量，取得了强风期间的波浪资料。这里首先根据天科所提供的实测资料来验证模型计算结果。图4-2～图4-5显示了11月5—7日强风期间，测波站1与测波站2风浪计算结果与实测波浪过程的比较

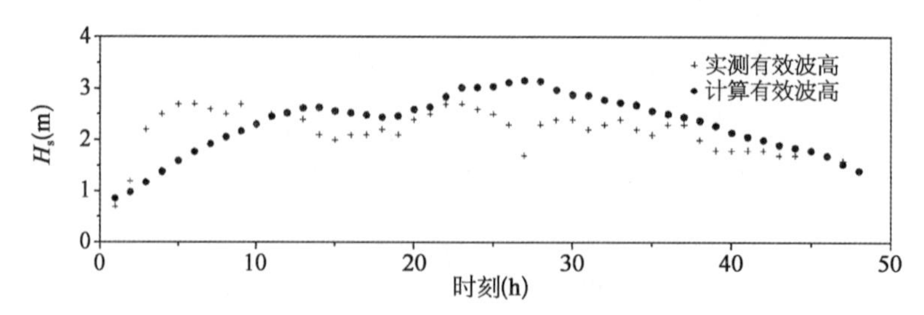

图4-2　2003年11月5—7日测波站2(7 m等深线处)实测与计算波高

(1时刻为11月5日16：00，下同)

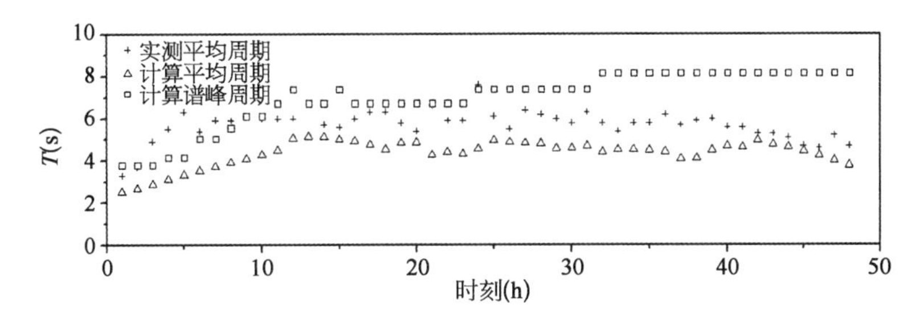

图 4-3 2003 年 11 月 5—7 日测波站 2(7 m 等深线处)实测与计算周期

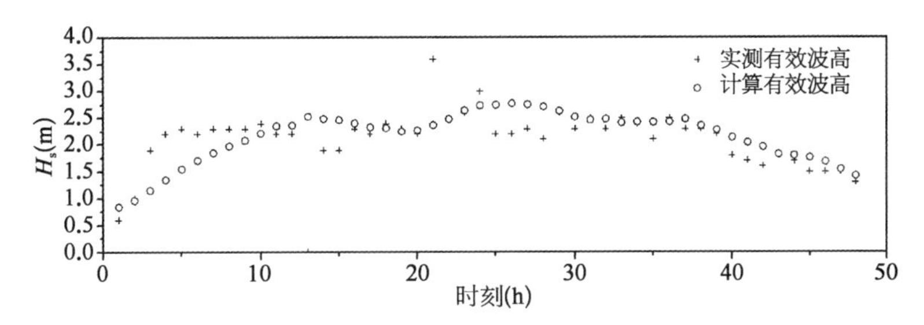

图 4-4 2003 年 11 月 5—7 日测波站 1(5 m 等深线处)实测与计算波高

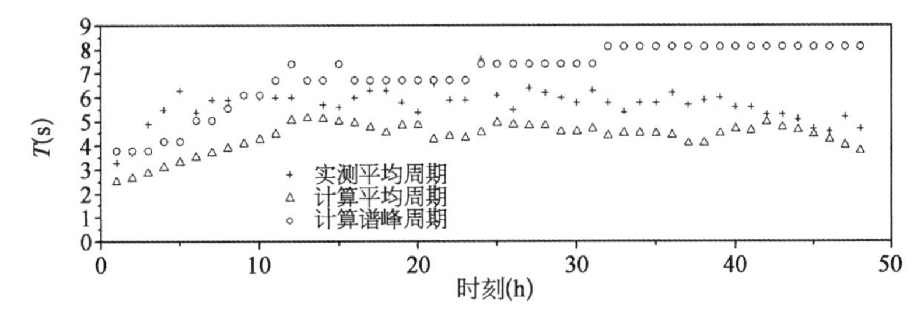

图 4-5 2003 年 11 月 5—7 日测波站 1(5 m 等深线处)实测与计算周期

情况。就波高而言,在波浪生成的初始阶段,计算波高与实测波高有一定差距,但大风浪过程中总的计算结果与实测结果是比较吻合的。就波浪周期而言,实测平均周期位于计算谱峰周期与平均周期之间。因为 SWAN 模型是风浪模型,计算平均周期中包含短周期波的贡献,计算平均周期小于实测周期也是合理的。

4.1.2.2 潮流的数值模拟

在浅水海域中,大风期间风增水和风吹流影响十分显著。另外,伴随着波浪在近岸区的破碎变形,波浪辐射应力也可能对潮流场造成一定影响。因此,这里我们采用了可以考虑表面风应力和波浪辐射应力影响的潮流计算模型 ADCIRC,来计算黄骅港海域在大风期间的流场,以充分反映实际海域的复杂水动力条件。ADCIRC 模型,即 a(Parallel) ADvanced CIRCulation model for oceanic, coastal and estuarine waters,由 North Carolina 大学的 Rick Luettich 博士和 Notre Dame 大学的 Joannes Westerink 教授联合开发的一个可以应用于海洋、海岸、河口区域的水动力计算的数学模型,其功能非常强大,在海洋、海岸和河口区域模拟中都得到了较好的效果。

潮流计算也采取大中小模型嵌套进行，考虑风、浪耦合影响的黄骅港海域潮流计算过程如下：首先，根据潮汐预报表或实测潮汐资料确定强风期间潮型和潮位过程，然后根据潮汐大模型渤海海域 15 d 潮汐计算结果确定渤海湾中模型与预报或实测潮位过程接近的计算边界条件，并在中模型中考虑风应力与波浪辐射应力影响，以确定黄骅港海域小模型计算边界条件；黄骅港小模型计算时，风浪场与潮流场的相互作用通过迭代进行耦合。这样，黄骅港流场计算能够充分反映风、浪对潮流场的影响，因而从动力角度能够合理反映泥沙运动情况。

ADCIRC 模型控制方程的原始形式是潮流方程(分为连续方程和动量方程)：

$$\frac{\partial \zeta}{\partial t}+\frac{\partial UH}{\partial x}+\frac{\partial VH}{\partial y}=0 \tag{4-28}$$

$$\frac{\partial U}{\partial t}+U\frac{\partial U}{\partial x}+V\frac{\partial U}{\partial y}-fV=-\frac{\partial}{\partial x}\left[\frac{p_{\zeta}}{\rho_0}+g\zeta-g(\eta+\gamma)\right]+\frac{\tau_{\zeta x}}{\rho_0 H}-\frac{\tau_{bx}}{\rho_0 H}+D_x-B_x+R_x \tag{4-29}$$

$$\frac{\partial V}{\partial t}+U\frac{\partial V}{\partial x}+V\frac{\partial V}{\partial y}-fU=-\frac{\partial}{\partial y}\left[\frac{p_{\zeta}}{\rho_0}+g\zeta-g(\eta+\gamma)\right]+\frac{\tau_{\zeta y}}{\rho_0 H}-\frac{\tau_{by}}{\rho_0 H}+D_y-B_y+R_y \tag{4-30}$$

式中 x——横坐标；

y——纵坐标；

t——时间；

U——沿 x 轴方向的深度平均流速；

V——沿 y 轴方向的深度平均流速；

H——总水深；

f——柯氏力系数；

p_s——表面大气压；

ρ_0——水密度；

τ_{sx}、τ_{sy}——表面切应力(如风应力)；

τ_{bx}、τ_{by}——底部摩擦力；

D_x、D_y——扩散项；

B_x、B_y——斜压梯度项；

R_x、R_y——辐射应力梯度项；

$(\eta+\gamma)$——牛顿潮势、地球潮等作用；

g——重力加速度。

其中，B_x 与 B_y、D_x 与 D_y、τ_{bx} 与 τ_{by} 的表达式如下所示：

$$B_x = \frac{g}{H}\int_{-h}^{\zeta}\left\{\frac{\partial}{\partial x}\int_{x}^{\zeta}\left(\frac{\rho-\rho_0}{\rho_0}\right)\mathrm{d}z\right\}\mathrm{d}z = g\left\{\left(\frac{\bar{\rho}-\rho_0}{\rho_0}\right)\frac{\partial\zeta}{\partial x}+\frac{H}{2}\frac{\partial}{\partial x}\left(\frac{\bar{\rho}-\rho_0}{\rho_0}\right)\right\} \tag{4-31}$$

$$B_y = \frac{g}{H}\int_{-h}^{\zeta}\left\{\frac{\partial}{\partial y}\int_{x}^{\zeta}\left(\frac{\rho-\rho_0}{\rho_0}\right)\mathrm{d}z\right\}\mathrm{d}z = g\left\{\left(\frac{\bar{\rho}-\rho_0}{\rho_0}\right)\frac{\partial\zeta}{\partial y}+\frac{H}{2}\frac{\partial}{\partial y}\left(\frac{\bar{\rho}-\rho_0}{\rho_0}\right)\right\} \tag{4-32}$$

$$D_x = \frac{E_h}{H}\left[\frac{\partial^2 UH}{\partial x^2}+\frac{\partial^2 UH}{\partial y^2}\right] \tag{4-33}$$

$$D_y = \frac{E_h}{H}\left[\frac{\partial^2 VH}{\partial x^2}+\frac{\partial^2 VH}{\partial y^2}\right] \tag{4-34}$$

$$R_x = \frac{1}{\rho_0}\left[\frac{\partial S_{xx}}{\partial x}+\frac{\partial S_{xy}}{\partial y}\right] \tag{4-35}$$

$$R_y = \frac{1}{\rho_0}\left[\frac{\partial S_{xy}}{\partial x}+\frac{\partial S_{yy}}{\partial y}\right] \tag{4-36}$$

$$\tau_{bx} = U\tau_*\text{；}\ \tau_{by} = V\tau_*\text{；}\ \tau_* = \frac{C_f\,(U^2+V^2)^{1/2}}{H} \tag{4-37}$$

式中 S_{xx}、S_{xy} 和 S_{yy}——辐射应力项，由 SWAN 波浪模型计算得到。

为了避免或减小伽留金有限元离散出现的数值问题，如振荡、不守恒性等，ADCIRC 模型将原来的连续性方程进行一些处理，即采用所谓的通用波动连续性方程（generalized wave continuity equation，GWCE）来代替原有的连续性方程。

GWCE 是通过对原始的连续性方程取时间导数得到，重新排列空间和时间导数，将其中流速的时间导数项用动量方程消去，加上将原始连续性方程乘上一个权重系数 τ_0 的乘积，最后得到

$$\frac{\partial^2\zeta}{\partial t^2}+\tau_0\frac{\partial\zeta}{\partial t}+\frac{\partial A_x}{\partial x}+\frac{\partial A_y}{\partial y}-UH\frac{\partial\tau_0}{\partial x}-VH\frac{\partial\tau_0}{\partial y}=0 \tag{4-38}$$

此即为通用波动连续性方程（GWCE），其中：

$$A_x = U\frac{\partial H}{\partial t}+H\left\{-U\frac{\partial U}{\partial x}-V\frac{\partial U}{\partial y}+fV-\frac{\partial}{\partial x}\left[\frac{p_\zeta}{\rho_0}+g\zeta-g(\eta+\gamma)\right]+\frac{\tau_{\zeta x}}{\rho_0 H}-\frac{\tau_{bx}}{\rho_0 H}+D_x-B_x+\tau_0 U\right\} \tag{4-39}$$

$$A_y = V\frac{\partial H}{\partial t} + H\left\{-U\frac{\partial V}{\partial x} - V\frac{\partial V}{\partial y} - fU - \frac{\partial}{\partial y}\left[\frac{p_\zeta}{\rho_0} + g\zeta - g(\eta+\gamma)\right] + \frac{\tau_{\zeta y}}{\rho_0 H} - \frac{\tau_{by}}{\rho_0 H} + D_y - B_y + \tau_0 V\right\} \tag{4-40}$$

式中各项的意义与式(4－28)～式(4－30)相同，不难看出，当 $\tau_0 \rightarrow \infty$ 时，波动连续性方程(GWCE)就是原始的连续性方程。

ADCIRC 模型将通用波动连续性方程(GWCE)与动量守恒方程一起作为控制方程进行求解。方程采用有限单元法和有限差分法相结合的方法来求解。在空间上采用有限单元法以适应复杂的边界条件，时间上则采用有限差分法以提高计算速度。采用半隐式法来求解波动连续性方程(GWCE)，质量矩阵是定常的，只需进行一次求逆。

ADCIRC 模型的动边界处理，采用的是干湿网格法。

在原始的 ADCIRC 模型中，水平涡黏系数采用常数，为了更好地描述工程建筑物对周围水体紊动的影响和网格局部加密引起网格尺寸在整个计算区域变化加大的影响，计算中对涡黏系数的取法进行了改进，采用 Samagorinsky 亚网格尺寸模型来计算水平涡黏系数，即涡黏系数取为

$$A_M = c\Delta x\Delta y\left[\left(\frac{\partial u}{\partial x}\right)^2 + \frac{1}{2}\left(\frac{\partial v}{\partial x} + \frac{\partial u}{\partial y}\right)^2 + \left(\frac{\partial v}{\partial y}\right)^2\right]^{\frac{1}{2}} \tag{4-41}$$

4.1.2.3 泥沙运动数值模拟

泥沙运动采用窦国仁等[6]基于波流共同作用下挟沙力概念的平面二维泥沙数学模型，其表达式如下

$$\frac{\partial(hS)}{\partial t} + \frac{\partial(huS)}{\partial x} + \frac{\partial(hvS)}{\partial y} + \alpha\omega(S - S_{cw}) = 0 \tag{4-42}$$

式中 h——水深；
t——时间坐标；
x——水平坐标；
y——水平坐标；
S——沿深度平均的含沙量；
S_{cw}——波流共同作用下的挟沙能力，利用式(4－22)计算；
u——沿 x 方向的流速；
v——沿 y 方向的流速；
α——沉降概率或恢复饱和系数；
ω——泥沙沉降速度。根据波流挟沙的原理；

4.1.2.4　航道回淤模拟

航道回淤采用窦国仁等提出的模型，其表达式为

$$\gamma_0 \frac{\partial \eta}{\partial t} = \alpha\omega(S - S_*) \tag{4-43}$$

式中　η——航道底高程；

γ_0——航道回淤泥沙干容重；

α——经验回淤系数，可根据黄骅港已有外航道回淤资料确定。

4.1.3　二维水沙模型在黄骅港的应用

4.1.3.1　三次大风过程航道回淤验证

我们这里分别对三次大风前后有比较详细的实测航道回淤资料的大风过程进行数学模拟，讨论大风浪期间黄骅港泥沙运动规律，确定回淤计算系数和验证回淤计算模型的合理性。

1) 2002年4月22日大风天气过程回淤计算

图4-6～图4-8分别显示了本次大风天气过程中黄骅港海域垂向平均含沙量场变化情况，其中横坐标是经度、纵坐标是纬度。图4-6为本次强风天气开始后5 h的含沙量场，图4-7为本次强风过程形成的含沙量最大时黄骅港海域含沙量场。由计算结果可以明显看到含沙量随着波浪增大而增大的现象。计算结果还表明，受风增水及风吹流影响，退潮期近岸区高含沙有明显的向外输送现象。图4-8为大风减小后海域含沙量场，由本幅图中可以清楚看到高潮位后落潮阶段泥沙沿堤北侧向外输送后绕过堤头的现象。由上

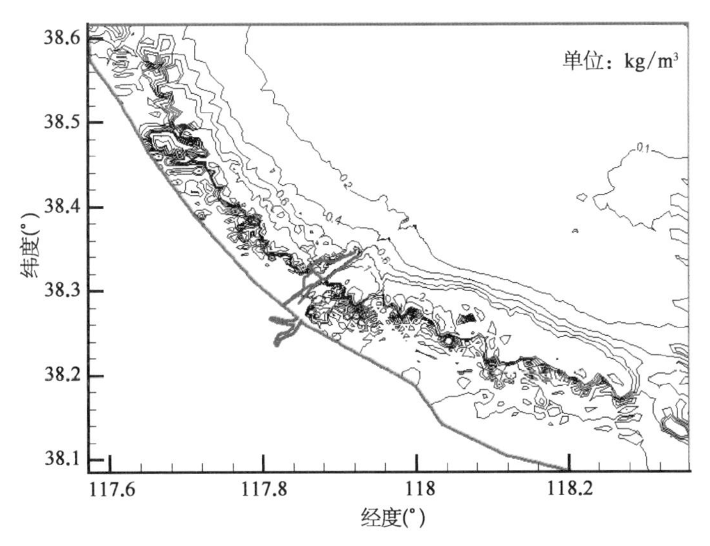

图4-6　2002年4月22日大风过程(大风开始后5 h)黄骅港海域含沙量场

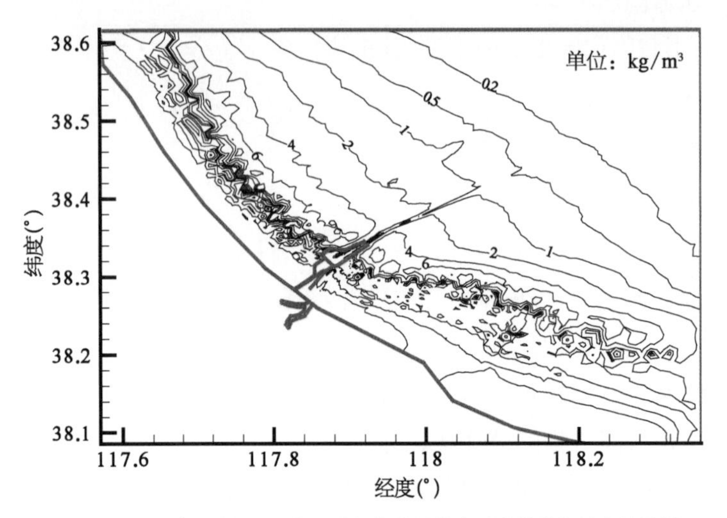

图 4-7　2002 年 4 月 22 日大风过程含沙量最大时黄骅港海域含沙量场

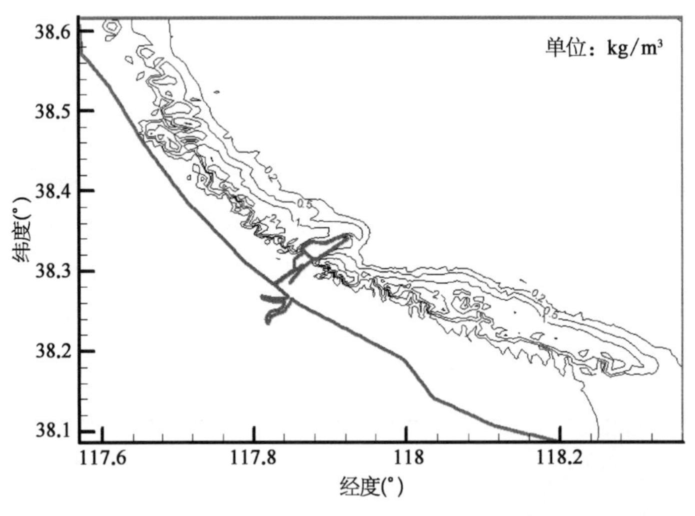

图 4-8　2002 年 4 月 22 日大风过程(大风结束后 5 h)黄骅港海域含沙量场

述含沙量场的变化可知，本模型完整地描述了风浪期间海域含沙量的变化情况，而且能够合理描述受风、浪、流及港口建筑物影响的泥沙输运情况。

根据含沙量场变化过程计算结果，由式(4-43)得到本次大风期间黄骅港外航道的回淤分布如图 4-9 所示。图中还显示了实测回淤分布情况，由图可见，两者是比较接近的。

2) 2002 年 10 月 18 日大风天气过程回淤计算

图 4-10～图 4-12 显示了本次大风天气过程中黄骅港海域垂向平均含沙量场变化情

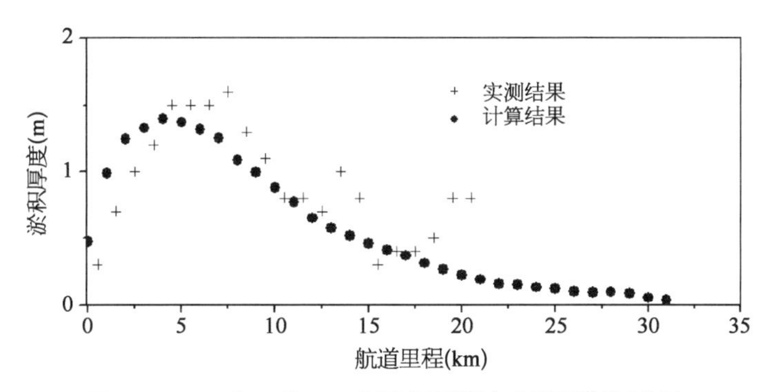

图 4－9　2002 年 4 月 22 日大风过程计算与实测航道淤积厚度

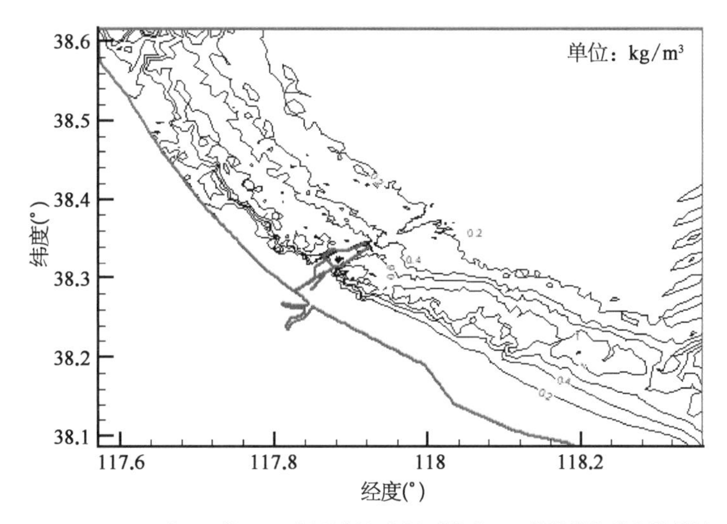

图 4－10　2002 年 10 月 18 日大风过程(大风开始后 5 h)黄骅港海域含沙量场

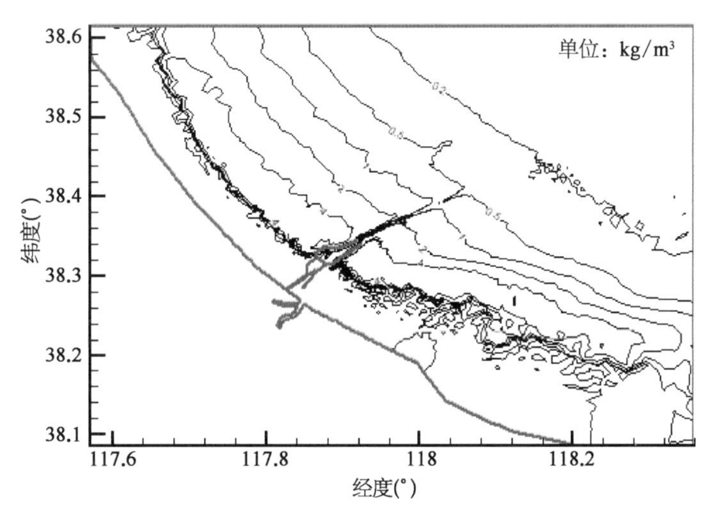

图 4－11　2002 年 10 月 18 日大风过程含沙量最大时黄骅港海域含沙量场

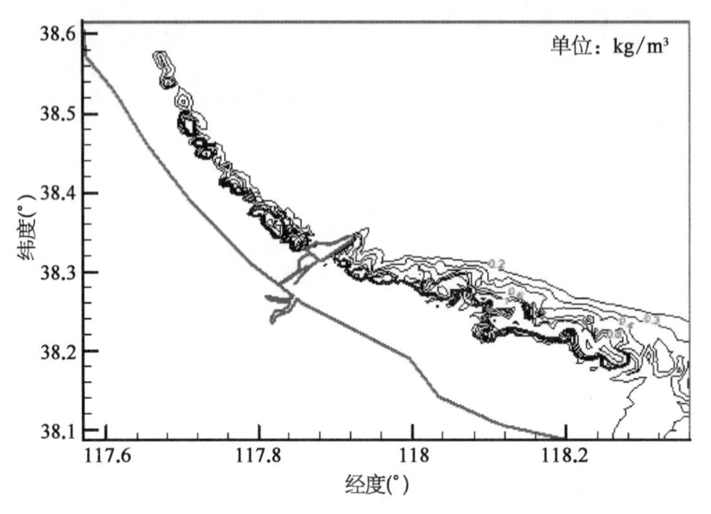

图 4-12　2002 年 10 月 18 日大风过程(大风结束后 5 h)黄骅港海域含沙量场

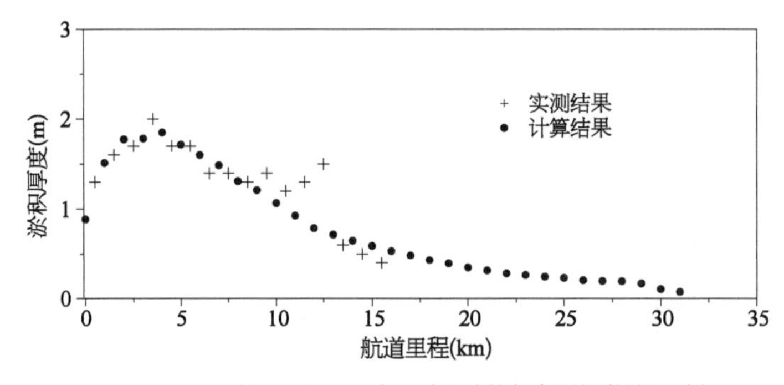

图 4-13　2002 年 10 月 18 日大风过程计算与实测航道淤积厚度

况。图 4-10 为本次强风天气开始 5 h 后的含沙量场，图 4-11 为本次强风过程形成的含沙量最大时黄骅港海域含沙量场，图 4-12 为大风结束后 5 h 海域含沙量场。图 4-13 显示了本次大风天气过程航道回淤实测与计算结果的比较情况，由图可见，两者是比较接近的。

3) 2003 年 10 月 10 日大风天气过程回淤计算

图 4-14 为本次强风天气开始 5 h 后的含沙量场，图 4-15 为本次强风过程形成的含沙量最大时黄骅港海域含沙量场，图 4-16 为大风结束后 5 h 海域含沙量场。比较本次大风天气过程与 2002 年 4 月 22 日和 10 月 18 日大风天气过程可知，由于 2003 年 10 月 10 日开始的大风过程风级大，持续时间长，黄骅港海域高含沙量范围及持续时间均明显增大，因而造成外航道的强烈淤积。图 4-17 显示了本次大风天气过程航道回淤实测与计算结果的比较情况，由图可见，两者是比较接近的。

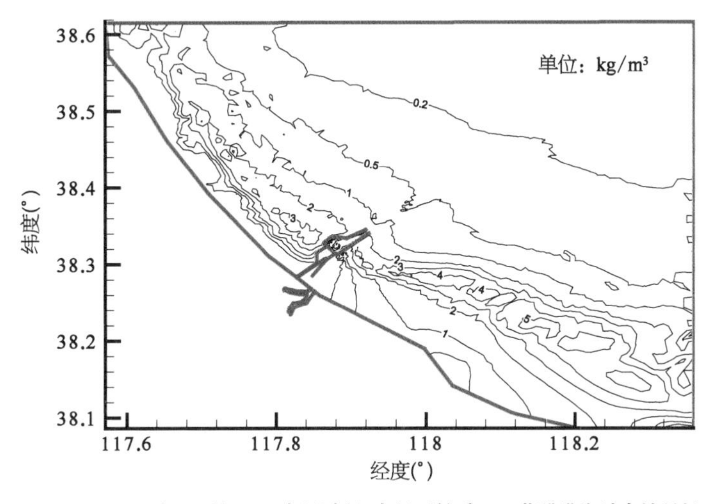

图 4 - 14　2003 年 10 月 10 日大风过程(大风开始后 5 h)黄骅港海域含沙量场

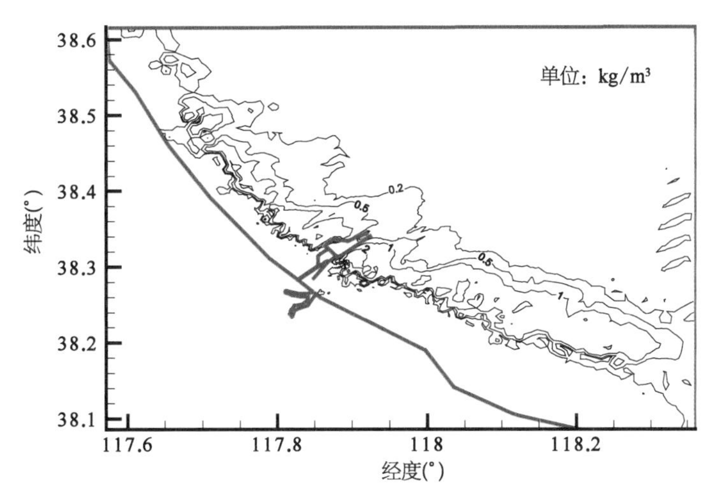

图 4 - 15　2003 年 10 月 10 日大风过程含沙量最大时黄骅港海域含沙量场

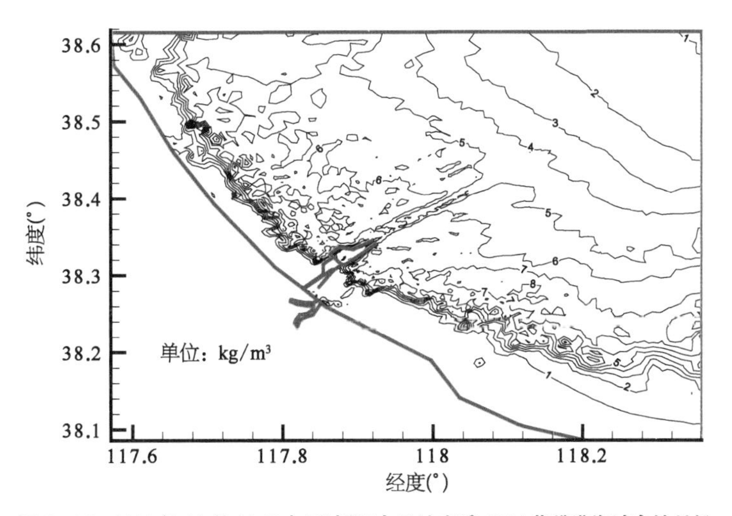

图 4 - 16　2003 年 10 月 10 日大风过程(大风结束后 10 h)黄骅港海域含沙量场

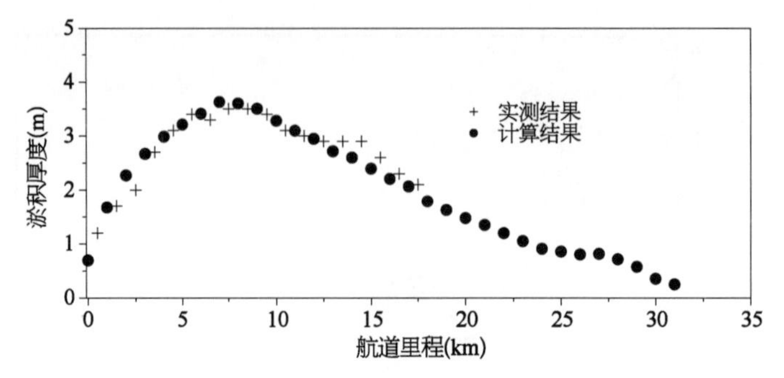

图 4-17　2003 年 10 月 10 日大风过程计算与实测航道淤积厚度

4.1.3.2　黄骅港外航道整治工程回淤计算

为了解决外航道的泥沙骤淤问题，神华集团组织多家科研设计单位经过大量研究后，采取了整治与疏浚相结合的治理方案，并于 2004 年初完成了方案设计，于 2004 年 5 月开始进行外航道整治工程建设，2005 年 9 月完成了外航道整治工程(图 4-18)。利用建立的二维水沙数学模型，模拟黄骅港外航道整治工程完成以后的航道淤积，进一步说明模型的适用性。

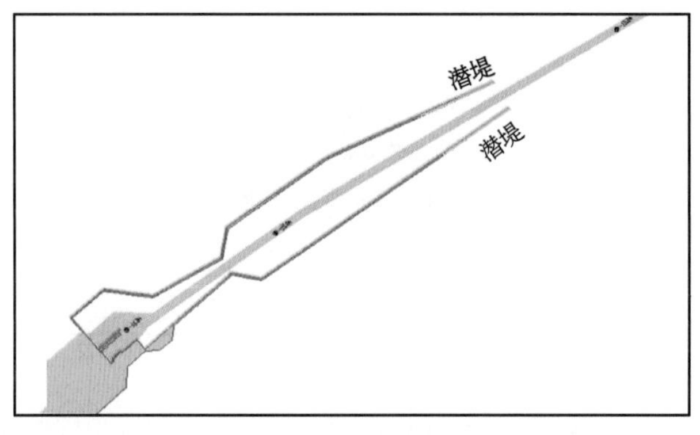

图 4-18　黄骅港外航道整治工程示意图

图 4-19 和图 4-20 分别显示了 2005 年 10 月 21 日和 2006 年 3 月 10 日黄骅港整治工程完工后两次大风过程航道回淤计算与实测结果的比较情况。由上述航道回淤计算与

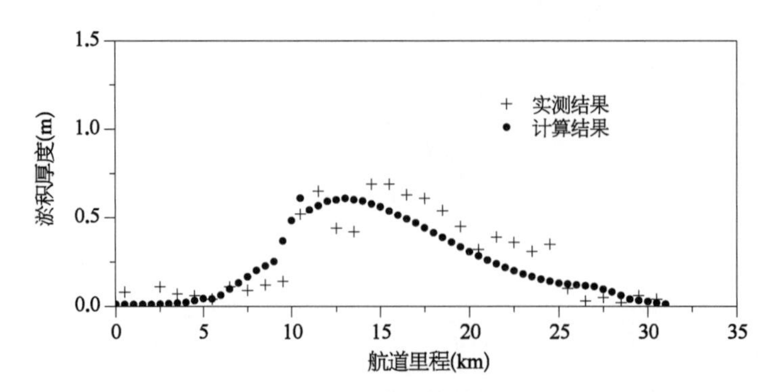

图 4-19　2005 年 10 月 21 日强风过程航道回淤计算与实测结果

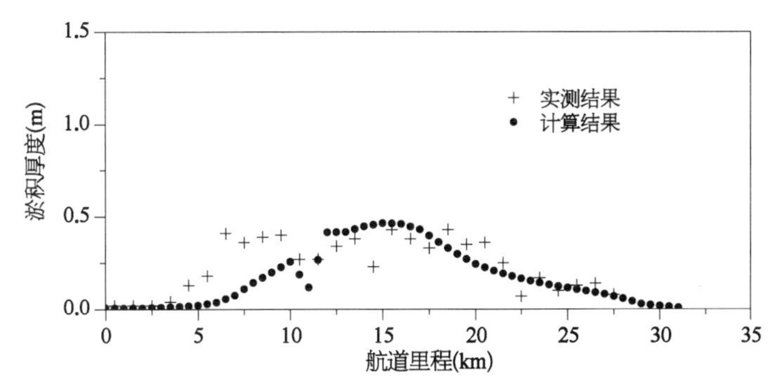

图 4-20　2006 年 3 月 10 日强风过程航道回淤计算与实测结果

实测结果比较可知,计算与实测结果是比较接近的。整体来看,考虑到航道回淤测量的复杂性(如疏浚量、施工影响等难以准确估计),可以认为所建立的航道回淤模型较好地反映了整治工程前、整治工程过程中及整治工程完工后黄骅港外航道的回淤规律。

4.2　三维水沙数学模型建立及应用

三维水沙数学模型的发展是一个循序渐进的过程,经过不断尝试和完善,逐步形成了以开源模型为基础,与粉沙质海岸泥沙运动理论研究成果相结合的模式。下面以工程研究中应用最广泛的模型为例进行介绍,并选取具有代表性的研究成果对三维水沙模型的应用进行说明。

4.2.1　三维水沙数学模型的建立

4.2.1.1　水动力部分

1) 控制方程

潮汐(潮流)和径流因素利用 FVCOM(finite volume coastal ocean Model)模型模拟。该模型主要由美国马萨诸塞大学海洋科技研究所开发,水平方向采用非结构化三角形网格,垂直方向采用 σ 坐标变换,数值方法采用有限体积法,能够很好地应用于具有复杂地形、边界和建筑物的河口海岸水域,较好地保证了质量、动量、盐度和热量在数值离散时的守恒性。

FVCOM 基于自由表面的三维原始控制方程,能够考虑波浪对水流作用的动量方程为

$$\frac{\partial u}{\partial t}+u\frac{\partial u}{\partial x}+v\frac{\partial u}{\partial y}+w\frac{\partial u}{\partial z}-fv=-\frac{1}{\rho_0}\frac{\partial p}{\partial x}+\frac{\partial}{\partial z}\left(K_{\mathrm{m}}\frac{\partial u}{\partial z}\right)-\frac{1}{\rho_0 h}\left(\frac{\partial S_{xx}}{\partial x}+\frac{\partial S_{xy}}{\partial y}\right)+F_u \tag{4-44}$$

$$\frac{\partial v}{\partial t}+u\frac{\partial v}{\partial x}+v\frac{\partial v}{\partial y}+w\frac{\partial v}{\partial z}+fu=-\frac{1}{\rho_0}\frac{\partial p}{\partial y}+\frac{\partial}{\partial z}\left(K_m\frac{\partial v}{\partial z}\right)-\frac{1}{\rho_0 h}\left(\frac{\partial S_{yx}}{\partial x}+\frac{\partial S_{yy}}{\partial y}\right)+F_v \tag{4-45}$$

$$\frac{\partial p}{\partial z}=-\rho g \tag{4-46}$$

式中　x、y、z——笛卡尔坐标系下的三维坐标，分别为东西方向、南北方向及垂向的坐标；

u、v——水平方向的东分量速度和北分量速度；

w——垂向速度；

g——重力加速度；

t——时间；

ρ_0——水体参考密度；

ρ——水体密度；

p——静水压力；

f——科氏参数；

K_m——垂向涡黏系数；

S_{xx}、S_{xy}、S_{yx}、S_{yy}——波浪辐射应力张量；

F_u、F_v——水平动量扩散系数。

连续性方程为

$$\frac{\partial u}{\partial x}+\frac{\partial v}{\partial y}+\frac{\partial w}{\partial z}=0 \tag{4-47}$$

垂向采用 σ 坐标变换为

$$\sigma=\frac{z-\zeta}{H+\zeta}=\frac{z-\zeta}{D} \tag{4-48}$$

式中　ζ——自由表面；

H——海床相对于基准面的距离。

因此，$D=H+\zeta$ 为总水深，σ 坐标的变化范围为[-1, 0]。

2）紊流闭合模型

水动力方程中的垂向涡黏系数通过紊流模型获得。本模型选用目前三维水动力模式中应用广泛的 Mellor-Yamada 2.5 阶模式，该模式考虑了紊动动能和混合长的局部变化率，紊流能量的水平和垂直输送及紊流能量的垂直扩散作用。控制方程如下：

$$\frac{\mathrm{d}q^2}{\mathrm{d}t}=\frac{\partial}{\partial x_j}\left(\varepsilon_{q,j}\frac{\partial q^2}{\partial x_j}\right)+\frac{2\varepsilon_{q,z}}{H^2}\left(\frac{\partial u_i}{\partial \sigma}\right)^2+\frac{2g\varepsilon_{\mathrm{sali},z}}{\rho_0 H}\frac{\partial \rho}{\partial \sigma}-\frac{2q^3}{B_1 l} \tag{4-49}$$

$$\frac{\mathrm{d}q^2 l}{\mathrm{d}t}=\frac{\partial}{\partial x_j}\left(\varepsilon_{q,j}\frac{\partial q^2 l}{\partial x_j}\right)+\frac{E_1 l\varepsilon_z}{H^2}\left(\frac{\partial u_i}{\partial \sigma}\right)^2+E_1E_3 l\frac{g\varepsilon_{\mathrm{sali},z}}{\rho_0 H}\frac{\partial\tilde{\rho}}{\partial\sigma}-[1+E_2(l/kL)^2]\frac{q^3}{B_1} \tag{4-50}$$

式中　q^2——紊动能量；

l——紊动长度尺度；

$\varepsilon_{q,j}$——紊动能量的扩散系数，$\varepsilon_{q,j}=[\varepsilon_{q,x},\varepsilon_{q,y},\varepsilon_{q,z}H^{-2}]$；

$\frac{\partial\tilde{\rho}}{\partial\sigma}$——微分算子，$\frac{\partial\tilde{\rho}}{\partial\sigma}\equiv\frac{\partial\rho}{\partial\sigma}-\frac{1}{v_s^2}\frac{\partial p}{\partial\sigma}$，其中 v_s 为声速；

f、E_1、E_2、E_3、B_1——常系数。

3）定解条件

(1) 自由水面边界条件。

在 $z=\zeta(x,y,t)$ 时，应满足如下边界条件：

$$K_{\mathrm{m}}\left(\frac{\partial u}{\partial z},\frac{\partial v}{\partial z}\right)=0 \tag{4-51}$$

$$w=\frac{\partial\zeta}{\partial t}+u\frac{\partial\zeta}{\partial x}+v\frac{\partial\zeta}{\partial y} \tag{4-52}$$

(2) 底部边界条件。

在 $z=-H(x,y,t)$ 时，应满足如下边界条件：

$$K_{\mathrm{m}}\left(\frac{\partial u}{\partial z},\frac{\partial v}{\partial z}\right)=\frac{1}{\rho_0}(\tau_{\mathrm{b}x},\tau_{\mathrm{by}}) \tag{4-53}$$

$$w=-u\frac{\partial H}{\partial x}-v\frac{\partial H}{\partial y} \tag{4-54}$$

其中，$(\tau_{\mathrm{b}x},\tau_{\mathrm{by}})=C_{\mathrm{d}}\sqrt{u^2+v^2}(u,v)$ 是 x、y 方向的底摩擦系数。

(3) 侧边界条件。侧边界条件可分为闭边界与开边界两种。

闭边界条件：岸线或建筑物边界可视为闭边界，即边界不透水，水质点沿切向可自由滑移，则其边界条件可表示为

$$\frac{\partial\vec{u}}{\partial\vec{n}}=0 \tag{4-55}$$

式中　$\vec{u}$——水平速度矢量；

$\vec{n}$——固壁边界的外法线方向。

开边界条件：在开边界处强加自由表面水位。

(4) 动边界条件。

对于动边界的处理,FVCOM 将干湿网格技术引入三维非结构网格的模式,在 σ 坐标的底层加入黏性边界层厚度(h_C),并定义干湿网格判断标准如下:

对于格点,$D=H+\zeta+h_B>h_C$ 为湿点,$D=H+\zeta+h_B\leqslant h_C$ 为干点。

对于三角形网格,$D=H+\min(h_{B,i},h_{B,j},h_{B,k})+\max(\zeta_i,\zeta_j,\zeta_k)>h_C$ 为湿网格,$D=H+\min(h_{B,i},h_{B,j},h_{B,k})+\max(\zeta_i,\zeta_j,\zeta_k)\leqslant h_C$ 为干网格,其中,h_B 为岸线高度,i、j、k 分别为三角形的三个顶点编号。

4) 温、盐输运方程

温、盐度输运方程为

$$\frac{\partial T}{\partial t}+u\frac{\partial T}{\partial x}+v\frac{\partial T}{\partial y}+w\frac{\partial T}{\partial z}=\frac{\partial}{\partial z}\left(K_h\frac{\partial T}{\partial z}\right)+F_T \tag{4-56}$$

$$\frac{\partial S}{\partial t}+u\frac{\partial S}{\partial x}+v\frac{\partial S}{\partial y}+w\frac{\partial S}{\partial z}=\frac{\partial}{\partial z}\left(K_h\frac{\partial S}{\partial z}\right)+F_S \tag{4-57}$$

式中 T——温度;

S——盐度;

K_h——垂向扩散系数;

F_T——温度水平扩散项;

F_S——盐度水平扩散项。

4.2.1.2 泥沙部分

1) 控制方程

$$\begin{aligned}&\frac{\partial c^{(l)}}{\partial t}+u_x\frac{\partial c^{(l)}}{\partial x}+u_y\frac{\partial c^{(l)}}{\partial y}+[u_z-\omega_s^{(l)}]\frac{\partial c^{(l)}}{\partial z}\\&=\frac{\partial}{\partial x}\left[\varepsilon_x^{(l)}\frac{\partial c^{(l)}}{\partial x}\right]+\frac{\partial}{\partial y}\left[\varepsilon_y^{(l)}\frac{\partial c^{(l)}}{\partial y}\right]+\frac{\partial}{\partial z}\left[\varepsilon_z^{(l)}\frac{\partial c^{(l)}}{\partial z}\right]\end{aligned} \tag{4-58}$$

式中 $c^{(l)}$——第 l 组分的悬沙浓度;

u_x——x 方向的流速分量;

u_y——y 方向的流速分量;

u_z——z 方向的流速分量;

$\omega_s^{(l)}$——第 l 组分的悬沙沉降速度;

$\varepsilon_x^{(l)}$——水平向泥沙紊动扩散系数;

$\varepsilon_y^{(l)}$——水平向泥沙紊动扩散系数;

$\varepsilon_z^{(l)}$——垂向泥沙紊动扩散系数。

垂向扩散系数的确定是最为关键的因素之一，它决定着泥沙在垂向上的分布形式，对合理反映泥沙运动的三维特性起着关键性作用。在第3章中，我们已经建立了考虑高浓度影响的波流共同作用下泥沙垂向扩散系数分布模式，并得到了较好的试验验证。因此，这里采用第3章的式(3-80)进行计算，该模型充分考虑了泥沙制约沉降和高浓度泥沙分层现象的影响，比较合理地反映了物理过程。

2) 边界条件

(1) 自由表面边界条件。

在自由表面上，认为无外界泥沙输入，即悬沙浓度梯度为零。

$$\varepsilon_z^{(l)} \frac{\partial c^{(l)}}{\partial z}=0 \tag{4-59}$$

(2) 底部边界条件。

泥沙和水体交界的底床面上，当水流作用较强时，泥沙会在水流作用下被冲刷起悬至上层水体中；当水流作用较弱时，水体中的悬浮泥沙会有一部分重新落淤到底床面上。床面边界条件可以表示为

$$\varepsilon_z^{(l)} \frac{\partial c^{(l)}}{\partial z}=E^{(l)}-D^{(l)} \tag{4-60}$$

式中 $E^{(l)}$——第 l 组分泥沙的冲刷率；

$D^{(l)}$——第 l 组分泥沙的淤积率。

冲刷率表示为

$$\begin{gathered}E^{(l)}=E_0^{(l)}(1-P_\mathrm{b})F_\mathrm{b}^{(l)}\left(\frac{\tau_\mathrm{b}}{\tau_\mathrm{e}^{(l)}}-1\right) \qquad [\tau_\mathrm{b}>\tau_\mathrm{e}^{(l)}] \\ E^{(l)}=0 \qquad [\tau_\mathrm{b}<\tau_\mathrm{e}^{(l)}]\end{gathered} \tag{4-61}$$

式中 $E_0^{(l)}$——第 l 组分泥沙的床面冲刷强度；

P_b——床面泥沙孔隙率；

$F_\mathrm{b}^{(l)}$——第 l 组分泥沙所占比例；

τ_b——床面剪切应力；

$\tau_\mathrm{e}^{(l)}$——第 l 组分泥沙的临界冲刷应力。

泥沙的沉积作用由以下方程控制：

$$D^{(l)}=\omega_\mathrm{s}^{(l)}c^{(l)} \tag{4-62}$$

式(4-62)无限定条件，表示泥沙沉降一直存在。

4.2.2 粉沙质海岸航道淤积机理的模拟研究

4.2.2.1 模拟方案的确定

黄骅港于2000年开始外航道全面疏浚施工，全年外航道挖泥1 250×10^4 m^3[30-31]。初期开挖顺利，回淤甚少，至10月底发现外航道回淤严重，至2001年3月，外航道回淤达1 000×10^4 m^3。为了解决淤积到航道中的泥沙非常密实而难以疏浚的困难，2001年疏浚航道时从外航道3+0(即口门外3 km)处向南偏移4°30′。到2003年10月前外航道底高程在−3.0～−12.3 m，底宽为140 m。2003年10月10日期间渤海海域连续遭遇两场大风，最大风速达27.5 m/s。大风过后，黄骅港外航道测量的航道淤积厚度如图4-21所示。外航道7+500(即口门外沿航道7.5 km)处淤积厚度最大，约为3.5 m[3]。

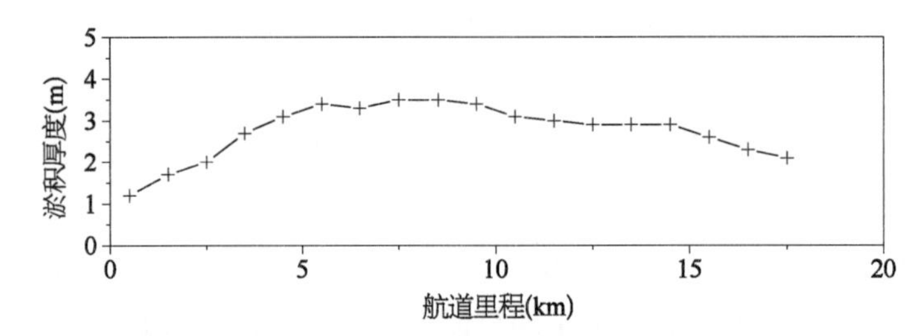

图4-21　2003年10月大风后黄骅港外航道淤积厚度

现场情况下，航道及附近水域水动力条件复杂，水流和波浪因素都随着周围环境的改变而改变，这加大了航道淤积分析的难度和复杂程度。本书主要分析航道淤积机理，暂不考虑复杂水流条件下的航道淤积现象，因此在设计模拟方案时有必要进行适当的简化。参照黄骅港外航道，我们确定了三种模拟方案，计算区域垂向断面如图4-22～图4-24所示。在航道前设置250 m长的滩面宽度，航道底宽为140 m，两侧边坡坡度为1∶7，以平均水面为基准，方案1～方案3航道深度都为12 m。

模拟方案水动力条件设置如下：设置恒定流量的水流，流向垂直于航道；为简化模拟的复杂程度，参照van Rjin航道淤积模型的计算方法[21]，忽略波浪跨越航道时的变化，在

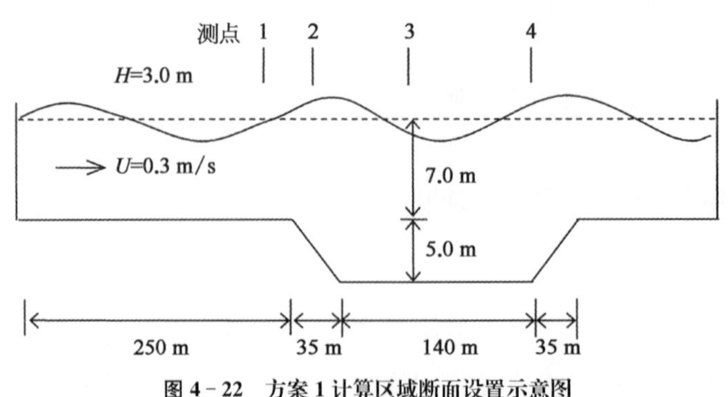

图4-22　方案1计算区域断面设置示意图

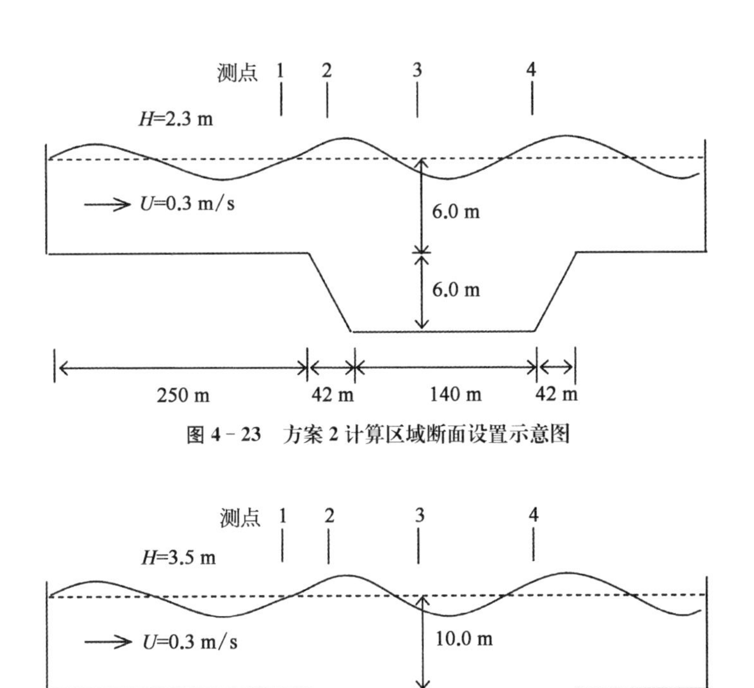

图 4－23　方案 2 计算区域断面设置示意图

图 4－24　方案 3 计算区域断面设置示意图

整个计算区域内设置相同的波浪条件。根据文献[3]的计算结果，可以确定三个方案中波浪条件分别为：波高 3.0 m，周期 7.5 s；波高 2.3 m，周期 7.5 s；波高 3.5 m，周期 7.5 s；航道前滩面上平均流速约为 0.3 m/s。三种模拟方案分别与实际海域中－5 m、－4 m 和－8 m 等深线处的条件接近。因为－5 m 和－4 m 等深线位于破波带内，所以方案 1 和方案 2 虽然水深相差不多，但波高差较大。

对于黄骅港海域岸滩，1985—1987 年期间测得的底质 d_{50} 为 0.002～0.073 mm；2001 年测得的航道底质 d_{50} 为 0.05～0.005 mm[31]。在模型计算中，沉降概率取 0.5，泥沙代表粒径取 0.036 mm。

为了便于分析流速和泥沙浓度沿程变化，分别在航道前、航道两侧边坡中间、航道底部中间四个位置处设置观测点。因为在每种情况下水流和波浪条件保持不变，考虑到计算量的限制，计算总时间设置为 10 h，更长时间的淤积量通过线性折算确定。

4.2.2.2　航道淤积模拟结果分析

1）方案 1 计算结果分析

方案 1 为中等航道深度的情况。图 4－25 显示了各测点水平流速计算值。由图可见，水流进入航道后水平流速逐渐减小，在航道中间位置流速最小，而后又略有增大。从流速垂向分布看，水流进入航道后水平流速垂向分布趋于均匀。为了更清楚地显示沿程变化，水流穿越航道时水平流速沿程变化如图 4-26 所示。图 4-27 显示了航道内垂向断面的流速场，可以明显地看到，当水流进入航道后沿航道左边坡有向下的流速分量，在航道底部转为近

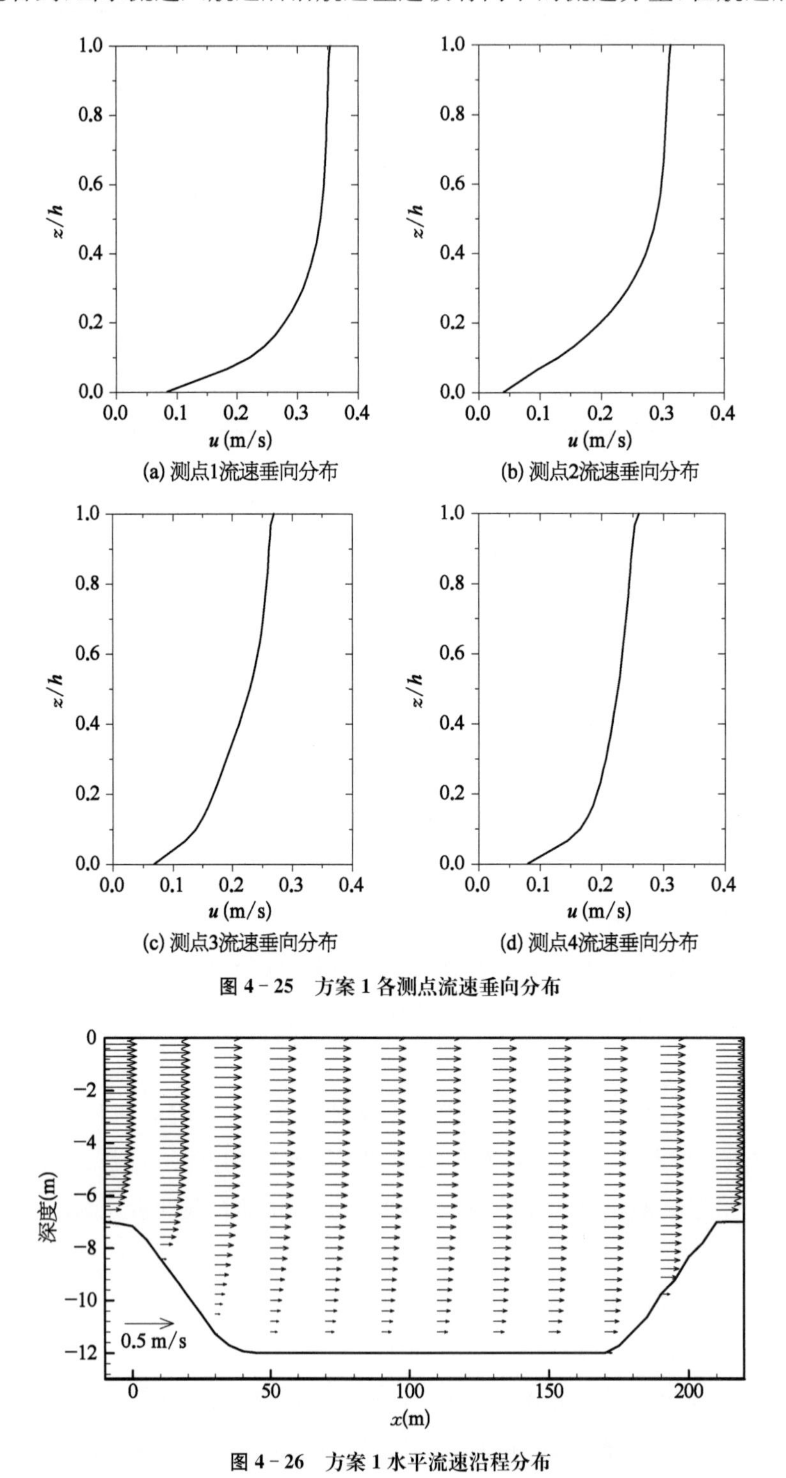

图 4-25　方案 1 各测点流速垂向分布

图 4-26　方案 1 水平流速沿程分布

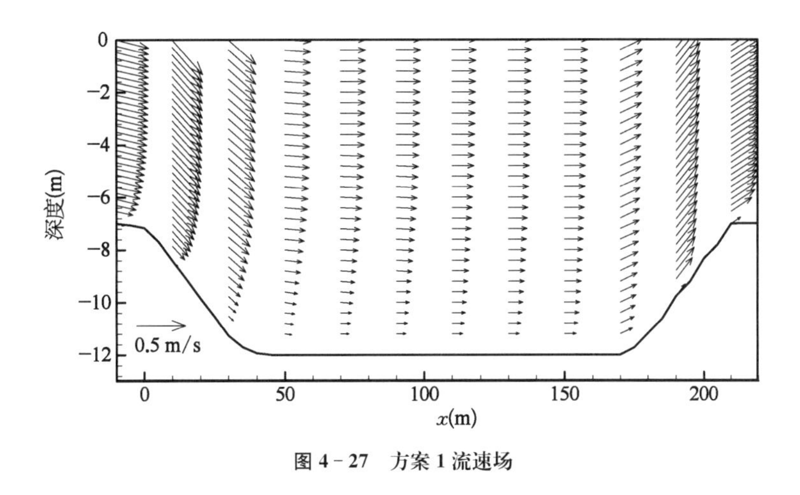

图 4-27　方案 1 流速场

似水平运动，随后沿右边坡有向上的流速分量。从浅滩测点 1 到左边坡测点 2，表层水平流速减小约为 12%，当抵达航道底部测点 3 时，表层水平流速与测点 1 相比减小约 24%。

图 4-28 显示了各测点浓度垂向分布。比较各测点底部最大浓度可见，航道前测点 1 和航道左边坡上测点 2 底部浓度接近，约为 100 kg/m^3，航道内测点 3 底部浓度较前两点明显减小，为 60 kg/m^3，在右边坡的测点 4 底部浓度比测点 3 还略小，仅为 53 kg/m^3。底部泥沙浓度沿程减小的变化正是泥沙不断沉降的结果。因为整个区域内波浪条件没有改变，航道底部水流的饱和挟沙能力基本相同，因此从航道底部泥沙浓度逐渐变小的趋势，还可以推断，航道左侧淤积程度将大于右侧的淤积程度。另外，比较各测点上部水体浓度可见，水流在穿越航道过程中上部水体浓度没有减小反而有增大的趋势。其可能的原因是，航道内波浪悬浮泥沙的能力减小，部分泥沙下沉，由于泥沙颗粒很细，沉降速度很小，仅在 1.0 mm/s 左右，水体中泥沙仅能沉降较小的高度，而上部水体中流速减小明显，不能挟带走所有的泥沙，上游又来沙不断，泥沙不断聚积导致上部水体浓度增大，而底部由于泥沙能够沉积在床面上，浓度是减小的。

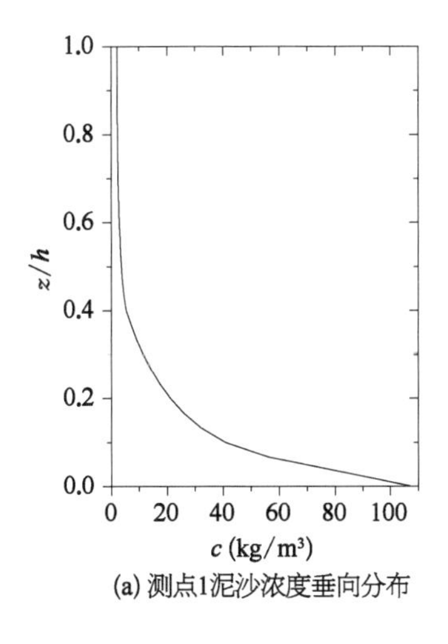

(a) 测点1泥沙浓度垂向分布

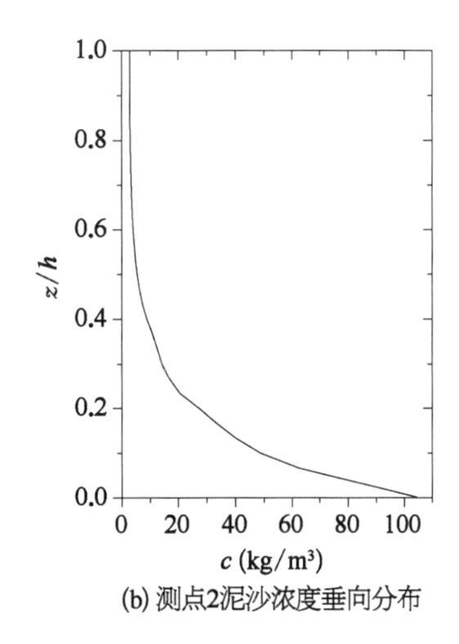

(b) 测点2泥沙浓度垂向分布

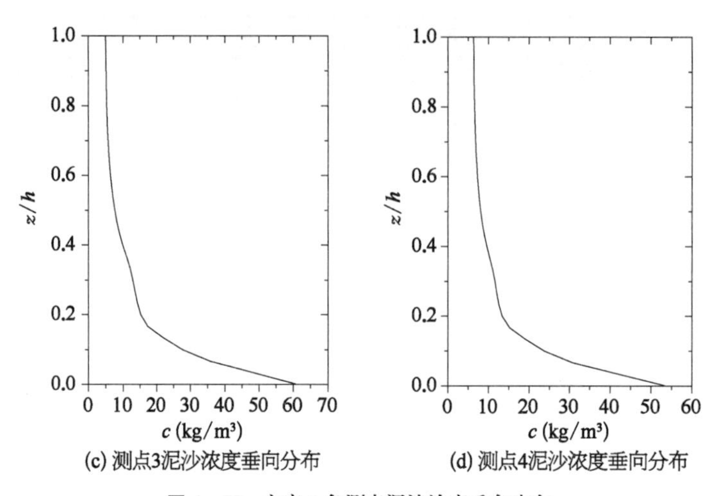

图 4-28　方案 1 各测点泥沙浓度垂向分布

图 4-29 显示了航道内泥沙浓度场。从图中可以清楚地看到，底部很薄一层浓度大于 90 kg/m^3的水体顺航道左边坡向下运动到航道底部，水体浓度沿程减小；水体中泥沙浓度变化基本与航道地形变化一致。浅滩上距离床面 1 m 内水体泥沙浓度大于 40 kg/m^3，自进入航道后厚度越来越大，在左边坡坡角附近达到最大，然后逐渐变小。这也预示着，航道内淤积厚度可能左高右低。在航道右边坡上浓度大于 40 kg/m^3水体的厚度已经很薄将不会形成明显淤积。

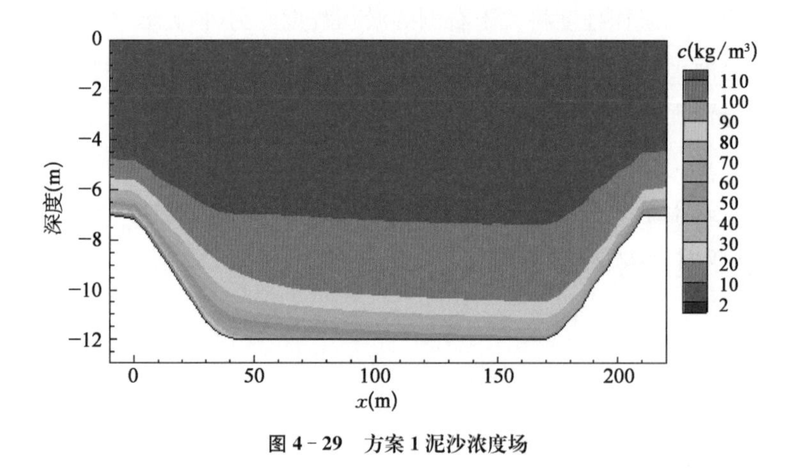

图 4-29　方案 1 泥沙浓度场

为进一步了解沉积在航道中的泥沙究竟有哪些，在水流进入航道前的浅滩断面上，分别对距离床面高度为 6.9 m、5.0 m、3.0 m、2.0 m、1.25 m、1.0 m、0.8 m、0.6 m 和 0.3 m 处泥沙颗粒的运动轨迹进行拉格朗日跟踪(对应图 4-30 中的数字标号)。由图可见，浅滩上距离床面 2.0 m 以上水体中泥沙都将随水流跨越航道，不能沉积在航道底部；距离床面 1.25 m 处泥沙将沉降在航道右边坡；随着高度的减小，泥沙沉降所需长度越小，距离床面 0.3 m 以下的泥沙基本都沉降在航道左边坡附近。需要指出的是，上述轨迹计算仅考虑了流速和泥沙沉降速度因素，对紊动等造成的随机因素没有考虑，与实际泥沙运动轨迹可能会有偏差，但依然能够大致反映泥沙运动趋势。从泥沙颗粒的拉格朗日跟踪结果看，造成航道淤积的泥沙主要是浅滩床面上 1.25 m 以内的泥沙，更上部的悬沙对航道淤积基本没有贡献。

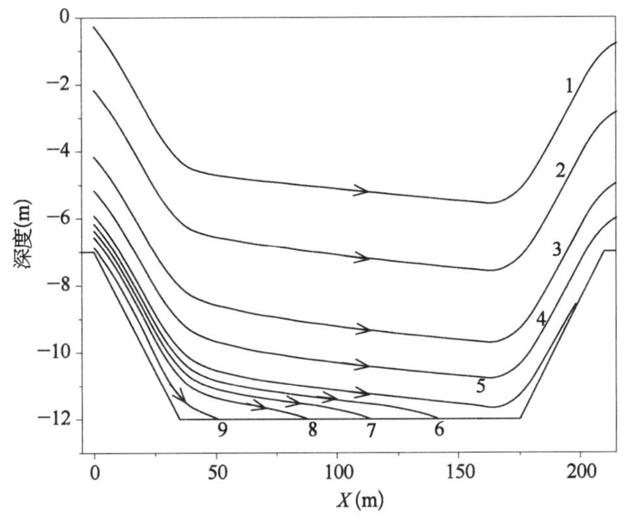

图 4-30　不同高度处沉降泥沙运动轨迹

图 4-31 显示了 10 h 后航道内地形变化。淤积厚度的变化证实了前面的推断是合理的。航道左侧淤积最为严重，达到 0.9 m，右侧淤积厚度仅为 0.36 m，航道内平均淤积厚度为 0.63 m。假设持续时间为 50 h，则航道内平均淤积厚度约为 3.15 m，与参照位置处的实测结果 3.5 m 接近。

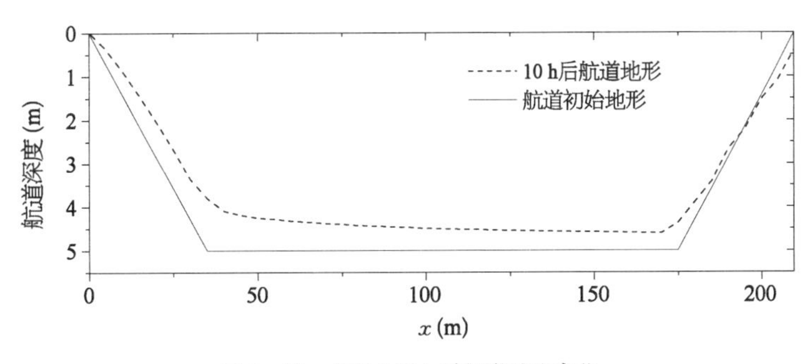

图 4-31　方案 1 10 h 后航道地形变化

从图 4-31 中还发现右边坡坡顶处有冲刷现象。比较图 4-29 左右边坡坡顶附近泥沙浓度，右侧泥沙浓度明显小于左侧，而左右两侧水流条件相当，所以右侧边坡坡顶才出现冲刷现象。现场动力条件下，因为潮位涨落变化，水流流向也呈往复变化，某些时刻水流从航道左侧流入，某些时刻水流改为从航道另外一侧流入。这样航道两侧边坡一般都只有淤积发生，不会出现冲刷现象。而航道底部泥沙淤积厚度也将呈现两侧淤积厚度大于或等于航道中间淤积厚度的情况，而不是一边高一边低。本书主要针对概化条件下悬移质特别是底部高浓度泥沙在航道淤积中的作用进行分析，有关现场情况下复杂波浪和水流变化造成的航道淤积问题将在以后进一步深入研究。

此外，实际情况下，由于边坡坡度较陡，边坡上落淤的部分泥沙可能在重力作用下运动到航道底部。而本书的数学模型中没有考虑重力对落淤后泥沙的作用，因此可能较高地估计了边坡上的淤积厚度。

从计算初始到浓度达到平衡状态大约需要 20 min 的计算时间。图 4 - 32 显示了航道

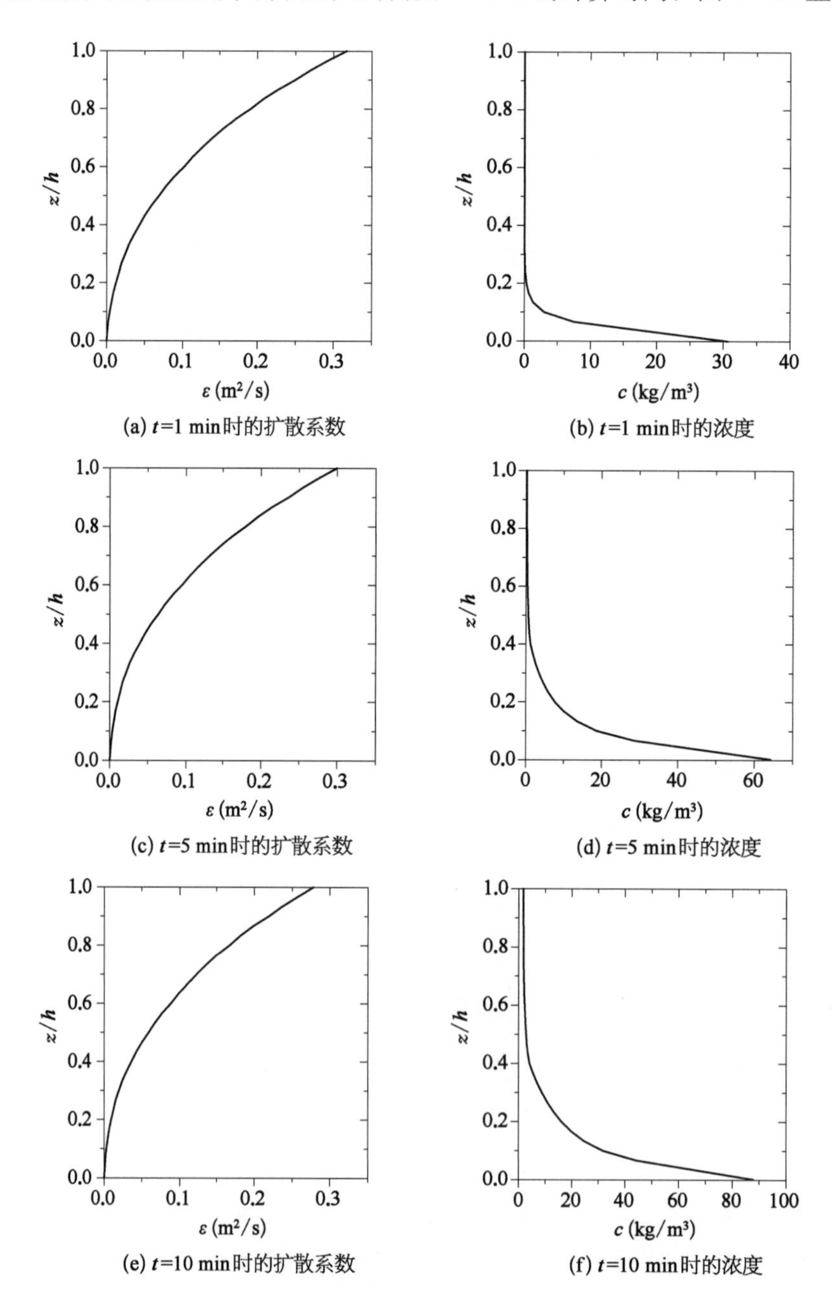

(a) t=1 min时的扩散系数

(b) t=1 min时的浓度

(c) t=5 min时的扩散系数

(d) t=5 min时的浓度

(e) t=10 min时的扩散系数

(f) t=10 min时的浓度

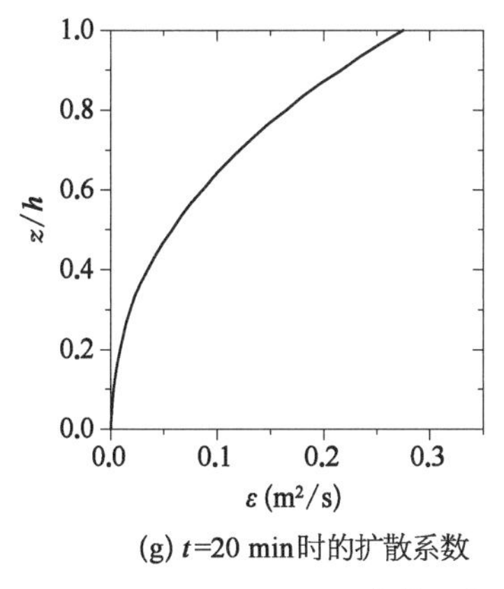

(g) t=20 min时的扩散系数

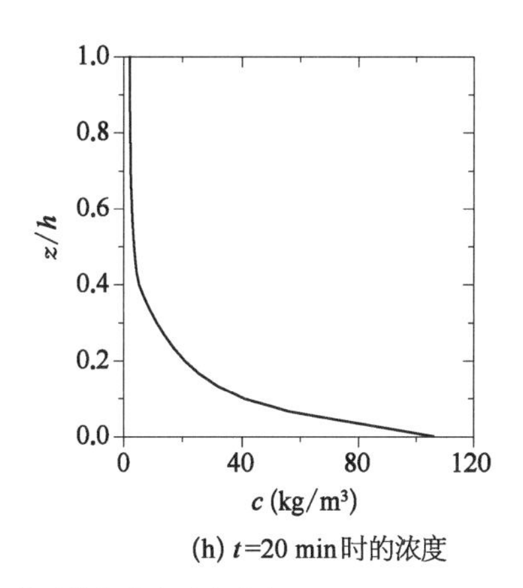

(h) t=20 min时的浓度

图 4－32　初始 4 个时刻扩散系数和浓度垂向分布

前浅滩上泥沙浓度达到平衡过程中 4 个不同时刻(1 min、5 min、10 min 和 20 min)的扩散系数和浓度垂向分布变化。随着时间的增加,浓度逐渐增大,扩散系数在逐渐减小,反映了泥沙抑制紊动的作用。为了更清楚地反映浓度增大,扩散能力减弱现象,表 4－1 列出了 4 个时刻距离床面分别为 0.1 h、0.2 h、0.3 h 和 0.4 h 处的扩散系数。

表 4－1　扩散系数 ε 随时间变化　　(单位: m^2/s)

时　间	0.1 h	0.2 h	0.3 h	0.4 h
1 min	0.004 2	0.012 5	0.024 7	0.043 4
5 min	0.003 5	0.010 4	0.021 3	0.039 1
10 min	0.003 2	0.009 5	0.019 6	0.036 3
20 min	0.003 0	0.009 1	0.019 0	0.035 5

为了分析推移质泥沙对航道淤积的作用,下面分别用 van Rijn[32] 和 Bijker[33] 的波流共同作用下的推移质输沙公式对可能进入航道的推移质输沙量进行估计。

van Rijn[32] 推移质输沙量公式适用于粉沙:

$$q_b = \gamma \rho_s f_{silt} d_{50} D_*^{-0.3} \left(\frac{\tau_{b,cw}}{\rho}\right)^{0.5} \left(\frac{\tau_{b,cw} - \tau_{b,cr}}{\tau_{b,cr}}\right)^{\eta} \tag{4-63}$$

式中　q_b——推移质输沙率;

f_{silt}——粒径系数;

$\tau_{b,cw}$——波流共同作用下底部剪切力;

$\tau_{b,cr}$——泥沙起动临界剪切力,按照 Miller[34] 等提出的公式计算;

γ——经验系数,取 0.5;

η——经验系数,取 1.0。

$D_* = d_{50}/[(s-1)g/\nu^2]^{1/3}$,其中 ν 为运动黏滞系数。

Bijker[33]推移质输沙量公式在国外工程界应用广泛[35]：

$$q_{bV}=C_b d_{50}\left(\frac{\mu_c\tau_{b,c}}{\rho}\right)^{0.5}\exp\left(-0.27\frac{(\rho_s-\rho)gd_{50}}{\mu_c\tau_{b,cw}}\right) \tag{4-64}$$

式中　q_{bV}——以体积计的推移质输沙率；

$\tau_{b,c}$——纯流条件下的底部剪切力；

μ_c——考虑沙纹床面的修正系数，取 1；

C_b——考虑波浪破碎因素的修正系数，这里不考虑破碎因素，取 5.0。

根据模拟结果可知，航道前浅滩上平均流速为 0.3 m/s，波高和周期分别为 3.0 m 和 7.5 s。式(4-63)和式(4-64)的计算结果分别为 0.3 kg/(m·s)和 0.01 kg/(m·s)。根据 van Rijn 公式计算结果，按 10 h 推算，单位宽度上进入航道的推移质总输沙量为 10 800 kg，若均匀分布在 140 m 宽的航道底部，则淤积厚度为 0.061 m，与高浓度泥沙淤积厚度 0.63 m 相比较，可见推移质输沙对航道淤积的影响不大。按 Bijker 公式计算结果推算的淤积厚度约为 0.002 m，比 van Rijn 公式计算结果小很多。考虑到目前对推移质输沙认识水平的限制，虽然两家公式计算结果相差较大，但都说明了粉沙质海岸泥沙仅有少量以推移形式运动，推移质输沙不是航道淤积的主要原因。两家公式计算结果差别较大的原因还不十分清楚，需对推移质输沙做进一步研究。

2) 方案 2 和方案 3 计算结果分析

从图 4-33～图 4-36 可见，方案 2 和 3 航道内水流的变化趋势和方案 1 基本相同，水流从左侧进入航道后，在左边坡上有向下的流速分量，在航道底部转为水平运动，随后在右边坡有向上的流速分量。三种情况不同之处表现在，航道与浅滩相对深度不同，水流变化程度不同，相对深度越大，水流变化越显著。方案 3 航道相对深度最小，仅为 2 m，水平流速在上部水体变化相对较小，水流跨越航道时向下的流速分量也没有方案 1 和方案 2 明显。

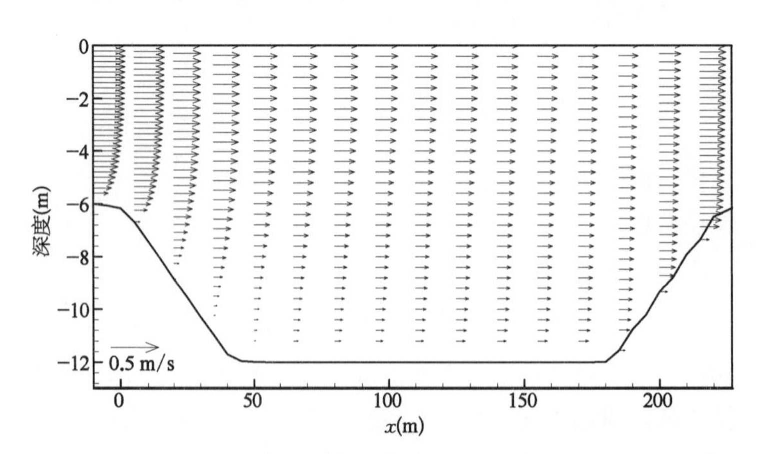

图 4-33　方案 2 水平流速沿程分布

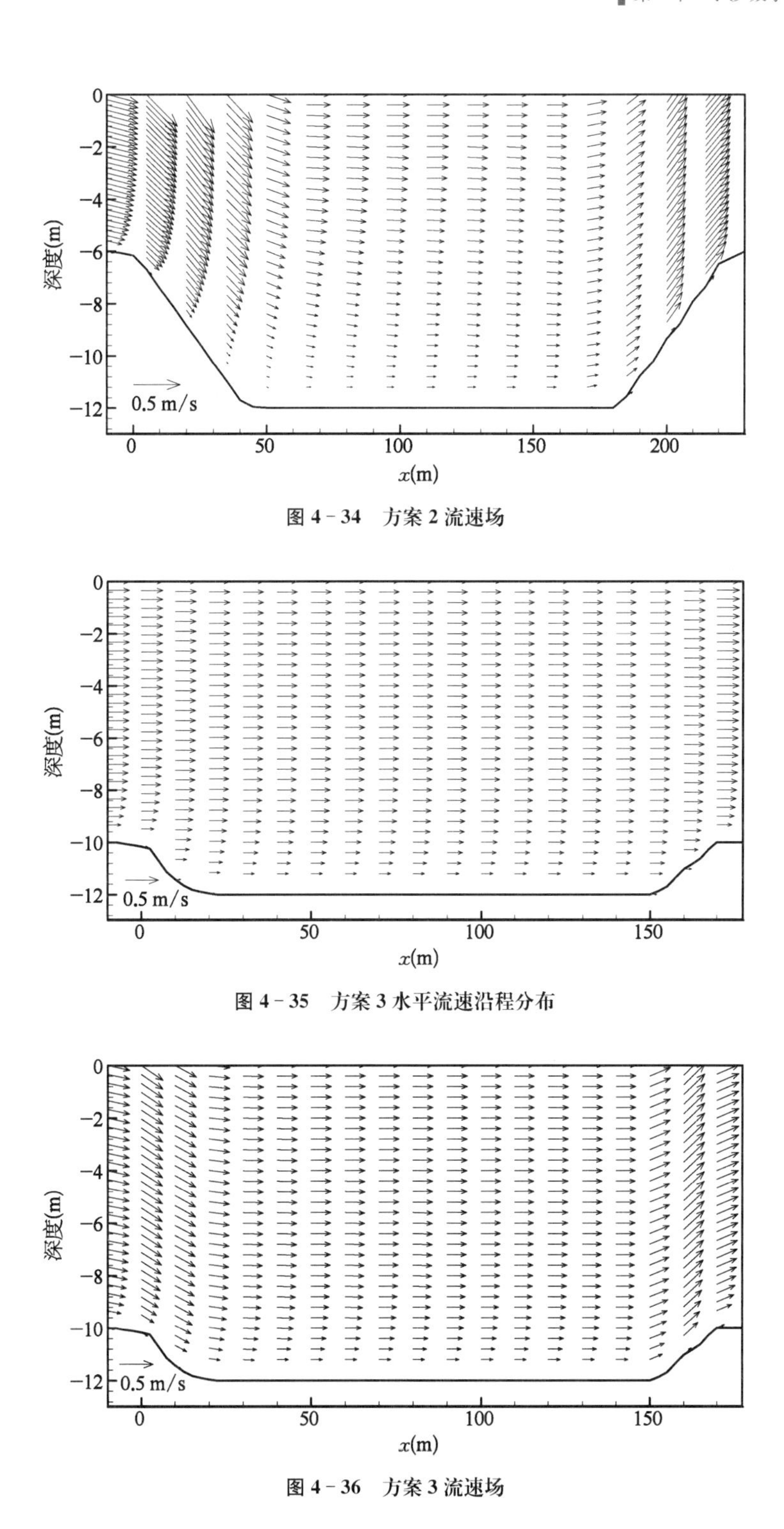

图 4-34 方案 2 流速场

图 4-35 方案 3 水平流速沿程分布

图 4-36 方案 3 流速场

图 4-37 和图 4-38 分别显示了方案 2 和方案 3 不同观测点泥沙浓度垂向分布。方案 2 航道前测点 1 和航道左边坡上测点 2 底部浓度接近,约为 70 kg/m^3,航道内测点 3 和右边坡的测点 4 底部浓度较前两点明显减小,约为 30 kg/m^3。方案 3 航道前测点 1 和航道

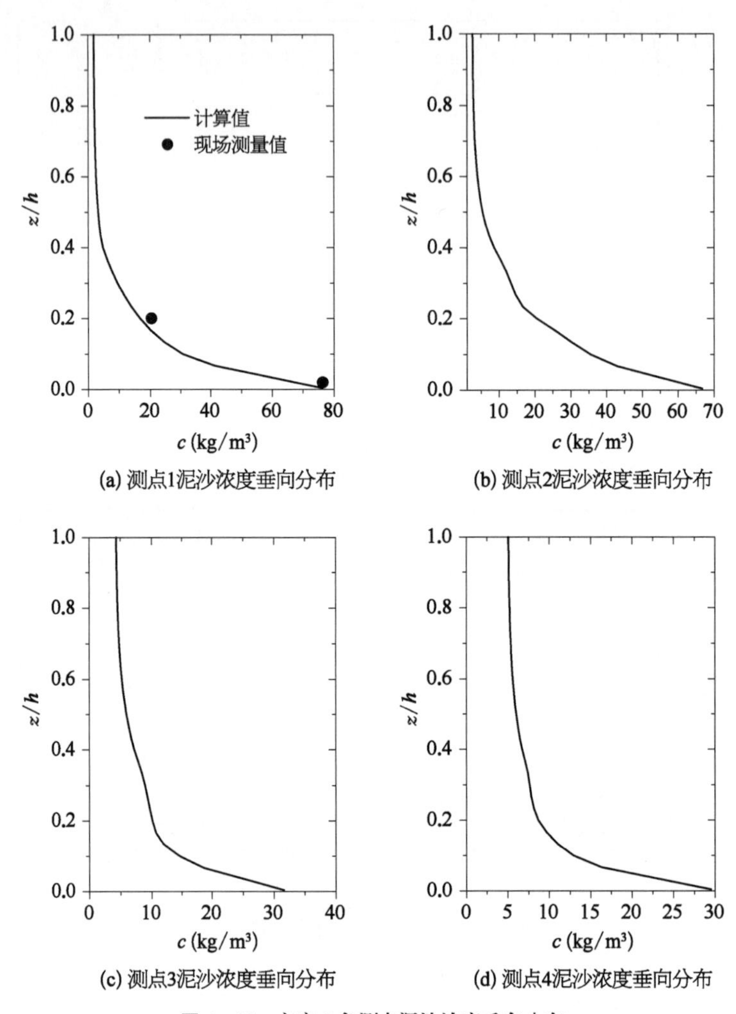

(a) 测点1泥沙浓度垂向分布　(b) 测点2泥沙浓度垂向分布

(c) 测点3泥沙浓度垂向分布　(d) 测点4泥沙浓度垂向分布

图 4-37　方案 2 各测点泥沙浓度垂向分布

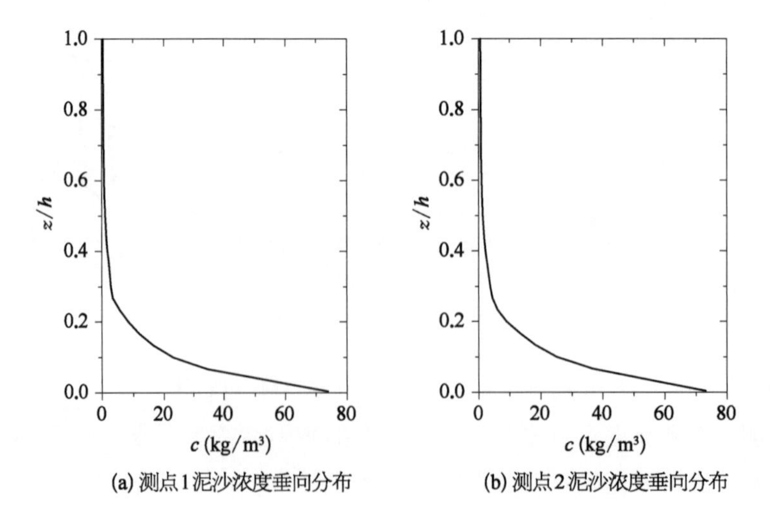

(a) 测点1泥沙浓度垂向分布　(b) 测点2泥沙浓度垂向分布

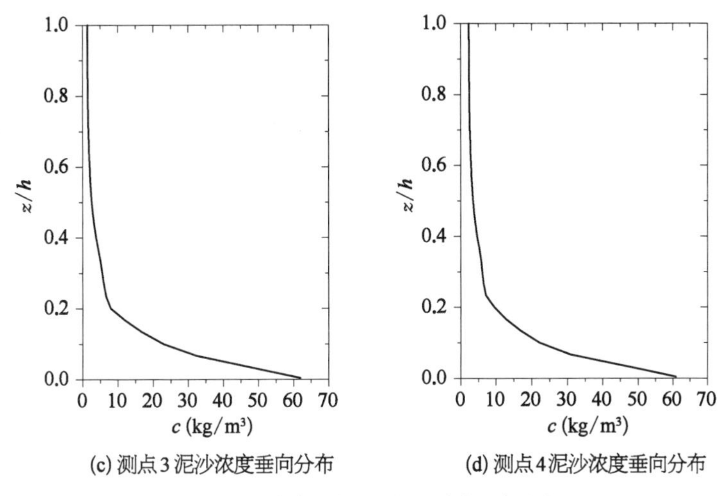

(c) 测点3泥沙浓度垂向分布　　(d) 测点4泥沙浓度垂向分布

图4-38　方案3各测点泥沙浓度垂向分布

左边坡上测点2底部浓度接近，约为73 kg/m^3，航道内测点3和右边坡的测点4底部浓度较前两点略有减小，约为61 kg/m^3。这两种方案虽然浅滩上水深相差较大，但因为水深较大的方案3的波高较方案2大很多，所以两种情况下浅滩上底部泥沙浓度较为接近。而从航道内底部浓度的比较可见，因为方案2航道内外水深相差较方案3大，所以方案2航道内浓度较方案3明显偏小。方案2与方案1比较，两种情况下航道外浅滩上水深相差不大，但因为方案2波高小，所以方案2浅滩底部最大浓度比方案1小约30%。方案3虽然波浪强度比方案1大，但是方案3滩面水深较方案1增大了43%，因此方案3浅滩底部泥沙浓度比方案1也小，约为27%。从以上比较可见，航道内外地形的变化和水动力条件的变化共同决定了泥沙浓度的变化。

天科所在2003年4月17—20日在黄骅港外航道南滩上利用定时自动采集器对大风期间的含沙量进行了测量。测量期间8级大风历时11 h，测量所在位置水动力条件与方案2浅滩情况接近。除去一些不确定因素，如恶劣天气条件时现场测量的不准确性及模拟计算中未全面考虑现场包含的所有其他影响因素等，比较结果说明模拟结果较为合理地反映了实际情况。

图4-39和图4-40分别显示了方案2和方案3航道内泥沙场，与方案1(图4-29)进行比较可见，三个方案的浓度沿程变化趋势基本相同，都表现为进入航道后泥沙浓度沿程减小。不同之处表现在变化程度上，航道内外相对水深越大，底部泥沙浓度变化越明显，相对水深越小，底部泥沙浓度变化越缓慢。其原因是相对水深越大，航道内较航道外滩上水流紊动强度减小也越快，则泥沙沉降的也越快，所以方案2中浓度大于60 kg/m^{3}的部分在左边坡中间位置就消失了(图4-39)，而方案1中浓度大于80 kg/m^{3}的部分到左边坡底部才消失(图4-29)，方案3航道挖深最浅，在航道中间位置底部浓度仍然有60 kg/m^3(图4-40)。

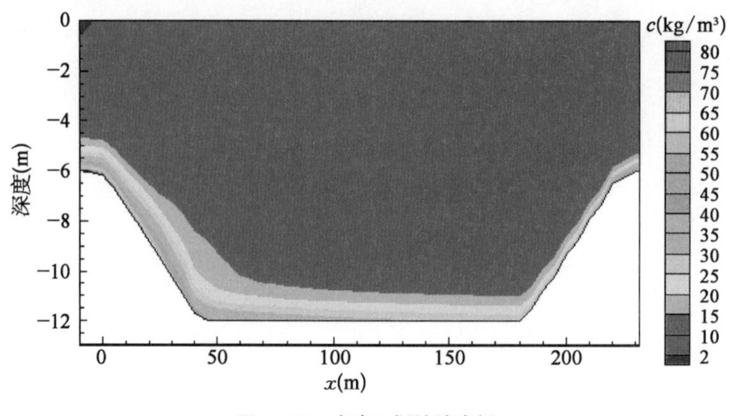

图 4-39　方案 2 泥沙浓度场

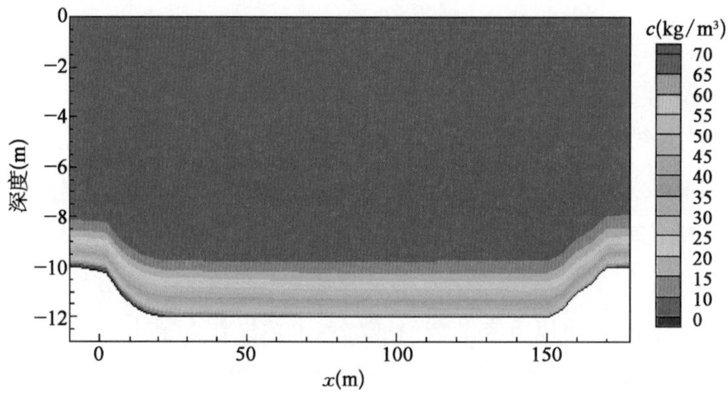

图 4-40　方案 3 泥沙浓度场

图 4-41 和图 4-42 分别显示了方案 2 和方案 3 10 h 后处航道内地形变化。两者也呈现出左侧淤积厚度大，右侧淤积厚度小的变化，其原因已经在方案 1 的分析中说明。两方案 10 h 后航道平均淤积厚度分别为 0.32 m 和 0.3 m。假设持续时间为 50 h，则航道内平均淤积厚度将分别达到 1.6 m 和 1.5 m，与参照位置处的实测结果 1.85 m 和 2.0 m 接近(图 4-43)。考虑到本节的计算只是一种概化近似，可以认为考虑底部高含沙影响的三维数学模型较好地预测了航道淤积。

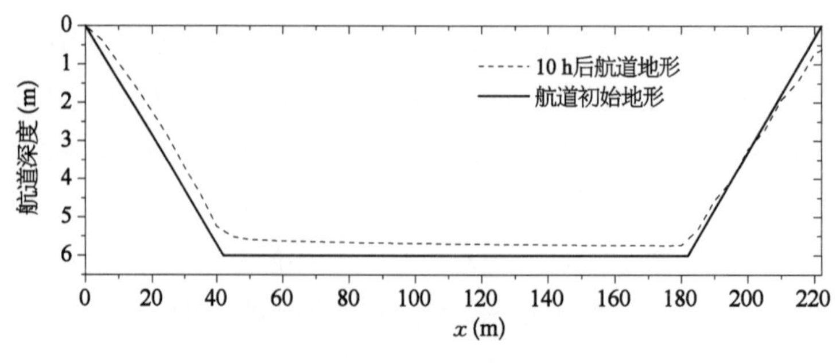

图 4-41　方案 2 10 h 后航道地形变化

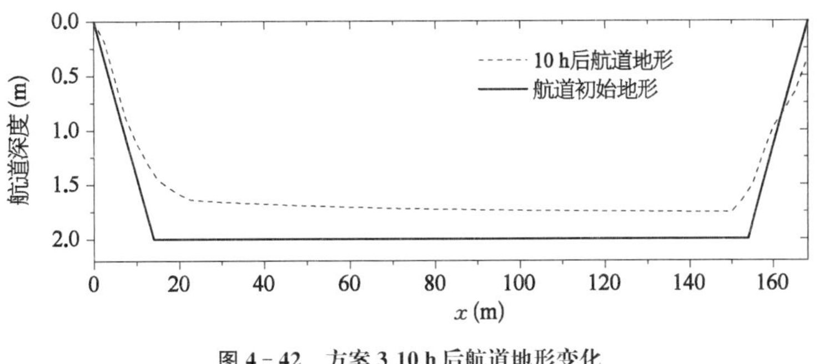

图 4-42　方案 3 10 h 后航道地形变化

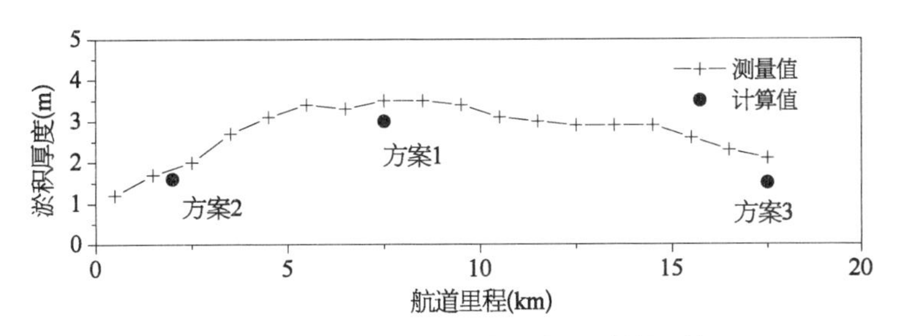

图 4-43　模拟结果与参考位置实测结果的比较

4.2.3　粉沙质海岸航道大风骤淤三维数值模拟

2015 年 11 月 5—7 日黄骅海域经历了 1 次寒潮大风过程。本次大风风向为 E 转 ENE 转 NE 向，其中 E 向 25 h、ENE 向 14 h、NE 向 9 h。6 级以上大风共持续 48 h，其中 6 级大风持续 7 h，平均风速为 11.6 m/s；7 级大风持续 27 h，平均风速为 15.6 m/s；8 级大风持续 14 h，平均风速为 17.7 m/s。从大风能量上看，重现期约为 25 年一遇。这里利用三维数学模型对本次寒潮大风骤淤情况进行了模拟研究。

1) 模型的建立

大气、波浪、水流间的相互作用通过不同模型之间数据交换和迭代计算来实现。从图 4-44 中可见，大气模型 WRF 提供了 10 m 高处的风场数据给波浪模型和海洋模型，同时还为海洋模型提供了表面风压力、热通量、大气压、降雨量。波浪模型 SWAN 将其考虑风场影响后计算得到的结果，包括有效波高、波向、破波周期、波长、底轨速度和底波周期提供给海洋模型 FVCOM。FVCOM 在综合考虑了 WRF 风场和 SWAN 波浪场提供的数据后进行模拟计算，并将得到的水位和流速(Ua，Va)数据反馈给波浪模型，为 SWAN 进一步计算波浪场更新数据。最后使用波浪模型和海洋模型分别为泥沙模型提供考虑相互影响的波浪场和潮流场，计算波流共同作用下的底部切应力和垂向扩散系数等参数，进行最终完成泥沙输运模拟。

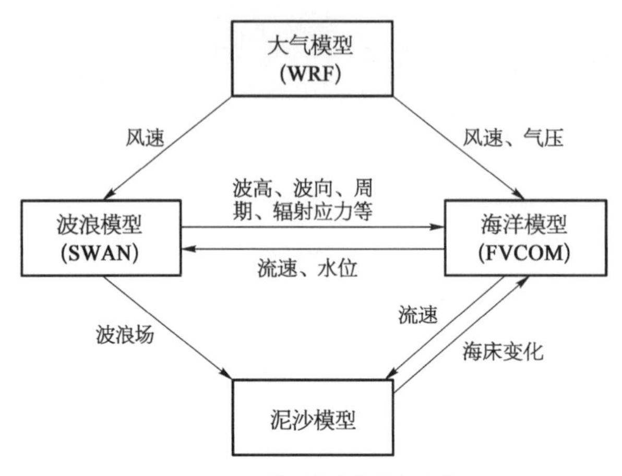

图 4-44　模型构成与数据交换

为了合理考虑风的影响，大模型区域囊括整个黄海和渤海，并向南至浙江宁波（北纬29.5°），大模型外海开边界西起浙江宁波（东经122°），东至韩国（东经128°）。

小模型水深资料采用2012年航保部最新版海图（1∶150 000）、2011年航保部最新版海图（1∶35 000）和工程水域实测CAD水深图。模型相邻网格节点最大空间步长为3 000 m，在工程附近水域进行局部加密，最小空间步长为35 m。小模型计算区域及网格划分如图4-45所示。

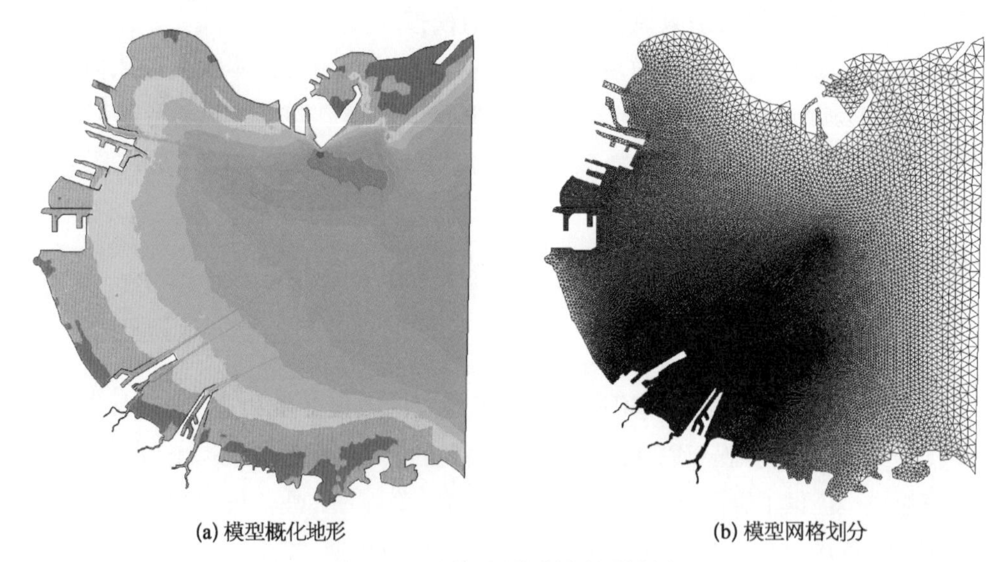

(a) 模型概化地形　　(b) 模型网格划分

图 4-45　小模型计算范围及网格划分

2) 寒潮大风过程泥沙运动与航道骤淤

图4-46为寒潮过程中波高变化计算值与实测值比较（波浪测站位于黄骅港口门外约−7 m的滩面），图4-47为2015年11月3—10日寒潮大风过程中曹妃甸港、黄骅港、天

津港和天津南港四个站位的风暴潮潮位计算值与实测比较。从历时变化看，模型可有效的反映风暴潮作用下的波浪与增水情况。

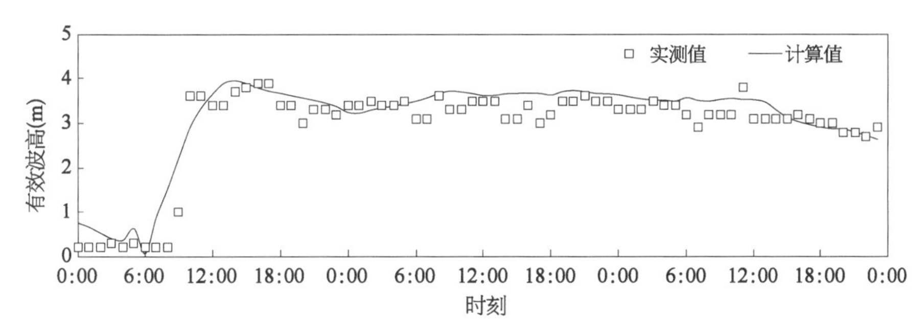

图 4-46　2015 年 11 月 5—8 日实测与计算有效波高的比较

(a) 潮位站位置

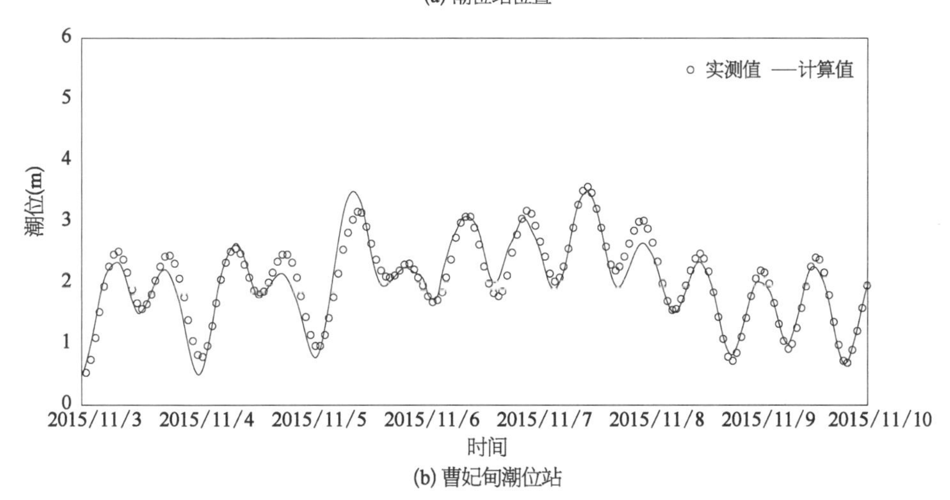

(b) 曹妃甸潮位站

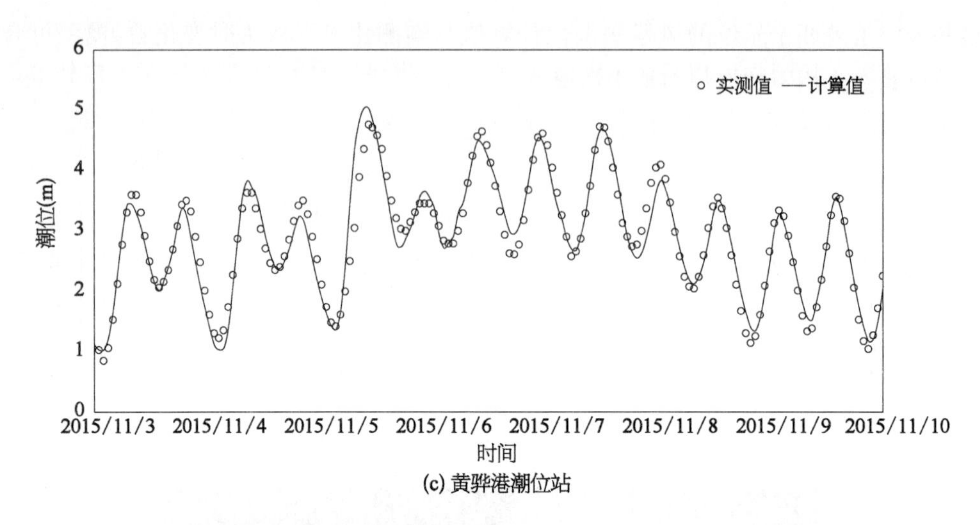

(c) 黄骅港潮位站

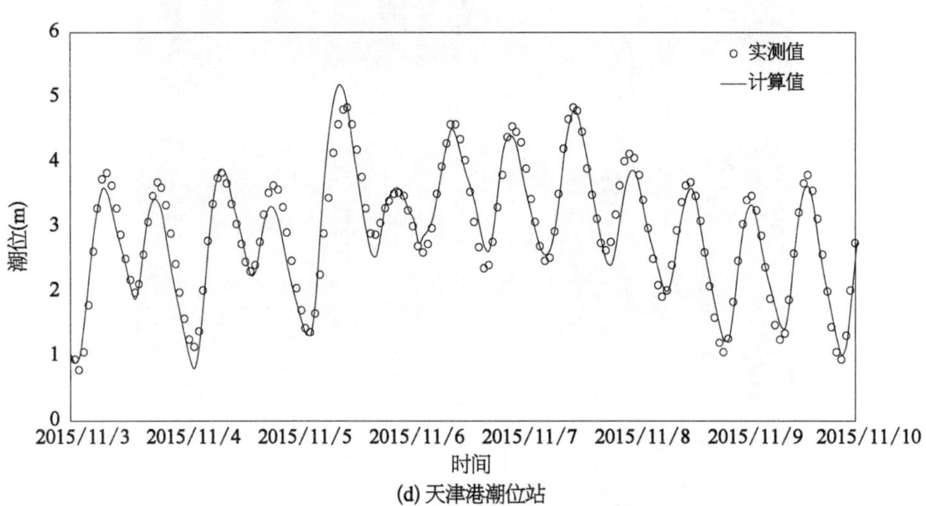

(d) 天津港潮位站

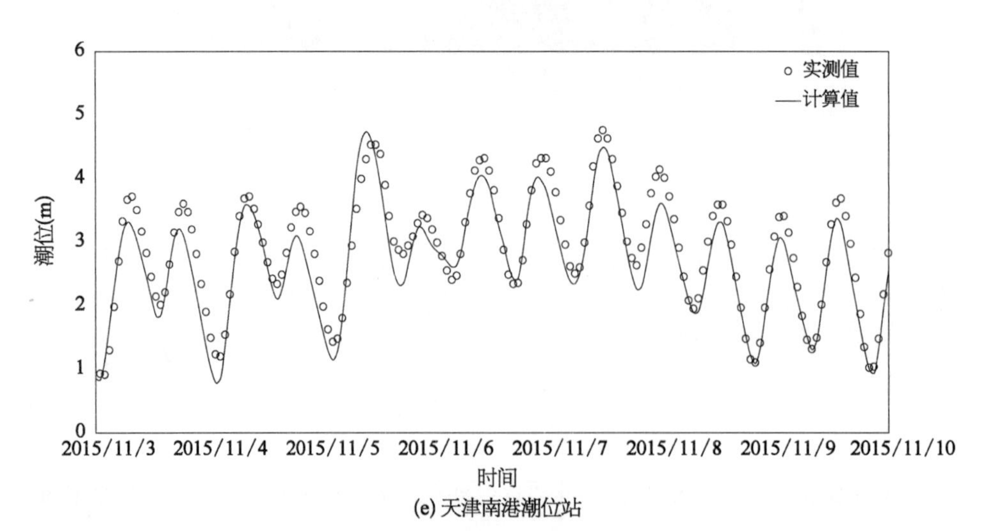

(e) 天津南港潮位站

图 4－47　2015 年 11 月 3—10 日风暴潮潮位验证

图 4－48 为黄骅港与滨州港 2015 年 11 月大风条件下现状工程海域表底层及垂向平均含沙量场。从图中可以看出：大风天气下，工程海域含沙量基本呈现近岸较高、外海略低的分布趋势；在不同水深处，含沙量沿垂向呈底层大、表层小的分布规律；底层含沙量随波高增大而增大，表层含沙水体在潮流作用下跨越航道，一部分泥沙沉降至底层并落淤至航道，一部分泥沙随潮流向黄骅港方向输移。工程海域高含沙水体主要位于口门至－9 m 等深线之间。采用 2015 年 11 月滨州港、黄骅港综合港区、黄骅港煤炭港区三条航道骤淤资料作为航道回淤验证。年回淤验证采用 2008 年邻近黄骅港煤炭港区年回淤资料。

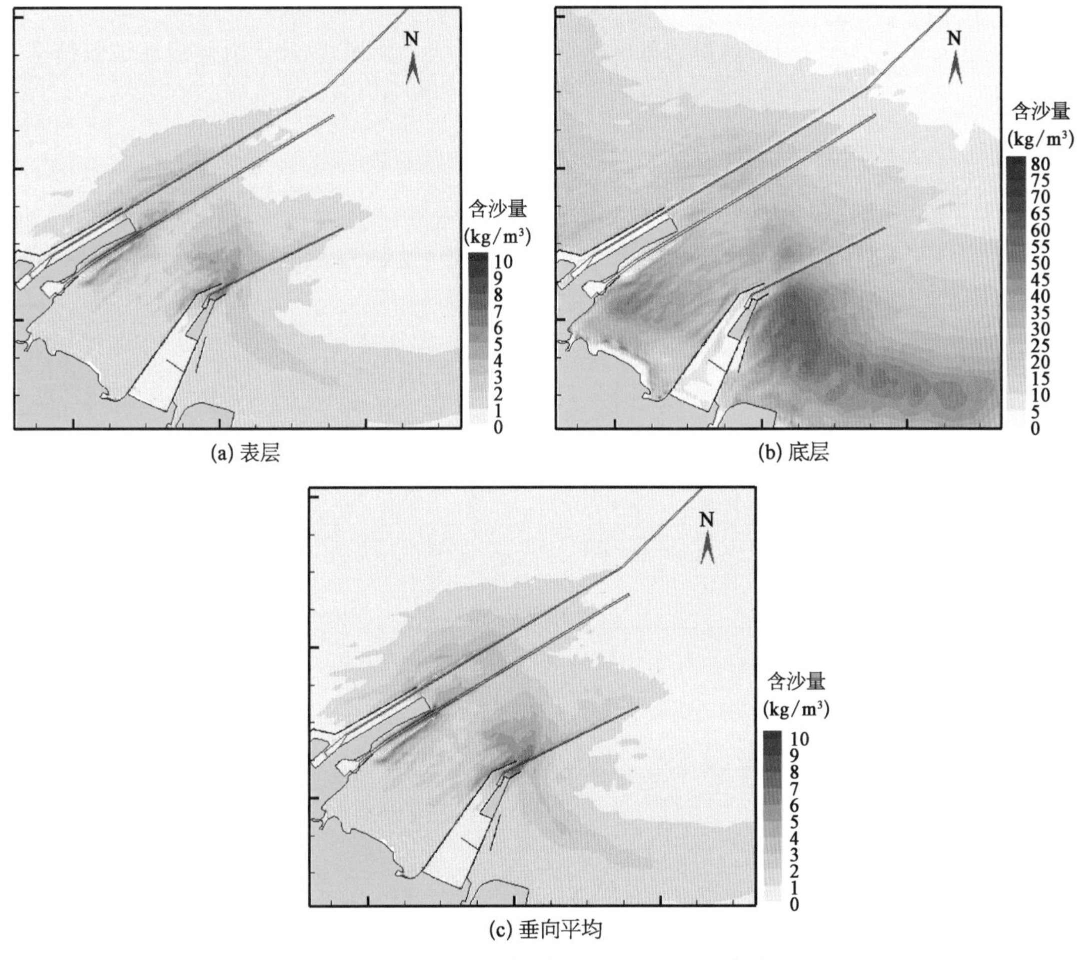

图 4－48　大风浪天气下黄骅港海域大风时段平均含沙量场

粉沙质海岸泥沙易起易沉，活动性很强。从含沙水体穿越航道落淤角度分析，滨州港泥沙沉降速度较黄骅港大，从而更易沉降。大风浪天气下，破波带形成的高含沙量区是造成港口航道严重淤积的主要原因。从大风天含沙量上来看，－4～8 m 等深线内，滨州港海域含沙量较黄骅港高 35%左右。泥沙沉降速度大、含沙量高则航道更易于产生淤积，因此可以明确的是，滨州港所面临的航道骤淤问题将会比黄骅港更为严重。

从底质角度分析，就规划航道沿线而言，自 0～－10 m，沉积物中值粒径逐渐变小，黏土含量则逐渐增大。即便如此，－6～－10 m 的航道沉积物性质仍是粉沙质为主，泥沙易起易沉的性质也会在航道淤积时突出体现。

从航道淤积物粒度的纵向分布看，－6～－10 m 段航道淤积物的 d_{50} 一般在 0.036～0.043 mm，相对较粗，属受大风影响较明显区域，此段航道的淤积问题也将会是外航道淤积的重点和难点。

图 4－49 给出了三条航道骤淤计算值与实测值的比较。可见，计算结果与实测值吻合较好，很好地反映了现场泥沙淤积强度和分布情况。此次大风造成黄骅港煤炭港区 7 万吨级航道 1 100 万 m^3 的回淤，综合港区航道近 900 万 m^3 回淤，滨州 3 万吨级航道航槽基本消失。

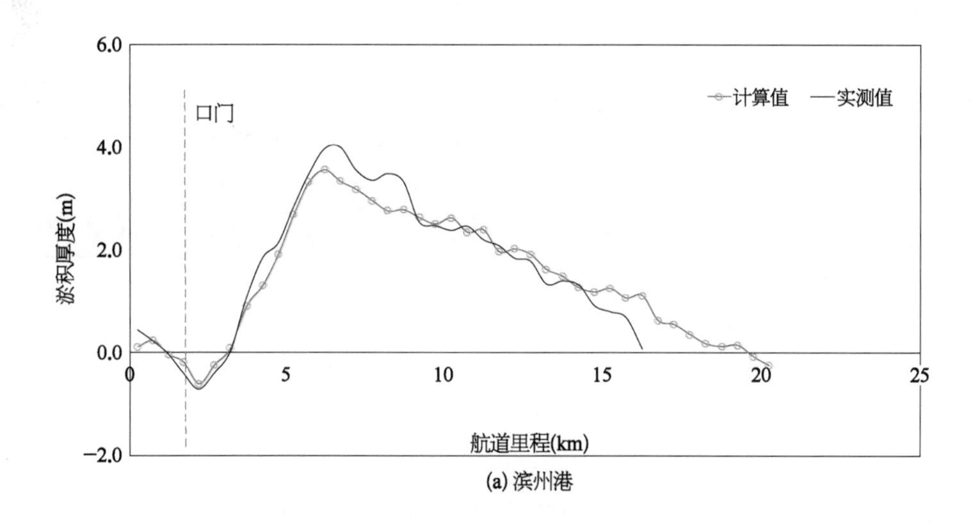

(a) 滨州港

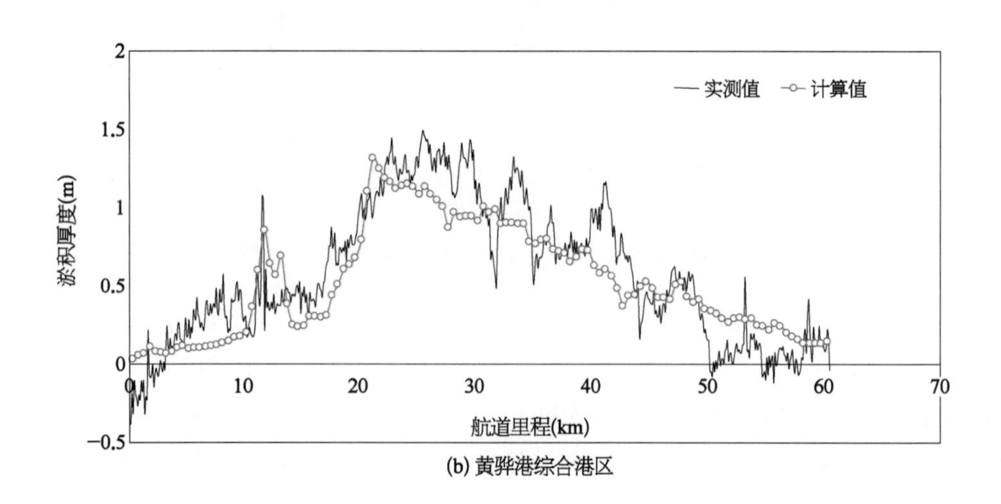

(b) 黄骅港综合港区

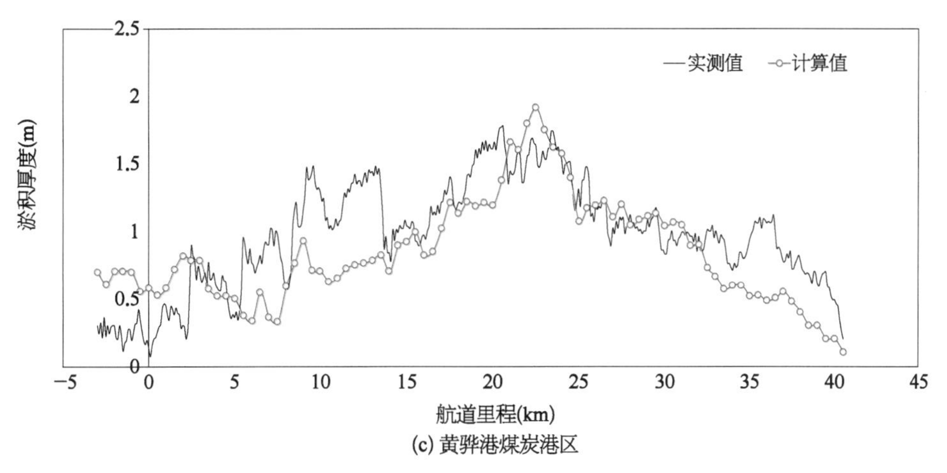

图4-49　2015年11月大风航道回淤实测与计算结果比较

参考文献

[1] 李孟国.海岸河口泥沙数学模型研究进展[J].海洋工程,2006,24(1):139-154.

[2] 陆永军,左利钦,王红川,等.波浪与潮流共同作用下二维泥沙数学模型[J].泥沙研究,2005(6):1-12.

[3] 张庆河,侯凤林,夏波,等.黄骅港外航道淤积的二维数值模拟[J].中国港湾建设,2006(5):6-9.

[4] Zhang Qinghe, Yan Bing, Wai O W H. Fine sediment carrying capacity of combined wave and current flows [J]. International Journal of Sediment Research, 2004, 24: 425-438.

[5] 严冰.粉沙质海岸泥沙运动及航道淤积机理[M].北京:人民交通出版社,2013.

[6] 窦国仁,董凤舞,Dou Xibing.潮流和波浪的挟沙能力[J].科学通报,1995,40(5):443-446.

[7] 谢鉴衡,罗国芳,李正强.论挟沙水流的能量平衡问题[J].武汉水利电力学院学报,1957(2):501-508.

[8] 张瑞瑾.论重力理论兼论悬移质运动过程[J].水利学报,1963(3):11-23.

[9] Winterwerp J C. Stratification effects by cohesive and noncohesive sediment [J]. Journal of Geophysical Research, 2001, 106(C10): 22559-22574.

[10] Winterwerp, J C. Stratification effects by fine suspended sediment at low, medium, and very high concentration [J]. Journal of Geophysical Research, 2006, 111: C05012.

[11] 黄才安,陈小秦.关于泥沙悬浮功的讨论[A]//第十三届中国海洋(岸)工程学术会议[C].南京,2007:510-514.

[12] Fredsoe J, Deigaard R. Mechanics of coastal sediment transport: advanced series on ocean engineering [M]. Singapore: World Scientific Publishing Co. Pte. Ltd, 1992.

[13] 李玉成,于洋,崔丽芳,等.平缓岸坡上波浪破碎的实验研究[J].海洋通报,2000,19(1):10-18.

[14] Rattanapitikon W, Karunchintadit R. Comparison of dissipation models for irregular breaking waves [J]. Songklanakarin J. Sci. Technol., 2002, 24(1): 139-148.

[15] Rattanapitikon W, Shibayama T. Energy dissipation model for irregular breaking waves [A]//Proc. 26th Coastal Engineering Conf. [C]. ASCE, 1998: 112-125.

[16] Nielsen P. Coastal bottom boundary layers and sediment transport [M]. Singapore: World Scientific

Publishing Co. Pte. Ltd，1992.
[17] 练继建，赵子丹.波流共存场中全水深水流流速分布[J].海洋通报，1994，13(3)：1 - 10.
[18] 韩鸿胜，李世森，赵群，等.破碎波作用下粉沙悬移质浓度垂向分布的实验研究[J].泥沙研究，2006(6)：30 - 36.
[19] Nielsen P. Field measurements on time-averaged suspended sediment concentrations under waves [J]. Coastal Engineering，1984，8：51 - 72.
[20] Song Y，Haidvogel D. A semi-implicit ocean circulation model using a generalized topography-following coordinate system [J]. Journal of computational physics，1994，115：228 - 244.
[21] van Rijn LC. Sedimentation of dredged channels by currents and waves [J]. Journal of Waterway，Port，Coastal and Ocean Engineering，1986，112(5)：541 - 559.
[22] Lee GH，Dade WB，Friedrichs CT，et al. Examination of reference concentration under waves and currents on the inner shelf [J]. Journal of Geophysical Research，2004，109：C02021.
[23] 神华集团黄骅港建设指挥部，交通部天津水运工程科学研究所.黄骅港泥沙淤积研究资料汇编[R].河北：神华集团黄骅港建设指挥部，2003.天津：交通部天津水运工程科学研究所，2003.
[24] Lamb MP，D'Asaro E，Parsons J D. Turbulent structure of high-density suspensions formed under waves [J]. Journal of geophysical research，2004，109(C12)：C12026.
[25] Lamb MP，Parsons J D. High-density suspension formed under waves [J]. Journal of sedimentary research，2005，75(3)：386 - 397.
[26] 孙连成.渤海湾西部海域波浪特征分析[J].黄渤海海洋，1991，9(3)：50 - 57.
[27] 苗士勇，侯志强.黄骅港海域风浪场推算及波浪破碎位置分析[J].水道港口，2004，25(4)：216 - 218.
[28] 赵冲久.近海动力环境中粉沙质泥沙运动规律的研究[D].天津：天津大学，2003.
[29] 杨华，侯志强.黄骅港外航道泥沙淤积问题研究[J].水道港口，2004，24(3)：59 - 63.
[30] 叶青，翁祖章.黄骅港建设中若干问题的探索[J].水运工程，2003(4)：25 - 37.
[31] 罗肇森.大风期黄骅港外航道的骤淤估算及防淤减淤措施探讨[J].水运工程，2004(10)：69 - 73.
[32] van Rijn. Unified view of sediment transport by currents and waves. I：Initiation of motion，bed roughness，and bed-load transport [J]. Journal of Hydraulic Engineering，2007，133(6)：649 - 667.
[33] Bijker E. Littoral drift as function of waves and current [A]//11th Coastal Eng. Conf. Pro. London UK [C]. ASCE，1968.
[34] Miller MC，MC Cave IN，Komar P D. Threshold of sediment motion under unidirectional current [J]. Sedimentology，1977，24：507 - 527.
[35] Davies A G，Villaret C. Prediction of sand transport rates by waves and currents in the coastal zone [J]. Continental Shelf Reasearch，2002，22：2725 - 2737.

第 5 章

泥沙物理模型

粉沙质海岸泥沙运动机理复杂，物理模型试验是目前解决该类海岸工程泥沙问题的重要且有效的手段。合理的模型比尺及模型沙的选择、正确的模型设计及适宜的验证试验，是泥沙模型试验成功的基本保证。本章重点介绍粉沙质海岸泥沙物理模型的设计，并以京唐港航道淤积物理模型试验作为案例分析。

5.1 波流共同作用下泥沙物理模型设计

粉沙质海岸泥沙物理模型试验需要考虑潮流和波浪等动力要素的运动相似及波浪、潮流共同作用下的泥沙运动相似。

5.1.1 潮流运动相似

近岸浅水海域的潮汐水流属浅水二维非恒定水流，模型和原型的二维潮汐水流运动都应满足下列方程：

$$\frac{\partial u}{\partial t}+u\frac{\partial u}{\partial x}+v\frac{\partial u}{\partial y}=-g\frac{\partial \zeta}{\partial x}-g\frac{u\sqrt{u^2+v^2}}{c^2h} \tag{5-1}$$

$$\frac{\partial v}{\partial t}+u\frac{\partial v}{\partial x}+v\frac{\partial v}{\partial y}=-g\frac{\partial \zeta}{\partial y}-g\frac{v\sqrt{u^2+v^2}}{c^2h} \tag{5-2}$$

$$\frac{\partial \zeta}{\partial t}+\frac{\partial hu}{\partial x}+\frac{\partial hv}{\partial y}=0 \tag{5-3}$$

式中 u——垂线平均流速在 x 方向的分量；

v——垂线平均流速在 y 方向的分量；

g——重力加速度；

ζ——潮位；

c——谢才系数；

h——水深。

由式(5-1)～式(5-3)可导出潮流相似比尺关系为[1-3]

重力相似：
$$\lambda_u=\lambda_v=\lambda_h^{1/2} \tag{5-4}$$

阻力相似：
$$\lambda_c=\left(\frac{\lambda_l}{\lambda_h}\right)^{1/2} \tag{5-5}$$

水流运动相似：
$$\lambda_t = \frac{\lambda_l}{\lambda_u} \tag{5-6}$$

式中　λ_t——水流时间比尺；

λ_c——谢才系数比尺。

5.1.2　波浪运动相似[1,4-9]

波浪运动相似包括波浪传播、波动水质点运动速度、波浪折射、绕射、反射、波浪破碎、沿岸流等相似要求。

1) 波浪传播速度相似

设原型波速 C_p 与模型波速 C_m 的比值 $\frac{C_p}{C_m}=\lambda_c$ 为波速比尺，浅水波传播速度公式如下：

$$C = \frac{gT}{2\pi}\tan h(kh) \tag{5-7}$$

式中　$k=\frac{2\pi}{L}$；

L——波长；

T——波周期。

在变率模型中，为达到波浪运动相似，取波高比尺 λ_H 等于波长比尺 λ_L 等于水深比尺 λ_h。由此可得 $\lambda_{\tanh(kh)}=1$，波浪传播相似，$\lambda_c=\lambda_T$。

又因 $L=CT$，$\lambda_C=\frac{\lambda_L}{\lambda_T}=\frac{\lambda_h}{\lambda_T}$，得到

$$\lambda_C = \frac{\lambda_L}{\lambda_T} = \frac{\lambda_h}{\lambda_T} \tag{5-8}$$

$$\lambda_C = \lambda_T = \lambda_h^{1/2} \tag{5-9}$$

2) 波动水质点运动速度相似

根据艾利(Airy)波理论，波动水质点底部轨迹速度为

$$u_m = \frac{\pi H}{T\sinh(kh)} \tag{5-10}$$

当取 $\lambda_H=\lambda_L=\lambda_h$ 时，可得

$$\lambda_{u_m} = \lambda_h^{1/2} \tag{5-11}$$

3）波浪折射相似

根据波浪折射的 shell 定律

$$\frac{\sin\alpha_1}{C_1}=\frac{\sin\alpha_2}{C_2} \tag{5-12}$$

式中　α_1、α_2——两条不同等深线处波浪的波向角。

C_1、C_2——两条不同等深线处波浪的传播速度。

在式(5-5)和式(5-12)中，当取波长比尺与水深比尺相同时，可达到波浪折射相似，即

$$\lambda_{\frac{\sin\alpha_2}{\sin\alpha_1}}=1 \tag{5-13}$$

4）波浪绕射相似

要满足波浪绕射相似，原型与模型的绕射系数必须相同，即 $\lambda_{kd}=1$。由于绕射系数 k_d 是 r/L、B/L、θ、θ_0 或 β 等无维量的函数。r、θ 为计算点坐标，B、L、θ_0 或 β 分别为波浪通过的口门宽度、波长和波浪入射方向与防波堤轴线夹角。

要使 $\lambda_{kd}=1$，必须同时满足 $\lambda_{r/L}=1$ 和 $\lambda_{B/L}=1$。

这就要求模型平面比尺 λ_l 和水深比尺 λ_h 与波长比尺 λ_L 相同，即 $\lambda_l=\lambda_h=\lambda_L$，即要求采用正态模型。

波浪绕射不是本模型模拟的重点，在模型设计中可适当偏离。

5）反射相似

波浪反射系数可用波速、相对水深、建筑物坡度等无维量函数的形式描述：

$$K_R=f(H/L,\ d/L,\ m)$$

要满足反射相似，即 $\lambda_{k_R}=1$，这就要求 $\lambda_{H/L}=1$、$\lambda_{d/L}=1$ 和 $\lambda_m=1$，应使模型中各物理量线性比尺都要与波长一致，即 $\lambda_l=\lambda_L$。为满足反射相似，防波堤及岸滩宜采用正态模拟。

6）波浪破碎相似

波浪传至近岸时，由于水深变浅，波能集中，波浪变形发生破碎。破波的相对波高即破碎指标一般可表示为

$$\frac{H_b}{h_b}=f(h_b/L_0,\ m)$$

对于粉沙质海岸，岸滩坡度较缓，破波指标与岸滩坡度影响不大。

因此，当 $\lambda_L=\lambda_h$ 时，$\lambda_{H_b/h_b}\approx 1$，可以满足破碎相似。从而可得

$$\lambda_{H_b}=\lambda_{h_b}=\lambda_h \tag{5-14}$$

7）沿岸流相似

由平均沿岸流公式 $v_l = k u_{mb} \sin \alpha_b$ 得

$$\lambda_{v_l} = \lambda_{u_{mb}} = \lambda_h^{1/2} \tag{5-15}$$

从上述波浪运动相似条件讨论可知，满足波浪运动全面相似，模型应做成正态。然而，在实际问题中，由于研究范围较大或试验内容的特殊性，特别是波浪作用下的泥沙模型，出于选沙等需要，往往需要做成变态。通常的方法是波高比尺及波长比尺均取水深比尺，这样模型中波陡保持与原型不变，但模型波长相对原型变长，因而模型绕射系数偏大。这对研究港内泥沙运动而言是偏于安全的，对研究岸滩泥沙运动关键取决于模型冲淤验证。

5.1.3 泥沙运动相似

1）波浪作用下泥沙起动相似

根据刘家驹波浪作用下的泥沙起动公式[7,10]：

$$H_0 = 0.12\left(\frac{L}{D}\right)^{1/3}\sqrt{\frac{L\sinh(2kh)}{\pi g}\left[\frac{\rho_s - \rho}{\rho} gD + 0.02\left(\frac{D}{D_0}\right)^{1/2}\frac{2.56}{D}\right]}$$

式中，根号内第二项表示泥沙间的黏结力作用，在细沙粉沙质海岸条件下可以忽略不计。

$$H_0 = 0.12\left(\frac{L}{D}\right)^{1/3}\sqrt{\frac{L\sinh(2kh)}{\pi g}\left[\frac{\rho_s - \rho}{\rho} gD\right]} \tag{5-16}$$

由此可得

$$\lambda_D^{1/3} = \lambda_h^{1/3}\lambda_{\rho/(\rho_s - \rho)} \tag{5-17}$$

2）泥沙沉降相似

在一般水流运动中，根据泥沙冲淤部位相似，可得到沉降速度相似比尺：

$$\lambda_\omega = \frac{\lambda_h^{3/2}}{\lambda_l} \tag{5-18}$$

另外，由泥沙沉降规律可得到另一沉降速度比尺：

$$\lambda_\omega = \lambda_D^2 \lambda_{\rho_0 - \rho} \tag{5-19}$$

3）含沙量相似

任何挟沙水体都可以用下式表示：

$$\gamma' = (1-\varepsilon)\gamma + \varepsilon\gamma_s \tag{5-20}$$

或

$$\gamma'=\gamma+\varepsilon(\gamma_s-\gamma) \tag{5-21}$$

式中 γ'——单位体积浑水容重；

γ——单位体积清水容重；

γ_s——单位体积沙粒容重；

ε——单位浑水体积中泥沙所占体积(即体积含沙量)。

由此式可写出挟沙能力(含沙量)比尺：

$$\gamma_s=\lambda_{s*}=\frac{\lambda_{r_s}}{\lambda_{r_s-r}} \tag{5-22}$$

4) 波浪作用下破波区岸滩剖面冲淤相似

由服部昌太郎公式：

$$\frac{H_b}{L_0}\tan\beta\Big/\left(\frac{\omega}{gT}\right)=\text{const} \tag{5-23}$$

当波长比尺取波高比尺时,可得

$$\lambda_\omega=\lambda_u\frac{\lambda_h}{\lambda_l} \tag{5-24}$$

即与水流条件下泥沙冲淤部位相似得到的沉降速度比尺一致。

5) 泥沙冲淤时间相似

在动床或浑水模型中,泥沙的冲刷量和淤积量与作用时间密切相关,根据输沙平衡方程：

$$\frac{\partial(hS)}{\partial t'}+\frac{\partial(qS)}{\partial x}=\gamma_0\frac{\partial z}{\partial t'} \tag{5-25}$$

式中 S——含沙量；

q——单宽流量；

γ_0——淤积物干容重；

z——床面高程。

可得冲淤时间比尺：

$$\lambda_{t'}=\lambda_{\gamma_0}\frac{\lambda_l\lambda_h}{\lambda_q\lambda_S} \tag{5-26}$$

或者将 $\lambda_q=\lambda_h\lambda_v=\lambda_h^{3/2}$ 代入上式,则可得冲淤时间比尺另一表达式：

$$\lambda_{t'}=\lambda_{\gamma_0}\frac{\lambda_l}{\lambda_h^{1/2}\lambda_S} \tag{5-27}$$

根据上述讨论，在满足波浪运动相似和波浪作用下泥沙运动相似的各项要求后，可根据试验研究范围、场地条件等因素，确定各项比尺。

5.2　模型沙选择

根据前面的波流共同作用下泥沙物理模型设计确定的相似准则，可以进行动床模型的构建工作。首先需要根据试验研究对象及试验场地等，确定模型平面比尺和垂直比尺。以粉沙质海岸唐山港京唐港区 20 万吨级航道泥沙物理模型为例，介绍模型沙的选择和模型的构建等。

5.2.1　平面与垂直比尺

波浪、潮流共同作用下粉沙质海岸泥沙动床物理模型需要考虑京唐港区第四港池、第五港池及其外岛的形成，模拟的工程范围较大。结合场地条件，取模型平面比尺为 780、模型垂直比尺为 130、模型变率为 6。

5.2.2　底质分布特征

底质分布规律可反映泥沙悬移、输运与动力条件之间关系，是研究泥沙运动规律的重要指标。京唐港附近海域岸滩泥沙总体上介于细沙和粉沙。根据以往底质取样结果分析[8-9]，港区海底表层为 1～2 m 厚的细沙和粉沙，以下为淤泥质亚黏土，泥沙粒径横向分选明显，有向海逐渐细化的趋势。近岸 1 km 范围内(0～－3 m 等深线以内)的波浪破碎带泥沙较粗，主要为 0.10～0.18 mm 的细沙；离岸 1～3 km(－3～－8 m 等深线)之间的泥沙粒径较细，主要为 0.06～0.09 mm 的粗粉沙；离岸 3 km 以外(－8 m 等深线之外)则以黏土质粉沙为主。航道中淤积泥沙 d_{50} 为 0.06～0.09 mm。

2000 年 10 月对港区附近进行了大范围的底质采样和航道底质采样，底质分布如图 5-1 所示。分析结果表明，近岸破波带主要为 0.10～0.16 mm 的细沙，破波区以外主要为极细沙及粗粉沙。在挡沙堤外侧，泥沙粒径相对粗化。在挡沙堤环抱掩护的内航道沉积物中值粒径比没有被西堤完全掩护的航道段的沉积物中值粒径小。由此可见，受挡沙堤掩护区域水流动力较弱，仅有很细的泥沙才可能输移扩散到此区域落淤沉降。

2004 年 9 月水文测验的底质采样结果显示(图 5-2)，泥沙粒径在离岸方向上的分布总体上与 2000 年 10 月的结果相同。在挡沙堤两侧有基本对称于航道轴线且大致沿－5 m 等深线分布的细沙粉沙区，这表明该区域的泥沙运动较为活跃，同时表明这一区域的底质分布特征是泥沙运动受到建筑物影响的结果。

2009 年 6 月与 2012 年 5 月分别在工程区附近开展了专项水文测验底质采样，分析结

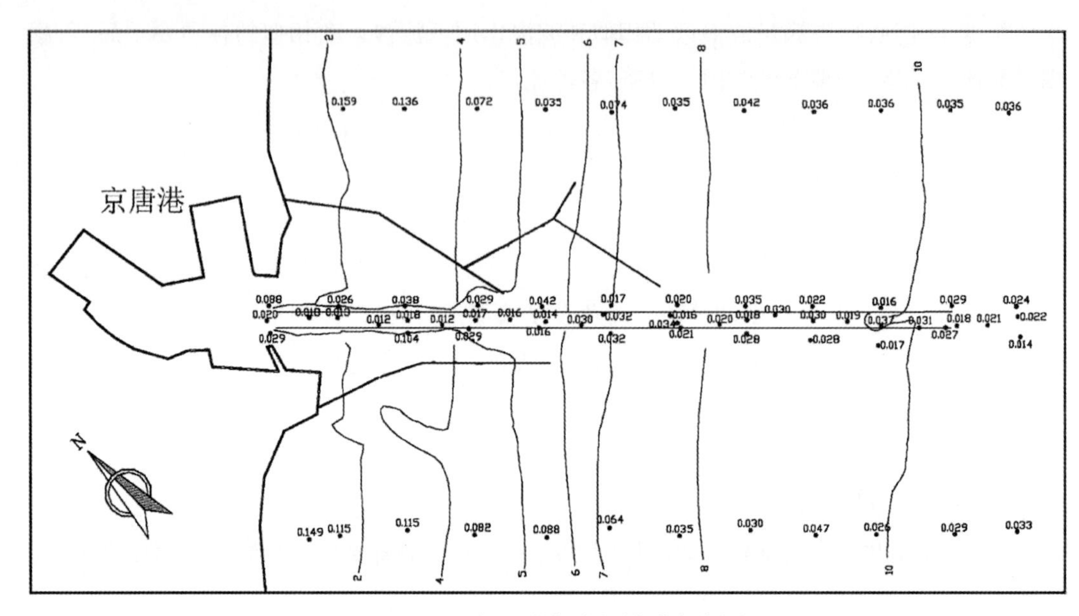

图 5-1　2000 年 10 月港区附近海域底质分布

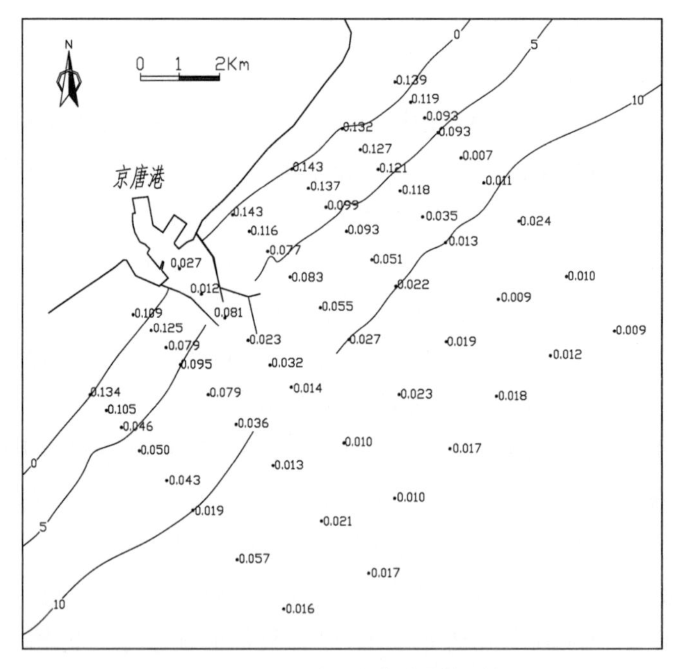

图 5-2　2004 年 9 月底质采样结果

果如图 5-3 所示。两次取样范围基本相同，均较广，沿岸方向距航道中心轴线两侧各约 15 km，离岸方向至等深线 −20 m 处。可以看到，两次底质中值粒径均在近岸处相对较粗，在 0～−5 m 等深线范围内主要为 0.10～0.18 mm 的细沙，并且在东、西防波挡沙堤外侧各约 3 km 范围内，−8～−10 m 等深线以内区域分布有粒径 0.10 mm 以上的泥沙，这可能是由于 2003 年较大风暴潮过后，在平常风浪年作用下沿岸输沙在挡沙堤附近落淤的结果。在－8～－20 m 等深线泥沙粒径分布较为均匀，主要集中在 0.004～0.010 mm 的黏土质粉砂，与以往底质取样相比，细化较为明显。由于这两次底质取样分别在 10 万吨级航道施工期间和 20 万吨级航道竣工后，有可能是航道疏浚引起的细颗粒泥沙在波浪、潮流作用下落淤导致的。

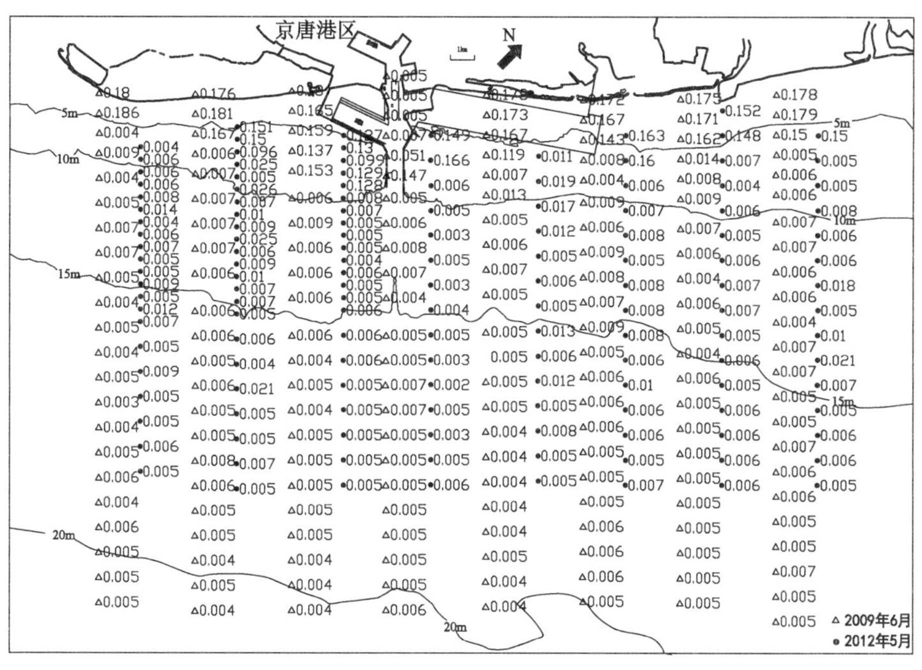

图 5－3　2009 年 6 月与 2012 年 5 月港区附近海域底质分布

总的来看，海岸底质与波浪动力作用密切相关。由于施测前所调查海域经历的潮流与风浪等动力条件有所不同，因而不同年份所施测沉积物粒径及平面分布存在一定差异，但总体性质不会改变。京唐港区底质分布在近岸大浪破波带内（0～－5 m 等深线）为细沙，粒径在 0.10～0.18 mm；破波带以外（－5 m 等深线以外）为细粉沙，粒径小于 0.10 mm；水深更深处为黏土质粉沙。

5.2.3　模型沙选择

模型沙的选择是泥沙物理模型试验的关键。在模型几何比尺确定后，可根据泥沙冲淤部位相似得到的沉降速度比尺式（5－18）、沉降规律得到的沉降速度比尺式（5－19）及泥沙起动相似得到的粒径比尺式（5－17）确定。联解式（5－18）、式（5－19）可得：

$$\lambda_d^2 = \frac{\lambda_h^{3/2}}{\lambda_l} \cdot \frac{1}{\lambda_{\rho_s-\rho}} \tag{5-28}$$

根据天然沙及煤粉模型沙运动特性水槽试验和以往类似试验研究经验，选择颗粒容重为 1 350 kg/m^3 精制煤粉作为模型沙，其运动特性较为相似。由式（5－28）和式（5－17），并结合前面的物理模型比尺，可以得出，波浪、潮流共同作用下粉沙质海岸泥沙动床物理模型泥沙粒径比尺(原型：模型)分别为 1.20 和 0.63，可在该比尺范围内予以选择，取为 0.80。淤积物的干容重按刘家驹给出的关系式[7]计算：

$$\gamma_0 = \frac{2}{3}\gamma_s\left(\frac{d_{50}}{d_0}\right)^{0.183} \tag{5-29}$$

其中，$d_0 = 1.0\ \mathrm{mm}$。

根据京唐港附近近岸泥沙粒径分布及运动特性分析可知，破波带内外泥沙粒径分选明显。因此，本项研究既要模拟破波带沿岸泥沙运动，又要模拟非破波区特别是挡沙堤外侧波流掀沙及复合沿岸输沙。在这样的前提下，破波带内外泥沙必须选择不同的粒径进行模拟。根据原型泥沙粒径分布，风暴潮作用下破波带水深在 −5～−6 m，岸边至破波带的泥沙 d_{50} 为 0.15 mm；破波带外泥沙 d_{50} 为 0.06～0.09 mm，平均为 0.075 mm。

原型沙与模型沙特性见表 5-1。

表 5-1　原型沙模型沙泥沙特性

名　　称	符　号	原型沙(破波带内/外)	模型沙(破波带内/外)
泥沙 d_{50}(mm)	d_{50}	0.15/0.075	0.19/0.09
颗粒容重(g/cm³)	γ_s	2.67	1.35
淤积物干容重(g/cm³)	γ_0	1.40	0.75

选定颗粒容重为 1 350 kg/m³ 的无烟精块煤去除煤干石后，采用滑石粉加工工艺一次性加工，然后按粒径级配要求进行筛分，再在特制的水槽内进行水洗去除粉尘及其他泡沫杂质后得到满足试验要求的模型沙，如图 5-4 所示。

(a) 无烟精块煤

(b) 精煤粉模型沙

图 5-4　模型沙实物

模型各相似条件的各项比尺汇总于表 5-2。

表 5-2　物理模型各项比尺

模型名称	比　尺		
	符　号	计算值	采用值
水平比尺	λ_l	780	780
垂直比尺	λ_h	130	130
流速比尺	λ_v	11.4	11.4
水流时间比尺	λ_t	68.4	68.4
波高比尺	λ_H	130	130
波长比尺	λ_L	130	130
波周期比尺	λ_T	11.4	11.4
波动速度比尺	λ_{uw}	11.4	11.4
粒径比尺	λ_d	0.63～1.20	0.80
含沙量比尺	λ_s	0.57	0.66
干容重比尺	λ_{r_0}	1.90	1.90
水流起动流速比尺	λ_{v_G}	11.4	11.4
波浪起动流速比尺	$\lambda_{u_{wG}}$	11.4	11.4
冲淤时间比尺	$\lambda_{t_1}-\lambda_{t_2}$	229	196

5.3　动床模型构建

5.3.1　模型布置与控制量测系统

波浪、潮流共同作用下细沙粉沙质海岸泥沙动床物理模型外海边界于外海－20 m 等深线附近，离岸约 17 km，模型沿岸方向约 34 km。模型动床范围覆盖离岸 9 km 至－15 m 等深线，如图 5-5 所示。动床地形泥沙粒径如上所述，按破波带内外分两种粒径铺设。

波浪、潮流共同作用下细沙粉沙质海岸泥沙动床物理模型和越浪泥沙整体物理模型的造波系统均采用推板式生波机产生偏东向(75°)的波浪，通过调节生波机电机转速及推板装置，可按要求产生不同等级模型波浪。在生波机前方放置与其垂直的导波板，用来防止波浪能量耗散。生潮系统采用潜水泵、翻板式尾门辅以可逆流量泵协同模拟潮汐潮流运动并由计算机控制。

为了模拟平常浪和风暴潮大浪作用下沿岸泥沙运动，模型需在模型动床上游过渡段设置机械加沙系统，按原型计算沿岸输沙率及输沙率比尺要求控制加沙量来模拟偏东向浪作用下的沿岸输沙。

模型中的潮位(或水位)过程采用自记式水位仪测量由计算机采集，模型潮流流速测量采用旋桨式流速仪测量并由计算机采集。波浪由电阻式波高仪测量并由计算机自记。含沙量采用光电式浊度仪由计算机采集。模型表面流场采用基于粒子跟踪测速技术

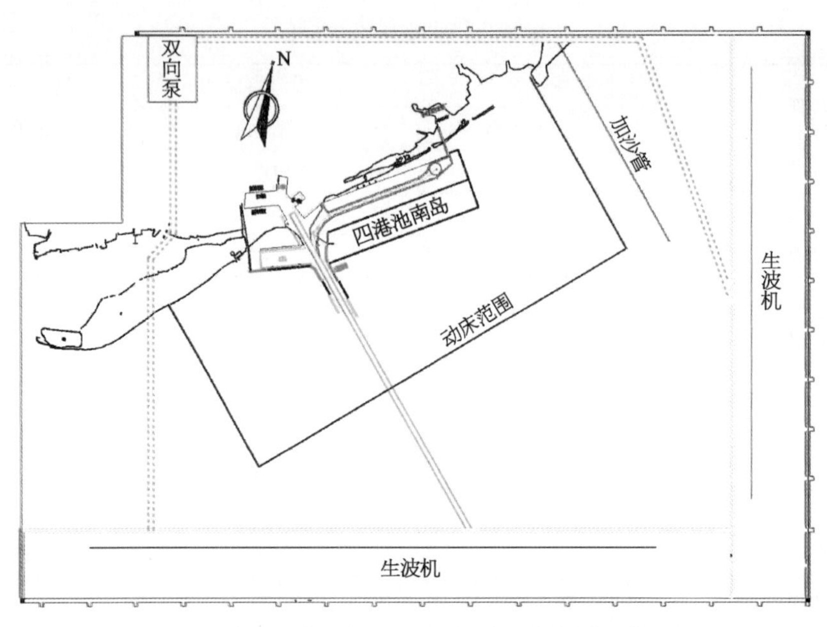

图 5-5　波浪、潮流共同作用下粉沙质海岸泥沙动床物理模型布置

(PTV)研制开发的实时采集系统。航道及两侧滩地地形测量采用传统的测桥测针系统。

试验中采用数码相机和摄像机拍摄局部流态和试验实况。模型中使用的各种仪器，在安装前均进行了测试率定。关键设备，如浊度仪、波高仪等，保持经常性校核，以确保试验精度的要求。

5.3.2　模型制作

由于模型研究范围较大，缺乏统一测图。根据试验研究需要，制模地形采用以下几张测图合成：港口附近 2009 年测图(1∶5 000)；外围采用 2004 年测图(1∶5 000)；其他范围采用 2003 年海图(1∶30 000)。

模型制作中，地形采用断面法，一般间隔 1.0 m 布设一条断面，用经纬仪控制平面位置、水准仪控制断面高程，精度误差控制在高程±1.0 mm，平面±5 mm 以内。模型中水工建筑物，如码头、港池、挡沙堤等均按比例制作。为模型复演波浪反射相似，挡沙堤边坡若大于 1 则按 1∶1 制作。

5.3.3　动力要素确定

1) 潮汐

对港区海域的潮汐资料分析，该处潮汐系数 $(H_{O1}+H_{K1})/H_{M2}=1.23\sim1.38$，介于 0.5～2.0，潮汐类型属不规则半日潮，平均潮差为 0.88 m。根据 1993 年 6 月—1995 年 5 月的观测资料所统计的潮位特征值见表 5-3(以当地理论最低潮面起算)。当地理论最低潮面的高程关系由 1980 年的潮位资料计算所得，如图 5-6 所示。

表5-3　京唐港潮位特征值

特 征 值	数据(m)	特 征 值	数据(m)
最高高潮位	2.91	平均海面	1.27
最低低潮位	−1.39	最大潮差	2.78
平均高潮位	1.69	最小潮差	0.10
平均低潮位	0.82	平均潮差	0.88

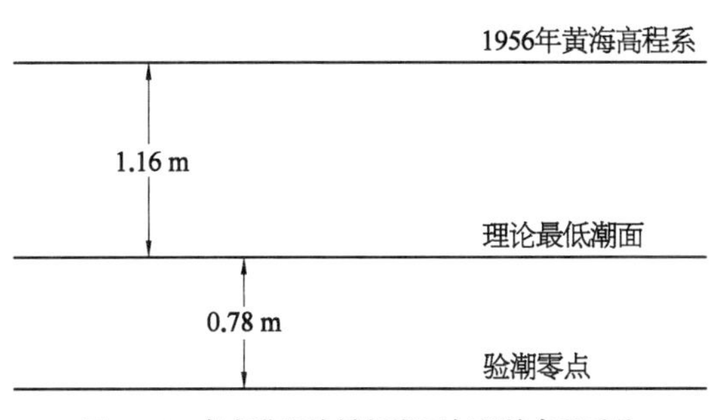

图5-6　京唐港理论最低潮面与相关高程系统

2004年9月6日和9月16日在京唐港海域进行了工程水文测验，图5-7和图5-8为该测次大、小潮位过程线(验潮站设于二港池内)。实测小潮一涨一落呈全日潮形态，大潮两涨两落呈半日潮形态。本海域潮波形态极不规则，日潮不等现象显著，往往大潮小潮相间，但从总体上看，基本上属于半日潮。

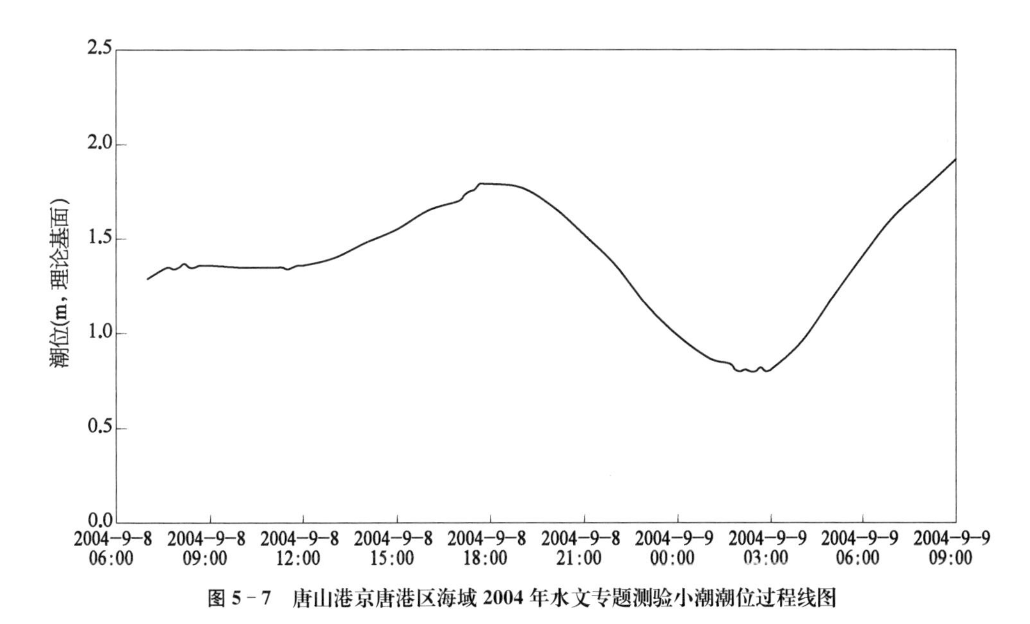

图5-7　唐山港京唐港区海域2004年水文专题测验小潮潮位过程线图

2) 潮流

1986年10月、1993年11月和2000年10月在港区附近曾进行过三次水文测验，可分

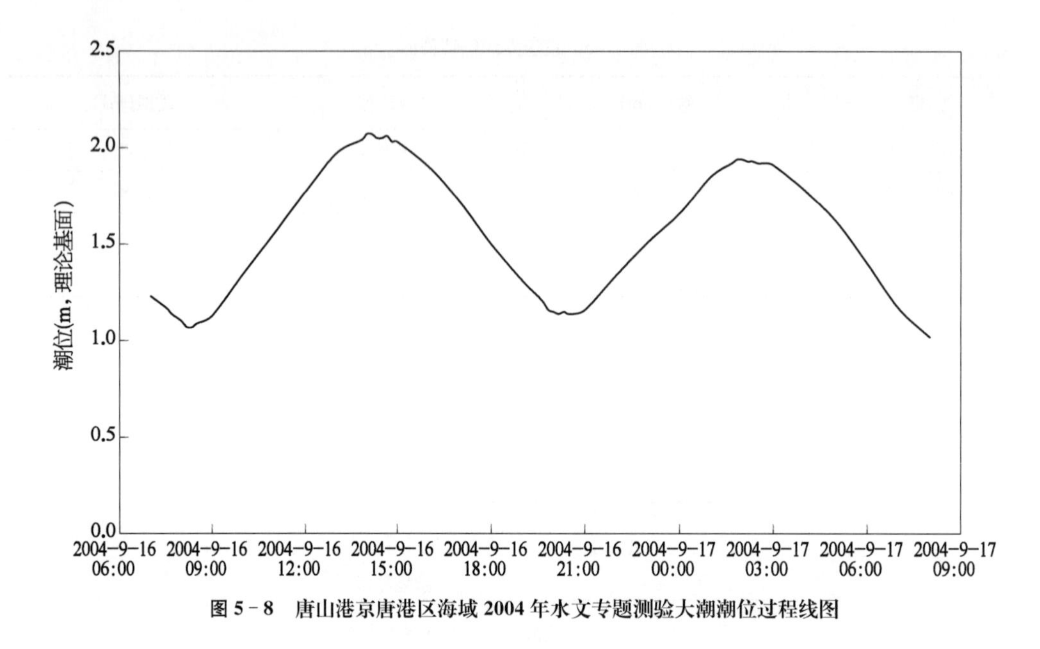

图 5-8　唐山港京唐港区海域 2004 年水文专题测验大潮潮位过程线图

别反映建港前后各阶段当地潮流情况。测验资料表明，当地潮流具有明显的往复流特征。涨潮为西南流，落潮为东北流，潮流流向基本与海岸平行，离岸越远流速越大。依据 1986 年 10 月和 1993 年 11 月在港区附近进行的两次水文测验结果分析，−7～−8 m 等深线处平均流速为 0.30 m/s 左右，−5 m 等深线处为 0.25 m/s，−3 m 等深线处减至 0.20 m/s。

2004 年 9 月水文测验在该海域布设了 3 个断面，共 9 条垂线，图 5-9 为 9 月 16 日实测大潮流速矢量图。表 5-4 列出了实测大、小潮的流速统计结果。大潮时东北断面的大

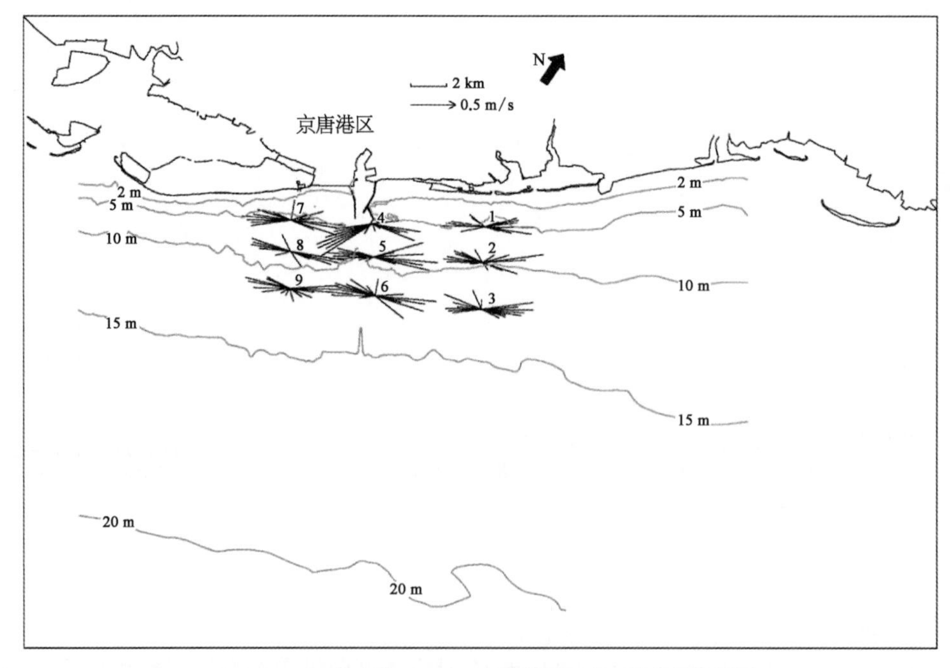

图 5-9　2004 年 9 月 16—17 日实测大潮垂线平均流速矢量图

潮垂线平均流速约为 0.31 m/s，西南断面为 0.37 m/s，中间断面为 0.36 m/s。涨、落潮垂线平均最大流速点均为 4＃测站，其中涨潮为 0.61 m/s，落潮为 0.70 m/s。实测东北断面的小潮垂线平均流速约为 0.24 m/s，西南断面为 0.27 m/s，中间断面为 0.26 m/s。涨潮最大流速点为 4＃测站，流速大小为 0.43 m/s，落潮最大流速点为 5＃，大小为 0.60 m/s。总体而言，2004 年 9 月所测涨潮流速小于落潮流速，挡沙堤对其附近水流流速的影响比较明显，特别是涨潮时的堤头绕流使横跨航道的最大流速增加 6～10 cm/s。大潮时绕流范围大，流速增量小，小潮则绕流范围小，流速增量大。根据中交第一航务工程勘察设计院（简称"中交一航院"）对本次潮流测验资料计算所得的余流结果，观测海区的余流流速值在 0.8～18.8 cm/s，4＃测站的余流方向因受挡沙堤及潜堤的挑流作用影响集中在 SSE 附近，其余各站各层余流方向大多集中在 NE 附近。

表 5-4　2004 年实测潮流流速　（单位：cm/s）

测站	流　向	2004 年 9 月 6 日小潮			2004 年 9 月 16 日大潮		
		半潮平均流速	全潮平均流速	半潮平均最大流速	半潮平均流速	全潮平均流速	半潮平均最大流速
1＃	NE/SW	23.6/19.7	20.5	46/29	29.7/26.1	28.3	53/38
2＃	NE/SW	26.6/18.6	22.9	58/28	39.9/22.8	31.8	64/38
3＃	NE/SW	23.0/20.8	22.6	55/29	38.4/23.5	31.4	62/37
4＃	NE/SW	21.2/29.8	23.5	38/43	28.3/42.4	34.3	70/61
5＃	NE/SW	28.9/27.4	27.6	60/38	43.4/30.4	36.7	70/46
6＃	NE/SW	25.5/24.8	24.9	60/31	43.8/26.1	35.0	66/43
7＃	NE/SW	26.8/23.6	25.0	46/38	38.3/34.0	36.2	58/51
8＃	NE/SW	22.7/27.2	25.4	54/43	36.0/29.4	33.5	65/41
9＃	NE/SW	31.0/28.6	29.8	63/35	43.4/31.2	37.9	69/46

通过分析港区附近多次水文测验结果，本海域潮流特征可归结如下：

（1）潮流强度较弱，在港口挡沙堤影响范围以外，垂线平均流速为 0.25～0.30 m/s，垂线平均最大流速为 0.50 m/s 左右；在港口挡沙堤影响范围以内，垂线平均流速增大 0.05～0.10 m/s，垂线平均最大流速则可达 0.79 m/s 左右。

（2）潮流流向基本与等深线平行，表现为较明显的往复流性质；挡沙堤附近的流向上仍呈往复流特征，但受到建筑物影响，主流流向与岸线略有夹角。

（3）潮流涨潮时为西南流，落潮时为东北流，且涨、落潮流强度和历时大致相等。

（4）潮流流速大小有向岸逐渐减小的趋势。

3）波浪

京唐港附近长系列的波浪观测资料较少，仅有 1987 年 3—11 月和 1993 年 6 月—1995 年 5 月较为连续的观测资料（其中 1994 年 1—2 月和 1995 年 1—2 月缺测），其中后者是与风同时观测，以往的研究[12-13]都对1993年6月—1995年5月的观测资料进行了统计分析。图5-10是对$H_{1/10}$波高和波向的统计玫瑰图。波浪统计结果表明：本港区的常波向为SE，次常波向为ESE；强波向为ENE，次强波向为NE。以NE向顺时针旋转至SW向的海向来浪的出现频率为69.41%，其中$H_{1/10}\geqslant 0.6$ m的波浪占36.30%，较大波浪$H_1/10\geqslant 1.2$ m的波浪占10.73%。

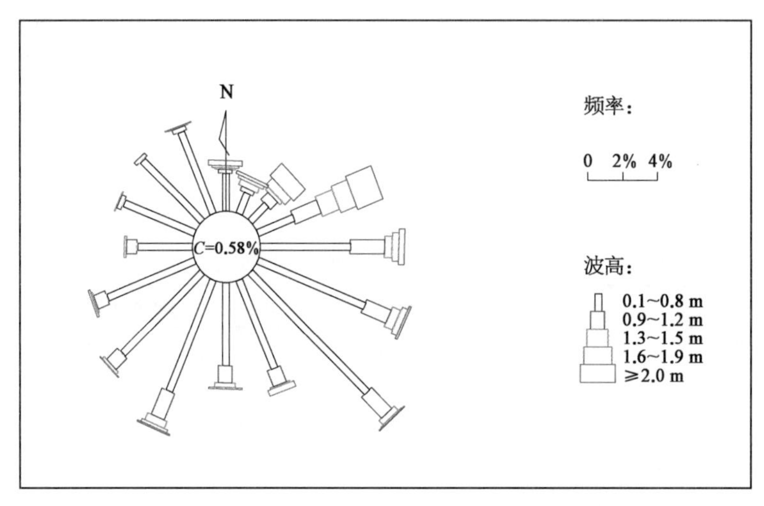

图5-10 1993年6月—1995年5月京唐港波玫瑰图

京唐港海域大浪主要来自ENE和NE方向，年内波浪的分布具有明显的季节特征，即春夏季波浪相对较弱，秋冬季则波浪较强。对波浪观测资料中风浪和涌浪频率统计的结果表明该海域风浪频率高于涌浪，即京唐港海域波浪以风浪为主。

统计结果(表5-5)表明：本港区的常波向为SE，出现频率累计为12.3%，次常波向为ESE，出现频率为9.83%；强波向为ENE，该向$H_{1/10}\geqslant 2.0$ m的出现频率为1.41%，次强波向为NE，该向$H_{1/10}\geqslant 2.0$ m的出现频率为0.75%。

表5-5 京唐港1993年6月—1995年4月海向来浪$H_{1/10}$波高频率分布 (单位：%)

$H_{1/10}$(m)	NE	ENE	E	ESE	SE	SSE	S	SSW	SW	Σ
0.0～0.3	0.53	0.62	0.75	1.15	2.25	0.88	1.06	0.93	0.97	9.14
0.3～0.6	0.57	0.57	2.29	3.79	4.94	2.29	2.47	3.61	3.44	23.97
0.6～0.9	0.31	1.06	2.20	2.51	3.00	1.81	1.23	2.25	1.90	16.27
0.9～1.2	0.35	1.28	1.37	1.15	1.63	0.84	0.79	1.10	0.79	9.30
1.2～1.5	0.35	1.23	0.62	0.71	0.40	0.22	0.44	0.44	0.22	4.63
1.5～1.8	0.18	0.66	0.40	0.44	0.09	0.09	0	0.22	0	2.08
1.8～2.1	0.35	0.62	0.22	0.04	0	0.04	0.04	0.13	0.04	1.48
2.1～2.5	0.40	0.71	0.22	0.04	0	0	0	0.04	0	1.41
2.5～3.0	0.22	0.44	0	0	0	0	0.04	0	0	0.70

（续表）

$H_{1/10}$(m)	NE	ENE	E	ESE	SE	SSE	S	SSW	SW	Σ
3.0～3.5	0.13	0.13	0	0	0	0	0	0	0.04	0.30
3.5～4.0	0	0.09	0	0	0	0	0	0	0	0.09
4.0～5.0	0	0.04	0	0	0	0	0	0	0	0.04
Σ	3.39	7.45	8.07	9.83	12.3	6.17	6.08	8.73	7.4	69.41

对京唐港 1993 年 6 月—1995 年 4 月海向来浪波能因子(波浪出现频率与其波高平方的乘积)进行了统计(表 5－6)。比较两表,海向来浪占总的出现频率为 69.41%,其中海向来浪中波高小于 0.6 m(相当于 3 级风以下)的波浪出现总频率为 33.11%,占总的海向来浪的 48%,其波能因子仅为 5.06 m^2,占总的海向来浪波能因子 61.87 m^2的 8.18%。$H_{1/10} \geqslant$ 0.6 m 的波浪出现频率为 36.30%,占总的海向来浪的 52%,其波能因子却占总的海向来浪波能因子的 91.82%。再看 $H_{1/10} \geqslant 1.2$ m 的波浪出现频率为 10.73%,占海向来浪的 15%,其累计波能因子占 60%。波浪的能量与波高的平方成正比,因此从能量的角度出发,中等尺度以上的波浪（如 $H_{1/10} > 1.2$ m）虽然出现频率不高,但对海岸泥沙运动却能起主导作用。从南北两个方向来看,北向来浪(NE～SE 方向)总的出现频率为 34.89%,南向来浪(SE～SW 方向)总的出现频率为 34.53%,南北波浪出现的频率相当,但北向来浪的波能为 43.59 m^2,南向仅为 18.29 m^2,可见北向来浪是当地的主要动力来源。

表 5－6　京唐港 1993 年 6 月—1995 年 4 月海向来浪 $H_{1/10}$波高波能因子统计　（单位：m^2）

$H_{1/10}$(m)	NE	ENE	E	ESE	SE	SSE	S	SSW	SW	Σ
0.0～0.3	0.01	0.01	0.02	0.03	0.05	0.02	0.02	0.02	0.02	0.21
0.3～0.6	0.12	0.12	0.46	0.77	1.00	0.46	0.50	0.73	0.70	4.85
0.6～0.9	0.17	0.60	1.24	1.41	1.69	1.02	0.69	1.27	1.07	9.15
0.9～1.2	0.39	1.41	1.51	1.27	1.80	0.93	0.87	1.21	0.87	10.25
1.2～1.5	0.64	2.24	1.13	1.29	0.73	0.40	0.80	0.80	0.40	8.44
1.5～1.8	0.49	1.80	1.09	1.20	0.25	0.25	0.00	0.60	0.00	5.66
1.8～2.1	1.33	2.36	0.84	0.15	0	0.15	0.15	0.49	0.15	5.63
2.1～2.5	2.03	3.59	1.11	0.20	0	0	0	0.20	0	7.14
2.5～3.0	1.66	3.33	0	0	0	0	0.30	0	0	5.29
3.0～3.5	1.37	1.37	0	0	0	0	0	0	0.42	3.17
3.5～4.0	0	1.27	0	0	0	0	0	0	0	1.27
4.0～5.0	0	0.81	0	0	0	0	0	0	0	0.81
Σ	8.21	18.90	7.40	6.32	5.51	3.23	3.34	5.33	3.63	61.87

统计 1993 年 6—12 月、1994 年 3—4 月各月（$H_{1/10} \geqslant 0.6$ m）的平均波浪条件,来确定北向来浪和南向来浪的代表波浪条件。其中北向来浪统计平均波高 $H_{1/10} = 1.36$ m，周期

$T=5.37$ s；南向来浪统计平均波要素 $H_{1/10}=0.95$ m，周期 $T=4.85$ s。在总计 104 d 的统计时间内，北向代表浪的持续时间为 65.3 d，南向则为 38.6 d，两者的比值约 3.5/2。

由于缺少长期波浪观测资料，对于多年平均波浪强度的评估，借鉴大清河盐场风资料的分析成果。参照波高与风能因子、波周期与风速之间的线性关系[8]：

$$\frac{gH_s}{U^2}=C \tag{5-30}$$

$$\frac{gT}{U}=C \tag{5-31}$$

根据大清河盐场 21 年每日最大风速资料，计算其全年不同风级的风能因子，如图 5-11 所示。多年平均风能因子为 26 000 m^2/s^2，1987 年是强风年，1992—1997 年的风能则较弱，自 1999 年以来，每年的风能接近多年平均水平。从图中还可以看出，4 级及以上风是形成总风能的主要成分。表 5-7 列出了不同风级及以上的多年平均风能因子和 1993 年、1994 年、2001 年、2002 年、2003 年的风能因子，并同时列出了各年风能因子与多年平均的对比值。从表中可见，1993 年、1994 年的风能因子相对于多年平均而言偏小，且风级越大其比值越小，6 级及以上风能因子约为多年平均水平的 0.65 倍；2001—2003 年的风能因子较为接近多年平均水平，其中 2001 年各级风及以上风能因子与多年平均相比较为均衡，约为其 0.96 倍，2002 年、2003 年的风能因子除 6 级及以上风能因子明显高于多年平均水平外，其他各级及以上风能因子与多年平均的比值亦较为均衡，处于 1.02～1.06 范围。2001—2003 年的 6 级及以上风能因子比对应多年平均风能因子增大约 10%。

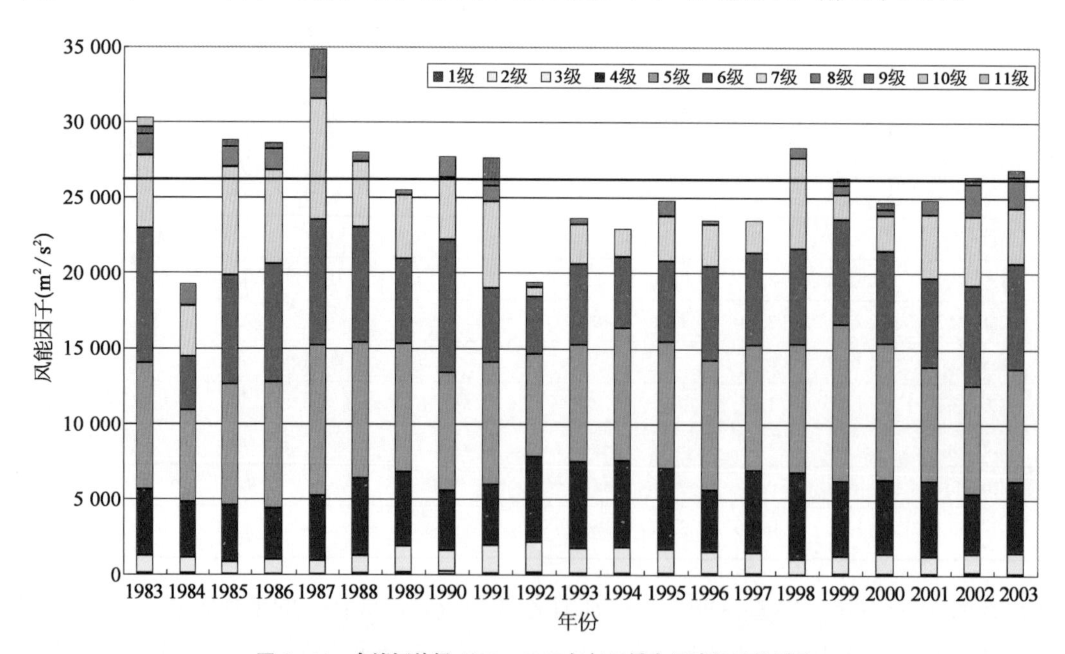

图 5-11 大清河盐场 1983—2003 年每日最大风速的风能因子

表 5－7　大清河盐场不同年度风能因子及其与多年平均水平的对比　　（单位：m^2/s^2）

风　级	多年平均	1993 年	1994 年	2001 年	2002 年	2003 年
1 级及以上	26 017	23 638	22 968	24 900	26 425	26 919
		0.91	0.88	0.96	1.02	1.03
4 级及以上	24 595	21 917	21 133	23 638	25 059	25 481
		0.89	0.86	0.96	1.02	1.04
5 级及以上	19 871	16 131	15 405	18 695	21 053	20 676
		0.81	0.76	0.94	1.06	1.04
6 级及以上	11 636	8 415	6 633	11 130	13 914	13 294
		0.72	0.57	0.96	1.20	1.14

参照本小节中的提到的波高与风能因子、波周期与风速之间的线性关系，我们通过 1993—1994 年、2001—2003 年风能因子与多年平均风能因子之间的对比，可以从前一时间段内的波要素推算出后一时间段内的波浪要素。如果考虑 5 级以上风能因子关系，2001—2003 年的波高和周期约为 1993—1994 年的 1.26 倍，该波浪要素大致上可代表京唐港多年的平均波浪要素，见表 5－8。

表 5－8　1993—1994 年与 2001—2003 年波要素关系

波要素	1993—1994 年		2001—2003 年	
	北向	南向	北向	南向
H(m)	1.36	0.95	1.72	1.20
T(s)	5.37	4.85	6.79	6.14

4) 风暴潮

渤海湾沿岸是我国风暴潮多发地区之一，从 1860 年以来的 140 多年间曾发生成灾的风暴潮 30 余次，平均每 4 年左右一次。据不完全统计，20 世纪 70 年代以来，共遇到 5 次强风暴潮，平均 6 年左右发生一次。这些强风暴潮发生的年份分别为 1972 年、1985 年、1992 年、1994 年、2003 年。其中 2003 年 10 月 10—14 日，受北方强冷空气影响渤海湾发生了强风暴潮。京唐港在这次风暴潮过程中，航道发生了严重淤积，最大淤厚达 5.5 m，航道淤积总量超过 186 万 m^3（0+000　6+000 范围内）。因此，风暴潮造成的京唐港外航道骤淤是影响京唐港安全生产的一个重大问题。

对此次风暴潮期间风资料的分析结果[14]表明，京唐港海域大风以 N～NE 向为主，集中于 N～ENE 方向；大风历时长、风速大，大清河盐场 6 级风以上总历时达 34 h，为历史罕见。据气象部门的报道，此次大风为北方 46 年来最强的一次。

风暴潮期间的近岸波浪不仅受制于风浪的三要素(风时、风速、风区),更主要的是受制于水深的变化。通过风暴潮期间渤海海域的天气图可以模拟海面风场,进而可以对渤海海域的波浪场进行模拟。图 5-12 是数值模拟所得的风暴潮期间京唐港外海深水区的有效波高(H_s)过程后报结果,从中可以看出风暴潮期间的最大有效波高达 3.7 m,换算成 $H_{4\%}$等于 4.7 m。这一波高在 NE~ENE 方向上重现期为 25~50 年一遇。

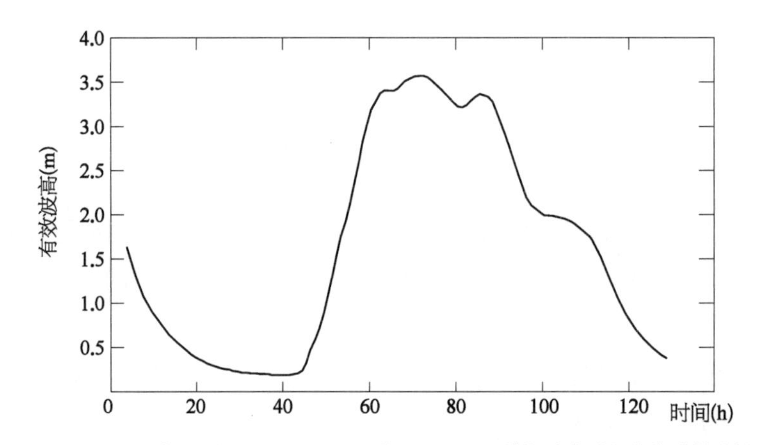

图 5-12　2003 年 10 月 8 日 20:00—10 月 14 日 2: 00 模拟波高过程曲线后报结果

本次风暴潮期间正值天文大潮,这也是受灾严重的因素之一。京唐港 11 日 03:42 最高潮位达到 2.53 m,超过设计高水位 45 cm,最大增水达 55 cm,如图 5-13 所示。

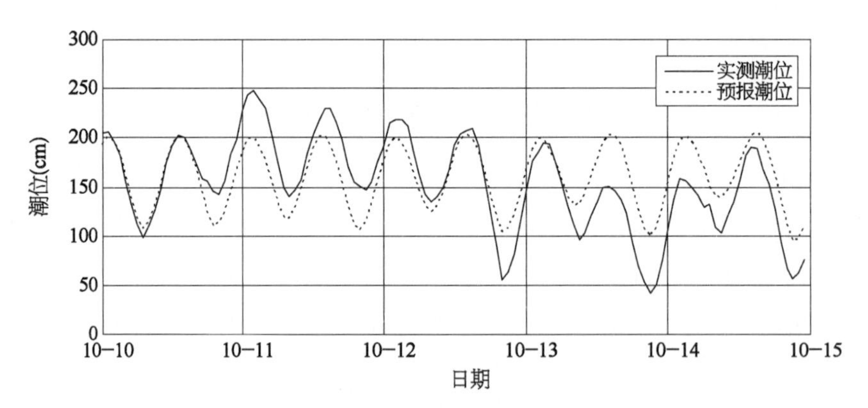

图 5-13　2003 年 10 月 10—14 日京唐港潮位过程线

5) 动力要素选择

航道淤积物理模型试验中,正常天气分别考虑北向代表波,并组合 2004 年实测大潮潮型。风暴潮航道骤淤动力要素为 2003 年 10 月风暴潮大浪组合风暴潮潮型。

表 5-9　试验波浪与潮流动力组合要素

动力条件	波　浪		潮　流
	波高(m)	周期(s)	
平常浪	1.71	6.79	2004年9月实测大潮
5年一遇大浪	2.81	7.34	2004年9月实测大潮
风暴潮	4.69	8.56	2003年风暴潮数模后报结果

5.4　航道骤淤物理模型试验验证

模型验证试验包括两部分：潮汐潮流验证和泥沙冲淤验证。

5.4.1　潮汐潮流验证

物理模型主要对2004年9月实测资料进行验证。图5-14为2004年9月实测大潮的潮位过程验证图，图5-15给出了对应的9条垂线平均流速、流向过程验证结果。由图可见，模型潮位、流速及流向过程与实测值均吻合较好，精度符合模型试验规定的要求。

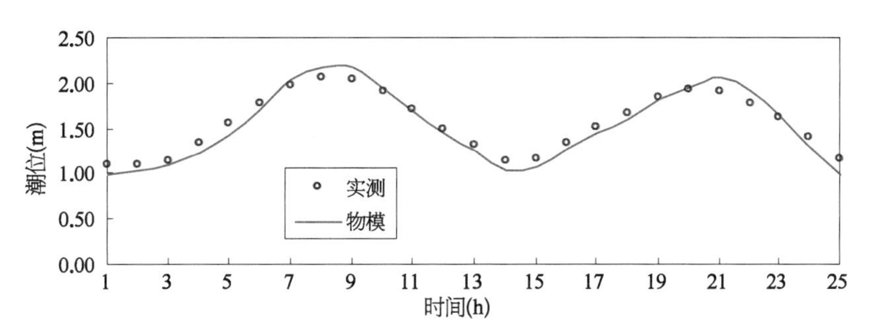

图 5-14　2004年9月实测大潮潮位过程验证曲线

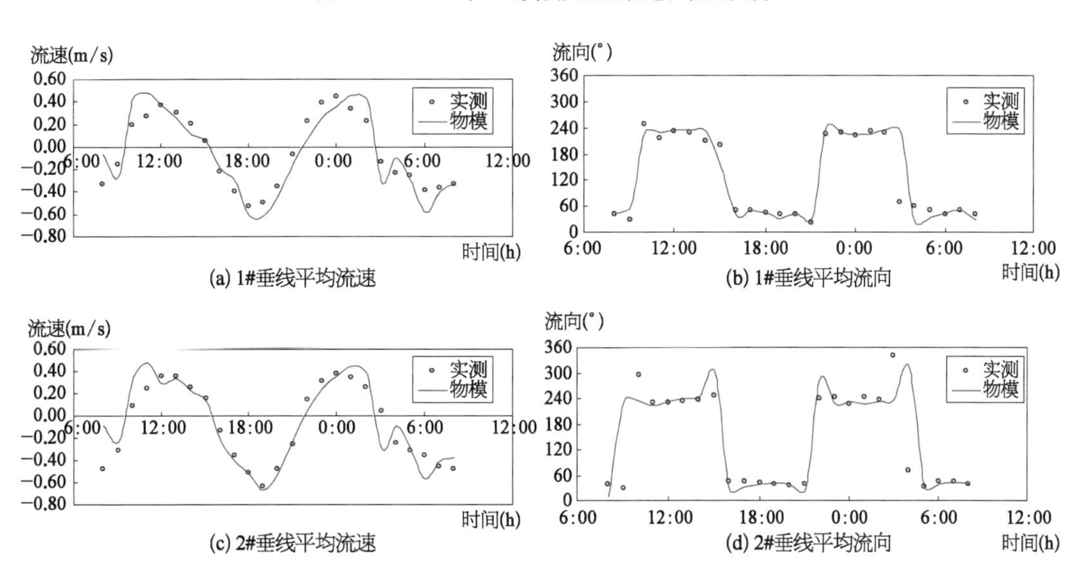

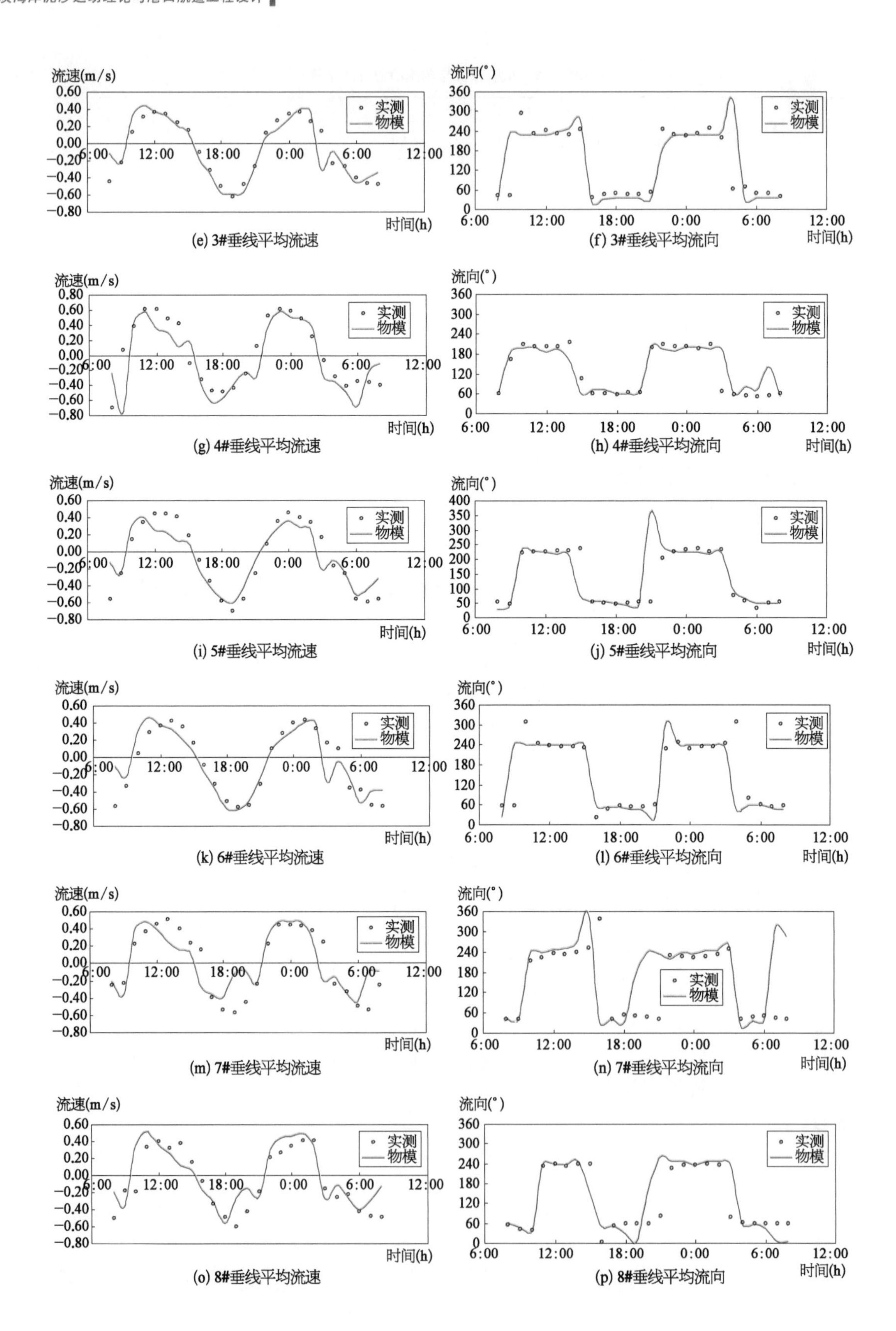

(e) 3#垂线平均流速

(f) 3#垂线平均流向

(g) 4#垂线平均流速

(h) 4#垂线平均流向

(i) 5#垂线平均流速

(j) 5#垂线平均流向

(k) 6#垂线平均流速

(l) 6#垂线平均流向

(m) 7#垂线平均流速

(n) 7#垂线平均流向

(o) 8#垂线平均流速

(p) 8#垂线平均流向

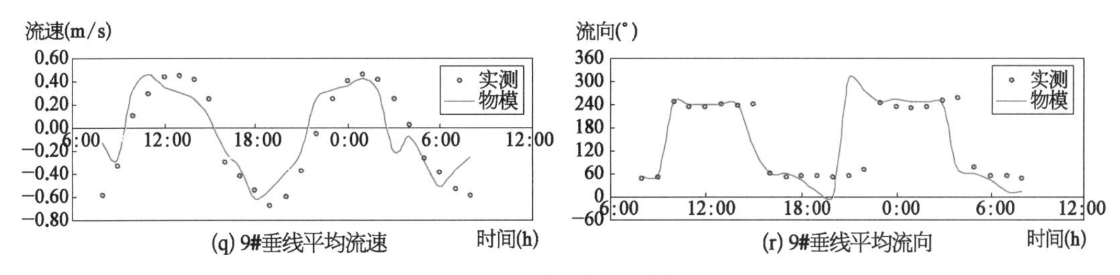

图 5-15　2004 年 9 月实测大潮流速、流向验证

物理模型还对 2003 年风暴潮的潮位和水流进行了模拟。图 5-16 给出了物模潮位过程与实测潮位的对比，可以看到相位、高低潮位等均吻合较好。2003 年风暴潮期间没有相应的实测潮流资料，将模型的流速、流向过程与以往数模计算进行对比分析（图 5-17），9 个点位的流速流向过程均吻合较好。

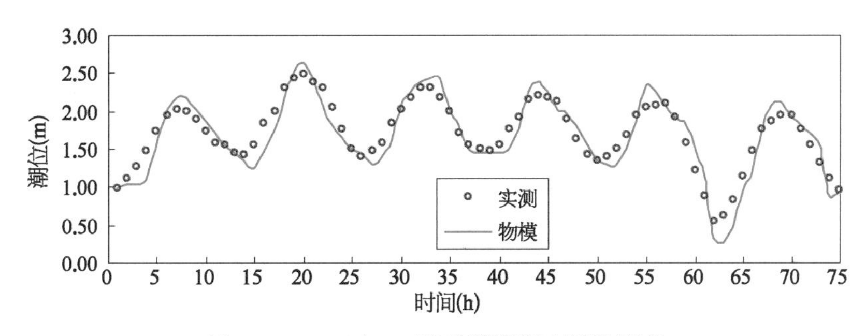

图 5-16　2003 年 10 月风暴潮潮位过程验证曲线

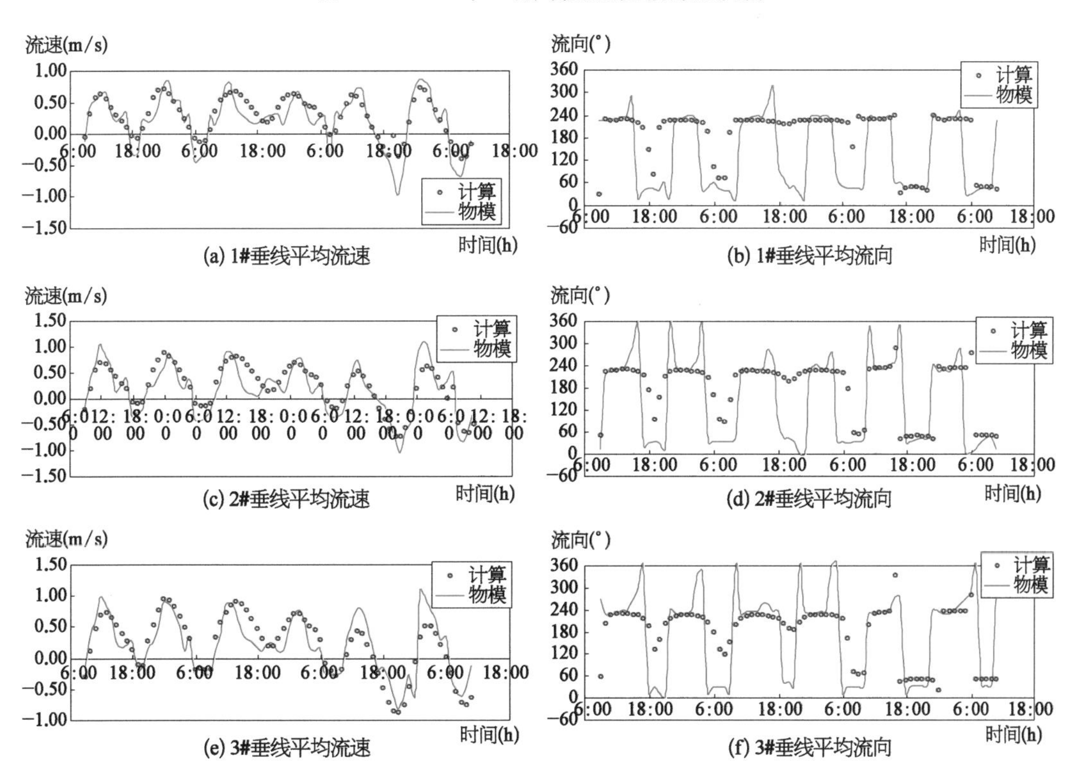

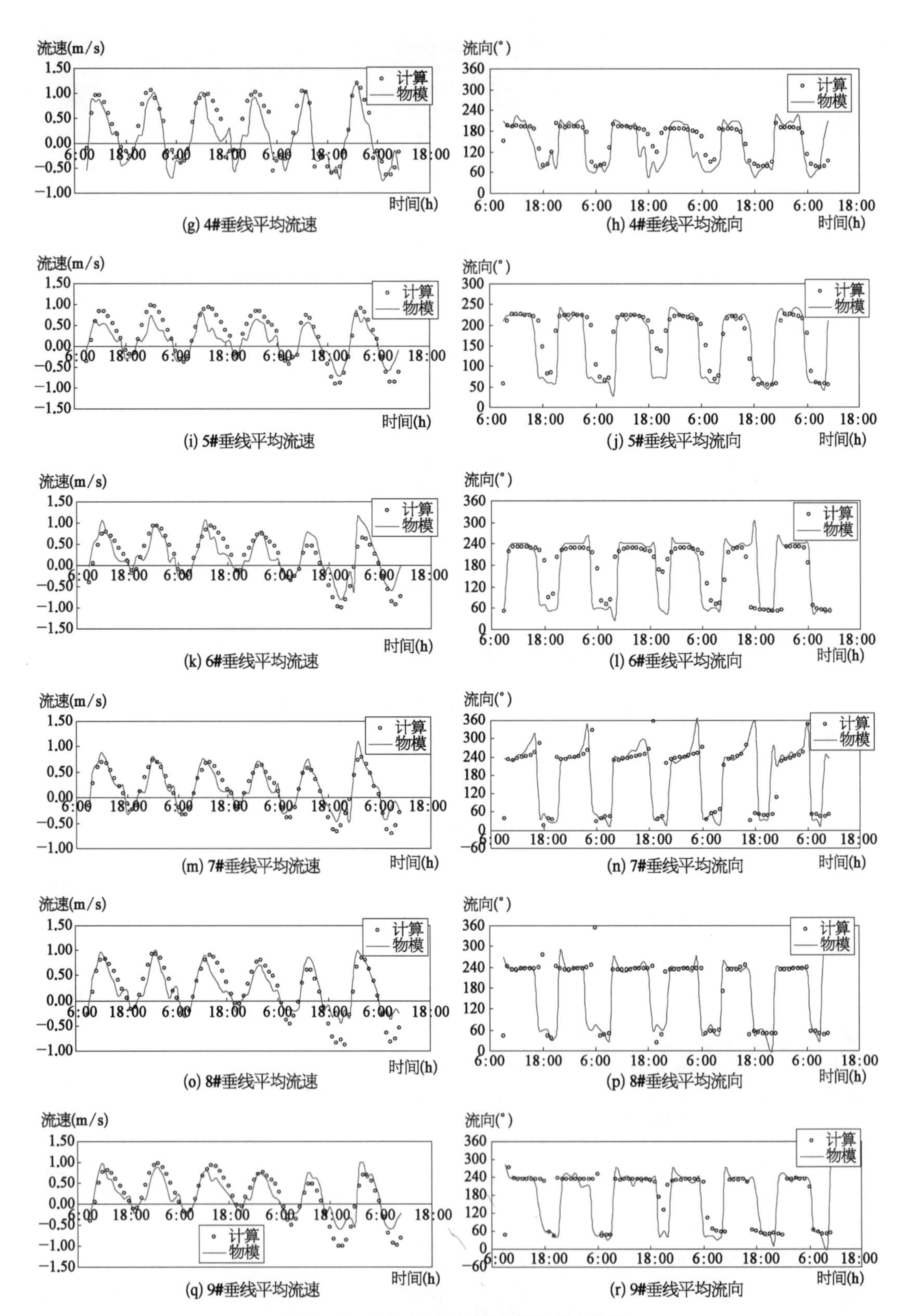

图 5-17　2003 年 10 月风暴潮流速、流向验证

5.4.2　风暴潮大浪航道骤淤验证

京唐港于 2003 年 9 月完成 3.5 万吨级航道施工，底宽 160 m，通航水深−12 m。图 5－18 和图 5－19 对比了 2003 年 9 月的航道扫测图和风暴潮过后 10 月的航道检测图。这次风

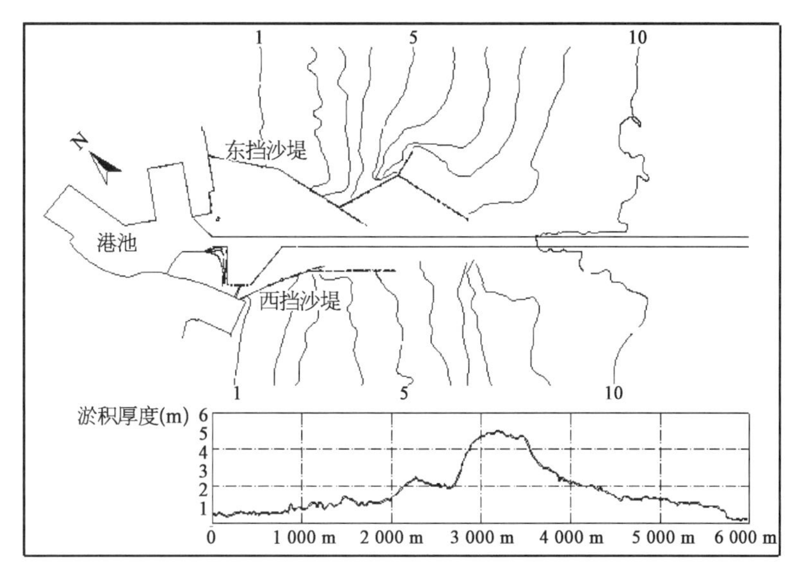

图 5－18　京唐港区 2003 年 10 月航道集中淤积

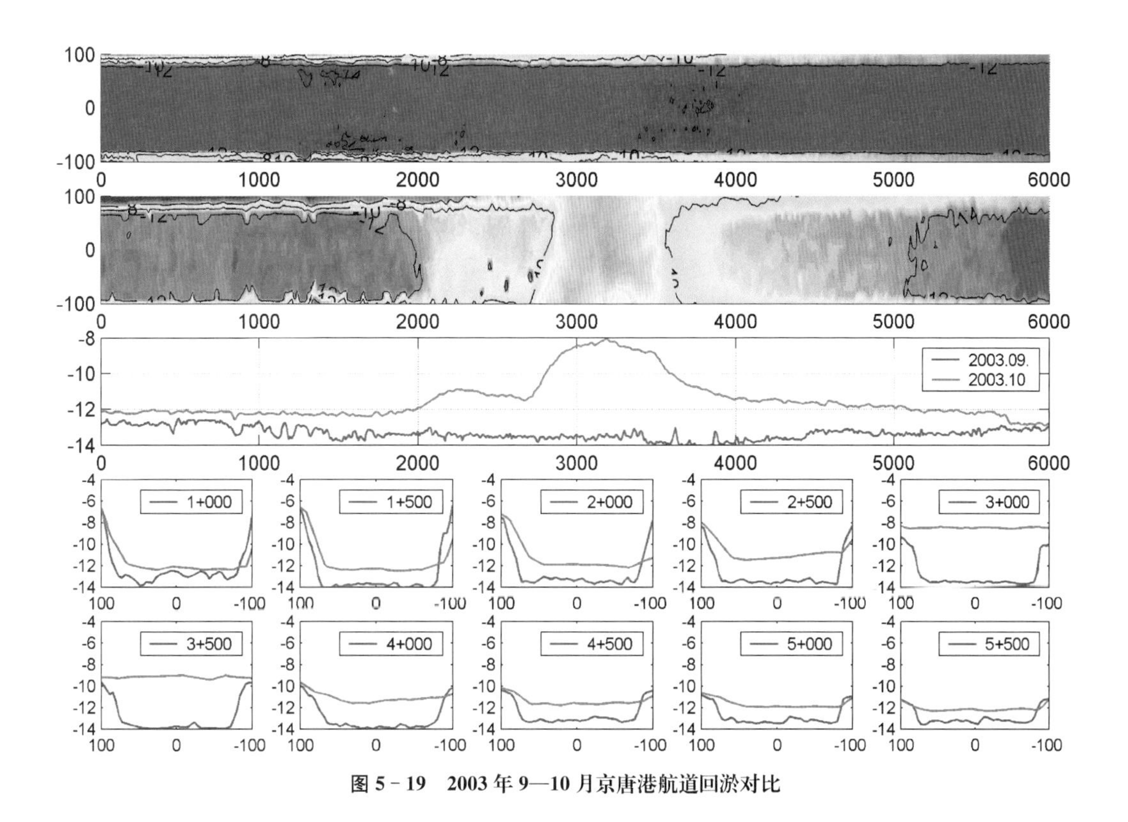

图 5－19　2003 年 9—10 月京唐港航道回淤对比

暴潮造成航道沿程平均淤厚约为 1.9 m。其中，0＋000—2＋100 淤厚缓慢增加，平均为 0.91 m；2＋100—2＋750 淤强较为均匀，为 2.35 m；2＋750—3＋600 则是较为集中的淤积，厚度平均达 4.71 m；从 3＋600—4＋500 淤积从强到弱沿程递减，平均值为 2.50 m；从 4＋500—5＋700 淤强变化趋于平缓均匀，约为 1.34 m；最后 300 m 的平均淤厚则仅为 0.34 m。从沿程淤积的分布来看，有两段不连续分布的强淤积段，即 2＋100—2＋750 和 2＋750—3＋600。风暴潮期间，3.5 万吨级航道淤积总量达 186 万 m^3 左右。从航道横断面上的淤积分布来看，淤积的发生基本上沿航道轴线左右均衡的发展，与平常风浪年的分布不同的是，航道左边坡有淤长趋势而向中轴线移动，航道右边坡发生冲刷，这可以说明大量泥沙是从东北向西南运动。

物理模型对 2003 年 10 月风暴潮前后航道淤积分布进行了验证。模型将地形和港口岸线边界还原到 2003 年时的状态。图 5－20 和图 5－21 分别给出了风暴潮前后航道骤淤验证结果对比及航道附近的试验地形，表 5－10 列出了验证结果的各项统计值。可以看到，物模试验和实测结果从淤积分布上来看，吻合良好，最大淤积厚度均出现在 3＋200 附近，即东环抱潜堤的延长线上。统计航道 1～6 km 段的航道淤积总量，物模试验为 228 万 m^3，实测为 186 万 m^3，略有偏大，偏于安全，并符合相关试验规程要求。

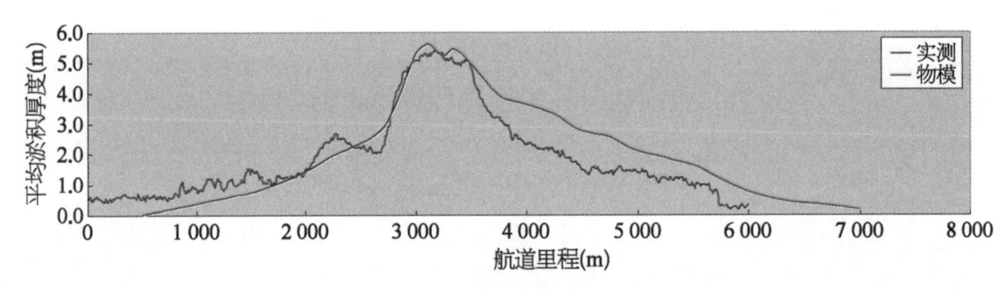

图 5－20　风暴潮航道骤淤验证结果

(a) 大范围

(b) 堤头附近

图 5－21　2003 年风暴潮作用 3 d 后试验地形情况

表 5-10　风暴潮航道骤淤验证结果

数值	最大淤积点	最大淤厚(m)	平均淤厚(m)/淤积总量($\times10^4$ m^3)	
			1～6 km	1～7 km
实测	3+200	5.31	2.12/186	—
物模	3+120	5.59	2.85/228	2.52/245

注：航道底宽为 160 m，初始底高程为－13.5 m。

根据验证试验结果和现场资料分析，2003 年 10 月风暴潮骤淤过程按 3 d 考虑，模型作用时间为 22 min。由此求得泥沙冲淤时间比尺 $\lambda_{t'}=196$，与推算的冲淤时间 $\lambda_{t'}=229$ 也较为接近，相应含沙量比尺 $\lambda_s=0.66$。平常浪航道淤积时间比尺也应与风暴潮骤淤时间比尺相同，因而，在后面的平常浪航道淤积方案试验中，泥沙冲淤时间比尺亦为 $\lambda_{t'}=196$。

5.5　航道骤淤物理模型试验案例

为满足京唐港区第四港池 20 万吨级泊位的需要，京唐港区 20 万吨级深水航道在已有 10 万吨级航道的基础上进行扩建，航道长度 16.7 km，设计底宽为 290 m，设计底标高为－20.0 m。相应的外航道防波挡沙堤工程需要做加高、延长调整建设。京唐港区 20 万吨级深水航道建设，不仅要满足港池航道建设初期抵御风暴潮骤淤的防淤减淤要求，同时更需要考虑较长水文年岸滩演变及其对航道风暴潮骤淤的影响。通过前面建立的波浪、潮流共同作用下粉沙质海岸泥沙动床物理模型，研究京唐港区 20 万吨级深水航道及第四港池建设初期，平常浪条件和风暴潮条件下航道淤积分布，对深水航道的防淤减淤措施方案进行初步比选。针对主要方案，重点开展较长水文年作用下岸滩演变模拟及其对风暴潮期间航道淤积的影响。

试验中，风暴潮骤淤试验按照原型 3 d 考虑，平常浪航道淤积试验考虑平常代表波和代表大潮作用一年时间。

5.5.1　深水航道口门防波挡沙堤布置研究主要方案

研究过程中，需考虑第四港池南岛外堤不同建设阶段。主要考虑第四港池防浪挡沙堤形成和第四港池南岛外堤形成。具体方案布置如下：

(1) 方案 1：航道扩建为 20 万吨级；第四港池防浪挡沙堤形成；口门防波挡沙堤为现状，即在三期挡沙堤基础上东堤延长 500 m 潜堤(堤顶高程－4 m/堤头位于－9 m 等深线)＋900 m 潜堤(堤顶高程－5 m/堤头位于－10.5 m 等深线)，西堤延长 800 m 潜堤(堤顶高程－5 m/堤头位于－10.5 m 等深线)。平面布置如图 5-22 所示。

(2) 方案 2：在方案 1 基础上，将挡沙堤三期东平行 500 m 潜堤加高至＋3.0 m。平面布置如图 5-23 所示。

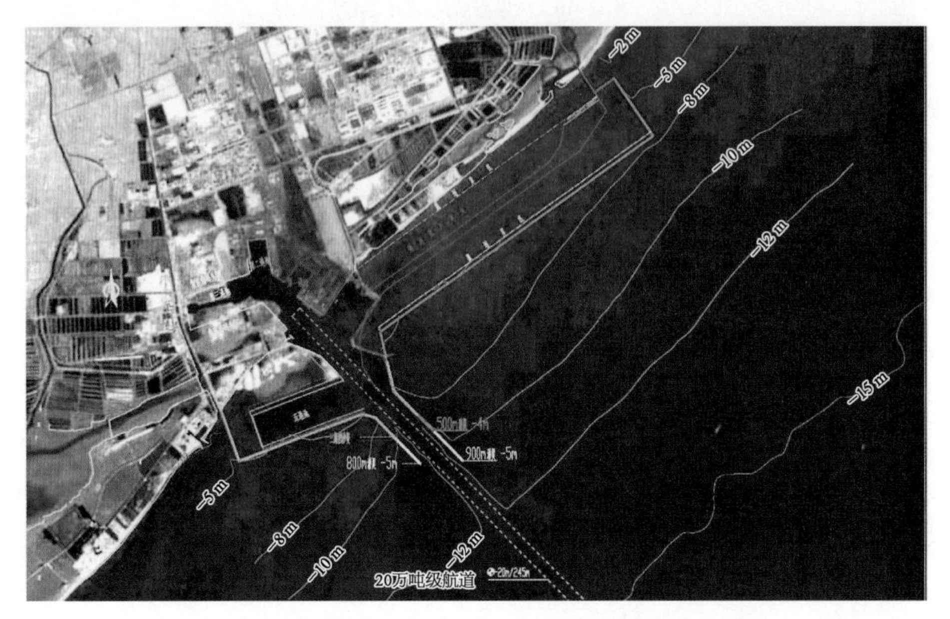

图 5 - 22　唐山港京唐港区深水航道口门防波挡沙堤布置研究方案 1

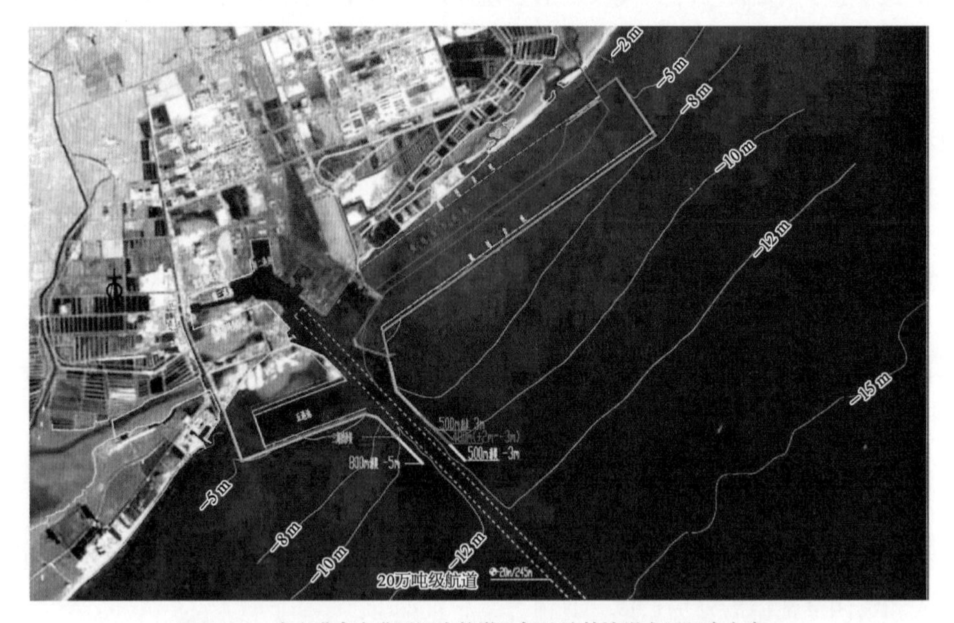

图 5 - 23　唐山港京唐港区深水航道口门防波挡沙堤布置研究方案 2

(3) 方案 3：在方案 1 基础上，新建东、西潜堤各 1 000 m，潜堤高程由 −5.0 m 渐变至 −6.0 m。500 m 出水堤堤头按 3%的坡度标高由 +3.0 m 渐变过渡至 −5.0 m。平面布置方案如图 5 - 24 所示。

(4) 方案 4：在方案 3 基础上，第四港池南岛外堤建成，挡沙堤布置与方案 3 相同。平面布置方案如图 5 - 25 所示。

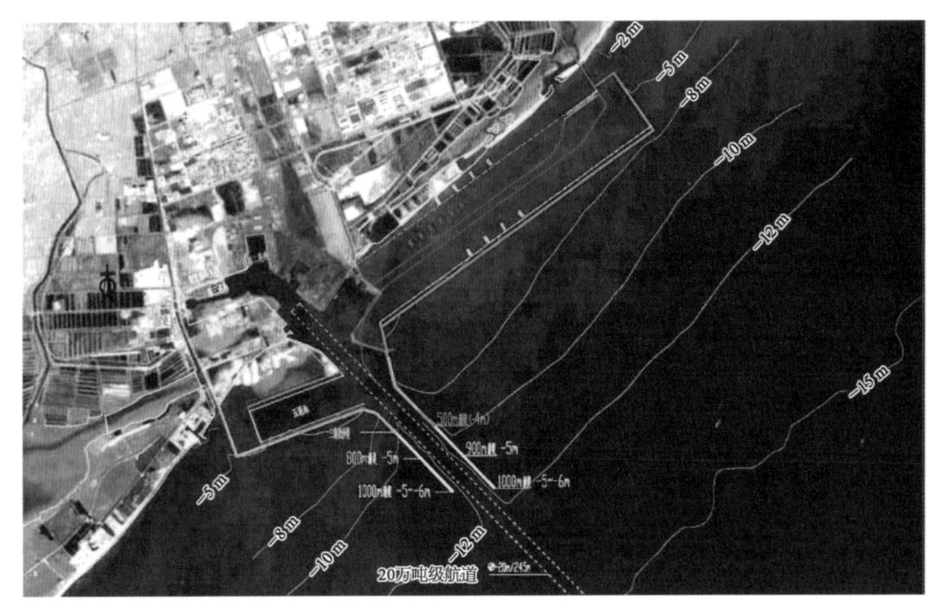

图 5-24　唐山港京唐港区深水航道口门防波挡沙堤布置研究方案 3

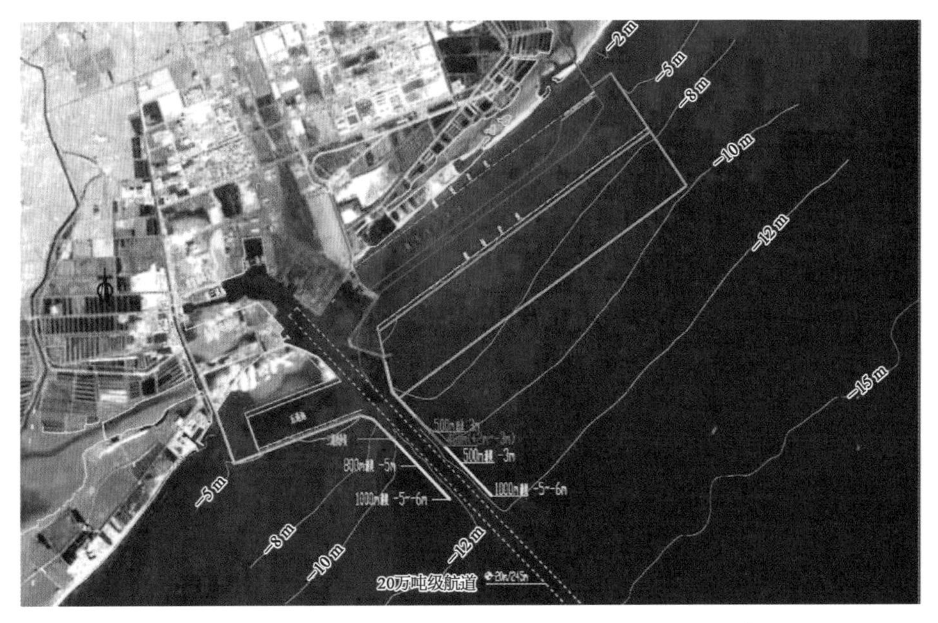

图 5-25　唐山港京唐港区深水航道口门防波挡沙堤布置研究方案 4

5.5.2　深水航道建设初期,风暴潮条件航道防淤减淤措施研究

结合以往研究成果,唐山港京唐港区平常风浪条件,航道淤积量较小,风暴潮期间航道骤淤的防淤减淤是京唐港航道建设中面临的主要问题。因此,物理模型首先研究唐山港京唐港区20万吨级深水航道以及第四港池防浪挡沙堤和南岛外堤建设初期,风暴潮作

用下航道的淤积分布，初步提出合理的挡沙堤布置方案。

图 5 - 26～图 5 - 28 分别给出了第四港池防浪挡沙堤形成后，防波挡沙堤布置方案 1、方案 2 和方案 3，遭遇风暴潮作用 3 d 后的地形情况。图 5 - 29 和图 5 - 30 分别给出了方案 4 风暴潮试验过程及风暴潮作用 3 d 后滩地及航道内的地形情况。由图片可见，上述方

(a) 大范围

(b) 口门航道附近

图 5 - 26　方案 1 风暴潮作用 3 d 后地形

(a) 大范围

(b) 口门航道附近

图 5 - 27　方案 2 风暴潮作用 3 d 后地形

(a) 大范围

(b) 口门航道附近

图 5 - 28　方案 3 风暴潮作用 3 d 后地形

(a) 大范围

(b) 口门航道附近

图 5-29 方案4风暴潮试验过程

(a) 大范围

(b) 口门航道附近

图 5-30 方案4风暴潮作用3 d后地形

案在第四港池南岛东防浪挡沙堤和南防浪挡沙堤拐角处均形成一个冲刷坑；第四港池南岛南防浪挡沙堤外侧呈淤积态势，上述岸滩累积性淤积到一定程度，当遭遇到大风浪时，会成为航道淤积的泥沙来源，对航道骤淤造成不利影响。

图5-31为各方案风暴潮作用3 d后航道淤积厚度的沿程分布，表5-11给出了相应的航道淤积厚度和淤积量的统计。由图表及试验现场情况可以看到，20万吨级深水航道工程实施后，口门防波挡沙堤维持10万吨级航道时的布置即方案1，堤头靠近外海一侧约

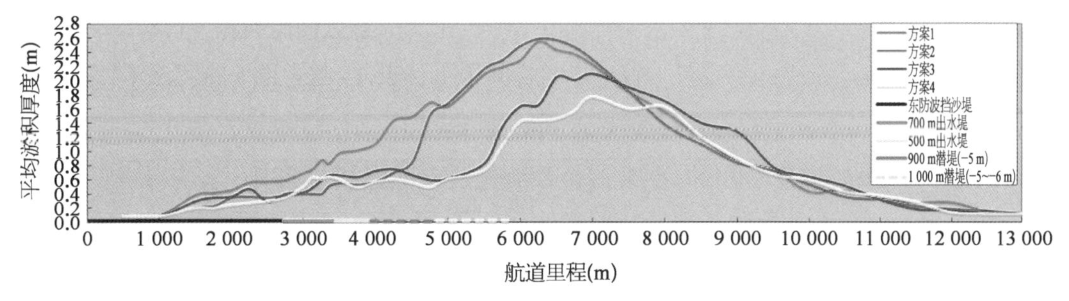

图 5-31 风暴潮作用3 d后，不同挡沙堤布置方案航道沿程淤积厚度分布对比

1 000 m 航道段内淤积较为明显，最大淤积厚度为 2.56 m，位于航道里程 6+250 处(900 m 潜堤堤头外)。从前面风暴潮骤淤机理及试验成果分析可知，这主要是由于风暴潮期间大浪产生的破波沿岸流与风暴潮沿岸潮流叠加，产生较强的复合沿岸输沙，遇到港口东挡沙堤后转变为沿堤输沙输向航道落淤。该方案航道总的淤积量为 284 万 m^3。

表 5-11　不同方案风暴潮作用 3 d 航道淤积厚度及淤积量统计表

方　案	最大淤积点	最大淤厚(m)	平均淤厚(m)/淤积总量($\times10^4$ m^3)		
			1～7 km	1～10 km	1～13 km
方案 1	6+250	2.56	1.23/185	1.21/265	1.06/284
方案 2	6+250	2.60	1.05/169	1.06/247	0.93/263
方案 3	7+00	2.11	0.73/120	0.84/214	0.74/230
方案 4	7+000	1.77	0.68/101	0.76/181	0.68/198

为了减少航道风暴潮骤淤，首先考虑增加东防浪挡沙堤潜堤高程，即方案 2。从试验结果来看，在潜堤出水及抬高段航道淤积厚度有一定程度的减小；最大淤积厚度依然出现在潜堤堤头外，量值略有增加，进一步表明上述风暴潮骤淤机理是合理的。航道淤积总量有所减小，总淤积量为 263 万 m^3，较方案 1 减少 21 万 m^3。

为了减小风暴潮航道骤淤峰值，降低一次风暴潮对船舶进出港造成的不利影响，结合前面的试验成果，考虑进一步延长东、西防波挡沙堤潜堤。方案 3 在方案 1 基础上，东侧 500 m 潜堤出水且东、西两侧潜堤各延长 1 000 m，500 m 出水堤堤头按 3% 的坡度标高由 +3.0 m 渐变过渡至 −5.0 m。风暴潮作用下，该方案航道最大淤积厚度为 2.11 m，淤积总量为 230 万 m^3。该方案能较好地实现 20 万吨级深水航道防淤减淤的预期要求。

考虑第四港池南岛外堤形成系列，挡沙堤布置与方案 3 相同。由图 5-30 可以看到，风暴潮作用 3 d 后，第四港池南岛南外堤外侧尤其是外堤与口门挡沙堤形成的三角区淤积较为明显。结合图 5-31 和表 5-11 可以看到，随着第四港池南岛外堤的形成，航道最大淤积厚度及淤积总量均有一定程度下降，航道淤积总量减小至 198 万 m^3，减少 32 万 m^3。这主要是深水航道及第四港池形成初期，第四港池南岛外堤的形成减少了京唐港航道骤淤的泥沙来源。

综合上述分析，20 万吨级深水航道形成后，从防淤减淤角度考虑，延长东、西防波挡沙堤潜堤可以有效地减小风暴潮作用下的航道骤淤，其建设是必要的。可将方案 3 作为推荐方案。

5.5.3　深水航道建设初期，平常浪条件航道防淤减淤措施研究

前面通过风暴潮条件航道防淤减淤措施研究，初步提出了防波挡沙堤布置方案。在此基础上，对第四港池防浪挡沙堤形成后的推荐方案 3 和第四港池南岛外堤形成后的推荐方案 4 进行了平常浪淤积试验。

图 5－32～图 5－35 分别为上述方案平常浪作用过程试验及平常浪作用一年后的地形情况，图 5－36～图 5－37 为对应的航道淤积厚度分布图，表 5－12 给出了航道淤积厚度及淤积量统计表。由图表可以看到，20 万吨级航道形成后，上述方案平常浪作用一年，航道淤积量均较小，其中方案 3 航道总淤积量为 79 万 m^3，最大淤积厚度为 0.60 m。第四港池南岛外堤形成后，航道回淤量进一步减小，方案 4 总淤积量为 58 万 m^3左右，最大淤积厚度为 0.41 m。

(a) 大范围

(b) 口门航道附近

图 5－32　方案 3 平常浪试验过程

(a) 大范围

(b) 口门航道附近

图 5－33　方案 3 平常浪作用 1 年后地形

(a) 大范围

(b) 口门航道附近

图 5－34　方案 4 平常浪试验过程

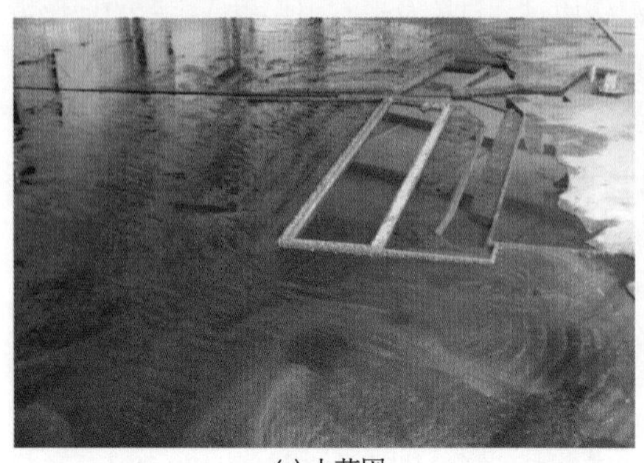

(a) 大范围

(b) 口门航道附近

图 5-35　方案 4 平常浪作用 1 年后地形

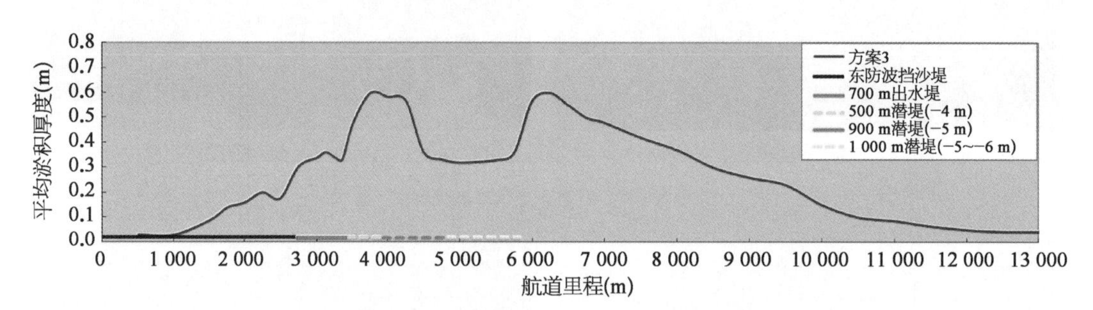

图 5-36　方案 3 平常浪作用 1 年航道沿程淤积厚度

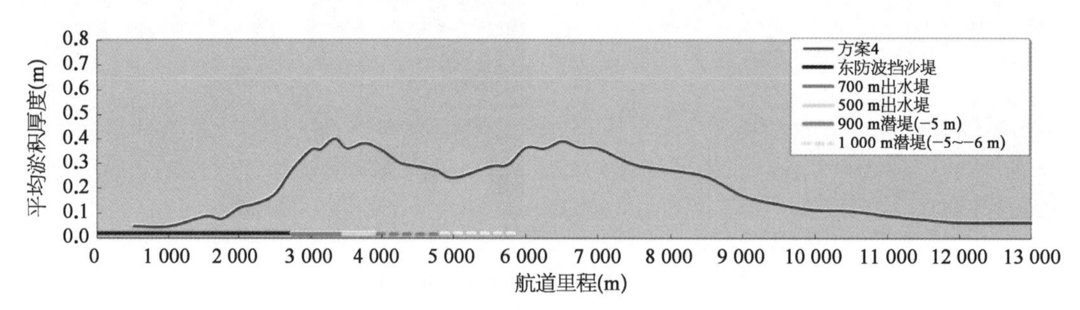

图 5-37　方案 4 平常浪作用 1 年航道沿程淤积厚度

表 5-12　平常浪作用一年航道淤积厚度及年均淤积量统计

方　案	最大淤积位置	最大淤厚(m)	平均淤厚(m)/淤积总量($\times 10^4$ m^3)		
			1～7 km	1～10 km	1～13 km
方案 3	6+250	0.60	0.35/51	0.34/72	0.30/79
方案 4	3+350	0.41	0.27/38	0.26/53	0.23/58

上述研究表明，20 万吨级航道形成后，平常浪作用条件下，航道最大淤积厚度、淤积总量均较小。

5.5.4　较长水文年系列航道淤积物理模型试验

前面分别在2009年地形基础上，对第四港池防浪挡沙堤及南岛外堤建设初期，风暴潮及平常浪天气条件航道回淤进行了试验研究。由前面试验可以看到，一场风暴潮或平常浪作用1年后，航道两侧滩地地形会发生明显变化。经过较长水文年系列作用，滩地发生累积性淤长后，在该地形基础上，遭遇风暴潮或平常浪作用，对航道淤积更为不利。从远期来看，会更符合实际情况。为了弄清楚地形发生累积性变化后航道淤积情况，本项研究还模拟了较长水文年系列条件，波浪、潮流共同作用下细沙粉沙质海岸岸滩演变规律，并研究了其对航道骤淤的影响。

较长水文年系列试验模拟了15个水文年条件下岸滩演变过程，具体模拟和试验步骤如下：

(1) 在2009年初始地形基础上，首先开展连续5年平常浪试验。

(2) 5年一遇大浪作用2 d。

(3) 重复(1)和(2)步骤。

(4) 再次重复(1)和(2)步骤，共计进行15个水文年的岸滩演变模拟。

(5) 在15个水文年的岸滩演变地形基础上，进行风暴潮试验。试验中，每5个水文年对航道泥沙淤积厚度及岸滩滩地地形进行测量。此外，试验中平常浪和5年一遇大浪均只考虑北向浪单向作用，港区滩地累积性变化较天然情况对航道淤积更为不利，因而在该地形基础上进行的平常浪及风暴潮航道淤积偏于安全。试验主要针对方案3。

图5-38～图5-41分别给出了该方案平常浪分别作用5年、10年、15年后地形情况(每进行连续5年平常浪试验后，保持滩地地形不变，清除航道内泥沙)及在15个水文年作用后地形基础上进行风暴潮试验后的地形情况，图5-42～图5-44则给出了2009年初始地形及平常浪分别作用10年和15年后工程区附近海域地形等深线，图5-45给出了3个断面地形变化的对比(断面位置如图5-44所示，里程均以第四港池南防浪挡沙堤为起点)。由图可以看到，经过较长时间的波浪、潮流作用，第四港池南防浪挡沙堤和东防浪挡

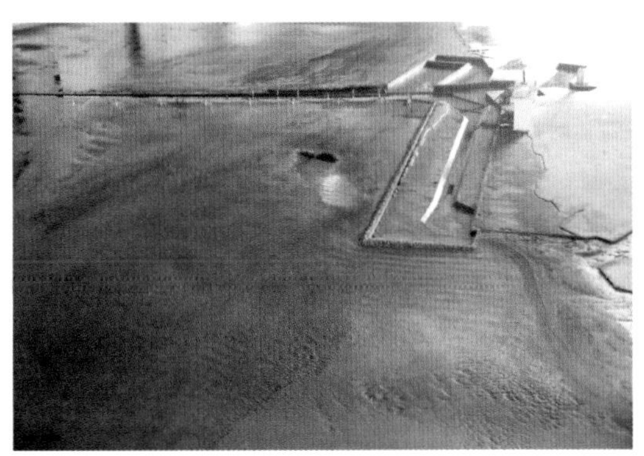

(a) 大范围

(b) 口门航道附近

图5-38　5个水文年作用后的方案3地形

(a) 大范围

(b) 口门航道附近

图 5-39　10 个水文年作用后的方案 3 地形

(a) 大范围

(b) 口门航道附近

图 5-40　15 个水文年作用后的方案 3 地形

(a) 大范围

(b) 口门航道附近

图 5-41　15 个水文年岸滩演变后,方案 3 风暴潮作用 3 d 后地形

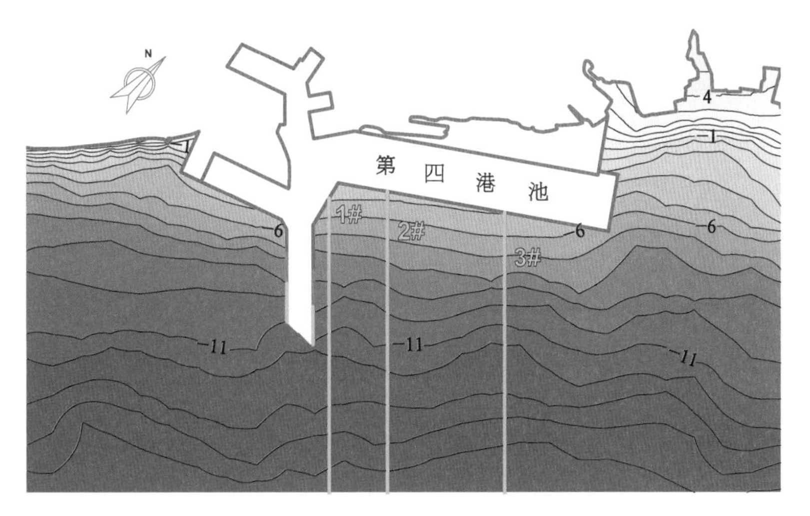

图 5-42 2009 年初始地形等深线

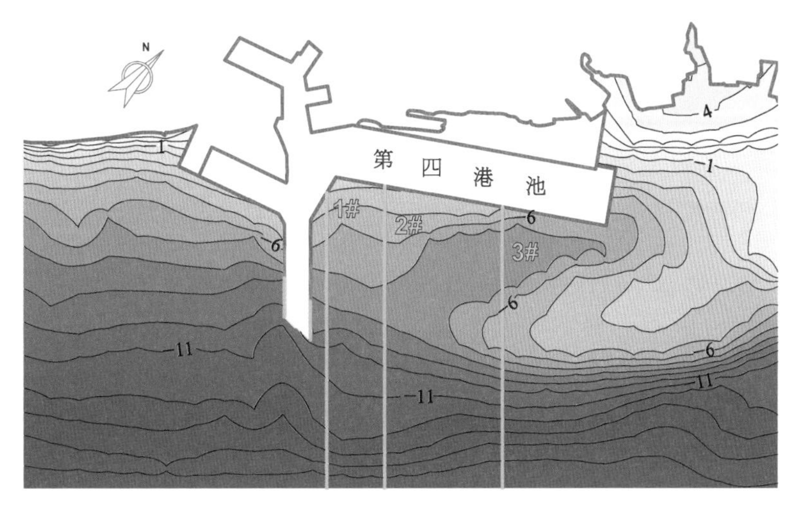

图 5-43 10 个水文年作用后的方案 3 地形等深线

图 5-44 15 个水文年作用后的方案 3 地形等深线

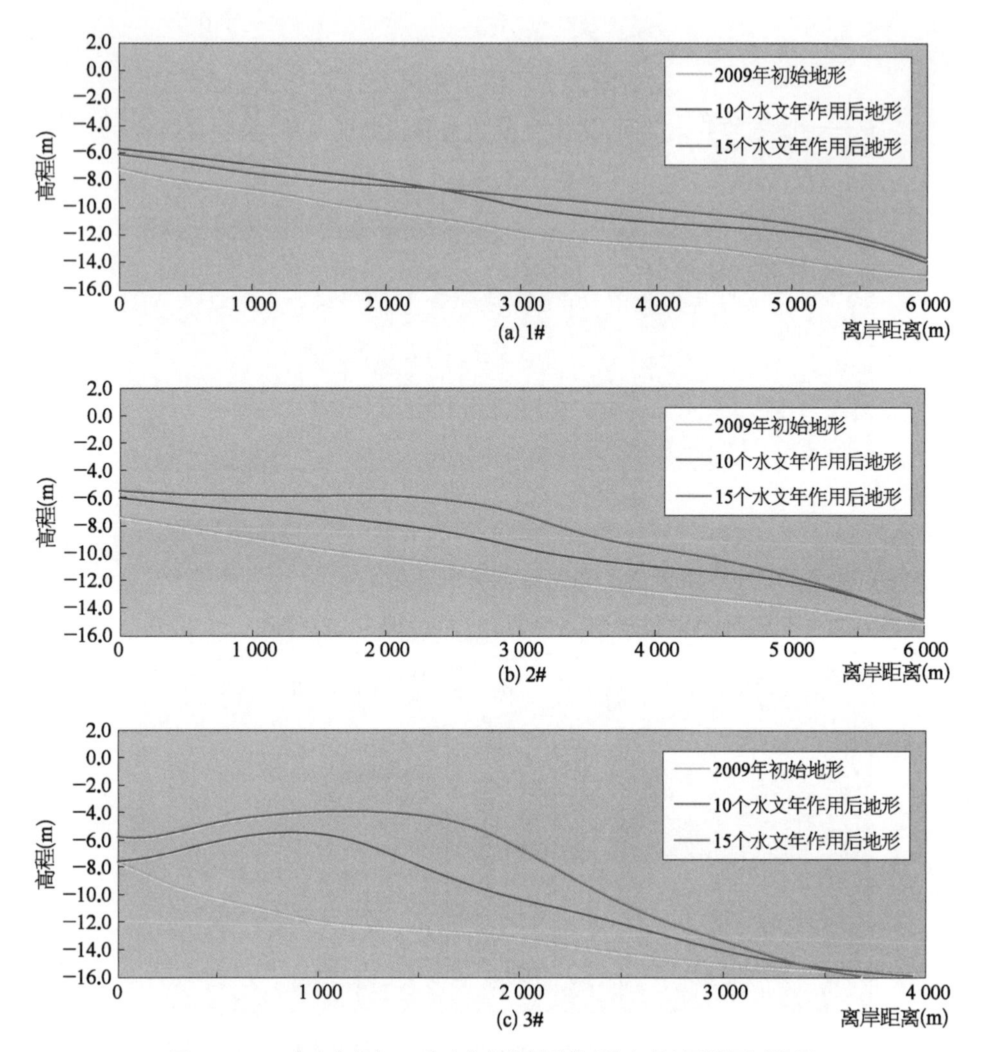

图 5-45　10 个水文年和 15 个水文年作用后地形与初始地形断面对比图

沙堤拐角处形成冲刷态势，而在东防浪挡沙堤外侧成为泥沙的淤积区域，且随着时间的推移，逐渐淤长。当遭遇大风浪天气，该区域泥沙将会运动至航道，引起航道的淤积。

图 5-46 分别给出了第 1 个 5 年、第 2 个 5 年和第 3 个 5 年平常浪作用下航道年平均淤积厚度沿程分布，表 5-13 则给出了对应的航道淤积分布特征值。结合图表可以看到，在 2009 年初始地形上，平常浪作用 1 年，航道泥沙总淤积量为 79 万 m^3，最大淤积厚度为 0.60 m，位于航道里程 6+250 处。第 1、2、3 个平常浪作用 5 年期间，年平均淤积总量分别为 90 万 m^3、113 万 m^3 和 139 万 m^3，对应的最大淤积厚度分别为 0.73 m、1.06 m 和 1.29 m，均呈现逐步递增的趋势，最大淤厚部位变化较小。

图 5-47 给出了 15 个水文年岸滩演变后，遭遇风暴潮航道淤积分布情况。结合表 5-13 可以看出，随着平常浪的长期作用，航道两侧滩地逐渐淤长，遭遇风暴潮时，航道淤积相应有一定程度增加。2009 年初始地形基础上，遭遇风暴潮，航道淤积总量为 230 万 m^3 左右，

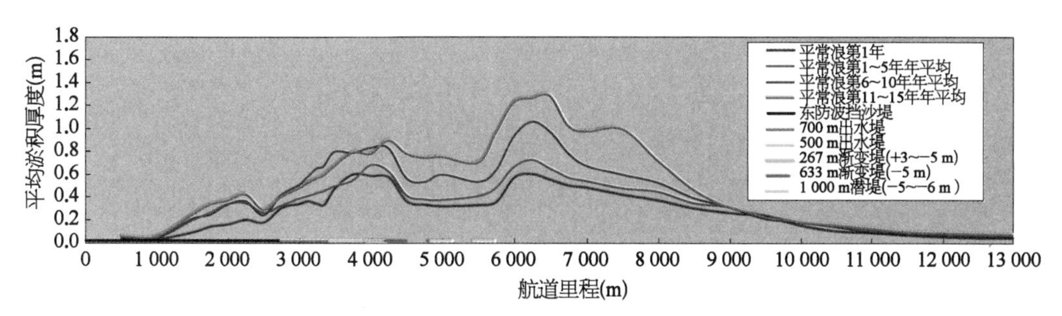

图 5-46 不同初始地形,方案3平常浪作用航道淤积分布对比图

表 5-13 方案4较长水文年系列试验航道淤积特征统计值

动力条件	地形条件	最大淤积点	最大淤厚(m)	平均淤厚(m)/淤积总量($\times10^4$ m^3)		
				1~7 km	1~10 km	1~13 km
平常浪作用	2009年初始地形	6+250	0.60	0.35/51	0.34/72	0.30/79
	第1—5年年均	6+250	0.73	0.43/59	0.41/83	0.36/90
	第6—10年年均	6+250	1.06	0.57/80	0.54/108	0.47/113
	第11—15年年均	6+500	1.29	0.67/96	0.64/132	0.55/139
风暴潮作用	2009年初始地形	7+000	2.11	0.73/120	0.84/214	0.74/230
	15个水文年后地形	7+500	4.52	1.14/181	1.38/356	1.19/368

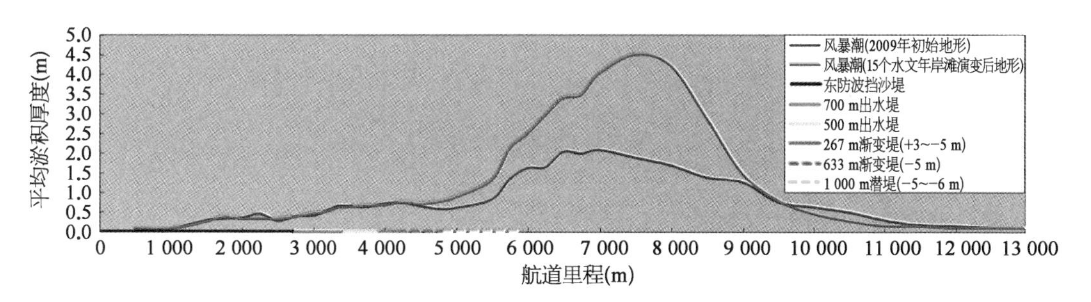

图 5-47 不同初始地形,方案4风暴潮作用3 d航道淤积分布对比图

最大淤积厚度为2.11 m。经过15年的较长水文年累积性淤长变化后,挡沙堤东北侧滩地普遍在-7 m以内。在这种地形条件下,当遭遇风暴潮时,处于强风暴潮破波带内,较强的沿岸输沙沿堤落淤,导致航道骤淤较为严重,最大淤积厚度达到4.52 m,航道淤积总量为368万 m^{3}左右。

综上所述,随着港池航道两侧滩地的累积性淤长变化,在平常浪天气和风暴潮作用下,航道泥沙淤积量均会有明显的增加。

京唐港区在我国粉沙质海岸率先建设了深水航道,结合上述研究,在20万吨级深水航道及第四港池建设后,应加强现场检测与研究工作的结合,密切关注岸滩演变及其对航道淤积的影响。

参 考 文 献

[1] 刘家驹.海港及海岸物理模型试验比尺选择[R].南京：南京水利科学研究院，1977.

[2] 李昌华.平原细沙河流动床模型试验的模型律及设计方法研究[R].南京：南京水利科学研究院，1977.

[3] 李昌华，金德春.河工模型试验[M].北京：人民交通出版社，1981.

[4] 陈子霞，等.毛里塔尼亚友谊港上游岸线淤积试验报告[R].南京：南京水利科学研究院，1979.

[5] 刘家驹，夏益民，孙林云.毛里塔尼亚友谊港下游岸线冲刷及防护措施试验研究[R].南京：南京水利科学研究院，1988.

[6] 中华人民共和国交通部.波浪模型试验规程：JTJ/T 234—2001[S].北京：人民交通出版社，2002.

[7] 刘家驹.海岸泥沙运动研究及应用[M].北京：海洋出版社，2009.

[8] 孙林云，刘建军，孙波，等.京唐港泥沙淤积及完善挡沙堤研究物理模型试验报告[R].南京：南京水利科学研究院，2005.

[9] 孙林云，孙波，等.粉沙质海岸京唐港航道风暴潮骤淤及整治关键技术研究[R].南京：南京水利科学研究院，2008.

[10] 孙林云，等.粉沙质海岸建港条件中的泥沙问题(一)——波浪作用下细沙及粉沙起动问题研究(初稿)[R].南京：南京水利科学研究院，1996.

[11] 刘建军，肖立敏，孙林云，等.唐山港京唐港区 20 万吨级航道工程波浪潮流泥沙物理模型试验研究[R].南京：南京水利科学研究院，2010.

[12] 徐啸，高亚军，孙林云.京唐港挡沙堤二期工程整体模型试验研究[R].南京：南京水利科学研究院，1995.

[13] 孙林云，尤玉明.京唐港附近海岸演变及沿岸泥沙运动分析研究[R].南京：南京水利科学研究院，1995.

[14] 孙波，孙林云，刘建军，等.京唐港自然条件及海岸泥沙运动分析[R].南京：南京水利科学研究院，2005.

第 6 章

粉沙质海岸航道泥沙淤积的预报

在泥沙淤积研究中，粉沙质海岸泥沙淤积预测是一个崭新的课题。本章结合黄骅港和京唐港的研究成果、实际淤积情况，探索开敞航道泥沙骤淤量预测模式，建立了粉沙质海岸航道泥沙淤积预测的计算公式。

6.1 航道泥沙淤积计算

6.1.1 三层模式计算

通过室内试验和现场观察资料，我们可以清楚看到，对于粉沙质海岸，由于泥沙组成中黏土含量较少，泥沙呈散粒体，颗粒间基本上没有黏结力，泥沙运移形态中不仅同时存在一定数量的悬移质和推移质，而且在大风天气下，在上层悬移质和推移质之间还有临底高浓度含沙水体层，这是粉沙质海岸在特殊大风下特有的一种泥沙运动形态。当风平浪静时水体含沙量较低，水体清澈，一般没有泥沙的剧烈运动。在一次大浪过程中，下层水体出现由不饱和挟沙到饱和挟沙的过程，而上层水体一直处于非饱和挟沙的过程。在悬移质垂线分布规律上，由于近底处含沙量和泥沙沉降速度均较大，临底泥沙在穿越航道过程中，基本上完全落淤，对航道危害最大。航道淤积一般主要是临底高浓度含沙水体层泥沙落淤所致。因此，按照上述分析，粉沙质海岸大风浪下非掩护航道的泥沙淤积计算模式，可概化为三部分：一是水体中上部的悬沙落淤，二是临底高浓度含沙水体层泥沙造成的淤积，三是推移质泥沙的淤积。目前悬沙落淤和推移质泥沙淤积计算公式较为成熟，这里主要研究对航道维护有重要影响的临底高浓度含沙水体层泥沙造成的淤积[1]。

6.1.1.1 黄骅港泥沙垂线分布现场实测结果

恶劣天气时，波浪、潮流作用下泥沙垂线分布的现场观测工作相当困难，资料难得，非常宝贵。本章收集了黄骅港 2003 年以来采用人工观测和自计取水仪器现场实测的含沙量资料。表 6－1 列出了 2003 年几场大风过程中，在－3.5 m 和－4.0 m 水深处，现场观测到的航道近侧沿程含沙量垂线分布。

表 6－1 实测垂线含沙量分布情况

时间	测站位置	含沙量(kg/m³)							垂线平均含沙量(kg/m³)
		表层	0.2*h*	0.4*h*	0.6*h*	0.8*h*	底层	滩面	
6 级风期观测(2003.3.21)	－3.5 m	1.99	2.01	2.04	2.41	2.98	3.77	5.12	2.46
	－4.0 m	2.56	2.59	2.62	2.66	2.82	4.57	5.94	2.85

(续表)

时　间	测站位置	含沙量(kg/m³)							垂线平均含沙量(kg/m³)
		表层	0.2*h*	0.4*h*	0.6*h*	0.8*h*	底层	滩面	
9级风后观测 (2003.4.18)	−3.5 m	0.95		1.07		1.60	2.38	5.05	1.40
	−4.0 m	0.55		0.58		0.78	2.00	5.02	0.85
5级风期观测 (2003.3.26)	−3.5 m		0.41				0.67	2.10	0.51
	−4.0 m		0.45				0.77	1.81	0.55

在6级风况下，上述两站滩面和底层的平均含沙量为4.85 kg/m³，滩面和底层平均含沙量与垂线平均含沙量的比值为1.82，与表层平均含沙量比值为2.34，含沙量垂线分布相对均匀；9级风后，滩面和底层平均含沙量为3.61 kg/m³，滩面和底层平均含沙量与垂线平均含沙量比值为3.22，与表层平均含沙量比值为4.83，上下层的梯度明显增大；5级风下，滩面和底层平均含沙量为1.3 kg/m³，滩面和底层平均含沙量与垂线平均含沙量比值为2.52，与表层平均含沙量比值为3.12。

上述资料显示，在一般大风情况下，临底高浓度含沙水体层不明显，但在特殊大风情况下，如2003年4月17日和5月7日，现场均观测到临底高浓度含沙水体层的存在。图6-1、图6-2给出了−4.0 m水深处临底含沙量随风况变化的过程。从图中可以看出，含沙量与风有很好的对应性，最大含沙量出现在风后期。4月17日临底平均最大含沙量为40 kg/m³，5月7日为20 kg/m³，含沙量大于10 kg/m³的水体厚度约为1.5 m；风后含沙量衰减较快，风后16 h底部含沙量衰减为1 kg/m³左右。

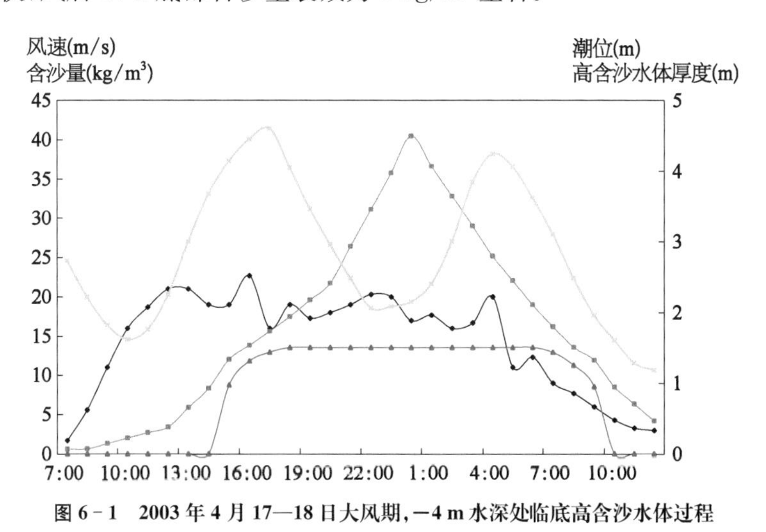

图6-1　2003年4月17—18日大风期，−4 m水深处临底高含沙水体过程

以上水槽试验结果和现场实测资料分析表明，在大风情况下，粉沙质海岸泥沙的运动形式主要表现为风浪掀沙潮流输沙，泥沙的输移方式主要表现为临底较高浓度泥沙水体层运移，临底高浓度含沙水体层的高度和含沙量随着波浪的强弱而变化，成为航道泥沙淤

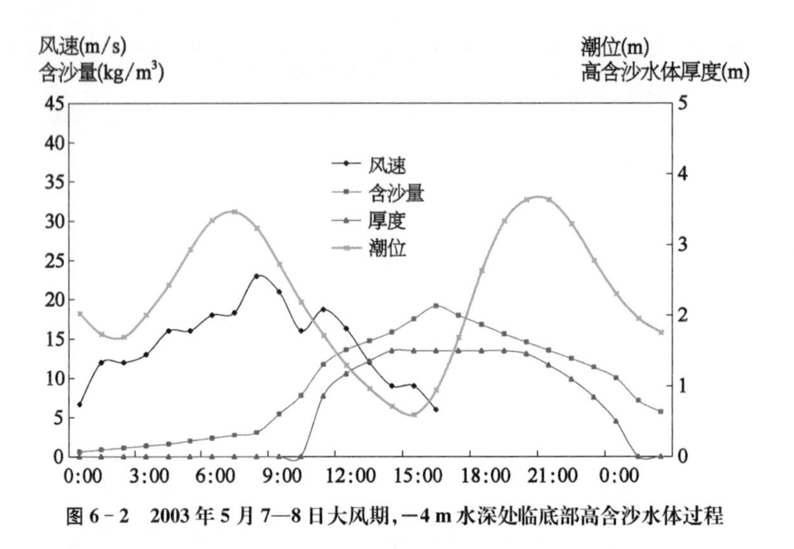

图 6-2　2003 年 5 月 7—8 日大风期，-4 m 水深处临底部高含沙水体过程

积的重要组成部分。

6.1.1.2　粉沙质海岸泥沙运动模式的理论分析

淤泥质海岸泥沙颗粒中值粒径小于 0.030 mm，泥沙颗粒间有黏结力，起动后即直接悬扬，泥沙以悬移形式运动。沙质海岸泥沙颗粒中值粒径大于 0.10 mm，颗粒间无黏结力，在破波区以外，泥沙运动以推移质为主，悬移质较少，只有大风浪时才有一定数量的悬移质。

粉沙质海岸泥沙颗粒中值粒径介于 0.03 mm 与 0.10 mm 之间，泥沙呈散粒体，颗粒间基本上没有黏结力，泥沙运动中不仅同时存在一定数量的悬移质和推移质，而且在特殊大风天气下，在悬移质和推移质之间邻近床面的水体中，还有底部的高浓度含沙水体，这是粉沙质海岸在特殊大风下特有的一种泥沙运动形态。

1) 悬移质

在粉沙质海岸上，波浪掀沙、潮流输沙仍是泥沙运移的重要方式与主要过程，在一般天气下，粉沙质海岸泥沙运动仍然以悬移质运动为主。悬移质泥沙在水流中运移虽然极不规则，时而上浮，时而下沉，但总体上仍是随流运移，其运移方向和速度与水流的方向和速度一致。

悬移质能在水中随流作长距离运移，主要为重力和紊动扩散力两者共同作用的结果。根据悬移质含沙量在垂线上分布特点，可以分为三个类型：悬扬型，发生在大风初期，紊动扩散力大于重力，泥沙开始悬扬，这个过程中，含沙量呈现上小下大的特点，水体含沙量增大较快；稳定型，大风过程中，水体紊动强烈，紊动扩散力与重力相当，上下层含沙量趋于均匀、稳定；沉降型，发生在风浪减弱时，紊动扩散力小于重力，泥沙开始沉降，含沙量呈现上小下大的特点，含沙量逐渐减小。

2）推移质

推移质泥沙运动的方式有滚动、跳跃、滑移等多种形式，主要特点是与床面保持接触。在粉沙质海岸，随着波浪作用力的增加，泥沙组成中的粗颗粒部分将形成推移质运动。

推移质运动在泥沙研究中尚欠成熟，主要原因：一是不易取得现场实测资料，二是现象复杂，理论研究很困难。目前多通过推移质输沙率来估算推移质泥沙运动的数量。

3）临底高浓度含沙水体层

临底高浓度含沙水体层是粉沙质海岸在大风天气下特有的一种泥沙运移形态，是泥沙输移的主要方式之一。存在于悬移质与推移质之间的邻近床面水体中，是悬移质与推移质的过渡区。上面与悬移质平滑过渡，无明确的分界线，下面以床面为界，与推移质泥沙频繁交换。

临底高浓度含沙水体层中的泥沙，按其运动特点来分仍属于悬移质。由于未板结的粉沙起动流速小，容易起动，沉降速度又大，容易沉积，因此泥沙沉聚在水体下部形成高浓度水体层，随水流运动，是航道淤积物的主要来源之一。由于其重要性，在研究粉沙质海岸泥沙运动时，需要特别关注临底高浓度含沙水体层。

6.1.1.3　计算公式

外航道泥沙淤积由三部分组成，用平均淤强表示为

$$\Delta_{总} = \Delta_s + \Delta_f + \Delta_b \tag{6-1}$$

式中　$\Delta_{总}$——总淤积速率；

Δ_s——悬移质产生的淤积速率；

Δ_f——临底高浓度含沙水体产生的淤积速率；

Δ_b——推移质产生的淤积速率。

下面分别介绍这三部分的淤强计算公式[2-6]。

1）悬移质淤强计算公式

悬移质淤积已有较成熟的计算公式，并在淤泥质海岸的外航道淤积计算中获得广泛应用，在粉沙质外航道淤积的主体悬移质淤积计算同样适用，今引用其中的一个研究成果。

以水沙运动为基础，考虑潮汐棱体影响，可得滩地悬移质单宽输沙进入外航道后的淤积为

$$\Delta_s = \left(h_s u_s s \pm \frac{h_\Delta b s}{T \sin\theta}\right) \frac{\sin\theta}{b \rho_1} \eta_s t \tag{6-2}$$

式中　h_s——主体水深，$h_s = h_1 - h_f$，其中 h_1 为边滩水深，h_f 为临底高浓度含沙水体厚度；

u_s——主体流速；
s——主体含沙量；
h_Δ——涨、落潮平均潮差；
T——涨、落潮平均潮段时间；
b——航道宽度；
θ——流向与航道轴线交角；
ρ_1——淤积土干密度；
η_s——航道截沙率；
t——计算时段。

上式淤积量与当地泥沙考虑水体挟沙能力后的悬沙落淤相当，即

$$\Delta_s = \frac{\alpha \omega s}{\rho_1}\left(1 - \frac{S_*}{S}\right)t \tag{6-3}$$

式中 α——泥沙淤积概率；
S_*——水体挟沙能力。

水体挟沙能力采用如下公式：

$$S_* = \alpha_s \rho \frac{u^2}{gh} \tag{6-4}$$

式中 α_s——系数；
g——重力加速度。

将式(6-4)代入式(6-3)，经整理后即可得悬移质进入外航道后平均淤积速率公式为

$$\Delta_s = \frac{\alpha \omega s t}{\rho_1}\left[1 - \left(\frac{h_1}{h_2}\right)^{0.56}\cos^2\theta - \left(\frac{h_1}{h_2}\right)^3 \sin^2\theta\right] \tag{6-5}$$

式(6-5)的详细推导过程见参考文献，该式已在我国外航道淤积计算中广泛应用，取得了良好结果。

2) 推移质的淤积计算

推移质淤积可利用推移质输沙率公式，波流共同作用下的推移质输沙率可用下式表示：

$$q_b = \alpha_b \frac{\rho_s \rho}{\rho_s - \rho}\frac{\omega_b}{\sqrt{gd}}\left(1 - \frac{u_e^2}{u_{cw}^2}\right)\frac{u_{cw}^3}{g} \tag{6-6}$$

式中 α_b——系数；
ρ_s——泥沙密度；
ρ——水密度；
ω_b——底沙沉降速度；

d——底沙粒径；

u_e——泥沙起动流速；

u_{cw}——波流共同作用下的流速。

推移质进入航道后全部落淤，因此推移质淤积可用下式表示：

$$\Delta_b = \frac{q_b \sin\theta}{\rho_2 b} t \tag{6-7}$$

式中　ρ_2——推移质淤积土的干密度。

将式(6-6)代入式(6-7)后得

$$\Delta_b = \alpha_b \frac{\rho_s}{\rho_s - \rho} \frac{\rho}{\rho_2} \frac{\omega_b}{\sqrt{gd}} \left(1 - \frac{u_e^2}{u_{cw}^2}\right) \frac{u_{cw}^3 \sin\theta}{gb} t \tag{6-8}$$

上式中 u_{cw} 可用下式计算：

$$u_{cw} = \sqrt{u_c^2 + u_w^2} \tag{6-9}$$

式中　u_c——水流速；

u_w——波浪底部质点水平速度。

3) 临底高浓度含沙水体层泥沙的淤积

临底高浓度含沙水体淤积计算可采用单宽输沙量落淤求得，波流共同作用下的输沙图示一般为波浪与水流共同掀沙造成“载沙量”，而水流 V_c 将此泥沙搬运，其输沙率可表示为

$$输沙率 = “载沙量” \times V_c$$

因而，临底高浓度含沙水体的单宽输沙率为

$$q_f = h_f u_f S_f \tag{6-10}$$

单宽输沙率 q_f 斜向进入航道后全部落淤，分摊在航道内临底高浓度含沙水体的流径上，该流径长度为 $b/\sin\theta$，因此临底高浓度含沙水体流入航道后的平均淤积速率为

$$\Delta_f = \frac{q_f \sin\theta}{\rho_1 b} t \tag{6-11}$$

将式(6-10)代入式(6-11)后得

$$\Delta_f = \frac{h_f u_f S_f \sin\theta}{\rho_1 b} t \tag{6-12}$$

式(6-12)为临底高浓度含沙水体淤积计算公式，但上式中的 h_f、u_f、S_f 是临底高浓度含沙水体的厚度、流速和含沙量，这几个参数都已有系统研究，为了工程应用上方便，也可对上式作进一步处理。

单宽输沙率进入航道落淤，平均分摊在航道内，这和航道内当地临底高浓度含沙水体

落淤量相当，即

$$\frac{h_f u_f S_f \sin\theta}{\rho_1 b} = \alpha_f \frac{\omega_f S_f}{\rho_1} \eta_f \tag{6-13}$$

式中 α_f——临底高浓度含沙水体的淤积概率；

η_f——临底高浓度含沙水体的落淤系数。

因为临底高浓度含沙水体进入航道后全部落淤，$\alpha_f = 1$ 和 $\eta_f = 1$，因此式(6-13)可写成下式：

$$\frac{h_f u_f S_f \sin\theta}{\rho_1 b} = \frac{\omega_f S_f}{\rho_1} \tag{6-14}$$

将式(6-14)代入式(6-12)，最后得

$$\Delta_f = \frac{\omega_f S_f t}{\rho_1} \tag{6-15}$$

式中 ω_f——临底高浓度含沙水体内的泥沙沉降速度。

式(6-15)也可作为方便于工程应用的临底高浓度含沙水体淤积计算公式，式中的参数 ω_f、S_f 和 ρ_1 都可通过试验、现场观测、理论分析求得。

4) 主要计算参数的选取

(1) 系数 α_s、α_b。宜通过现场实测淤积资料或室内试验数据确定，没有这些资料的情况下，也可选用 $\alpha_s = 0.45 \times 10^{-3}$，$\alpha_b = 4.77 \times 10^{-3}$。

(2) 计算时段垂线平均含沙量 S。波浪、潮流作用下水体的含沙量 S 与波流动力、泥沙水力特性及当地自然条件等因素有关，这里采用曹祖德波浪水流挟沙力公式，并引入波浪破碎造成的水质点速度的变化，利用黄骅港现场实测资料推算相关系数后，进一步推算出各处垂线平均含沙量。

$$S = \alpha \frac{\gamma_s \gamma}{\gamma_s - \gamma} \frac{(u_c + \beta u_w)^3}{gh\omega} \tag{6-16}$$

非破波情况下：

$$u_w = \frac{\pi H_{1/10}}{T \sinh\left(\frac{2\pi d}{L}\right)} \tag{6-17}$$

波浪破碎的情况下，假设波浪破碎情况时，水质点的运移速度与波速相同，波浪破碎时的能量转化为水体的动能和一部分耗散项，则

$$\frac{1}{8}\rho g H_b^2 = \frac{1}{2} h_b \rho u_w^2 + D \tag{6-18}$$

$$u_w = \frac{1}{2}\gamma (g\gamma_b H_b)^{0.5} \tag{6-19}$$

式中　u_c——水流的平均流速；

u_w——波浪最大水质点速度；

γ_b——破波指标，$\gamma_b = H_b/h_b$ 根据港工规范选取。

(3) 临底高浓度含沙水体含沙量 S_f[4-5]

理论上临底高浓度含沙水体含沙量 S_f 可以由下式积分求得：

$$S_f = S\left(\frac{h-z}{h-0.65h}\right)^{-\frac{\omega_d}{\beta k U_*}} \exp\left[-\frac{(\omega_d-\omega_s)(z-0.65h)}{\beta k U_* h}\right] \tag{6-20}$$

但是相当烦琐。为了简化计算方法，可取 $0.5h_s$处的含沙量近似代表临底高浓度含沙水体平均含沙量 S_f。

$$S_f = S\left(\frac{0.5h_s}{h-0.65h}\right)^{-\frac{\omega_d}{\beta k U_*}} \exp\left(-\frac{(\omega_d-\omega_s)(0.35h-0.5h_s)}{\beta k U_* h}\right) \tag{6-21}$$

(4) 临底高浓度含沙水体厚度

根据水槽试验及现场资料分析，h_f 很小，在水槽试验中 h_f 为 3～5 cm，为 $0.1h$，现场实测资料结果显示，h_f 与波浪的大小关系密切，现场实测资料结果为 0.1～1.0 m。根据赵冲久等的研究结果，h_f 与底部沙纹长度有关，可由下式确定：

$$h_f = 0.1Ls = 0.1\frac{a_m \sigma}{\omega_d}\eta \tag{6-22}$$

$$a_m = \frac{H}{2\sinh(kd)} \tag{6-23}$$

式中　σ——波浪圆频率，$\sigma = \frac{2\pi}{T}$；

ω_d——泥沙沉降速度；

η——系数，根据黄骅港现场实测资料分析 $\eta = 300d_{50}$。

(5) 临底平均流速[5]

水流的垂线流速分布采用对数流速分布公式：

$$\frac{\bar{u}-u}{u_{*c}} = \frac{1}{\kappa}\ln\frac{h-0.60h}{h-z} \tag{6-24}$$

式中　u_{*c}——水流的摩阻流速，$u_{*c} = \bar{u}/C_0$。其中 $\bar{u}$ 为水流平均流速；C_0 为无因次谢才系数，$C_0 = C/\sqrt{g}$，$C = \frac{1}{n}h^{\frac{1}{6}}$。

所以临底平均流速 u_f 为

$$\frac{\bar{u}-u_f}{u_{*c}} = \frac{1}{\kappa}\ln\frac{h-0.60h}{0.5h_s} \tag{6-25}$$

(6) 泥沙沉降速度

泥沙沉降速度是计算泥沙淤积的主要参数,对于粒径小于 0.03 mm 泥沙颗粒,在海水中表现为絮凝状态,其沉降速度为 0.000 4～0.000 5 m/s,对于大于 0.03 mm 泥沙颗粒在海水中不再絮凝,其沉降速度可按单颗粒沉降速度考虑。因此,泥沙的综合沉降速度按泥沙级配中不同粒径不同沉降速度的加权平均沉降速度计算。从黄骅港泥沙级配可以看出,小于0.03 mm 泥沙颗粒占到 40%,这部分泥沙按絮凝沉降速度考虑,其余大于 0.03 mm 的60%的泥沙需按单颗粒沉降速度分组考虑。其加权综合平均沉降速度可由下式计算:

$$\omega = \sum p_i \omega_i \tag{6-26}$$

式中 p_i——各组粒径泥沙的百分比;

ω_i——相应于 i 粒径的沉降速度。

根据黄骅港泥沙级配可得加权综合平均沉降速度: $\omega = 0.08$ cm/s。

(7) 计算时段 t

计算大风骤淤时,应根据风资料统计得出不同风级下的风作用延续时间,一般情况下,风级大则风持续作用时间也长。

(8) 起动流速

应通过泥沙起动试验确定该区泥沙分别在水流、波浪、波流共同作用下的泥沙起动流速。

6.1.2 考虑复合沿岸输沙的航道淤积预测计算

根据能量输沙原理,考虑到波流相互作用中底质摩阻和水体紊动对流速产生的影响,提出并完善了复合沿岸输沙率计算公式:

$$Q = \frac{0.6 \times 10^{-2}}{(\rho_s - \rho) g} I_r^{-1/2} (EC_g)_b \frac{V_m}{\omega} \tag{6-27}$$

$$V_m = \sqrt{V_l^2 + V_c^2 - 0.3 V_l V_c} \tag{6-28}$$

$$V_l = 1.59\, m^{-0.424} I_r^{7/8} u_{mb} \sin \alpha_b \cos \alpha_b \tag{6-29}$$

利用上述公式,对粉沙质海岸唐山港京唐港区复合沿岸输沙进行计算。首先需要确定岸滩坡度、泥沙粒径和波浪要素等参数。

6.1.2.1 主要参数确定

1) 岸滩坡度

京唐港区附近海岸岸滩坡度,在近岸 −2 m 等深线以内相对较陡,约为 1/60。−5 m 等深线以外海床坡度相对比较平缓,一般为 1/400～1/500,−8 m 等深线以外更为平缓,大约为 1/750。京唐港区沿岸水下沙坝一般在 −2～−3 m 等深线附近,这是中等以上尺度波浪破碎点位置。

岸滩坡度的选取，跟波浪大小密切相关。平常浪作用下，波浪一般在－2 m以内等深线破碎，岸滩坡度可选取1/60。当遭遇较大波浪，如2003年风暴潮期间，波浪为25年一遇左右，波浪在－5 m等深线附近破碎，岸滩坡度应选取1/400～1/500，可取1/450。

2) 泥沙粒径

京唐港区底质自岸向海，岸滩泥沙依次为细沙、粉沙、黏土质粉沙和淤泥。在近岸波浪破碎区及沿岸输沙区(0～－3 m等深线之间)为细沙，d_{50}为0.10～0.16 mm；在－3～－10 m等深线之间为粉沙，d_{50}为0.03～0.10 mm，其中0.06 mm以上泥沙分布较广，尤其反映在－8 m以浅水域，此区域也是泥沙运动活跃区；－10 m等深线以深取样范围内区域为黏土质粉沙，属粉沙与淤泥的过渡带，d_{50}为0.01～0.03 mm。

平常浪作用下，复合沿岸输沙主要发生在－2 m等深线，d_{50}可取0.125 mm。2003年风暴潮期间，复合沿岸输沙主要发生在－8 m等深线以内，d_{50}可取0.09 mm。

3) 波浪参数

(1) 深水波浪要素。根据前面给出的京唐港区外海深水波浪要素推算结果，见表6-2。北向代表波$H_{1/10}=1.71$ m，周期$T=6.79$ s，波向角为26°，作用历时为65.3 d。南向代表波$H_{1/10}=1.20$ m，周期$T=6.14$ s，波向角为27°，作用历时为38.6 d。北向大浪采用2003年10月风暴潮期间的大浪推算结果，$H_{1/10}=4.69$ m，周期$T=8.56$ s，波向角为22.5°，作用历时为3 d。

表6-2 京唐港区海域深水波浪要素推算结果

波 要 素	北向代表波	南向代表波	北向大浪*
$H_{1/10}$大波波高(m)	1.71	1.20	4.69
均方根波高(m)	0.95	0.67	2.61
周期(s)	6.79	6.14	8.56
合成方向(°)	75	185	67.5
波向角(°)	26	27	22.5
历时(d)	65.3	38.6	3

注：北向大浪依据2003年的风暴潮期间的大浪推算结果，作用时间按照3 d考虑，下同。

(2) 破波角。当海底等深线完全平行时，Le Meaute和Koh建议按下式计算破波角[7]：

$$\alpha_b=\alpha_0(0.25+5.5H_0/L_0) \tag{6-30}$$

根据深水波浪要素，按照式(6-30)可求得北向代表波、南向代表波及北向大浪的破波角分别为9.9°、9.42°和10.7°。

(3) 破碎波高。Le Meaute根据试验资料得到破碎波高的经验关系式[7]：

$$\frac{H_b}{H'_0}=0.76\,(\tan\beta)^{1/7}\,(H'_0/L_0)^{-1/4} \tag{6-31}$$

式中，H'_0为考虑折射绕射后的等价深水波高，当等深线完全平行时[8]：

$$H'_0=\kappa H_0 \tag{6-32}$$

折射系数 κ：

$$\kappa=\sqrt{\frac{\cos\alpha_0}{\cos\alpha_b}} \tag{6-33}$$

联合式(6-31)～式(6-33)，可分别求得北向代表波、南向代表波及北向大浪的破碎波高依次为 1.79 m、1.33 m 和 4.19 m。

(4) 破碎水深。海滩上的破碎指标为[8]

$$\gamma_b=\frac{H_b}{h_b} \tag{6-34}$$

$$\gamma_b=0.72+5.6\tan\beta \tag{6-35}$$

根据破碎波高，可分别求出北向代表波、南向代表波及北向大浪的破碎水深分别为 2.20 m、1.63 m 和 5.72 m，即代表波破波水深基本在－2 m 等深线以内，北向大浪破波水深为－5～－6 m 等深线，这表明前面根据不同波浪要素选择的岸滩坡度和泥沙粒径是合理的。

(5) 破波带平均沿岸流。式(6-29)给出了破波带平均沿岸流计算公式，$u_{mb}=\sqrt{2E_b/\rho H_b}$ 为破波时底部水质点最大轨迹速度(m/s)；$E_b=\frac{1}{8}\rho g H_b^2$ 为海底单位面积上的破波能量(kg/s^2)。

将相关参数代入计算，可得北向代表波、南向代表波及北向大浪的破波带平均沿岸流分别为 0.23 m/s、0.21 m/s 和 0.15 m/s。北向大浪由于岸滩坡度较缓，破波带平均沿岸流相对较小。

4) 潮流参数

潮流流速根据潮流数学模型计算结果，北向代表波和南向代表波时，考虑代表潮型，－2 m 等深线以内的平均流速。2003 年 10 月北向大浪期间，根据风暴潮潮流预报结果，采用－6 m 等深线以内的平均流速。

5) 复合沿岸流

将破波带平均沿岸流和潮流参数代入式(6-28)，可以得出复合沿岸流。

6.1.2.2 航道淤积预测

将上述确定的各参数代入式(6-27)，考虑复合沿岸输沙，北向代表波年输沙为 61.7

万 m^3，南向代表波年输沙为 14.1 万 m^3。目前，京唐港区的航道为 20 万吨级，上述两个方向的沿岸输沙均会落淤至航道。因此，平常浪作用 1 年，航道淤积量为 75.8 万 m^3，这与京唐港区年维护量是吻合的。

当遭遇 2003 年 10 月中旬风暴潮，考虑复合沿岸输沙，预测的京唐港区航道淤积量为 203.1 万 m^3。2003 年 10 月风暴潮前后京唐港航道淤积总量为 186 万 m^3 左右，可能有部分泥沙越过航道，实际输沙量应该略大于航道里的淤积量。

将上述参数，分别代入到仅考虑波浪作用的 CERC 公式和刘家驹公式，可以看到两个公式计算的结果较为接近，北向代表波年输沙在 30 万 m^3 左右，南向代表波年输沙在 10 万 m^3 以内。北向大浪的输沙仅为 30 万 m^3 左右，明显小于实测的航道淤积量。

综上所述，平常浪和风暴潮大浪条件下，采用复合沿岸输沙率计算公式预测的航道淤积，在粉沙质海岸京唐港区均得到了较好应用。进一步表明，京唐港区粉沙质海岸的沿岸输沙是波浪与潮流共同作用的结果，其泥沙输移特性与沙质海岸沿岸输沙有所区别。

表 6－3　京唐港区航道淤积预测　　(单位：万 m^3)

预测模式	北向代表波	南向代表波	北向大浪*
复合沿岸输沙率计算公式	61.7	14.1	203.1
CERC 公式	30.3	7.7	28.4
刘家驹公式	33.7	8.6	31.7

6.2　骤淤统计特性及骤淤预测

大风淤积量的计算是复杂而烦琐的过程，每一场大风均需要进行波浪、流场、含沙量、淤积等计算，工作量巨大，工程应用极不方便，因此在工程精度允许的范围内，可需求一种基于概率统计的方法。

6.2.1　骤淤统计特性

黄骅港煤炭港区由南北防波堤环抱组成(图 6－3)，一期工程的堤头位于－2.5 m 水深处，进港航道设计水深为－11.5 m，底宽为 140 m，航道方位为 55°～235°，长 27.5 km。1997 年黄骅港开始全面施工，1999 年开挖港池和内航道，2000 年初外航道进入了全面施工，从 3 月至 9 月，航道开挖比较顺利，进入 10 月份以后，外航道出现较强的泥沙淤积。在 2000 年 12 月底至 2001 年 2 月底的两个月期间，航道回淤严重，全航道总共淤积了 600 多万 m^3。由于回淤土层标贯值高达 19～26，维护疏浚施工效率较低，于 2001 年 6 月调整了外航道方位，自 3＋000 处航道方位从 55°改向为 59.5°，航道长 31 km。2001 年以后，航道淤积依然相当严重，航道开挖始终未能达到设计水深，一次大风的骤淤量达到 100 万～

300 万 m^3，2003 年 10 月 10 日大风造成外航道骤淤量超过 900 万 m^3。黄骅港航道泥沙淤积主要是大风天气下的骤淤，外航道的泥沙骤淤严重制约了黄骅港的发展。2003 年底在大量试验研究的基础上经专家论证，决定实施外航道整治工程。整治工程的南北防沙堤均长 10.5 km，堤头位置在航道里程 W10＋500，其中 W0＋000（一期堤头）—W8＋000 堤顶高程＋3.5 m，W8＋000—W10＋500 堤顶高程由 ＋3.5 m 渐变至－1.0 m，坡降约为 1.8‰。外航道整治工程于 2004 年 5 月开工，2005 年 9 月全面完工，整治工程的实施，基本解决了外航道泥沙骤淤问题，2006 年航道水深已开挖到－13.0 m 以上，通航条件得到了较大改善。

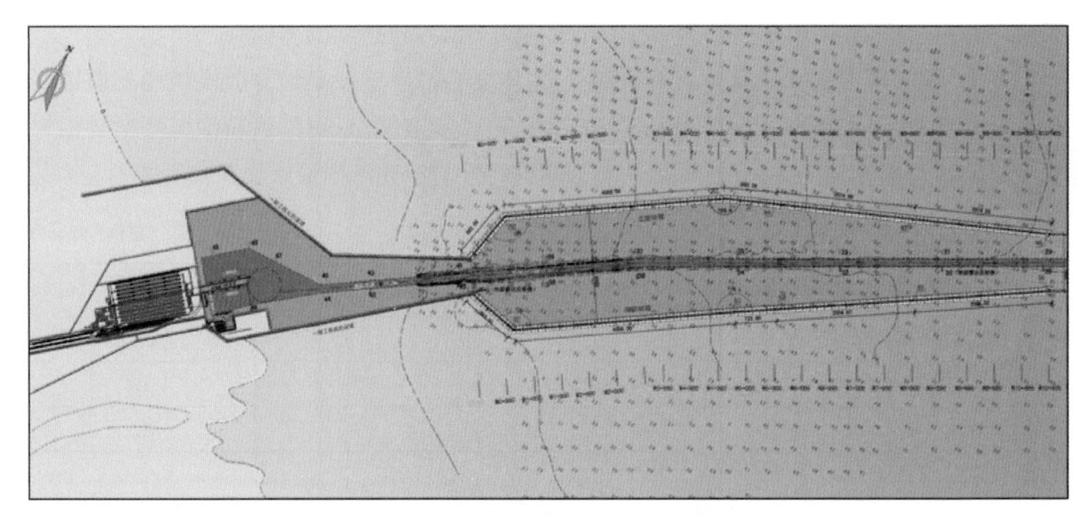

图 6－3　黄骅港延堤整治工程平面布置图

1) 整治工程前

整治工程前黄骅港外航道大风骤淤问题最为突出，2002 年 1 月至 2003 年 10 月时期内，外航道共发生 6 次较强淤积。从不太完整的短期水深图和疏浚量统计，2002 年 3 场大风短时期的总淤积量达 770 万 m^3，2003 年 3 场大风短时期的淤积量更高达 1 320 万 m^3，特殊大风作用下的外航道强淤现象十分明显，对航道的维护带来很大影响。表 6－4 显示了 6 场大风淤积的沿程分布情况。

表 6－4　6 次特殊大风各时段淤积情况

里　程	2002－3－1 淤积量（万 m^3）	2002－4－22 淤积量（万 m^3）	2002－10－17 淤积量（万 m^3）	2003－4－17 淤积量（万 m^3）	2003－5－7 淤积量（万 m^3）	2003－10－10 淤积量（万 m^3）
0＋0—1＋0	7.7	5.9	16.2	12.7	3.6	19.2
1＋0—2＋0	11.7	12.5	21.2	19.0	7.5	23.7
2＋0—3＋0	9.7	16.3	21.8	26.0	7.5	29.7

(续表)

里　程	2002-3-1 淤积量（万 m^3）	2002-4-22 淤积量（万 m^3）	2002-10-17 淤积量（万 m^3）	2003-4-17 淤积量（万 m^3）	2003-5-7 淤积量（万 m^3）	2003-10-10 淤积量（万 m^3）
3+0—4+0	8.4	20.4	25.8	28.5	7.6	40.2
4+0—5+0	11.5	23.4	21.8	28.1	7.6	48.6
5+0—6+0	13.6	24.8	21.2	26.7	10.4	49.7
6+0—7+0	13.7	25.3	18.2	23.9	9.3	51.9
7+0—8+0	13.1	26.5	17.2	23.9	7.9	53.6
8+0—9+0	12.7	20.0	17.2	19.3	9.3	53.6
9+0—10+0	9.1	17.7	18.2	13.2	7.5	57.0
10+0—11+0	8.3	13.4	16.5	11.8	7.8	51.8
11+0—12+0	7.6	12.5	17.5	8.7	8.2	51.5
12+0—13+0	4.6	11.7	20.5	8.7	5.4	45.9
13+0—14+0	7.0	14.2	8.5	5.9	4.4	46.8
14+0—15+0	5.8	11.9	7.5	5.9	4.4	45.2
15+0—16+0	5.5	4.2	4.5	4.5	4.3	45.1
16+0—17+0	5.5	6.3	3.3	3.1	4.9	41.3
17+0—18+0	5.5	6.3	3.3	3.1	4.9	36.3
18+0—19+0	4.9	7.5	3.3	3.1	4.6	33.3
19+0—20+0	4.9	11.7	3.3	3.1	4.6	28.0
20+0—21+0	4.9	10.9	3.3	3.1	4.6	23.4
累　积	175.7	303.4	290.3	282.3	136.3	875.9

2）整治工程后

自2004年9月底整治工程完成防沙堤±0.0 m堤顶高程，2005年9月全部完工。在2年的施工期和近1年的施工完成后，航道淤积经历了大风的检验，特别是2005年8月9日的麦莎台风，风后航道掩护段内的淤积量大幅下降，与工程前同等风况相比，平均减淤率达56%～68%，与预测的减淤率基本相同。新口门W10+50—W13+000段，整治工程施工期淤积量和整治工程前同等风况相比，基本维持不变。整治工程后，掩护段内的底质情况较整治工程前出现较大变化，底质呈细化趋势，疏浚泥浆的进舱浓度相应提高，航道淤积物的可挖性得到明显改善。整治工程实施后淤积重心的位置外移至航道里程约15+000—16+000，外推约7 km，或者与抛泥区的距离缩短了7 km左右。淤积重心的外移对降低疏浚维护费用、降低能耗起到了积极的作用。

整治工程的实施，基本解决了外航道的泥沙骤淤问题，2006年航道水深已开挖到－13.0 m以上，通航条件得到了较大改善。

6.2.2 基于“有效风能概念”的骤淤预测[9-11]

1) “有效风能”概念

航道淤积由泥沙运移产生，泥沙运移的能量来源于波浪，波浪的能量来源于风，风对水体输入的能量是由风在水面剪切力对水体作功而形成，即

$$E_w = \tau_w u \tag{6-36}$$

式中 E_w——风对水体所作的功；

τ_w——风在水面处的剪切力；

u——风引起的水体运动。

风对水面的剪切力 τ_w 可由下式计算：

$$\tau_w = \rho_a f_w w^2 \tag{6-37}$$

式中 ρ_a——空气密度；

f_w——风摩阻系数；

w——风速。

风引起的水体速度 u 可由下式计算：

$$u = \alpha_v w \tag{6-38}$$

式中 α_v——系数，根据已有试验观测资料，其值为 0.02～0.03。

将式(6-37)和式(6-38)代入式(6-36)得

$$E_w = \alpha_v f_w \rho_a w^3 \tag{6-39}$$

风速为 w 和历时为 t 的大风对水体输入的能量可用下式表示：

$$E_w = \alpha_v f_w \rho_a w^3 t \tag{6-40}$$

大风过程中，风速和历时不断变化，因此一场大风过程中风对水体输入的能量应用下式表示：

$$E_w = \alpha_v f_w \rho_a \sum w^3 t \tag{6-41}$$

由于泥沙运移存在阀值，只有水体运动超过此阀值，泥沙才有可能发生运移，并对航道形成淤积。根据现场观测，只有当风速达到 6 级以上，且历时达到 2 h 后，航道才发生明显淤积。因此，造成航道淤积的风能应由下式表示：

$$E'_w = \alpha_v f_w \rho_a (w_6^3 t_6 + w_7^3 t_7 + w_8^3 t_8 + w_9^3 t_9 - w_6^3 t_0) \tag{6-42}$$

或

$$E'_w = \alpha_v f_w \rho_a [w_6^3 (t_6 - t_0) + w_7^3 t_7 + w_8^3 t_8 + w_9^3 t_9] \tag{6-43}$$

式中　w_6、w_7、w_8、w_9——分别为6级、7级、8级、9级风速；

t_6、t_7、t_8、t_9、t_0——分别为角标对应风级的风时；

t_0——临界历时，可取 $t_0=2$ h。

式(6-42)和式(6-43)即为产生航道淤积的有效风能。

2) 淤积公式的建立

(1) 理论基础。今考虑航道淤积由风浪掀沙所造成。风形成浪，浪掀起沙，泥沙流入航道发生淤积。因此，风是航道淤积的关键源头因素，风况测取和收集也比较容易。

设泥沙运动的能量来自波浪，波浪的能量来自风，即

$$E_s=\alpha_{sv}E_v \tag{6-44}$$

$$E_v=\alpha_{vw}E_w \tag{6-45}$$

式中　E_s、E_v、E_w——分别为泥沙运动、波浪和风的能量；

α_{sv}、α_{vw}——分别为相应的能量传递系数。

在上式中消去 E_v，并令 $\alpha_{sw}=\alpha_{sv}\alpha_{vw}$，则得

$$E_s=\alpha_{sw}E_w \tag{6-46}$$

式中　α_{sw}——风对泥沙运动的能量传递系数。

在粉沙质海岸上，风浪作用下泥沙运动的形态有多种，如悬移质、临底高浓度含沙水体和推移质。因此，泥沙运动能量也应包括这几部分，即

$$E_s=E_{s1}+E_{s2}+E_b+\cdots=E_{s1}\left(1+\frac{E_{s2}}{E_{s1}}+\frac{E_b}{E_{s1}}+\cdots\right) \tag{6-47}$$

式中　E_{s1}、E_{s2}、E_b——分别为悬移质、临底高浓度含沙水体和推移质的能量。

由于悬移质比较简单，易于测取，在泥沙运动过程中，各种泥沙运移形态之间因动力不同而形成一定的比例，如令：$\alpha_s=1+\frac{E_{s2}}{E_{s1}}+\frac{E_b}{E_{s1}}+\cdots$，则式(6-47)可简写为

$$E_s=\alpha_sE_{s1} \tag{6-48}$$

式中　α_s——泥沙运移形态能量比例系数，α_s 常大于1。

风浪过程中，悬移质克服各种阻力而悬扬后的能量可用下式表示：

$$E_{s1}=\alpha_{s1}Sh\omega_st\uparrow \tag{6-49}$$

式中　S——水体含沙量；

h——水深；

ω_s——泥沙沉降速度；

$t\uparrow$——悬浮时间；

α_{s1}——系数。

由上式可得

$$S=\frac{E_{s1}}{\alpha_{s1}h\omega_s t\uparrow} \tag{6-50}$$

航道淤积应由各种运移形态的泥沙可组成，即

$$P_s=P_{s1}+P_{s2}+P_b+\cdots=P_{s1}\left(1+\frac{P_{s2}}{P_{s1}}+\frac{P_b}{P_{s1}}+\cdots\right) \tag{6-51}$$

式中 P_s——总淤强；

P_{s1}、P_{s2}、P_b——分别为悬移质、临底高浓度含沙水体和推移质所形成的淤强。

悬移质淤强比较容易计算，各类运移形态泥沙淤强间成一定比例，如令

$$\alpha_p=1+\frac{P_{s2}}{P_{s1}}+\frac{P_b}{P_{s1}}+\cdots$$

$$P_s=\alpha_p P_{s1} \tag{6-52}$$

根据已有研究，悬移质淤积可由下式计算：

$$P_{s1}=\frac{\alpha S\omega_s t\downarrow}{\gamma_c}\eta \tag{6-53}$$

式中 α——沉降系数；

$t\downarrow$——沉降时间；

γ_c——淤积物干容重；

η——淤积率。

将式(6-50)中的 S 代入式(6-53)得

$$P_{s1}=\frac{\alpha\eta t\downarrow}{\alpha_{s1}\gamma_c h t\uparrow}E_{s1} \tag{6-54}$$

进一步将式(6-48)和式(6-52)代入式(6-54)得

$$P_s=\frac{\alpha_{sw}\alpha_p\alpha\eta t\downarrow}{\alpha_s\alpha_{s1}\gamma_c h t\uparrow}E_w \tag{6-55}$$

(2) 淤积预报公式的建立。

将式(6-41)代入式(6-55)，得

$$P_s=\frac{\alpha_{sw}\alpha_v\alpha_p\alpha\eta\rho_a f_w t\downarrow}{\alpha_s\alpha_{s1}\gamma_c h t\downarrow}\sum w^3 t \tag{6-56}$$

令 $\alpha_{pw}=\dfrac{\alpha_{sw}\alpha_{v}\alpha_{p}\alpha\eta\rho_{a}f_{w}t\downarrow}{\alpha_{s}\alpha_{sl}\gamma_{c}t\downarrow}$，则上式可简化为

$$P_{s}=\frac{\alpha_{pw}}{h}\sum w^{3}t \tag{6-57}$$

全航道淤积可利用上式分段计算累积而得

$$Q=\alpha_{pw}\sum_{i=1}^{i=n}\left(\frac{\Delta l_{i}}{h_{i}}\right)b\sum w^{3}t \tag{6-58}$$

式中 Q——总淤积量；

Δl_{i}——分段长度；

n——分段数，$n=l/\Delta l$，l 为航道全长；

b——航道宽度。

航道边滩平均深度可用下式计算：

$$\frac{1}{h_{a}}=\frac{1}{n}\sum_{i=1}^{i=n}\left(\frac{1}{h}\right) \tag{6-59}$$

将式(6-59)代入式(6-58)，得

$$Q=\frac{\alpha_{Qw}bl}{h_{a}}\sum w^{3}t \tag{6-60}$$

由于一场大风淤积过程包括大风直接作用于水体的有效风能引起的淤积和大风过后由于波浪衰减、水体含沙量迟后等所引起的淤积，因此为使用方便又可将式(6-60)改写成：

$$Q=\frac{\alpha_{Qw}bl}{h_{a}}\left[w_{6}^{3}(t_{6}-t_{0})+w_{7}^{3}t_{7}+w_{8}^{3}t_{8}+w_{9}^{3}t_{9}\right]+Q' \tag{6-61}$$

式中 α_{Qw}——淤积系数；

Q'——一场大风过程中有效风能作用之外的淤积，可通过实测资料率定。

3) 公式的率定

式(6-61)中各系数可通过实测资料率定，对于不同港口而言率定后的系数不同。本章以黄骅港2004—2007年发生的数次大风淤积为依据，利用这些大风淤积的实测资料对式(6-61)进行率定。

式(6-61)可由两种方法率定：① 可将多次大风淤积实测值代入式(6-61)中，由其中任意两个方程求解；② 可以多次大风实测淤积值为样本，由曲线拟合得到。但式(6-61)中的 Q' 为大风过后由于波浪衰减、水体含沙量迟后等所造成的淤积，实际上对于不同大风过程而言 Q' 值是不同的，如由方程求解则有多组数值，因此选用曲线拟合率定两个未知参

数，此时的 Q' 值可近似认为是平均值，同时由于 Q' 所占总体淤积比例较小，也不会产生量级上的误差。

今以黄骅港外航道整治工程开始为时间节点，分别应用工程前后的实测大风淤积对公式进行了率定。

(1) 整治工程前。

① 航道尺度。航道设计底标高－11.5 m，航道宽度 140 m，航道边坡坡度 1∶5，航道长度 21 km。工程前所有实测淤积量均在该尺度下。

② 率定结果。图 6－4 为利用黄骅港整治工程前多次实测大风淤积及其对应的有效风能得到的关系曲线，曲线公式为

$$Q=76.1E'_{w}+36 \tag{6-62}$$

或改写为

$$Q=76.1[w_6^3(t_6-t_0)+w_7^3t_7+w_8^3t_8+w_9^3t_9]\times10^{-8}+36 \tag{6-63}$$

令 $\dfrac{\alpha_{Qw}bl}{h_a}=76.1$，将航道尺度代入后可得 $\alpha_{Qw}=0.001$。

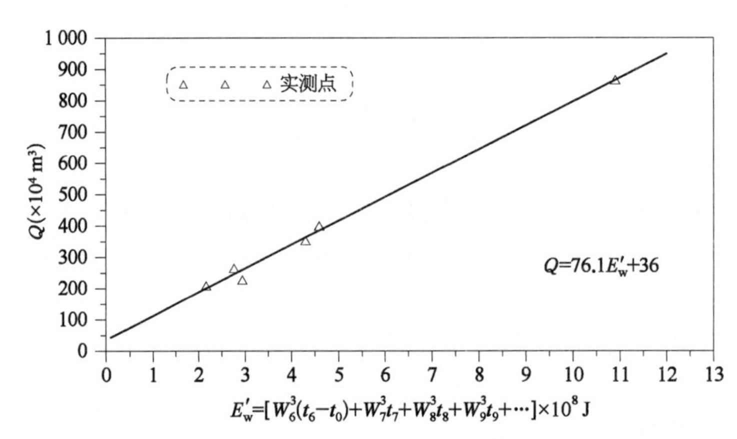

图 6－4　有效风能与黄骅港整治工程前外航道淤积量关系曲线

经整治工程前大风淤积量检验，误差最大为 14%，平均为±5%，见表 6－5。

表 6－5　大风作用下黄骅港外航道相应淤积量表

序　号	日　期	有效风能	实测值(万 m³)	预测值(万 m³)	误　差
1	2002.3.1	2.94	228	260	−14%
2	2002.3.24	2.76	265	246	7%
3	2002.10.18	4.30	353	363	−3%
4	2003.4.13	4.59	400	385	4%
5	2003.4.21	2.16	209	200	4%
7	2003.10.11	10.9	866	866	0

(2) 整治工程后。

① 航道尺度。航道设计底标高－14.5 m，航道宽度 170 m，航道边坡坡度 1∶5，航道长度 31 km。工程后所有实测淤积量均在该尺度下。

② 率定结果。图 6－5 为利用黄骅港整治工程后多次实测大风淤积及其对应的有效风能得到的关系曲线，曲线公式为

$$Q = 40.4E'_w + 45 \tag{6-64}$$

或改写为

$$Q = 40.4[w_6^3(t_6 - t_0) + w_7^3 t_7 + w_8^3 t_8 + w_9^3 t_9] \times 10^{-8} + 45 \tag{6-65}$$

令 $\frac{\alpha_{Qw} bl}{h_a} = 40.4$，将航道尺度代入后可得 $\alpha_{Qw} = 0.003$。

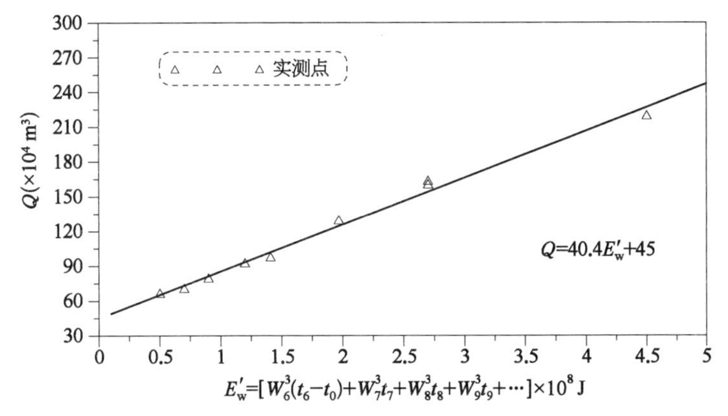

图 6－5　有效波能与黄骅港整治工程后外航道淤积量关系曲线

经整治工程后 10 场大风淤积量检验，其预报误差为±6%，见表 6－6。

表 6－6　大风作用下黄骅港外航道相应淤积量表

序　号	日　期	有效风能	实测值(万 m³)	预测值(万 m³)	误　差
1	2006.3.10	0.50	67	65	3%
2	2005.3.10	0.70	71	73	−3%
3	2005.9.20	0.90	80	81	−2%
4	2005.8.8	1.20	93	93	−1%
5	2004.12.22	1.41	98	102	−4%
7	2005.10.21	1.97	130	125	4%
8	2004.11.24	2.70	161	154	4%
9	2007.5.8	2.70	164	154	6%
10	2007.3.4	4.50	220	227	−3%

(3) 讨论。

从上述率定的结果可知，依有效风能预报淤积量的公式有很好的适用性，但值得注意

的是，上述的各类公式均没有考虑到“风向”对淤积的影响，以黄骅港为例所有实测资料均为E到NE向大风造成的淤积，对于其他方向，如NW向大风，即便有较大风能量，由于地形和水深的影响，给航道造成的淤积量很小，如2007年3月4—5日黄骅港发生的NW向大风，大风重现期为10年，而造成的淤积量重现期仅5年。因此在实际使用时还必须结合当地的实际情况，按风向对影响淤积的有效风能进行修正，这个修正关系是个十分复杂的系统，需根据水深、有效风区长度等综合确定，目前尚无理论研究，但根据作者长期以来对黄骅港海域大风淤积的分析，对于黄骅港海区而言，E、ENE、NE、NNE和N向大风风向修正系数近似为1.2、1.0、1.0、0.8、0.5。

参考文献

[1] 赵冲久，杨华.近海动力环境中粉沙运动引论[M].北京：人民交通出版社，2010.

[2] 曹祖德，焦桂英，赵冲久.粉沙质海岸泥沙运动和淤积分析计算[J].海洋工程，2004(1)：59－65.

[3] 曹祖德.波浪、潮流共同作用下的推移质输沙计算[J].水道港口，1992(3)：25－32.

[4] 赵冲久，秦崇仁，杨华，等.波流共同作用下粉沙质悬移质运动规律的研究[J].水道港口，2003(3)：101－108.

[5] 赵冲久，秦崇仁，黄明政.波流共同作用下近底高含沙水层流速的探讨[J].水道港口，2005(1)：12－16.

[6] 曹祖德，李蓓，孔令双.波、流共存时的水体挟沙力[J].水道港口，2001(4)：151－155.

[7] Le Mehaute B, Koh R C Y. On the breaking of waves arriving at the angle to the shore [J]. Journal of Hydraulic Research, 1967, 5(1): 67－88.

[8] 邹志利.海岸动力学[M].北京：人民交通出版社，2009.

[9] 中交第一航务工程勘察设计院有限公司.粉沙质海岸港口减淤措施研究总报告[R].天津：中交第一航务工程勘察设计院有限公司，2008.

[10] 侯志强，赵利平，吴明阳.粉沙质海岸航道骤淤重现期的确定方法[J].水道港口，2009，30(5)：325－330.

[11] 侯志强.粉沙质海岸航道淤积重现期研究[M].北京：人民交通出版社，2013.

第 7 章

粉沙质海岸港口航道设计

前述对粉沙质海岸泥沙特征、运动规律、模型试验及淤积预测方法等进行了介绍，本章结合粉沙质海岸特点，对粉沙质海岸港口平面布置、航道及防波挡沙堤设计方法进行阐述。

7.1 粉沙质海岸港口布置模式

在粉沙质海岸上建港时，港池航道的淤积问题是海港建设发展需首先解决的问题。依托黄骅港和京唐港区等重大港口工程建设，我国港口界系统地开展了粉沙质海岸泥沙水力特性、运移形态、淤积规律、航道治理方法及工程应用的研究，掌握了粉沙质海岸泥沙的运动机理及淤积规律，通过采取有效的防淤减淤措施，较好地解决了粉沙质海岸港口建设与发展的瓶颈问题。唐山港京唐港区、黄骅港、潍坊港、滨州港、东营港、盐城港滨海港区、南通港洋口港区、南通港吕四港区等粉沙质海岸上的港口均已形成港口基本平面布局，为港口发展奠定了基础。本章重点阐述粉沙质海岸港口及航道设计时，在港口布置模式、淤积防护标准、防沙堤设计、航道设计等方面的内容。

7.1.1 粉沙质海岸泥沙淤积特点

(1) 粉沙质海岸泥沙的水力特性为起动流速小、沉降速度较大、沉积密实快，在波浪、潮流作用下，泥沙运动活跃，易悬易沉。在同样的风浪作用下，粉沙质海岸淤积要比淤泥质海岸和沙质海岸淤积严重。

(2) 在粉沙质海岸上，波浪掀沙、潮流输沙是该海岸泥沙运移的重要方式与主要过程，粉沙质海岸泥沙的运移形态主要分悬移质、推移质和底部高浓度含沙水体三种方式，如图 7－1 所示，其中底部高浓度含沙水体是粉沙质海岸特有的泥沙运移形式，该层泥沙随水流的运动进入航道，是造成航道淤积，尤其是骤淤的主要原因。在一般大风天气下，粉沙质海岸泥沙运动仍然以悬移质运动为主。粉沙质海岸在波浪作用下，泥沙组成中的粗颗粒部分将形成推移质。底部高浓度水体是粉沙质海岸在特殊大风天气下特有的一种泥沙运移形态，存在于悬移质与推移质之间的邻近床面水体中，是悬移质与推移质的过渡区。底部高浓度水体上面与悬移质平滑过渡，无明确的分界线，下面以床面为界，与推移质泥沙频繁交换。该层含沙量高，厚度小，根据实测，一般在 0.1～1 m。

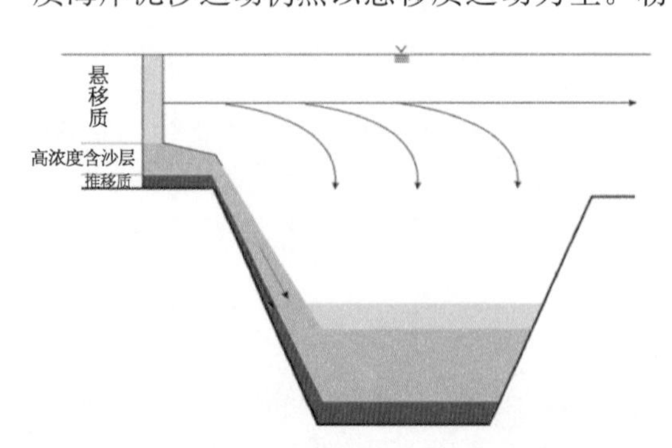

图 7－1 粉沙质海岸泥沙运动机理示意图

(3) 粉沙质海岸的水体含沙量与风浪有关，无风时，水体清澈，含沙量小，淤积量小。有风时水体浑浊，自表层至底面含沙量均较大(图7-2)，淤积量也较大。泥沙骤淤受风浪方向、强度和作用时间几种因素影响。只要海向风浪达到一定级别且有足够延时情况下，即可产生骤淤。如根据黄骅港实测资料，若出现海向6级风、作用时间达8 h以上时，即可产生骤淤现象。

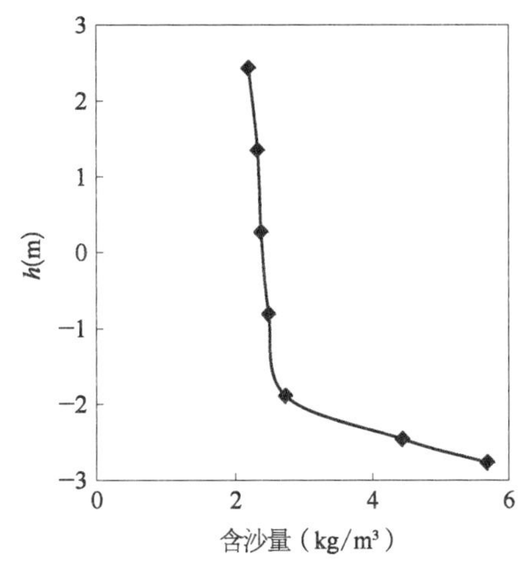

图7-2　粉沙质海岸大风浪情况下含沙量垂线分布

(4) 粉沙质海岸泥沙运动造成的年淤积量，可分为正常天气的淤积量和大风浪作用下的骤淤量。决定港口水域年淤积量的是大风大浪天气下产生的骤淤量，正常天气产生的淤积量处于次要位置。如黄骅港2002年三场大风外航道产生的总淤积量为770万 m^3，2003年三场大风外航道产生的总淤积量为1 320万 m^3，若按正常天气计算外航道年淤积量仅约为320万 m^3[1]。

(5) 粉沙质海岸港口泥沙回淤量的年际变化幅度较大，与年出现大风浪的次数、强度与作用时间有关，年回淤量变化可达两倍以上。而淤泥质海岸、沙质海岸的年淤积量变化相对较小，如天津港年淤积量变化在30%以内。

(6) 无掩护港口水域淤积量大，淤积物质密实快，疏浚困难；有掩护水域淤积量小且疏浚较易。

(7) 粉沙质海岸坡度平缓，波浪破碎带更为宽广，是泥沙运动活跃地带。而在大风浪天气，近岸壅水随落潮流产生的离岸流将近岸高含沙水体带向外海，往往超越波浪破碎带以外，形成更为宽广的浑水带，对外航道的淤积影响范围也更大。

(8) 对于细沙粉沙质海岸，在风暴潮作用下，大浪产生的破波沿岸流与风暴潮潮流叠加，会产生更为强烈的沿岸输沙能力，形成复合沿岸输沙。此泥沙流在遇到横向布置的防波挡沙堤后会沿堤进入航道，造成航道骤淤。

7.1.2　粉沙质海岸港口布置模式

根据港区陆域形成方式的不同，粉沙质海岸港口有三种基本布置形式：

(1) 形式1：近岸填筑+双堤环抱式布置，简称近岸填筑式，如黄骅港煤炭港区、综合港区，潍坊港中港区，滨州港，东营港东营港区突堤作业区、广利港区，南通港吕四港区。

(2) 形式2：陆域挖入+双堤环抱式布置，简称挖入式，如唐山港京唐港区、盐城港滨海港区。

(3) 形式3：离岸岛式布置，简称离岸岛式，如潍坊港起步工程、东营港东营港区栈桥作业区、南通港洋口港区、盐城港大丰港区等。

在一个港口发展建设过程中，随着港口规模的扩大、用地条件等的变化，单一港口不同发展阶段也会采用不同的布置形式。如潍坊港起步工程、东营港东营港区前期工程均采用了离岸岛式，后期发展采用了近岸填筑式；京唐港区一～三港池采用挖入式，四、五港池则采用了近岸填筑式。

对于岸滩坡度较缓、滩涂可利用的港址，可采用近岸填筑式布置，如黄骅港煤炭港区、黄骅港综合港区、东营港广利港区等。黄骅港煤炭港区港池布置于浅滩水域，由防波堤掩护，防波堤口门布置在－2.5 m 水深处，2005 年在外航道整治工程中新建两条防沙堤，单堤长度 10.5 km，口门位于－6.0 m 等深线。目前煤炭港区航道已建设成为 7 万吨级散货船航道，通航水深－13.6 m，如图 7－3 所示。2010 年，在煤炭港区北侧建设综合港区，同样采取近岸填筑、外侧防波挡沙堤掩护的形式，防波挡沙堤口门位于－5.7～－6.1 m 水深处，后延至－8.0 m 等深线。目前综合港区航道已建设成为 20 万吨级散货船航道，通航水深－18.3 m，黄骅港煤炭港区及综合港区平面布置如图 7－4 所示。另外，辐射沙洲海域的粉沙质海岸也研究实施了近岸填筑式港区布置模式，如南通港吕四港区，详见图 7－5。

对于岸滩坡度不是很缓，有广阔陆域可资利用的港址，可采用挖入式布置，如唐山港京唐港区、盐城港滨海港区等。唐山港京唐港区以挖入式的形式布置在陆域浅滩，航道由东西防波挡沙沙堤掩护，为消减沿堤流，避免泥沙在口门处淤积，局部建设了挑流丁坝。目前京唐港区 20 万吨级散货船航道已经建成使用，东防沙堤已延伸至－11.5 m。唐山港京唐港区、盐城港滨海港区平面布置分别如图 7－6 和图 7－7 所示。

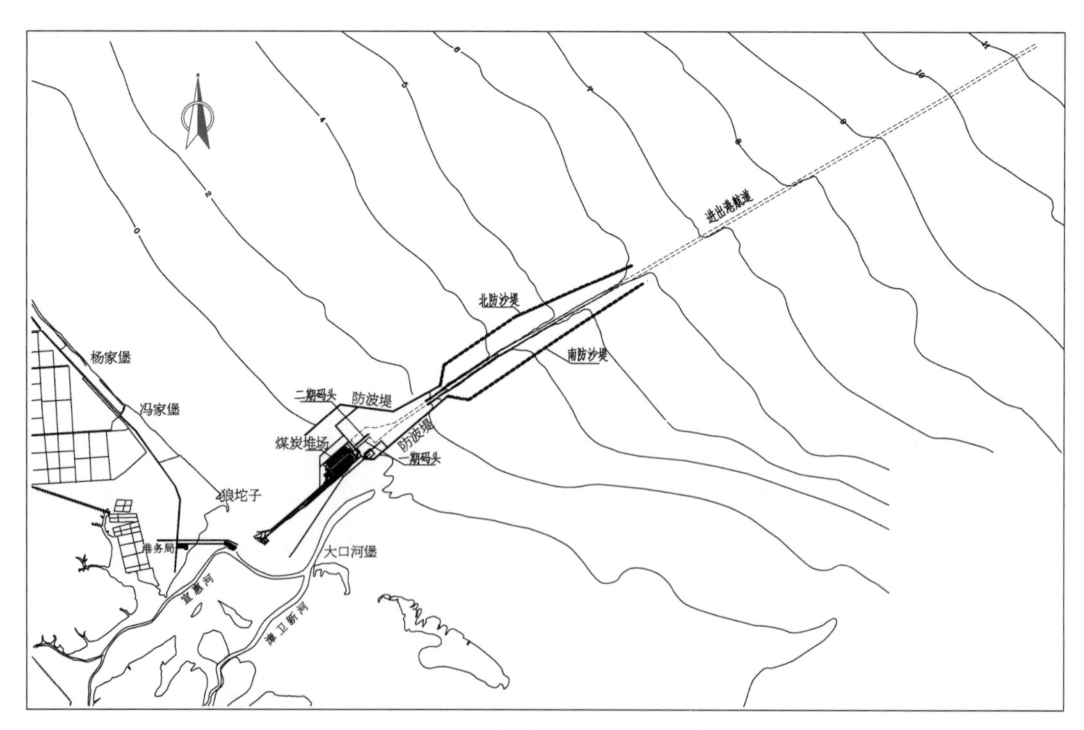

图 7－3　黄骅港煤炭港区平面布置图

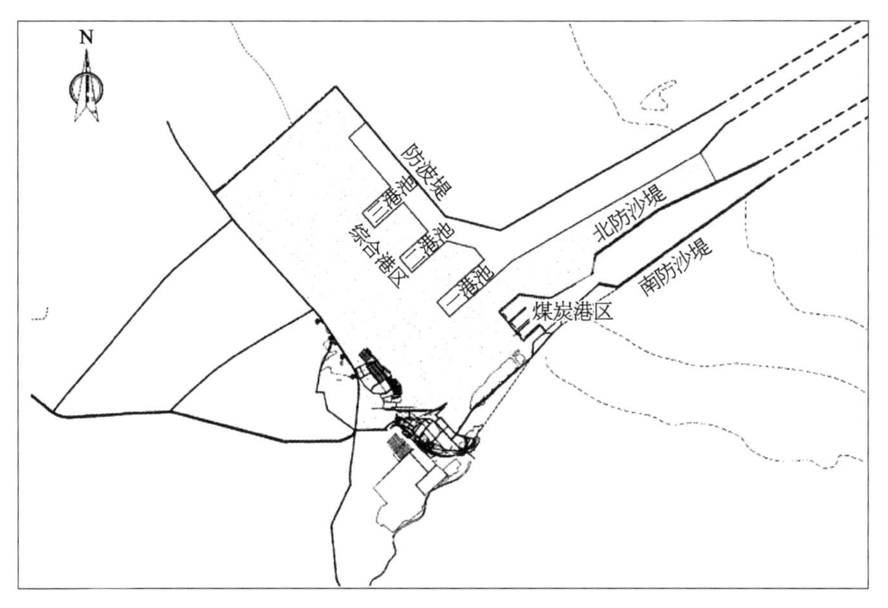

图 7－4　黄骅港煤炭港区及综合港区平面布置

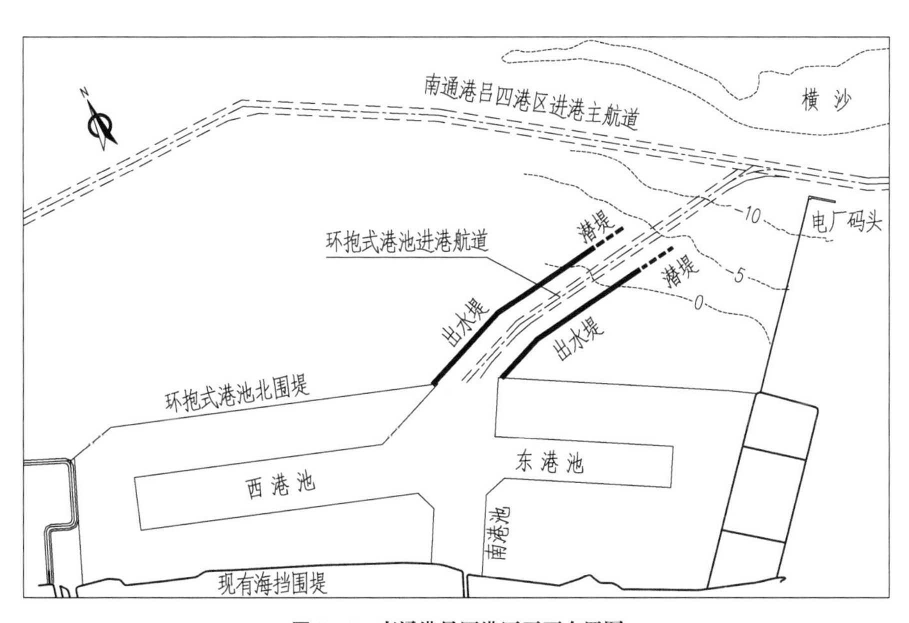

图 7－5　南通港吕四港区平面布置图

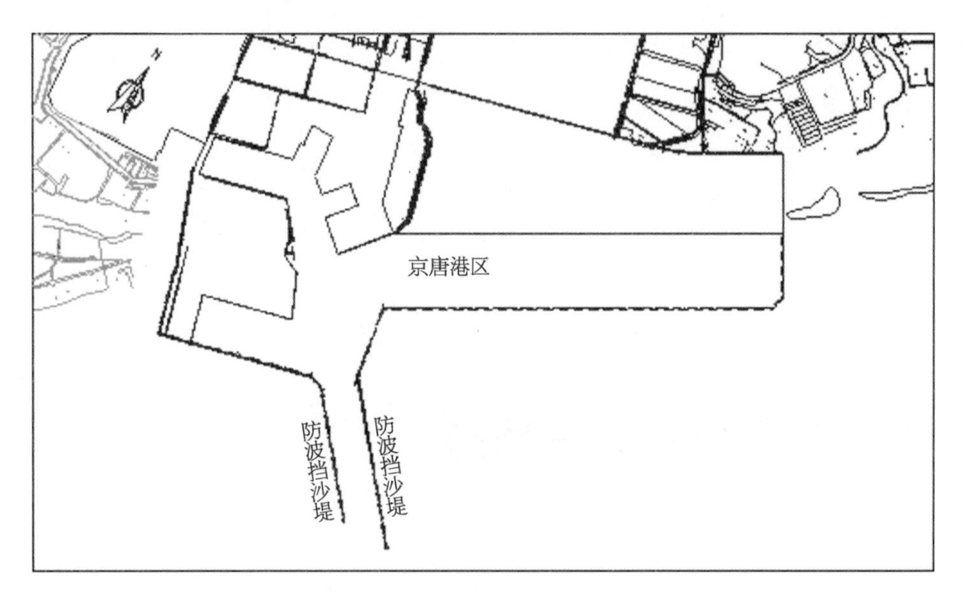

图 7-6　唐山港京唐港区平面布置图

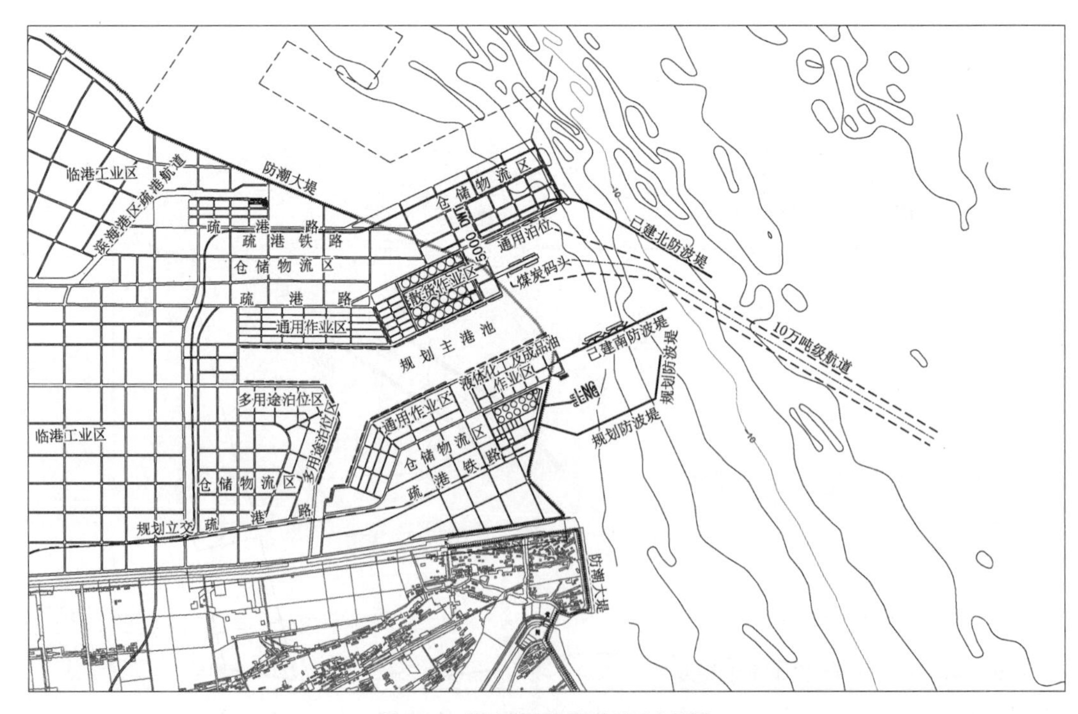

图 7-7　盐城港滨海港区平面布置图

对于岸滩坡度较缓的中小型港址，也可先期建设离岸式港岛，减少水域维护挖泥量，远期结合港口发展，逐步完善防波挡沙堤及航道建设，再形成近岸填筑式港区布置。如潍坊港起步工程人工岛位于约-3.0 m水深，与岸之间以引堤相连，形成单堤掩护方式。起步工程未开挖人工航道，利用人工岛外侧防波堤堤头挑流形成的深槽通航3 000～5 000吨级船舶。随着港区发展又建设了东西防波挡沙堤，两堤内部开挖港池、航道，吹填形成港区陆域，形成了双堤掩护的近岸填筑式布置方案。潍坊港起步工程平面布置如图7-8所示，潍坊港平面布置如图7-9所示。对于江苏辐射沙洲海域的粉沙质海岸，在分析浅滩、深槽稳定性的基础上，可建设离岸岛式港区，如南通港洋口港区西太阳沙作业区，详见图7-10。

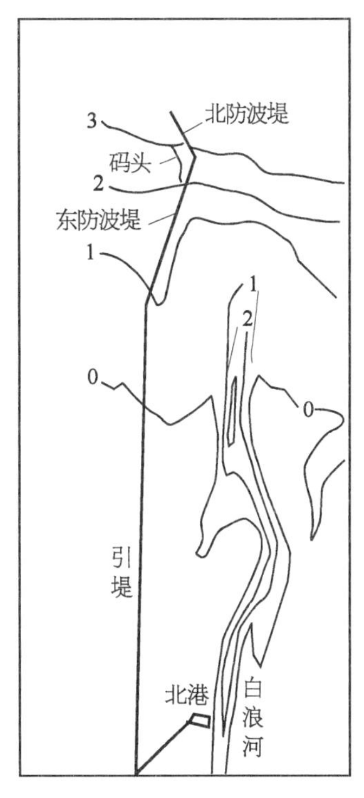

图7-8 潍坊港起步工程平面布置图

所有上述这些港口布置形式有一共同特点，即除离岸岛式布置以外，挖入式、近岸填筑式布置中航道两侧均布置有防波挡沙堤或防沙堤。港池附近，既起到防浪掩护又有挡沙作用的堤坝为防波挡沙堤；航道两侧主要起挡沙防沙作用的堤坝为防沙堤(或称挡沙堤)。

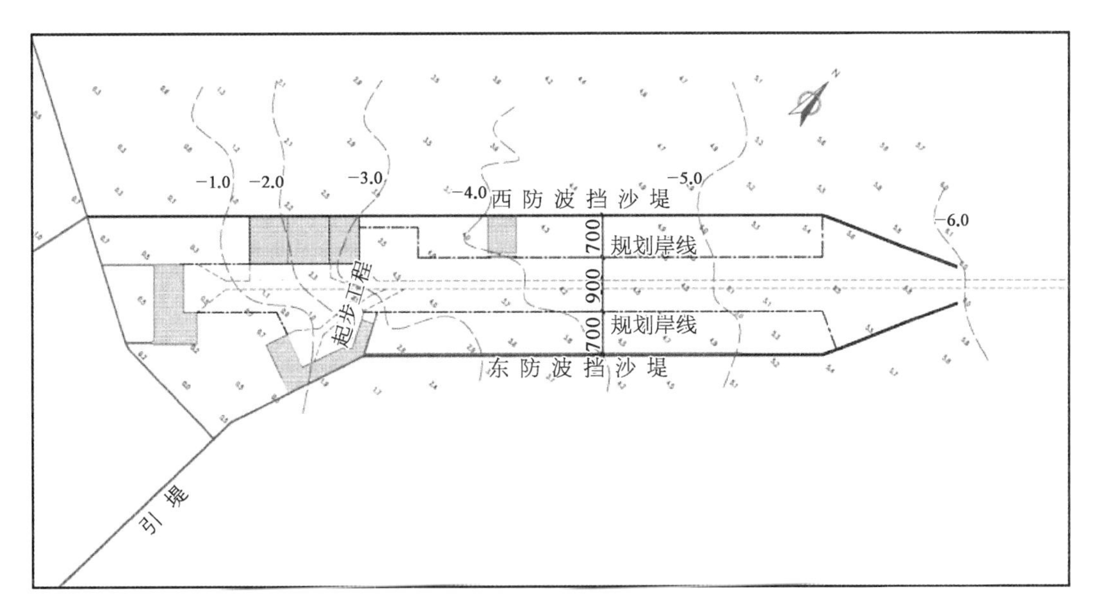

图7-9 潍坊港平面布置图(单位: m)

粉沙质海岸岸滩坡度较缓，航道较长。为减少淤积，避免骤淤危害，防沙堤的建设是必要的。但由于防沙堤的建设投资较大，在港口建设投资中所占比重也较大，因此，其合理尺度(包括防沙堤间距、长度、高度)的确定就尤为重要。而其合理规模尺度的确定又受

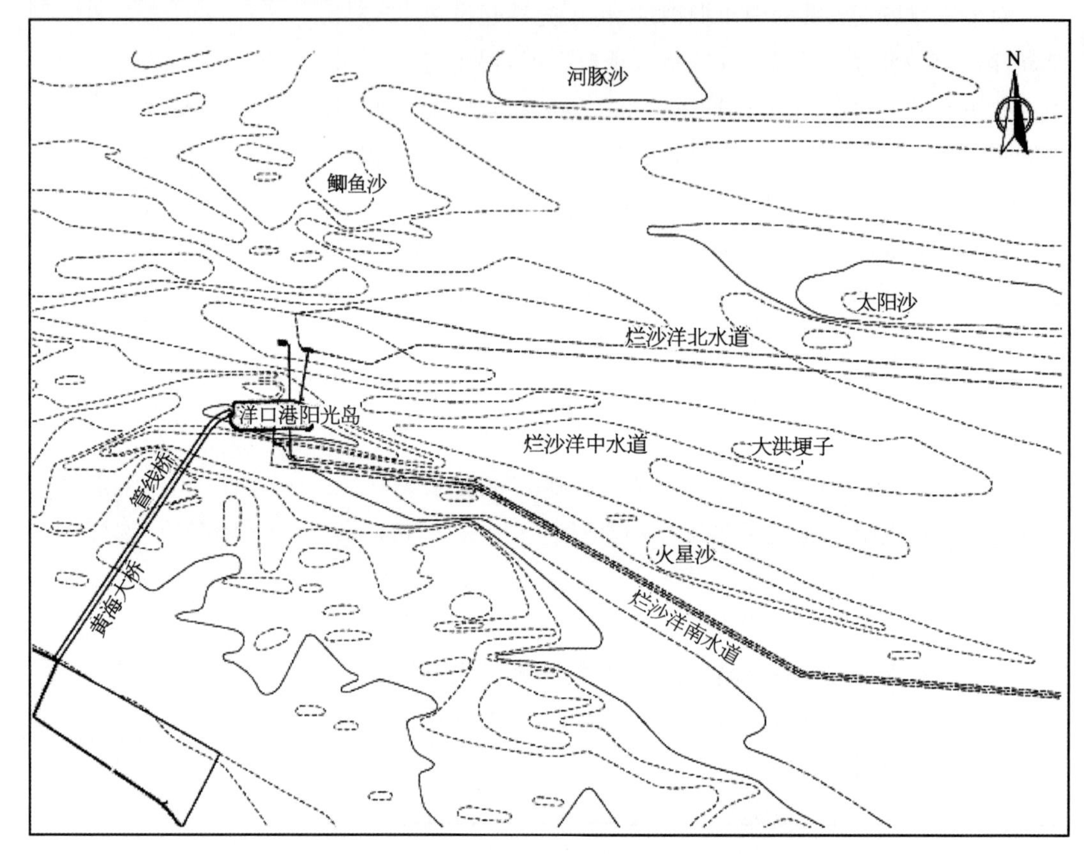

图 7-10　南通港洋口港区西太阳沙作业区平面布置图

多种因素的影响,是一较为复杂的问题。在粉沙质海岸进行港口布置时,需要遵守以下几个基本原则:

(1) 不同地点的粉沙质海岸,除粉沙共有的水动力特征外,港口建设地点的地貌、气象、水动力环境等自然条件会存在差异,甚至泥沙淤积机理也不同。因此,粉沙质海岸建设港口时,应加强对当地海岸动力条件、泥沙特性的分析研究,在掌握泥沙运动基本规律的基础上,结合港址条件的差异和港口使用功能的不同,采用不同的港口布置模式及防淤减淤措施。

(2) 在粉沙质海岸建港首要问题是解决港池航道的泥沙淤积,尤其是骤淤问题。粉沙质海岸建设的航道一般存在着骤淤强度大、强淤积区的分布范围广、相当长区段淤积物的可挖性差的特点,仅依靠疏浚的单一手段难以确保船舶的正常通航。应从工程减淤效果、安全性、经济性与生产的适应性等方面综合考虑,采用"整治与疏浚相结合"的治理原则,建设一定长度的防沙堤,对航道淤积较强的区段进行掩护,配合定期的维护疏浚,以保证航道的正常通航。

(3) 在粉沙质海岸建设港口航道,比较有效的防淤减淤措施是建设防波挡沙堤,"双堤

(防波挡沙堤)环抱”掩护水域是基本的布置模式。对于规模较小的起步工程,也可布置成单堤掩护方式,但是不宜开挖人工航道,可利用天然水动力条件来维护深槽。对于有掩护的港内水域面积,结合港口发展规模,可留有较大的发展空间。淤积量与不同天气时口门处含沙量、港域内浅滩面积关系密切,即确定合理的口门位置、减少港内无用水域面积是关键。

(4) 在粉沙质海岸新建港口,港区应采用“统一规划,分期实施”的原则。航道宜小规模起步,在综合分析港口吞吐能力、航道规模、泥沙淤积量、疏浚能力与港口经济效益间的关系基础上,综合确定航道的初期建设规模。随着港口规模的发展,逐步扩大航道等级规模。对航道的骤淤问题,防沙堤建设起到关键作用,防沙堤建设与航道建设规模相适应,也可分期建设,口门宽度应留有防沙堤进一步延长的余地。

(5) 粉沙质海岸水流、泥沙、波浪条件较为复杂、敏感。而较长的防沙堤或引堤的建设会对水域流场产生较大改变,从而会产生沿堤流、离岸流、口门横流等现象,影响到泥沙运移及船舶的安全操纵。因此,粉沙质海岸港口水域布局应把对流场影响变化的研究放在重要地位,采取的工程措施应尽量减小对海域自然环境的改变。

(6) 粉沙质海岸一般坡度平缓,航道往往较长,且大部分长度范围处于无掩护的外海,受泥沙运动影响较大。粉沙质海岸航道具有不同于一般航道的设计特点,在粉沙质海岸建设港口航道,应注重航道的设计参数取值。

7.2　设计骤淤重现期及防治标准

粉沙质海岸岸滩坡度一般较缓,航道较长,防沙堤的建设投资较大,因此其合理尺度的确定就尤为重要。而其规模尺度又受多种因素的影响,是较为复杂的问题。首先应确定的是港口防治多大程度的骤淤是合理的。以黄骅港外航道整治工程为例,若以防治2003年10月11—13日风暴潮(相当45～50年一遇)造成的骤淤为标准,防沙堤投资约45亿元,显然标准过高,是不经济的。但若标准过低,航道骤淤时常发生,则会严重影响港口生产,也是不允许的。因此,在确定港口航道通航标准及防沙堤建设规模之前,应确定港口骤淤防治的合理设计标准。

7.2.1　航道骤淤重现期

为界定航道骤淤的强弱程度,可采用航道“骤淤重现期”的概念。由于粉沙质海岸航道骤淤一般是因大风浪造成的,骤淤淤积量因每次大风过程时长和强度的不同而不同,是不确定的随机量,可采用概率统计方法,对骤淤量进行统计分析,以“骤淤重现期”来表达骤淤的强度和对航道的影响。不同重现期骤淤的淤积量和分布不同,可据此确定航道骤淤防治标准,即设计骤淤重现期标准。

7.2.2 骤淤防治标准

粉沙质海岸港口航道防淤减淤措施的实施，首先需确定合理的骤淤重现期防治标准。标准过低，起不到防骤淤效果，骤淤经常发生，造成港口生产营运的损失；标准过高，则使减淤防淤工程规模庞大，造成不必要的投资浪费。

基于黄骅港相关资料，从不同重现期骤淤量保证率、骤淤量统计、骤淤累计频率等三个方面进行研究论证[2]。

1) 不同重现期泥沙骤淤保证率

骤淤量重现期是一个平均概念，如 X 年一遇的骤淤量并不代表 X 年内不出现超出该骤淤量的骤淤，可以利用概率理论来推求某一重现期骤淤量可能发生的概率。按照概率理论，假定已知某骤淤量的重现期为 T，则其累积频率为 $P=1/T$，m 年出现比此骤淤量小的概率为 $F=(1-P)^m$，式中 F 为保证率(安全率)。由上式可见，保证率与年限和累积频率均有关系。假定 F 为重现期 m 的概率，则在 m 年的保证率计算结果见表 7-1。

表 7-1　不同重现期骤淤在其重现期内的保证率

重现期(年)	1	2	3	5	8	10	15	25	30	45	50
P(%)	100	50	33.3	20	12.5	10	6.7	4.0	3.3	2.2	2.0
F(%)	0.0	25	29.6	32.8	34.4	34.9	35.5	36.0	36.2	36.4	36.4

不同重现期骤淤在其重现期的保证率曲线如图 7-11 所示。

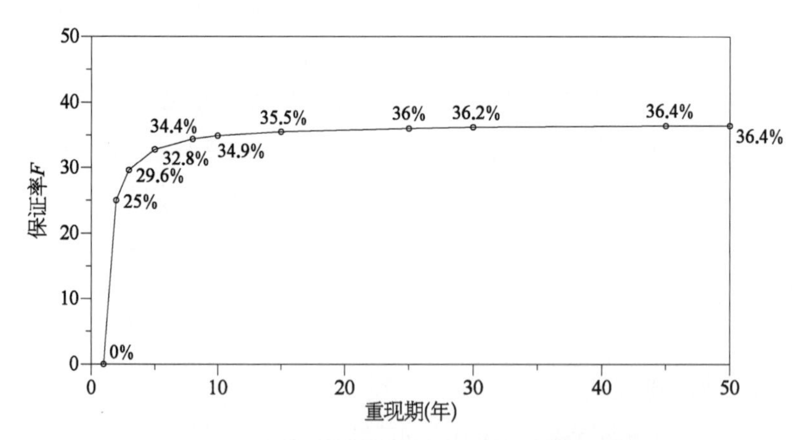

图 7-11　不同重现期骤淤在其重现期年的保证率曲线

由表 7-1 和图 7-11 可知，重现期自小到大的起始阶段保证率增加很快，随着重现期的逐渐增加，保证率趋于一个定值，即 37%。从保证率曲线上来看，重现期约自 10 年以后保证率基本稳定。

2）不同重现期航道骤淤量

以黄骅港煤炭港区为例，根据非掩护段外航道骤淤累积频率曲线，可得不同重现期的航道骤淤量，其不同重现期骤淤量曲线如图 7－12 所示。

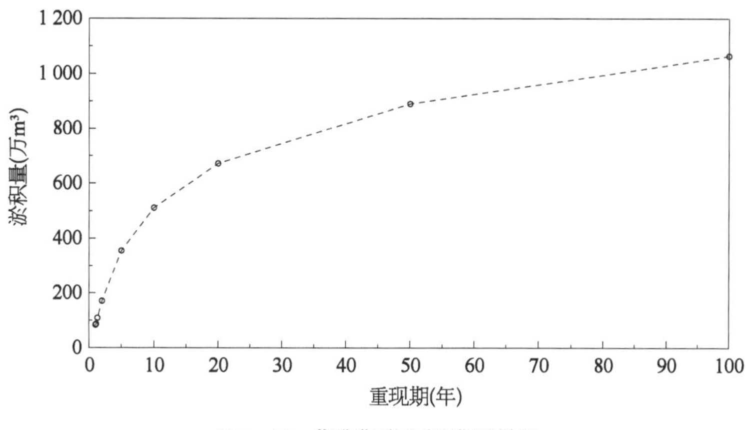

图 7－12　黄骅港不同重现期骤淤量

从不同重现期的骤淤量来看，在重现期较小阶段（重现期在 10 年以内时），随着重现期的增加航道骤淤量增加较快；随着重现期变大，相应骤淤量的增加幅度逐渐减缓，曲线的转折点在 10 年一遇左右。由此可见，防淤减淤工程规模若以防御重现期在 10 年以内的骤淤为主，从降低维护费用的角度而言效果显著；若进一步防御更高重现期的骤淤，则工程投资会增加较多，但泥沙淤积量降低的效果并不显著。因此，10 年一遇的骤淤重现期应是防淤减淤工程建设标准的重要参考值。

3）大风骤淤量的累计频率

根据“有效风能”与骤淤量的关系，可建立黄骅港煤炭港区 1971—2007 年的历次大于 6 级以上大风可能产生的淤积量的累积频率曲线，如图 7－13 所示。

根据相关计算及概率统计分析，黄骅港 10 年一遇骤淤量约为 511 万 m^3，即 $Q_{10}/Q_0=5.2$。从图 7－13 中曲线可得 10 年一遇骤淤量对应累计频率约在 1%以下，出现概率很小，以此作为防治标准较为合理。

综上，从工程减淤效果、安全度、经济性角度出发，泥沙骤淤防治重现期取 10 年一遇比较合理。虽然以上分析是基于黄骅港资料得出的，但也适用于其他淤泥粉沙质海岸港口航道，尤其是对于新建港口工程，初期采用 10 年一遇泥沙骤淤防治重现期是比较经济合理的。目前，黄骅港、潍坊港、东营港广利港区、滨州港等淤泥粉沙质海岸航道工程设计均执行此标准。若港口发展到一定规模，可根据港口营运需求，研究适当提高标准的合理性与经济性，如黄骅港煤炭港区经过近几年发展，煤炭吞吐量增长较快，同时也拥有了较强的维护疏浚力量，经研究论证，拟将泥沙骤淤防治标准提升到 15 年一遇。

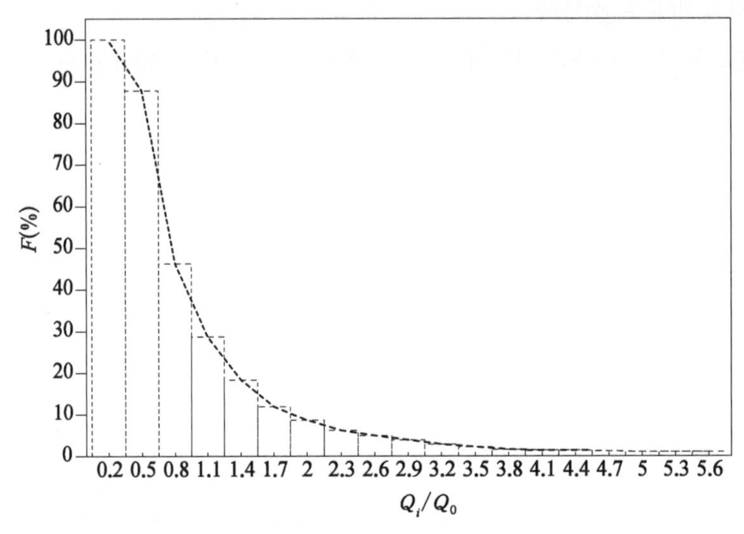

图 7-13　1971—2007 年大风淤积累计频率(Q_0=98 万 m^3)

7.3　航道设计

7.3.1　航道通航标准

一般海港航道的通航标准包括船舶通航作业标准和通航船舶等级标准。在统计航道通航天数或进行船舶通航安全评估时,需确定船舶航行所允许的水文气象作业条件,即航道通航作业标准,一般包括风级、能见度、波高、流速、潮位、冰况等限制标准。海港航道等级按船舶吨级表示,船舶吨级采用可满载通过该航道的最大设计船型吨级,通航船舶等级标准即航道允许通航的最大设计船型,对于双航道还包括允许双向通航的最大设计船型。如某港 10 万吨级航道的通航标准为:风级≤6 级,能见度≥1 km,波高≤2 m,可乘潮满载通航 10 万吨级散货船,前者为通航作业标准,后者为通航船舶等级标准。对于粉沙质海岸,泥沙淤积对航道通航的影响较大,尤其是发生骤淤时往往影响原设计等级船舶的正常通航。因此,在进行航道规划或航道设计时,除按上述因素确定一般通航作业标准外,还需要考虑泥沙骤淤因素所带来的影响,确定相应的通航船舶等级标准,即通航标准。

粉沙质海岸一般岸滩坡度较缓,航道较长,为减少泥沙淤积和骤淤的危害,建设防沙堤是必要的。鉴于粉沙质海岸的地貌特点,防沙堤的建设投资往往较大,且随着水深增加,投资会大幅飙升。因此,在满足港口正常营运发展的前提下,应以尽量控制防沙堤的建设规模为原则,确定防沙堤堤头位置和堤身高度时,以发生防治标准的骤淤后航道应能够满足设定船型船舶通航位基础。另外,需考虑航道年淤积和骤淤对船舶通航的影响,航道通过能力能满足港口运营要求,否则需调整防波挡沙堤长度或航道尺度。

7.3.2　确定考虑骤淤影响的航道通航标准的原则

确定考虑骤淤因素影响的航道通航标准时，需考虑当地自然条件、港口营运需求、航道通过能力、疏浚能力、建设成本等因素，一般应遵循以下原则：

(1) 在一定的骤淤防护标准下，解决好航道泥沙骤淤问题，保证港口正常运营，即在一定重现期(如10年一遇)的骤淤发生时，应能保证一定吨级的船舶有条件通航。航道水深应保证港口营运和船舶进出的安全性，不能发生碍航事故，通过及时疏浚能够在短时间内恢复原设计船型的正常通航。

(2) 在骤淤发生后，考虑清淤时间等因素的航道通过能力应满足港口营运的要求。

(3) 根据对我国粉沙质海岸特点的研究成果，结合近年港口航道的建设营运实践，在一般情况下骤淤发生后能够保证通航的船舶吨级可按比设计船型降低1～2个等级的标准加以控制，如对于设计规模为20万吨级的航道，按可通航12万～15万吨级船舶控制；设计规模为10万吨级的航道，可按通航5万～7万吨级船舶控制[3]。

(4) 由于新建港口的航槽断面需要经过一段时间才会逐步趋于稳定，而且一般新建港口的深水港域面积都不大，周边浅滩泥沙会因水流归槽作用的影响产生对港池、航道的淤积，投产初期的淤积量可能较大。另外，新建港口起步规模一般不大，泊位数量有限，航道使用频率较低，出于降低先期工程投资的考虑，航道通航船舶的吨级也可按降低更大级别加以控制。

(5) 对于有较强疏浚维护力量、航道通航保证率要求高的港口，在发生设计重现期骤淤后，也可不降低通航船舶等级，采取预超挖航道、加大航道备淤深度的方法，保证原设计船型通航[4]，但这也增加了建设及日常维护费用，需要进行技术经济综合比较。

7.3.3　最大允许骤淤强度

当航道的通航标准确定后，防沙堤堤头的位置或航道的备淤富裕深度需与之相适应，使发生设计重现期的骤淤时，航道内的最大骤淤强度不超过允许值，能够满足一定吨级船舶通航的水深条件，否则就需对防沙堤的建设规模或航道的备淤富裕深度进行调整。最大允许骤淤强度值根据通航标准中确定的通航船舶所需通航水深进行计算得出。

7.3.4　粉沙质海岸港口航道参数设计

7.3.4.1　海港航道设计通常考虑的主要因素

1) 自然条件

应综合考虑当地风、浪、流、地形、底质和泥沙运动等自然条件。从船舶操纵安全考虑，航道轴线尽量减小与强风、强浪和水流主流向的交角，一般情况下尽量与等深线垂直，以减小航道长度。

2）航行条件

由于航道的通过能力决定了港口的整体通过能力，尤其是在航道较长、通航密度较大时，影响更加敏感。因此，航道设计应确定航道的作业标准，并根据当地自然条件确定航道作业天数。《海港工程设计手册》[5]中建议不同航道类型航行作业条件见表 7－2。

表 7－2　航行作业条件表

条　件	有掩护港内航道	口门航道	港外开敞航道	外海航道
风　速	<7 级	<7 级	<7 级	<8 级
横　流	⩽1 kn	⩽2 kn	⩽2 kn	⩽3 kn
顺　流	⩽4 kn	⩽4 kn	⩽4 kn	⩽4 kn
波高 $H_{4\%}$	⩽1 m	⩽2 m	⩽2 m	⩽3 m
雾(能见度)	⩾1 km	⩾1 km	⩾1 km	⩾1 km

3）营运要求

根据港口泊位吨级、到港船型情况确定航道建设规模。航道设计所采用的设计船型尺度一般应是港口最大吨级码头的设计船型尺度。根据设计船型按海港总体设计规范即可计算出航道主尺度。航道尺度设计除应满足港口最大吨级码头的营运需要外，还应满足港口整体通过能力的需要。

4）导助航设施

为保证船舶航行安全，航道设计应考虑配备必要的导助航设施，如导标、浮标等。

7.3.4.2　粉沙质海岸航道设计特点

1）国内粉沙质海岸港口航道建设规模

码头建设的大型化、深水化，也要求有与之匹配的航道。近些年，随着对粉沙质海岸泥沙研究的不断深入，对其海岸动力特征、泥沙运动规律的认识不断提高，国内粉沙质海岸各港的港口规模不断扩大，航道等级也不断提高，建设步伐加快。国内几个粉沙质海岸港口航道建设规模见表 7－3。

表 7－3　国内粉沙质海岸港口航道建设规模

港　口	航道规模(吨级)	航道通航宽度(m)	航道设计底标高(m)	航道长度(km)	备　注
唐山港京唐港区	20 万	295	−20	16.7	建成
	25 万	270	−22.8	31.7	建设
黄骅港综合港区	20 万	250	−19	56.8	建成
黄骅港煤炭港区	7 万	270	−14.0	43.5	兼顾 5 万吨级散货船双向通航，建成

(续表)

港 口	航道规模(吨级)	航道通航宽度(m)	航道设计底标高(m)	航道长度(km)	备 注
潍坊港	3.5万	135	−12.0	50	建成
	5万	190	−13.6	66	拟建
滨州港	3万	130	−10.4	17.5	建成
	5万	200	−12.5	31	拟建
东营港东营港区	10万	357	−17.0	15.3	兼顾5万吨级油船双向通航,建设
东营港广利港区	0.5万	100	−8.5	25.6	建成
	1万	110	−10.0	31.7	拟建
盐城港滨海港区	10万	240	−14.5	4.1	建设

2) 粉沙质海岸航道设计特点

由于自然环境的特殊性,粉沙质海岸航道设计除遵循一般航道的设计原则外,还具备本身的一些特点,在设计中应加以考虑。

(1) 设计基准面与乘潮水位。对于长度达20 km以上的长航道,由于潮波传播的相位不同,引起航道沿程潮位、潮差会发生变化,设计基准面也会改变。因此,应根据航道近远端沿程同步验潮资料对设计采用的设计基准面、乘潮水位等进行核算。对仅采用岸边潮位站资料推算的基准面和乘潮水位作为全航道设计基准的准确性进行复核。长航道的基建土方较大,工程投资较高。尤其在泥沙运动活跃地区,航道越深,航道越长,维护费用越高,因此,应在满足设计船型安全通航要求前提下,充分利用乘潮水位,尽量减小航道水深和长度。

(2) 在粉沙质海岸开挖航道,初始疏浚土方量大小不是决定航道经济性的主要因素,后期泥沙淤积维护量的大小,特别是骤淤淤积维护量的大小是主要因素。航道挖深越大,淤积强度越大;航道越长越宽,淤积总量越大。因此,粉沙质海岸航道平面尺度设计时应遵循适用和分步实施的原则,充分论证航道的建设规模,在满足船舶航行安全的基础上,应尽量减小航道尺度,以降低淤积量。

(3) 在粉沙质海岸开挖航道,需考虑防沙堤建设对航道尺度确定的影响。口门区以内,由于防沙堤的掩护作用,潮流、波浪条件有一定程度的改善。口门区由于防沙堤建设对区域流场的改变较大,局部区域会形成一定强度的沿堤流、横流、回流,对进出口门船舶操纵造成不利影响。防沙堤影响范围以外的深水区域,潮流、波浪条件为海区自然状态,未发生改变。在航道宽度确定时应根据不同区段水流、波浪条件分别分段计算。

(4) 对于粉沙质海岸较长的航道,一般在航道长度范围内淤积强度变化较大,可考虑在航道沿程取不同的备淤深度或清淤周期。另外,船舶沿程及不同位置如外航道、口门段、内航道等航速并不恒定,航道沿程的波浪条件、底质条件也可能是变化的。因此,在进行航道通航水深计算时,计算参数的选取应根据不同区段航道的通航环境分段分别选取。

(5) 对于处于泥沙运动活跃水域的航道设计,应充分重视泥沙淤积对航道的影响。除一般淤积外,对粉沙质海岸的长航道应特别重视泥沙骤淤对航道的影响。一次大风引起的骤淤可能会使航道局部突然淤浅,形成碍航段,严重的会使航道断航,给港口生产造成巨大损失。因此,应通过实际观测与模型试验相结合的方法,对不同强度天气过程引起的淤积进行预测,建设防波挡沙堤等防护建筑物,采取防治与疏浚相结合的方法维护航道水深。在航道设计时,首先应确定抵御泥沙骤淤设计重现期标准及在发生此骤淤时可通航最大船舶标准,标准制定后,可确定防波挡沙堤口门位置及口门附近航道备淤富裕深度。结合模型试验和实际观测资料,应沿航道分段留有不同的备淤富裕深度,尤其口门附近区域航道备淤富裕深度需适当加大。最终根据泥沙骤淤设计重现期标准、通航标准及当地疏浚能力确定合理的航道备淤富裕深度。

(6) 对于考虑泥沙骤淤情况下的航道船舶通航,在航道尺度设计时有两种处理思路。一是“后疏浚”,即按确定的船舶通航等级建设航道,在骤淤发生后,根据骤淤强度,能够保证比原设计等级降低 1～2 个标准的船舶通航,通过及时疏浚,恢复到原有船舶通航标准;二是“预疏浚”,即按确定的船舶通航等级建设航道,在航道建设时根据预测的设计重现期的骤淤强度,通过预超挖,超深预留备淤深度,当骤淤发生后,保证设计的通航标准船舶不碍航。具体工程选用何种方案要根据当地自然条件、港口运营要求、航道通过能力、疏浚能力、建设成本等因素综合确定。

(7) 对于回淤严重的港口,年备淤深度值不宜过大,根据相关港口实践经验,建议一般不大于 1.5 m。该值较大时,维护成本的增加及疏浚时间的加长会对港口运营成本及生产造成影响,应进行整治工程建设规模与维护疏浚之间经济合理性的比较论证。

(8) 对于相同规模的航道,航道越长,船舶占用航道的时间就相应延长,航道通过能力就越小。因此,航道的通航条件往往成为港口发展的制约因素。在进行长航道设计时,应结合港口规模对航道的通过能力有一预测评价。影响航道通过能力的因素较多,如航道尺度、乘潮水位、航行条件、港口条件、船舶航速、船舶调度等。对于这样一个多因素相互作用,相互制约的复杂系统,一般采用系统分析方法,即计算机仿真模拟方法。首先进行系统分析,对构成系统的各个子系统及其有关环节,通过理论分析、资料统计及实地调查等手段来建立其各自的数学模型。然后运用计算技术将各子系统的数学模型综合转换为一个完整系统的模拟模型。利用模拟模型对实际的港航系统进行一定时间的动态仿真模拟,计算出反映系统运转状态的各项技术指标及航道因素对系统营运所产生的影响,进而来评价航道的通过能力。

7.3.4.3 航道设计尺度

1) 通航宽度

航道通航宽度由航迹带宽度、船舶间富裕宽度和船舶距边坡富裕宽度组成。按规范[6]

要求，单向和双向航道通航宽度可分别按式(7-1)和式(7-2)计算。

单向航道：

$$W = A + 2c \tag{7-1}$$

双向航道：

$$W = 2A + b + 2c \tag{7-2}$$

$$A = n(L\sin\gamma + B) \tag{7-3}$$

式中 W——航道通航宽度(m)；

A——航迹带宽度(m)；

n——船舶漂移倍数；

L——设计船型船长(m)；

B——设计船型船宽(m)；

γ——风、流压偏角(°)；

c——船舶间富裕宽度(m)，取设计船宽 B，当船舶交汇密度较大时，船舶间富裕宽度可适当增加；

b——船舶与航道底边间的宽裕宽度(m)，采用表7-4中的数值。

船舶漂移倍数、风、流压偏角根据横流情况按表7-5中的数值选取。

表7-4 船舶与航道底边间的富裕宽度 b

船舶类型	杂货船或集装箱船		散货船		油船或其他危险品船	
航速(kn)	≤6	>6	≤6	>6	≤6	>6
b(m)	0.50B	0.75B	0.75B	B	B	1.50B

注：对于底质为硬质(坚硬黏性土、密实砂土及岩石底质)、边坡陡峭(边坡坡度大于1∶2)情况下的航道，船舶与航道底边间的富裕宽度 b 应适当增大。

表7-5 船舶漂移倍数 n 和风、流压偏角 γ 值

风 力	横风≤7级				
横流 V(m/s)	$V \leqslant 0.10$	$0.10 < V \leqslant 0.25$	$0.25 < V \leqslant 0.50$	$0.50 < V \leqslant 0.75$	$0.75 < V \leqslant 1.00$
n	1.81	1.75	1.69	1.59	1.45
γ(°)	3	5	7	10	14

注：① 当斜向风、流作用时，可近似取其横向投影值查表。
② 考虑避开横风或横流较大时段航行时，经论证，航迹带宽度可进一步缩小。

对位于粉沙质海岸的京唐港区、黄骅港、滨州港、潍坊港、东营港广利港区，外航道平均横流 $0.25\,m/s < V \leqslant 0.5\,m/s$，风、流压偏角 γ 一般取7°；有掩护的内航道横流较小，γ 取3°～5°。由于防波挡沙堤的挑流作用，口门附近区域的横流较大，γ 一般取10°～14°，以增加口门段航道宽度。对于航道加宽长度范围需根据模型试验结果确定。

对处于废黄河三角洲的盐城港滨海港区和处于黄河三角洲前缘的东营港东营港区，近海海域潮流基本为平行岸线的往复流，且流速较大。滨海港区大潮表层最大流速 1.74 m/s，平均流速 1.12 m/s。为减小航道横流，通过对地形、水动力条件研究，将滨海港区口门设计成侧向口门，外航道轴线未与等深线垂直。与正向口门方案相比，侧向口门方案使涨、落潮主流向与航道夹角由 75°调整为约 30°，有效降低了航道横流。东营港区大潮表层最大流速为 1.14 m/s，平均流速为 0.6 m/s。根据周边已建港口设施和地形特点，港口口门为正向布置。两港区航道设计中 γ 值均取 14°。

试验表明，此类港口口门附近航道段受防波挡沙堤挑流作用横流加大，风、流压偏角往往大于 14°，此种情况航道宽度可按下式确定：

$$A = n(L\sin\gamma + B) + \Delta W \tag{7-4}$$

式中　ΔW——航迹带修正宽度，$\Delta W = \xi B$，其中 ξ 为富裕系数。

影响 ξ 取值的主要因素有风、流、船舶航速、船舶吃水、操船经验等。航道操船模拟试验表明，对相同船舶、相同环境，压载时的船舶航迹带宽度比满载时宽。依据滨海港区操船模拟结果，在风力≤7 级，1 m/s＜横流 V＜1.5 m/s，船舶航速 6～8 节时，ξ 的基本取值范围为 0.7～2.0，航速低时取大值，航速高时取小值，ξ 平均为 1.4。

对于口门大横流情况下，航迹带宽度可按上式计算，无资料时，可按富裕系数 ξ 取 1.4 估算。ξ 值应在大量试验和实测资料基础上统计得出，上述数值仅为建议参考值，可作为前期研究阶段时估算使用，最终需通过操船模拟试验确定。

2）航道设计水深

航道通航水深和设计水深应根据设计船型吃水、船舶航行下沉量、航道底质、水体密度、回淤强度、维护周期等因素确定。按规范规定，航道深度可按下列公式计算[6]：

$$D_0 = T + Z_0 + Z_1 + Z_2 + Z_3 \tag{7-5}$$

$$D = D_0 + Z_4 \tag{7-6}$$

式中　D_0——航道通航水深(m)；

T——设计船型满载吃水(m)；

Z_0——船舶航行下沉量(m)；

Z_1——航行时龙骨下最小富裕深度(m)；

Z_2——波浪富裕深度(m)；

Z_3——船舶装载纵倾富裕深度(m)，杂货船和集装箱船可不计，油船和散货船取 0.15 m；

D——航道设计水深(m)，即疏浚底面对于设计通航水位的水深；

Z_4——备淤深度(m)。

船舶航行下沉量 Z_0 可按图 7-14 选用。航行时龙骨下最小富裕深度 Z_1 可按表 7-6 中的数值选取。波浪富裕深度 Z_2 可按表 7-7 中的数值选取。

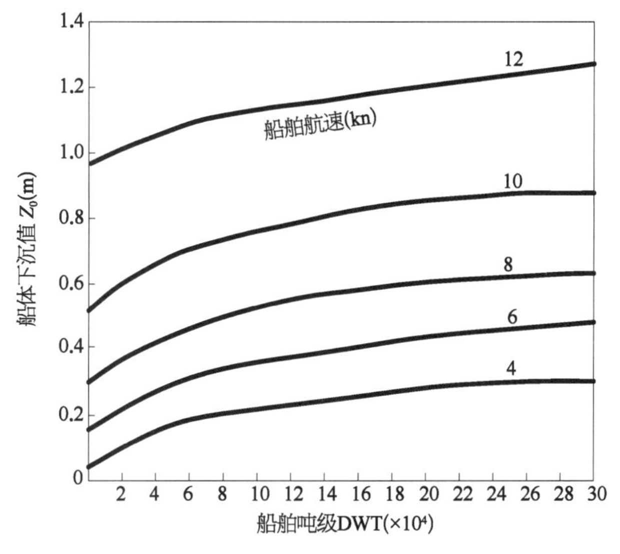

图 7-14 船舶航行时船体下沉值曲线

表 7-6 航行时龙骨下最小富裕深度 Z_1 （单位：m）

土质特性	DWT＜5 000	5 000 ≤DWT ＜10 000	10 000 ≤DWT ＜50 000	50 000 ≤DWT ＜100 000	100 000 ≤DWT ＜300 000
淤泥土、软塑、可塑性土、松散沙土	0.20	0.20	0.30	0.40	0.50
硬塑黏性土、中密砂土	0.30	0.30	0.40	0.50	0.60
坚硬黏性土、密实砂土、强风化岩	0.40	0.40	0.50	0.60	0.70
风化岩、岩石	0.50	0.60	0.60	0.80	0.80

表 7-7 船、浪夹角 ψ 与 $Z_2/H_{4\%}$ 的变化系数值

波浪平均周期	ψ(°)									
	0 (180)	10 (170)	20 (160)	30 (150)	40 (140)	50 (130)	60 (120)	70 (110)	80 (100)	90 (90)
$Z_2/H_{4\%}(\overline{T} \leqslant 8\ s)$	0.24	0.32	0.38	0.42	0.44	0.46	0.48	0.49	0.5	0.52
$Z_2/H_{4\%}(\overline{T} = 10\ s)$	0.55	0.65	0.75	0.83	0.90	0.97	1.02	1.08	1.10	1.15

注：① 当 DWT＜10 000 t 时，表中的数值应增加 25%。
② 当波浪平均周期 $8\ s < \overline{T} < 10\ s$ 时，可内插确定 $Z_2/H_{4\%}$ 的取值。
③ 当波浪平均周期 $\overline{T} > 10\ s$ 时，应对 Z_2 进行专门论证。

对于备淤深度 Z_4，规范规定：应根据两次挖泥间隔期的淤积量计算确定，对于不淤港口，可不计备淤深度；有淤积的港口，备淤深度不宜小于 0.4 m。

对于粉沙质海岸，航道淤积较为严重，航道备淤深度是避免骤淤影响通航的有效措施之一，也影响到港口日常维护成本，因此是航道设计中的重要参数，应科学选取，但规范未给出明确规定。下面根据多个港口航道的工程实践给出确定方法。

首先确定考虑骤淤因素影响的航道通航标准。即在设计重现期的骤淤发生时，应能保证设定吨级的船舶通航，航道水深保证港口营运和船舶进出的安全性，不能发生碍航；在一般情况下骤淤发生后能够保证通航的设定船舶吨级可按比设计船型降低1～2个等级的标准加以控制。设计重现期骤淤发生后，保证设定最大船舶通航所对应的航道通航水深设为D'_0，航道最大允许骤淤厚度设为Δ，则备淤富裕深度$Z_4=D'_0+\Delta-D_0$。发生设计重现期的骤淤时，航道内的最大骤淤厚度不应超过允许值Δ，需满足$\Delta\leqslant D_0+Z_4-D'_0$，即满足$\Delta\leqslant D-D'_0$，这样能够满足设定吨级船舶通航的水深条件。若超过此值，则需增加防沙堤的长度（减小Δ）或增大航道的备淤富裕深度（增大Z_4）。

判断备淤富裕深度是否满足要求，需要参考模型试验结果及实测数据进行综合分析。对于有营运要求、防沙堤足够长或有较强疏浚能力的港口，也可按设计重现期骤淤厚度确定备淤富裕深度，即设计重现期骤淤发生后保证通航的船舶吨级按原设计船型不变，选取哪种方案需要做技术经济比较。由于航道越深，维护疏浚量就越大，故航道备淤富裕深度不宜设置过大。

航道沿程备淤富裕深度应参考模型试验结果及实测数据分析取不同值。在口门附近区域的备淤富裕深度取值应大于其他区段取值。

综上可以看出，粉沙质海岸航道设计参数（γ、Z_4）确定并不是一个孤立问题，而是与防沙堤长度、高程等尺度密切相关。堤越高，减淤效果好，但挑流作用明显，口门横流明显加大，γ加大；堤越长，减淤效果好，Z_4可减小，但投资增加，反之，Z_4需加大。因此，在确定航道设计参数时，需与防沙堤尺度确定统筹考虑。

下面以黄骅港综合港区10万吨级航道工程为例，说明最大允许骤淤强度的计算过程。黄骅港综合港区航道通航标准为：正常情况满足10万吨级散货船满载乘潮通航的要求，当发生设计骤淤重现期10年一遇的泥沙骤淤时，仍能保证5万吨级散货船满载乘潮通航的水深要求。10万吨级航道设计底高程为−14.5 m，5万吨级航道设计底高程为−12.7 m，备淤富裕深度为0.6 m。为简化计算，通航水位取0.0 m。则$D=D_0+Z_4=14.5\text{ m}$，$D'=D'_0+Z_4=12.7\text{ m}$，$D'_0=D'-Z_4=12.7-0.6=12.1\text{ m}$，最大允许骤淤强度$=D-D'_0=14.5-12.1=2.4\text{ m}$。

针对防波挡沙堤口门分别位于−6.0 m和−7.0 m等深线的布置方案进行潮流、波浪和泥沙淤积方面的分析研究。根据试验成果，当口门位于−6.0 m等深线、发生10年一遇的泥沙骤淤时，航道内最大淤积强度约为1.4 m，满足通航标准。黄骅港综合港区10万吨级航道泥沙骤淤强度分布见表7-8。

表7-8　黄骅港综合港区10万吨级航道泥沙骤淤强度分布

航道里程(km)	淤积强度(m)		航道里程	淤积强度(m)	
	堤头位于－6.0 m	堤头位于－7.0 m		堤头位于－6.0 m	堤头位于－7.0 m
0.0	0.46	0.31	21.9	0.68	0.70
2.2	0.52	0.36	23.7	0.53	0.55
3.9	0.65	0.43	25.5	0.42	0.43
5.7	0.77	0.51	27.3	0.33	0.34
7.5	0.95	0.61	29.1	0.26	0.26
9.3	1.17	0.77	30.9	0.19	0.19
11.1	1.32	0.76	32.7	0.13	0.14
12.9	1.39	0.97	34.5	0.09	0.10
14.7	1.38	1.35	36.3	0.06	0.07
16.5	1.22	1.26	38.1	0.04	0.05
18.3	1.03	1.08	39.9	0.02	0.03
20.1	0.83	0.87	42.0	0.01	0.01

7.4　防沙堤设计

7.4.1　防沙堤布置

在粉沙质海岸建设港口航道，比较有效的防淤减淤措施是建设防波挡沙堤，"双堤(防波挡沙堤)环抱"掩护水域是基本的布置模式。在港池区域，防波挡沙堤以防浪掩护功能为主，平面布置可按照防波堤布置原则进行，在航道段以防沙减淤功能为主，按照以下原则进行布置。

(1) 粉沙质海岸港口防沙堤的布置应根据港口近、远期总体布局及发展时序，在掌握泥沙运动基本规律的基础上，结合港址条件的差异和港口使用功能的不同，统一规划，分期实施，防沙堤建设与航道建设规模相适应。

(2) 防沙堤布置时既要为港口发展留有足够的空间，又要尽量减少港内无用水域面积，以减少泥沙淤积总量。

(3) 防沙堤在近岸段一般平行于航道布置，在深水端可逐步缩窄形成口门。而对于远期有延长需要的防沙堤也可暂不缩窄。口门宽度需考虑港区规划航道规模、口门段航道局部加宽需要、防沙堤结构稳定、堤头护底宽度、外海波浪传播、航行安全等因素后确定，一般取600～1 000 m。

(4) 防沙堤布置要重点关注防沙堤的减淤效果，工程实施后海域流场变化和影响、海域波浪场变化和影响，以及两防沙堤之间水域和口门处水域船舶航行条件等。

(5) 在高程设计上，宜采用出水堤与潜堤结合的形式，以达到防浪、减淤、调整口门流态、降低工程投资的目的。

(6) 对于规模较小的起步工程，也可布置成单堤掩护方式，但不宜人工开挖航道，可利用天然水动力条件维护深槽。随港区发展，逐步建设双堤环抱，开挖航道。

(7) 对于海域泥沙环境复杂、敏感的港口航道，防波挡沙堤的建设会引起海岸线的淤积或侵蚀、潮汐通道的改变，在防波挡沙堤布置时要充分考虑这些因素，充分论证地形地貌的改变趋势与程度，确定防波挡沙堤的极限长度。

以上提出了防沙堤的布置原则，下面就结合相关工程阐述防沙堤长度、高程、两堤之间间距及口门宽度的确定方法[7]。

7.4.2 防沙堤长度

防沙堤堤头位置一般应位于波浪破碎带以外，而对于粉沙质海岸，波浪破碎带和浑水带很宽广，为保证一定的通航水深，防沙堤需建设足够的长度。由于防沙堤投资较大，因此有必要对防沙堤的合理长度进行研究。本节以黄骅港煤炭港区为例，对不同长度防沙堤进行比较，评价因素为航道年淤积量及减淤效果、骤淤情况、口门横流情况、沿堤流情况、水工结构投资、航道通过能力影响。最后进行综合评价比较，提出防沙堤合理长度确定原则和方法。

7.4.2.1 航道年淤积量及减淤效果

计算方案(方案 1～方案 5)：原防波堤堤头为 W0＋0，拟建防沙堤堤头位置分别在 W10＋5、W13＋5、W15＋0、W16＋5、W19＋0，对应堤头处水深分别－6 m、－6.5 m、－7 m、－7.5 m、－8 m，长度分别为 10.5 km、13.5 km、15 km、16.5 km、19 km。航道宽 170 m、底标高－14.5 m。淤积计算方法按前述章节进行。主要结果如下：

1) 年淤强分布

各方案年淤强分布如图 7－15 所示。

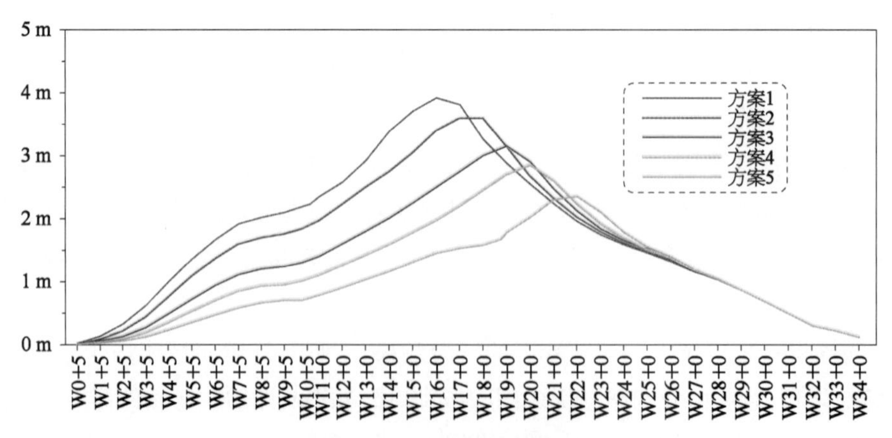

图 7－15 各方案淤强分布比较

2）掩护段航道淤积量

防波堤延长后，被掩护航道段长度增加，掩护段总淤积量有如下变化：当堤从W10+5延长至W13+5时，掩护段内总淤积量有所增加；当防波堤继续延长至W15+0、W16+5和W19+0时，掩护段内淤积量又随堤的延长而呈减小趋势。防波堤延长后掩护段内航道淤积变化趋势图如图7-16所示。

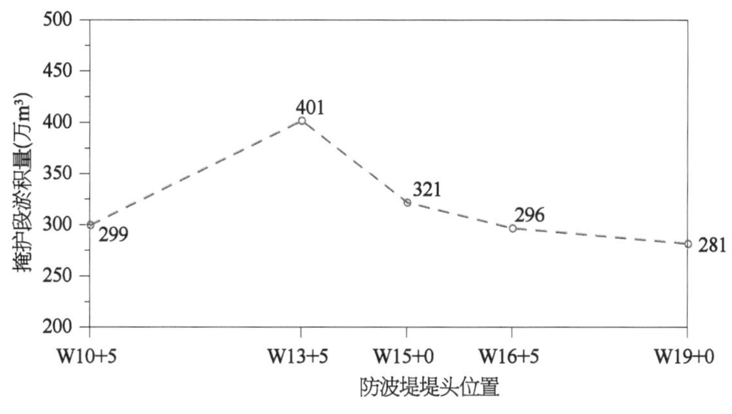

图7-16　延长防波堤掩护段淤积量变化趋势图

3）总淤积量

不同防沙堤堤头位置对应的总淤积量分布如图7-17所示。

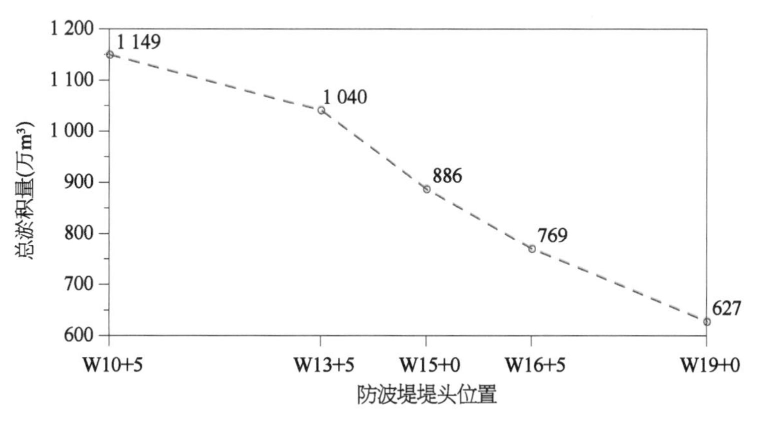

图7-17　延长防波堤总淤积量变化趋势图

4）减淤效果

延长防波堤，单位长度(1 km)下的减淤量和减淤率如图7-18所示。

(1) W10+5延伸到W13+5：减淤量为36.3万m^3/km，减淤率为3.2%/km。

(2) W13+5延伸到W15+0：减淤量为102.7万m^3/km，减淤率为11.6%/km。

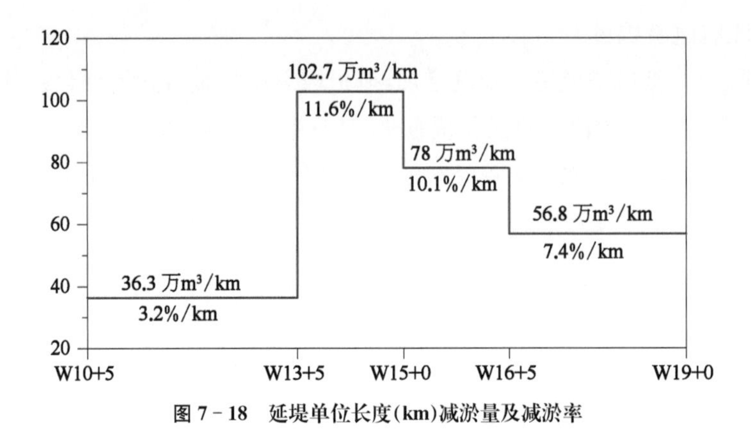

图 7-18　延堤单位长度(km)减淤量及减淤率

(3) W15+0 延伸到 W16+5：减淤量为 78.0 万 m^3/km，减淤率为 10.1%/km。

(4) W16+5 延伸到 W19+0：减淤量为 56.8 万 m^3/km，减淤率为 7.4%/km。

5) 疏浚量

航道发生淤积后，恢复到不同等级航道时所需的疏浚量见表 7-9。

表 7-9　各方案不同航道等级的年疏浚维护量

航道底标高	方案 1	方案 2	方案 3	方案 4	方案 5
−14.5 m	1 149 万 m^3	1 040 万 m^3	886 万 m^3	769 万 m^3	627 万 m^3
−13.0 m	337 万 m^3	287 万 m^3	183 万 m^3	129 万 m^3	59 万 m^3
−11.5 m	52 万 m^3	30 万 m^3	2 万 m^3	—	—

7.4.2.2　骤淤情况

10 年一遇骤淤条件下不同工况(工况 1～工况 5 对应前述方案 1～方案 5)航道内的骤淤淤强分布如图 7-19 所示，骤淤淤积量结果如图 7-20 所示，最大和平均淤强变化如图 7-21 所示，防沙堤的减淤效果如图 7-22 所示。

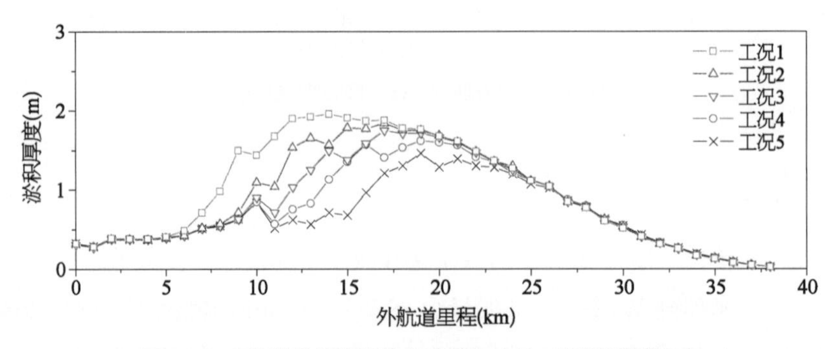

图 7-19　不同防沙堤掩护长度时航道 10 年一遇骤淤淤强分布

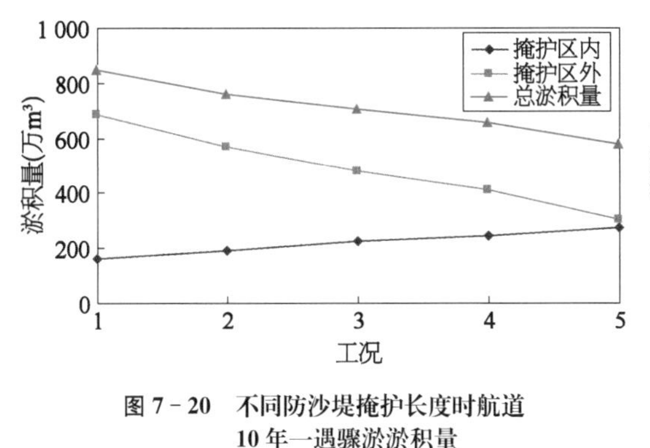

图 7-20　不同防沙堤掩护长度时航道
10 年一遇骤淤淤积量

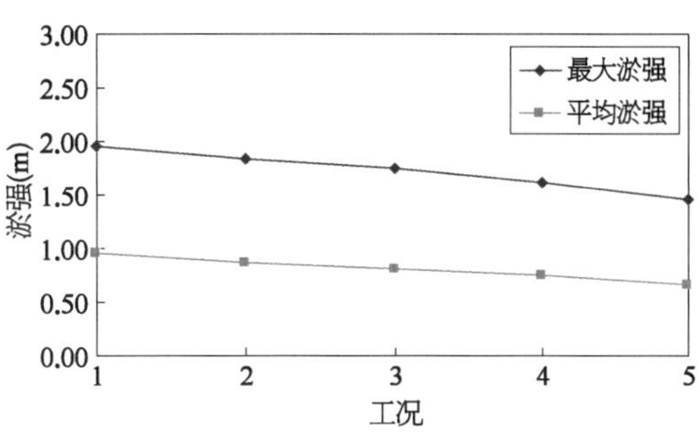

图 7-21　不同防沙堤掩护长度时航道
10 年一遇骤淤最大和平均淤强

可以看出：不同工况时在口门附近的淤积厚度差别较大，而对于 W0+0—W7+0 及 W23+0 以远的航道淤积厚度则较接近；不同工况时防沙堤末端口门附近由于流速较大而淤积厚度相比口门两侧略有降低；从骤淤分布看，防沙堤延伸越长，最大和平均淤积厚度越小；掩护区内的淤积量随着防沙堤的延长而增加，掩护区外的淤积量随防沙堤的延长而减小，总淤积量随着防沙堤的延长而逐渐减小；防沙堤延长后减淤率不断增加，但是单位长度减淤量变化不大。

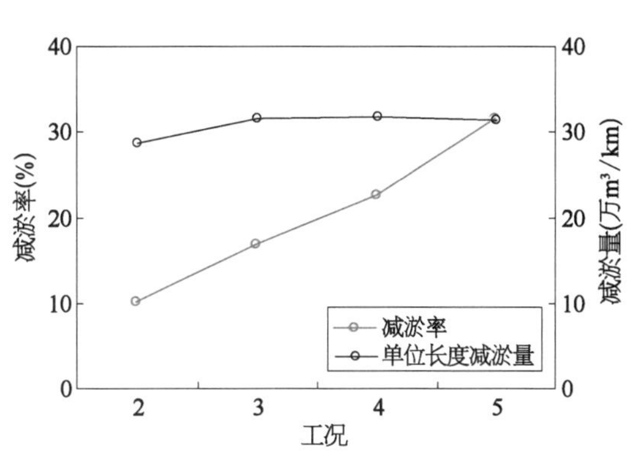

图 7-22　不同防沙堤掩护长度时航道
10 年一遇骤淤减淤效果

7.4.2.3　口门横流情况

在口门附近沿航道轴线布置了 25 个流速测点，口门以内测点间隔为 500 m，口门以外测点的间隔均为 100 m。从不同工况各测点的最大横流流速可知，口门内由于防沙堤掩护作用横流较小，一般不超过 0.3 m/s。从口门处向口门外横向流速先缓慢增加然后又逐渐减小，但是变化的幅度不大。各工况口门附近出现最大横向流速一般在涨急时刻，位置约在距口门 400 m。五种工况的最大横向流速分别为 0.49 m/s、0.50 m/s、0.50 m/s、0.53 m/s 和 0.56 m/s，即随着防沙堤长度的延长，由于受到外海潮流影响，最大横向流速有所增加，但增加幅值不大。工况 4、工况 5 横流超过 1 kn 的分布范围在口门外 700 m、1 300 m 左右。

7.4.2.4　沿堤流情况

在南北防沙堤外侧沿防沙堤走向分别布置 3 排采样点，距堤分别为 50 m，550 m，1 050 m，各排采样点间距约 5 000 m。由不同防沙堤长度的计算结果可知，最大沿堤流一般发生在落潮过程中，北侧采样点由于受到防沙堤的阻挡，因此最大沿堤流流速一般大于南侧采样点；防沙堤长度的变化对沿堤流影响较小，对南侧采样点的影响小于北侧，防沙堤延长后口门附近采样点的最大沿堤流变化不大，变化幅度不超过 0.1 m/s。不同工况最大沿堤流流速见表 7-10。

表 7-10 不同工况最大沿堤流流速

工 况	1	2	3	4	5
北堤最大沿堤流(m/s)	0.92	0.8	0.8	0.79	0.8
南堤最大沿堤流(m/s)	0.59	0.52	0.56	0.58	0.6

南堤南侧采样点的最大沿堤流一般发生在高潮位后 3.0 h 左右，在落急时刻附近；北堤沿堤流最大一般发生在高潮位后 1.0 h 左右，部分位置由于受到建筑物影响，时间有所变化。

7.4.2.5 水工结构投资影响

防沙堤的造价对整个工程的总投资影响很大。从减淤的效果来看，防沙堤掩护航道的长度越长越好，但相应的工程投资就很大。下面仍以黄骅港煤炭港区防沙堤为例来分析水工投资对工程的影响。

黄骅港煤炭港区防沙堤采用抛石斜坡堤结构，堤顶高程 W0+000—W8+000 段为 3.5 m，堤头 W10+500 处为-1.0 m，W8+000—W10+500 段堤顶高程由 3.5 m 渐变至-1.0 m。W10+500—W16+500 段堤顶标高为-1.0 m，北侧防沙堤 W19+000 处堤顶标高为-2.0 m，W16+500—W19+000 段由-1.0 m 渐变至-2.0 m。南侧防沙堤 W19+000 处堤顶标高为-3.0 m，W16+500—W19+000 段由-1.0 m 渐变至-3.0 m。防沙堤基本断面如图 7-23 所示。

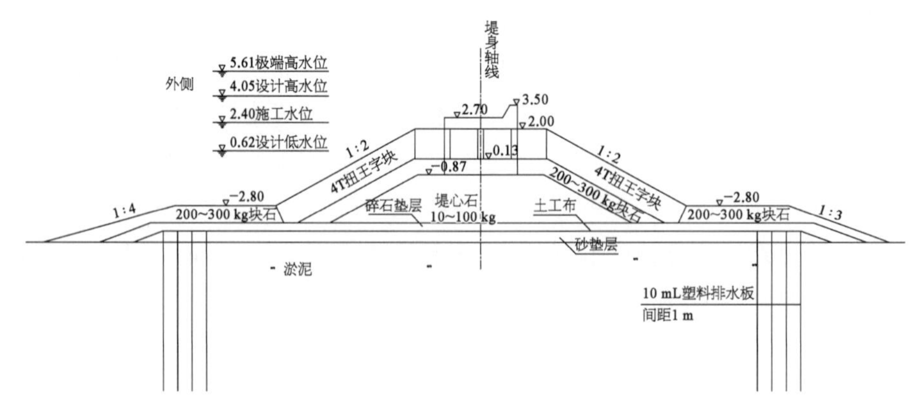

图 7-23 W6+000—W8+000 段结构图

防沙堤堤头位于不同位置处的工程投资估算见表 7-11，工程投资随防沙堤长度变化曲线如图 7-24 所示。

表 7－11　防沙堤堤头位于不同位置处的工程投资估算

堤头位置	10＋500	13＋500	15＋000	16＋500	19＋000
堤头处泥面标高(m)	－5.5～－6.0	－6.5～－7.0	－7.0～－7.3	7.0～－7.5	－7.8～－8.2
北堤顶高程(m)	－1.0	－1.0	－1.0	－1.0	－2.0
南堤顶高程(m)	－1.0	－1.0	－1.0	－1.0	－3.0
总投资估算(万元)	174 157.49	207 142.37	245 137.24	284 423.01	323 816.72
单位投资估算(亿元/km)	1.10	2.53	2.62	1.58	

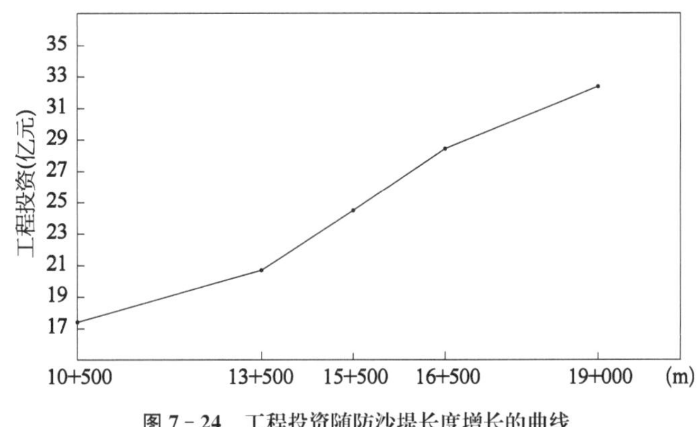

图 7－24　工程投资随防沙堤长度增长的曲线

防沙堤的工程投资较大，堤头每向前延伸 1 km，航道两侧防沙堤的投资增长 1.1 亿～2.62 亿元。从某种意义上来说，防沙堤的投资是确定掩护航道的防沙堤堤头位置的一个重要因素，对工程影响很大。

7.4.2.6　航道通过能力影响

不同长度防沙堤减淤效果不同，对航道水深的影响不同，也影响到了航道的通过能力。

首先计算不同方案情况下，每年淤积量，恢复到不同航道等级(底标高分别为－14.5 m、－13 m、－11 m)所需疏浚量。第二步计算对应疏浚量疏浚所需要的天数。第三步根据黄骅港近几年到港船型资料及远期发展预测，给出完成港区年运量所对应的到港船型组合及到港船舶艘数。第四步计算航道通过能力损失。在煤炭出口码头运营中，当航道淤积而不能满足大船的满载吃水时，假设船舶会亏载到合适水深，来保证及时离港，这样一年中船舶亏载的量则是航道淤积对码头通过能力的影响，各方案不同航道等级条件下不同吨级船舶的亏载量，见表 7－12。

则各方案不同航道等级相应的码头通过能力的损失则为：通过能力损失＝船舶亏载×日均到港艘数×年维护天数，按照上式计算出各方案不同航道等级下码头通过能力损失。

表 7-12　各方案不同航道等级下船舶亏载

航道底标高	3.5 万 DWT	5 万 DWT	7 万 DWT	10 万 DWT
−14.5 m	0	0	0	3 万 t
−13.0 m	0	0	2 万 t	5 万 t
−11.5 m	0.5 万 t	2 万 t	4 万 t	7 万 t

7.4.2.7　综合评价分析

根据前述分析计算，在不同的堤头位置情况下，防沙堤建设投资、运营期间港池航道回淤量、港口通过能力损失均有所不同。随着防沙堤向外延长，防沙堤投资越来越大，而运营期间的港池航道回淤量和港口通过能力损失越来越小。为分析不同堤头位置的经济效果，需要综合经济比较。为便于比较，将淤积、通过能力等损失转化为费用在单位上统一，将投资转化为年费用与损失在时点上统一，再将费用叠加，综合费用最小者为经济效果最优。另分别从港口财务和国民经济两个角度进行比较。

1) 港口财务

从港口财务角度比较分析，不同方案港口财务费用比较如图 7-25 所示。

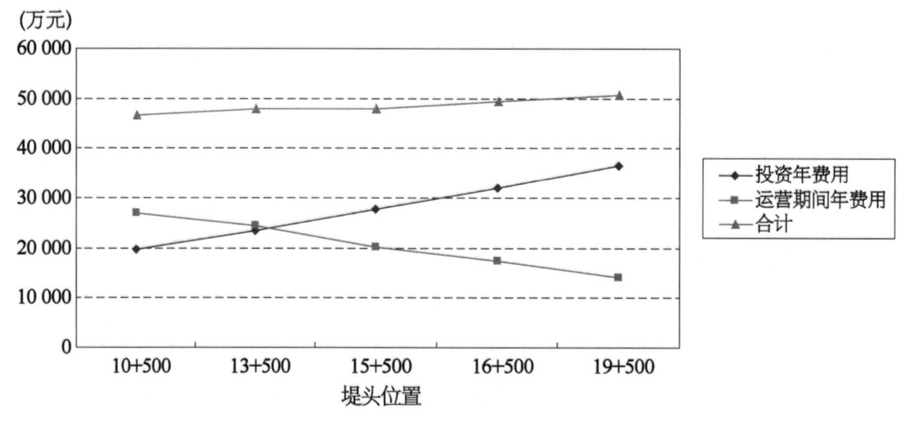

图 7-25　不同方案港口财务费用比较

2) 国民经济

从国民经济角度比较分析，按社会折现率 8%、计算期 20 年，将防沙堤建设投资转化为投资年费用，计算出年清淤费用及因港口通过能力影响转移至其他港口所造成的社会损失费用，汇总得出运营期间的年费用。结果如图 7-26 所示。

以上结果表明，从港口财务角度，防沙堤堤头建到 10＋500 位置综合费用最低。从国民经济角度，防沙堤堤头建到 15＋500 位置综合费用最低，但与 10＋500 位置仅相差

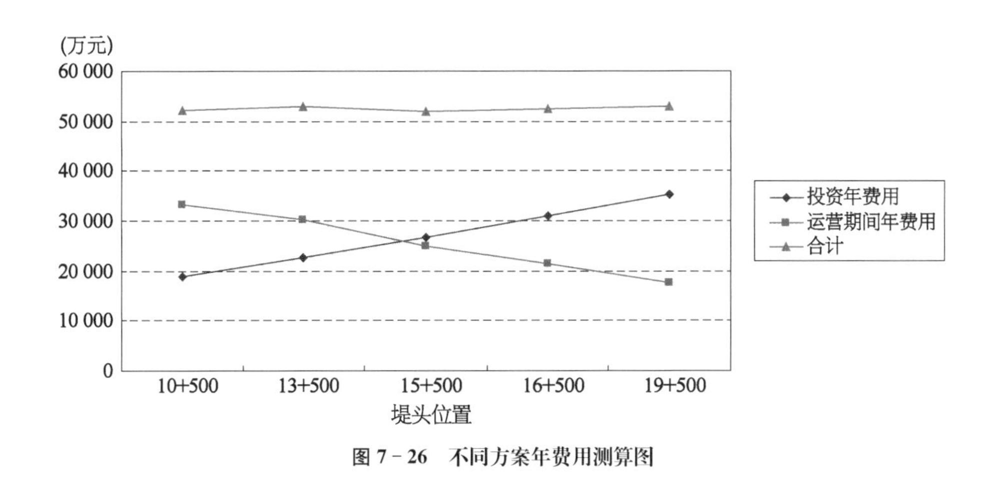

图7-26　不同方案年费用测算图

0.88%，属同一水平。

7.4.2.8　小结

(1) 随着防沙堤延长，掩护段年平均淤强、最大年淤强均逐渐下降，堤头位置W13＋500—W15＋000时最大年淤强下降较快。

(2) 防波堤延长后，被掩护的航道段长度增加。当堤头从W10＋5延长至W13＋5时，掩护段内总淤积量有所增加。当防波堤继续延长至W15＋0、W16＋5和W19＋0时，掩护段内淤积量又随堤的延长而呈减小趋势。

(3) 防波堤延长，港口总淤积量减小，减淤率增大。单位长度(1 km)下的减淤量和减淤率，堤头由W13＋5延伸到W15＋0为最大。

(4) 随着防沙堤的延长，骤淤最大和平均淤强均逐渐减小。10年一遇骤淤情况下，掩护区内的淤积量随着防沙堤的延长而增加，掩护区外的淤积量随防沙堤的延长而减小，总淤积量随着防沙堤的延长而逐渐减小。防沙堤延长后减淤率不断增加，但是单位长度减淤量变化不大。

(5) 随着防沙堤长度的延长，由于受到外海潮流影响，最大横向流速有所增加，增加幅值不大。横流超过1 kn的范围增加幅度较大。

(6) 防沙堤长度的变化对沿堤流影响较小，口门附近变化幅度不超过0.1 m/s。

(7) 确定防沙堤长度应综合考虑航道年淤积量及减淤效果、骤淤情况、口门横流、沿堤流、工程投资、航道通过能力对港口生产运营影响等因素。一般要布置在波浪破碎带和高含沙量带以外。防沙堤投资较大，从经济角度，其长度越小越好，基本条件是满足一定设计船型的通航保证率，即在设计重现期骤淤条件下，能够满足港口通航，保障港口设计通过能力。在此条件基础上，进行综合评价，确定防沙堤的合理长度。以黄骅港为例，给出了综合经济评价方法。

7.4.3 防沙堤高程

防波挡沙堤的高程应根据港内泊稳和防沙减淤要求确定。为港区提供掩护，满足港区泊稳要求为主要功能的防波堤段高程较高，可按照相关规范设计。以挡沙减淤为主要功能的防沙堤高程取决于对掩护段航道的减淤效果和经济性。

防沙堤堤顶高程应根据不同水深处大风作用时的垂线含沙量分布、越堤和口门进沙量、减淤效果及工程投资综合比较确定。粉沙质海岸在大风浪作用下，海床表面存在的高浓度含沙水体和推移质是造成航道严重淤积的重要原因，因此在有效防止底部泥沙侵入航道的前提下，可适当降低堤顶标高。在近岸破波带含沙量较高，为保证减淤效果防沙堤标高不宜太低，一般为出水堤。随着水深增加，堤身断面加大，为了节约工程投资，破波带高含沙量区外可降低防波堤高程成潜堤。因此，通常防沙堤采用出水堤与潜堤组合的形式。另外，在口门附近航道两侧设置潜堤，较出水堤可起到改善口门区流态、降低口门横流的作用。下面分别介绍防沙堤出水段与潜堤段堤顶高程确定方法。

7.4.3.1 防沙堤出水段

若要减淤效果好，防沙堤需有一定的高度，但防沙堤高度增加，投资也必然增长，因此选择经济合理堤顶高程是重要的。以黄骅港为例，从防淤减淤和工程投资两个角度提出近岸浅水区防沙堤的合理高度确定方法。

1) 减淤效果分析

(1) 越堤沙量。防沙堤建成后，进入掩护区内的水体将有两部分组成，一部分是从口门直接进入港内的水体，另一部分是越过堤顶进入港内的水体，进港沙量也同样由这两部分水体带入，分别可由下式表示：

$$Q = Q_1 + Q_2 \tag{7-7}$$

$$q_1 = Q_1 S_0 + Q_2 S_1 \tag{7-8}$$

式中 Q——进港总水量；

Q_1——从口门进入水量；

Q_2——越堤水量；

S_0——口门含沙量；

S_1——越堤水体含沙量；

q_1——进港沙量。

由于防沙堤堤顶的越浪及高潮时的过流，会造成掩护区内航道淤积量的增加，与水体不发生越堤时相比，这个增加的淤积量称为净增量，可由下式计算：

$$q_{\Delta} = q_1 - QS_0 \tag{7-9}$$

进一步可得

$$q_{\Delta}=Q_2(S_1-S_0) \tag{7-10}$$

可见掩护段内的净增淤积量与越堤的水量、越堤水体含沙量和口门含沙量有关。

(2) 越堤水量。越堤的水量由越浪量和高水位下的堤顶过流量两部分组成。对于越浪量可采用水文规范中公式计算：

$$Q_{21}=0.07^{H_c'/H_{1/3}}\exp\left(0.5-\frac{b_1}{2H_{1/3}}\right)BK_A\frac{H_{1/3}^2}{T_p}\left[\frac{0.3}{\sqrt{m}}+\tan\text{h}\left(\frac{d}{H_{1/3}}-2.8\right)^2\right]\ln\sqrt{\frac{gT_p^2m}{2\pi H_{1/3}}} \tag{7-11}$$

式中　Q_{21}——单位时间单宽堤顶的越浪量(m^3/ms)；

H_c'——胸墙顶在静水面以上的高度；

B——经验系数；

b_1——胸墙前肩宽；

K_A——护面结构影响系数；

$H_{1/3}$——有效波高；

m——防沙堤坡度；

T_p——谱峰周期；

d——堤前水深。

对于过顶流量由下式计算：

$$Q_{22}=lH_{\Delta}Vt\cos\theta \tag{7-12}$$

式中　Q_{22}——过流量(m^3)；

l——堤长；

H_{Δ}——堤顶以上水深；

V——水流速度；

θ——流速与防沙堤轴线夹角。

当 $l=1$、$t=1$ 时为单位时间单宽过堤流量。

(3) 不同堤顶高程净增淤积量。应用黄骅港参数，利用上述公式进行计算。其中波浪采用年均波浪、水位采用逐时水位，计算了不同堤顶标高全年的越堤水量和全年因越堤而使掩护段水域净增的淤积量，见表 7-13、图 7-27。

表 7-13　全年越堤水量和掩护段水域净增淤积量表

项　目	顶　标　高						
	1.5 m	**2.0 m**	**2.5 m**	**3.0 m**	**3.5 m**	**4.0 m**	**4.5 m**
越堤水量(万 m^3)	3 416 189	2 132 310	1 134 980	450 036	95 208	5 022	100
净增淤积(万 m^3)	219.0	136.7	72.8	28.8	6.1	0.3	0.0

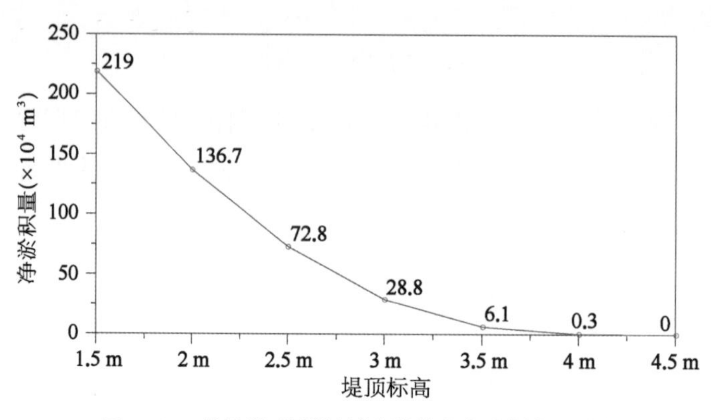

图 7-27　防沙堤不同堤顶高程掩护段水域净淤积量图

由计算结果可见,随着堤顶高程的增加港内的淤积量迅速减少,当堤顶高程达到 3.5 m 以上时已经基本不再有因越堤水体而造成的淤积,从减淤角度讲堤顶高度在 3.5 m 附近,即平均高潮位处,是个较为理想的高度。

2) 投资分析

以上讨论了不同堤顶高程下掩护区内全年因越堤水体而使港内净增加的淤积量,下面从投资角度,以黄骅港外航道整治工程的实际投资额和规模为参数,讨论不同堤顶高程的经济合理性。

主要考虑两项费用:① 不同堤顶高程的防沙堤在其使用年限内,掩护单位长度的航道,其投资额平均到每年所发生的费用;② 每年由于越堤水体造成的掩护区航道净增的淤积量和平均到单位长度内所要发生的疏浚维护费用。假设防沙堤使用年限为 50 年,根据防沙堤每延米的平均造价,同时考虑维护费用和贷款利率估算出防沙堤每延米年均投资费用,并以此为依据估算不同堤顶高程的防沙堤掩护每延米航道的年均投资费用。计算结果见表 7-14。

表 7-14　防沙堤掩护每延米航道的年均投资费用表

堤顶标高	1.5 m	2.0 m	2.5 m	3.0 m	3.5 m	4.0 m	4.5 m
费用(元)	1 848	2 117	2 402	2 705	3 024	3 360	3 712

注:双堤掩护每延米航道。

依据实际疏浚维护费用,估算因越堤水体而造成港内每延米航道的净增淤积量的年均疏浚维护费用。计算结果见表 7-15。

表 7-15　每延米航道净增淤积量的年均疏浚维护费用表

堤顶标高	1.5 m	2.0 m	2.5 m	3.0 m	3.5 m	4.0 m	4.5 m
费用(元)	3 858	2 408	1 282	508	116	6	0

防沙堤年均投资费用及年均疏浚维护费用如图 7－28 所示。

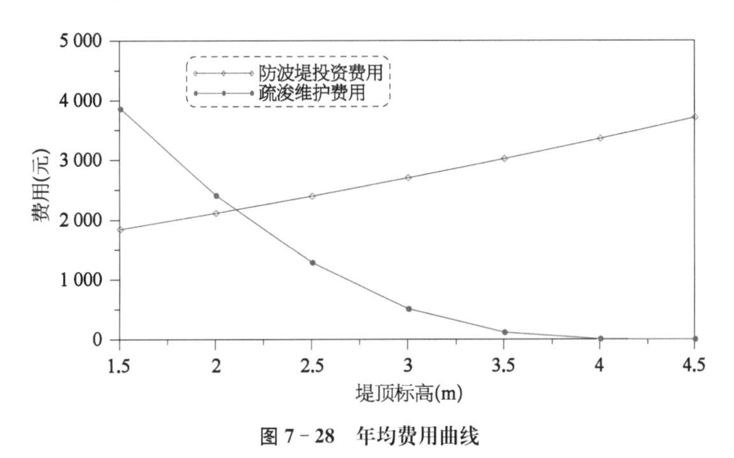

图 7－28 年均费用曲线

由图 7－28 可见，随着堤顶高程的不断增加防沙堤的投资费用也逐渐增加，但维护疏浚费用逐渐降低。假设这两项费用之和可代表防挡沙堤工程掩护每延米航道的年均总投资费用，可得表 7－16 和图 7－29。

表 7－16 防沙堤掩护每延米航道的年均总投资费用表

堤顶标高	1.5 m	2.0 m	2.5 m	3.0 m	3.5 m	4.0 m	4.5 m
总费用(元)	5 706	4 525	3 684	3 213	3 140	3 366	3 712

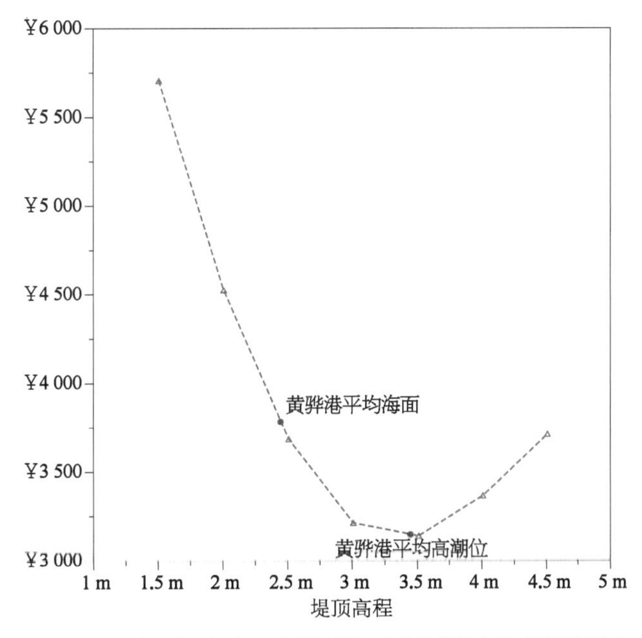

图 7－29 不同堤顶标高防沙堤掩护每延米航道的年均总投资费用

由图 7－29 可见，随着防沙堤高程的增加，防沙堤掩护每延米航道的年均投资费用逐渐降低，在堤顶标高在 3.5 m 附近费用降至最低点，之后投资费用又开始提升，由此可见堤顶高度在 3.5 m 附近，即平均高潮位附近，是个比较经济合理的高度。

上述以黄骅港为例说明了近岸高含沙量区防沙堤合理高程的确定分析方法，对于其他粉沙质海岸港口防沙堤需结合实际参数进行确定。

7.4.3.2 防沙堤潜堤段

粉沙质海岸破波带外缘防沙堤可采用潜堤，既有效阻挡底部高浓度含沙层泥沙，还可降低投资，但需合理确定潜堤堤顶高程。高程确定原则是沿程不同水深潜堤减淤效果不降低。

研究潜堤的减淤效果目前主要有物理模型试验、对已建潜堤工程进行现场观测和三维的水动力泥沙数值模拟试验三种手段。无论哪一种手段研究潜堤的减淤在技术上和精度上都比较困难。潜堤减淤效果取决于堤顶的过顶水量和过顶沙量，而越堤的水量又是由堤顶过流和堤顶越浪两部分组成。而堤顶低于波浪波谷和高于波谷两种情况下主要越堤沙量挟带方式不同，因此潜堤减淤效果需按上述两种情况分析，这里分别按较低潜堤、较高潜堤区分，如图 7－30 所示。

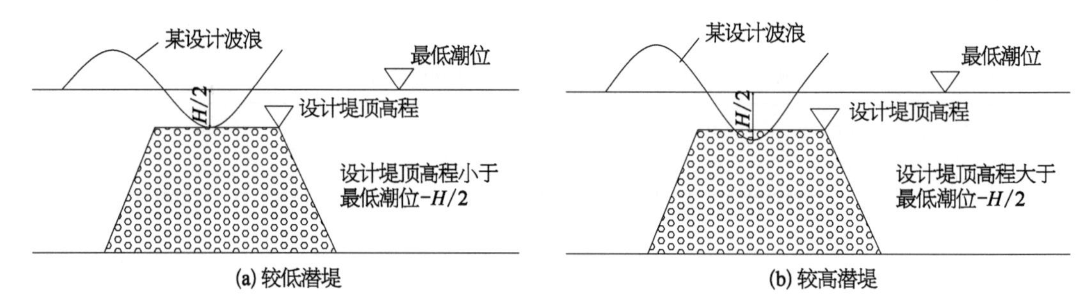

图 7－30 不同高程潜堤示意图

1) 较低潜堤防淤率

当防沙堤堤顶高程在最低潮位以下且低于某设计波浪的波谷时，堤顶以上水层的泥沙在水流和波浪的作用下可全部越过防沙堤。这种情况只要知道堤前含沙量即可估算越堤沙量。防淤率 η 可表示为

$$\eta=\frac{S'}{S_0} \qquad (7-13)$$

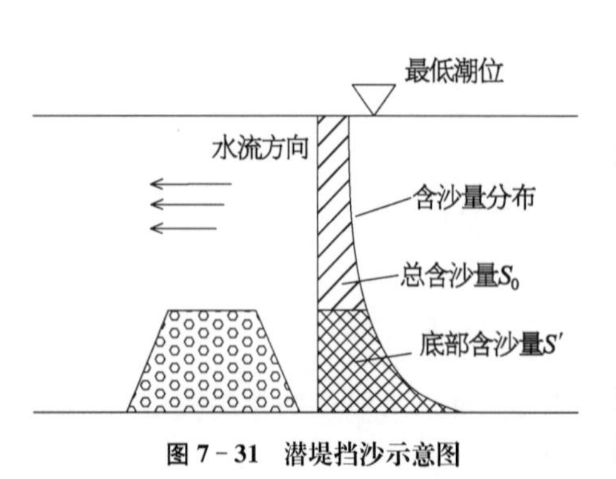

图 7－31 潜堤挡沙示意图

式中 η——防淤率；

S'——堤前防波堤拦截的沙量；

S_0——堤前的总沙量，如图 7－31 所示。

可利用前述理论计算得到的大风天含沙量，分析不同水深处不同堤顶高程的防淤效果。以黄骅港为例，计算 10 年一遇骤淤情况下，－6～－13 m

水深不同堤顶高程潜堤防淤率，从而可得到不同防淤率对应的堤顶标高。若潜堤防淤率分别为60%、70%和80%时，则可得各水深处相应的潜堤顶标高，见表7-17。

表7-17　不同防淤率对应的堤顶标高

防淤率	水深−6 m	水深−7 m	水深−8 m	水深−9 m	水深−10 m	水深−11 m	水深−12 m	水深−13 m
60%	−3.4 m	−4.5 m	−5.6 m	−6.7 m	−7.9 m	−9.0 m	−10.1 m	−11.1 m
70%	−2.3 m	−3.3 m	−4.5 m	−5.7 m	−7.0 m	−8.2 m	−9.4 m	−10.6 m
80%	−0.9 m	−1.8 m	−2.8 m	−3.9 m	−5.2 m	−6.5 m	−7.9 m	−9.3 m

从表7-17可知，在某一固定的防淤率下，潜堤堤顶标高可沿水深逐渐降低，防沙堤绝对高度逐渐减小，如图7-32所示。上述分析虽然为概化分析，但可得出在粉沙质海岸，防沙潜堤堤顶高程可随海底坡度逐渐降低的结论。

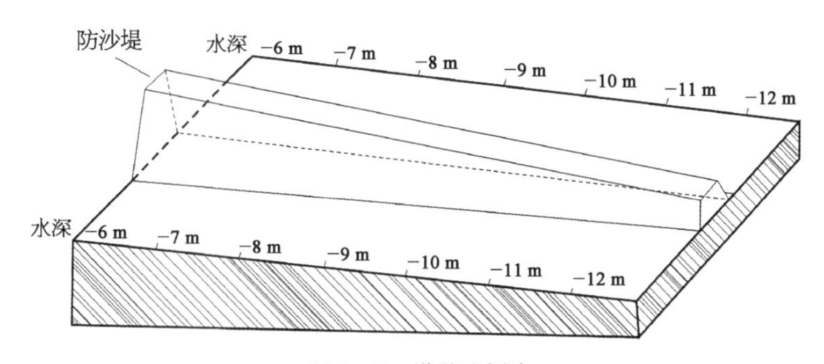

图7-32　潜堤示意图

2）较高潜堤防淤率

当潜堤堤顶较高，堤顶高程在最低潮位以下高于某设计波浪的波谷时，越浪造成的过堤沙量将占主要部分，这种情况较为复杂，可通过堤前、堤后的含沙量分析防沙堤的防沙率。防沙率可表示为

$$\eta' = \frac{s_1 - s_2}{s_1} \tag{7-14}$$

式中　η'——防沙率；

s_1——堤前含沙量；

s_2——堤后含沙量。

防沙率应和堤顶标高有关，可用下式表示：

$$\eta' = f\left(\frac{h_1}{h_0}\right) \tag{7-15}$$

式中　h_1——堤顶水深；

h_0——堤身所在处水深。

上式可用简单的指数关系表示。

$$\eta' = \alpha \times \exp\left(\frac{\beta \times h_1}{h_0}\right) \tag{7-16}$$

式中　α、β——试验系数。

通过断面物理模型试验和分析，可建立 η' 和 h_1/h_0 的关系式，并得出 α 和 β 系数。以京唐港区为例，根据−5 m 处防沙堤的水槽断面试验结果分析防沙率。防沙率 η' 与 h_1/h_0 的关系如图 7－33 所示。从图 7－33 中可见试验结果点分布较为均匀，分布趋势较为明显，规律性较好。为了使用方便，可得出拟合曲线和上、下两条包络线。

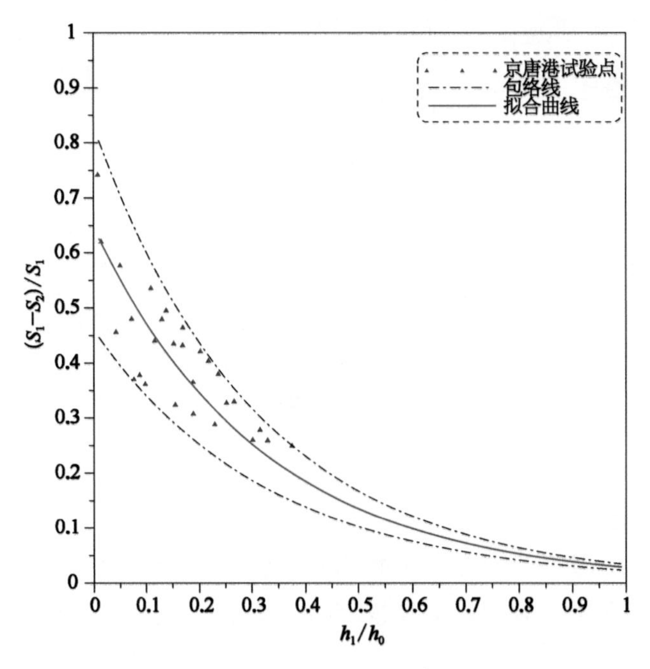

图 7－33　京唐港区−5 m 水深处 η' 与 h_1/h_0 关系

由图 7－33 可得，$\alpha = 0.64$、$\beta = -3.1$。

即
$$\eta' = 0.64 \times \exp\left(\frac{-3.1 \times h_1}{h_0}\right) \tag{7-17}$$

由上式可得出京唐港区−5 m 水深处不同防沙率对应的堤顶标高，同样可得不同水深潜堤堤顶标高。

以上结合工程实例给出了潜堤堤顶高程的确定分析方法，由于粉沙质海岸泥沙运动的复杂性，具体应用时，可根据港口含沙量实际分布情况，结合断面物理模型试验，确定一定的防淤率，从而确定潜堤沿水深的合理高程。

7.4.3.3 小结

(1) 在波浪破碎带内,波浪破碎造成水体含沙量上下趋于均匀,防沙堤顶越沙量大,因此破碎带内不宜采用潜堤。堤顶高程应根据减淤效果、工程投资综合分析,前文给出了综合分析方法。通过淤泥粉沙质海岸工程实例验证,堤顶高度设在平均高潮位附近,是个较为理想和经济的高度。

(2) 在波浪破波带以外,水体含沙量垂线分布为上小下大,大风天气底部有高浓度含沙水体,采用潜堤可有效防止下部高浓度含沙水体进入航道,减淤效果较为明显。堤顶标高可虽滩面坡度逐渐降低。潜堤减淤效果取决于堤前含沙量和越堤流、浪挟带沙量。堤顶高,减淤效果好,但投资也高。堤顶低,造价降低,但减淤效果也减小。不同港口的水沙环境不同,同一港口不同水深处的含沙量垂线分布也不相同,因此在同一堤顶高程的潜堤布置下,不同港口及同一港口的不同水深处,潜堤的减淤效果均不相同。在港口工程的实际应用中,可分别建立不同水深处的堤顶高程与防沙率关系,再进一步确定某一防淤率不同水深处的潜堤顶高程。

(3) 为了保证一定的挡沙效果,潜堤堤身高度不宜太小,根据工程经验,对于淤泥粉沙质海岸,一般最小堤身高度不宜小于 5 m。

(4) 在防沙堤结构设计时应考虑堤身有效高程或高度。尤其对于斜坡结构防沙堤,其顶部护面块体孔隙率较大,挡沙效果差,致使其堤身有效高度降低,影响了挡沙效果,因此有必要在其顶部采用阻沙结构。

(5) 若航道淤积主要是沿岸流和沿堤流的输沙造成,则防沙堤高程确定要考虑起到挑流作用。

黄骅港综合港区防波挡沙堤对港口有防浪和挡沙两个功能。若全部按防波堤标准设计,则堤顶较高,投资巨大,且在堤头会形成较大横流。因此,港口根据码头项目安排,确定划分了防波堤功能段和防沙堤功能段。防波堤堤顶高程按现行规范计算确定;防沙堤堤顶高程根据当地泥沙特性、水动力条件、防沙率、堤头流态等,采用出水堤与潜堤结合的布置形式。该方案不仅经济有效,而且可降低口门横流,改善口门流态。

7.4.4 防沙堤间距

防沙堤间距确定主要考虑泥沙淤积波浪传播、沿堤流、通航安全、远期发展等因素。本节以黄骅港煤炭港区防沙堤间距研究为基础加以阐述。

7.4.4.1 泥沙淤积

环抱式防沙堤两堤间距不同将影响两堤间水域泥沙淤积的大小。泥沙淤积不仅应考虑航道淤积,也应考虑两堤间滩地的泥沙淤积,因滩面堆积的泥沙越多,将增加风浪作用下二次冲刷至航道内而发生大淤的风险。滩面淤积也有个平衡过程,在建成后初期滩面淤积是不稳定的，若干年后达到平衡，而此过程也影响到航道内的淤积。因此，在此需研究不同堤间距情况下，不同时期两堤所掩护水域的淤积、航道内的淤积及滩面淤积达到平衡的时间，以此得出较为适宜的双堤间距。

1）计算模型

（1）基本模型。研究采用平行堤，堤间距和口门宽度都为 600 m，以及口门宽度为 800 m，堤间距分别为 1 km、1.5 km、2 km、2.5 km、3 km，共六种工况进行研究。航道尺度为深 −14.5 m、宽度 170 m。计算如图 7－34 所示，采用右手直角坐标系统，原点设于口门，X 轴由口门指向港内。

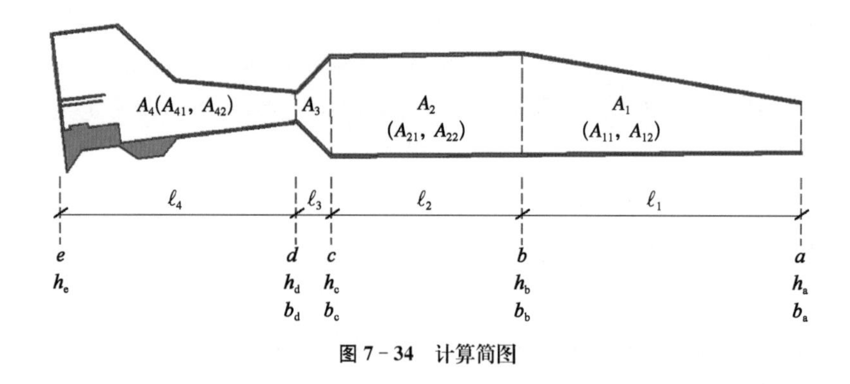

图 7－34 计算简图

① 双堤内流速。双堤建成，未开挖航道时，潮流进入双堤后，涨潮时受到纳潮潮汐棱体的影响，潮运动的基本方程为

$$\frac{\partial}{\partial x}(bhu)+\frac{h_{\Delta}b}{T}=0 \tag{7-18}$$

式中 b——堤间距；

h——水深；

u——流速；

h_{Δ}——潮差；

T——周期。

将上式积分求解可得

$$u_x=\frac{h_{\Delta}A_x}{Tbh} \tag{7-19}$$

$$A_x=\int_x^{x_b}b\mathrm{d}x \tag{7-20}$$

式中 u_x——x 处的流速；

A_x——自 x 向港内的总水域面积，如果将内航道分解成若干段，如图 7－34 所示，则各段面的流速可用下式求得：

$$u=\frac{h_{\Delta}\sum_{i}^{4}A_{i}}{Tbh}\quad(i=1,2,3,4)\tag{7-21}$$

由各段面的流速可求得各区内平均流速。

② 双堤内含沙量。未开挖航道时，双堤内泥沙输移方程为

$$\frac{\partial}{\partial x}(bhuS)+\frac{h_{\Delta}x}{T}S+\alpha'\omega_{s}bS=0\tag{7-22}$$

式中　S——含沙量；

α'——泥沙淤积概率；

ω_{s}——泥沙沉降速度。

对上式积分求解可得

$$S=S_{0}\exp\left(-\frac{\alpha'\omega_{s}x}{hu}\right)\tag{7-23}$$

式中　S_{0}——口门含沙量。

已知 $S_{a}=S_{0}$，由上式可得内航道各分段点含沙量，为

$$S_{b}=S_{a}\exp\left(-\frac{\alpha'\omega_{s}l_{1}}{h_{1}u_{1}}\right)\tag{7-24}$$

$$S_{c}=S_{b}\exp\left(-\frac{\alpha'\omega_{s}l_{2}}{h_{2}u_{2}}\right)\tag{7-25}$$

$$S_{d}=S_{c}\exp\left(-\frac{\alpha'\omega_{s}l_{3}}{h_{3}u_{3}}\right)\tag{7-26}$$

由内航道各分段点含沙量可求得各段内平均含沙量。

③ 双堤内各区淤积。根据环抱式港池淤积计算模式可得双堤中各断面内的淤积量 q。

通式：

$$q=Nh_{\Delta}S\left(\sum_{i}^{4}A_{i}\right)\eta_{i}\tag{7-27}$$

式中　N——潮个数；

η——回淤率。

$$\eta=\left(1-\frac{h^{3m}}{h_{a}^{3m}}\right)\left[1-\exp\left(-\beta\frac{\sum_{i}^{4}A_{i2}}{\sum_{i}^{4}A_{i}}\right)\right]\tag{7-28}$$

式中，$m=0.38$，由此得

$$q_{\mathrm{a}} = N h_{\Delta} S_{\mathrm{a}} (A_1 + A_2 + A_3 + A_4) \eta_{\mathrm{a}} \tag{7-29}$$

$$q_{\mathrm{b}} = N h_{\Delta} S_{\mathrm{b}} (A_2 + A_3 + A_4) \eta_{\mathrm{b}} \tag{7-30}$$

$$q_{\mathrm{c}} = N h_{\Delta} S_{\mathrm{c}} (A_3 + A_4) \eta_{\mathrm{c}} \tag{7-31}$$

$$q_{\mathrm{d}} = N h_{\Delta} S_{\mathrm{d}} A_4 \eta_{\mathrm{d}} \tag{7-32}$$

各区淤积量：

$$q_1 = q_{\mathrm{a}} - q_{\mathrm{b}} \tag{7-33}$$

$$q_2 = q_{\mathrm{b}} - q_{\mathrm{c}} \tag{7-34}$$

$$q_3 = q_{\mathrm{c}} - q_{\mathrm{d}} \tag{7-35}$$

(2) 开挖航道后滩槽流速重分布。

双堤间水域面积受限制，开挖航道后，水流归槽，滩、槽间流速重分布，边滩流速减小，航道单宽流量增加，淤积也发生重分布，因此需先计算流速的重分布。开挖后航道断面示意如图 7-35 所示。

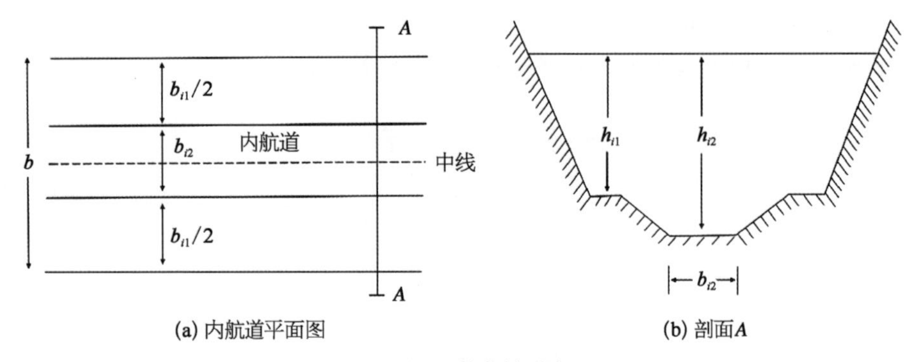

图 7-35　航道断面图

根据水流连续原理建立如下方程：

$$b_{i1} h_{i1} u_{i1} + b_{i2} h_{i2} u_{i2} = b_i h_i u_i \tag{7-36}$$

双堤间开挖航道后水流十分复杂，主要受开挖深度影响，设：

$$\frac{u_{i1}}{u_{i2}} = \alpha \left(\frac{h_{i1}}{h_{i2}} \right)^{\beta} \tag{7-37}$$

式中　α、β——系数，根据水槽试验研究 $\alpha = 1.0$、$\beta = 0.22$。

通过上述两式可解得：

$$u_{i1} = k_{i1} u_i,\ k_{i1} = \frac{b_i h_i h_{i1}^{0.22}}{b_{i1} h_{i1}^{1.22} + b_{i2} h_{i2}^{1.22}} \tag{7-38}$$

$$u_{i2} = k_{i2} u_i,\ k_{i2} = \frac{b_i h_i h_{i2}^{0.22}}{b_{i1} h_{i1}^{1.22} + b_{i2} h_{i2}^{1.22}} \tag{7-39}$$

式中　u_{i1}——滩面流速；

u_{i2}——航道内流速；

b_{i1}——滩面宽；

h_{i1}——滩面水深；

b_{i2}——航道宽；

h_{i2}——航道水深；

b_i——总宽；

h_i——滩面深，$h_{i1}=h_i$。

(3) 开挖内航道后淤积重分布。

由 $\Delta_{i1}A_{i1}+\Delta_{i2}A_{i2}=q_i$ 和 $\dfrac{\Delta_{i1}}{\Delta_{i2}}=\dfrac{h_{i2}^m(u_a^{2m}h_{i1}^m-u_{i1}^{2m}h_a^m)}{h_{i1}^m(u_a^{2m}h_{i2}^m-u_{i2}^{2m}h_a^m)}=\beta_i$ 可得滩面和航道内初期淤积。

$$\Delta_{i2}=\frac{q_i}{\rho_c(A_{i2}+\beta_i A_{i1})},\quad q_{i2}=\Delta_{i2}A_{i2} \tag{7-40}$$

$$\Delta_{i1}=\frac{q_i}{\rho_c\left(A_{i1}+\dfrac{A_{i2}}{\beta_i}\right)},\quad q_{i1}=\Delta_{i1}A_{i1} \tag{7-41}$$

式中　Δ_{i1}——滩面年均淤厚；

Δ_{i2}——航道内年均淤厚；

q_{i1}——滩面淤积量；

q_{i2}——航道内淤积量。

(4) 滩面淤积。

① 滩面总淤厚和总淤积量：

$$(\Delta_{i1})_z=h_{i1}\left[1-\left(\frac{u_{i1}}{u_i}\right)^{3/4}\right]\quad (i=1,2,3) \tag{7-42}$$

$$(q_{i1})_z=(\Delta_{i1})_z A_{i1}\quad (i=1,2,3) \tag{7-43}$$

② 逐年淤积厚度和淤积量。由滩面初期淤积可知滩面逐年淤积率：

$$\xi=\frac{\Delta_{i1}}{(\Delta_{i1})_z} \tag{7-44}$$

第一年：$$(\Delta_{i1})_1=\Delta_{i1},\ (q_{i1})_1=(\Delta_{i1})_1A_{i1} \tag{7-45}$$

第二年：$$(\Delta_{i1})_2=[(\Delta_{i1})_z-\Delta_{i1}]\xi,\ (q_{i1})_2=(\Delta_{i1})_2A_{i2} \tag{7-46}$$

第三年：$$(\Delta_{i1})_3=[(\Delta_{i1})_z-\Delta_{i1}-\Delta_{i2}]\xi,\ (q_{i1})_3=(\Delta_{i1})_3A_{i1} \tag{7-47}$$

依次类推直至第 n 年止。

③ 滩面淤积平衡年限,即滩面淤积稳定所需年限。由上式依次类推至第 n 年,设满足如下判别式:

$$\frac{(\Delta_{i1})_z - \sum (\Delta_{i1})_n}{(\Delta_{i1})_z} \leqslant 0.01 \quad 或 \quad (\Delta_{i1})_n \leqslant 0.02\ \text{m}$$

即得平衡年限 n。

(5) 航道内淤积计算。

① 初期淤积:

$$\Delta_{i2} = \frac{q_i}{\rho_c(\beta_i A_{i1} + A_{i2})} \tag{7-48}$$

$$q_{i2} = \Delta_{i2} A_{i2} \tag{7-49}$$

② 平衡后航道淤积。滩地平衡后航道内淤积可由下式计算:

$$(\Delta_{i2})_z = \frac{q_i}{\rho_c A_{i2}} \tag{7-50}$$

$$(q_{i2})_z = \frac{q_i}{\rho_c} \tag{7-51}$$

2) 计算结果

(1) 防沙堤建设后滩地淤积。

防沙堤建成初期,自口门段向内淤积量逐渐增加而后降低,在两堤最宽区域淤积量最大。两堤间距越大,滩地淤积量越大,这有助于内部港池水域淤积的降低,如图 7-36 所示。

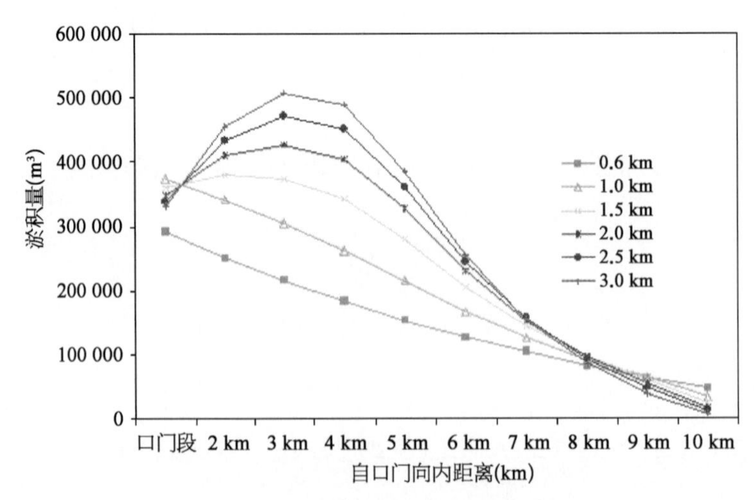

图 7-36 初期各方案两堤间滩地淤积量分布

两堤间距越大，滩面淤积厚度越小，反之淤积厚度越大。当两堤间距大于1.5 km时，滩面淤积厚度明显降低。滩地淤积速率开始较快，随时间的延长淤积速率逐渐变缓，如图7-37所示。

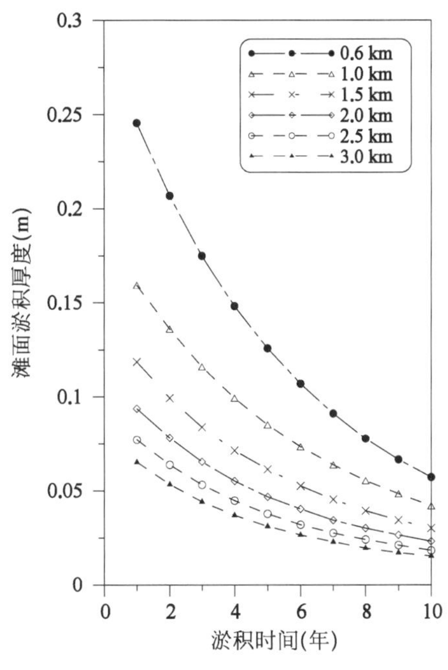

图7-37　两堤不同间距滩面淤强年变化图

(2) 航道内淤积。

防沙堤建成初期航道内淤强分布自口门向内，均逐渐减小，且缓冲区宽度越宽，航道内淤积越小，泥沙大部分淤积至滩面上，如图7-38、表7-18所示。

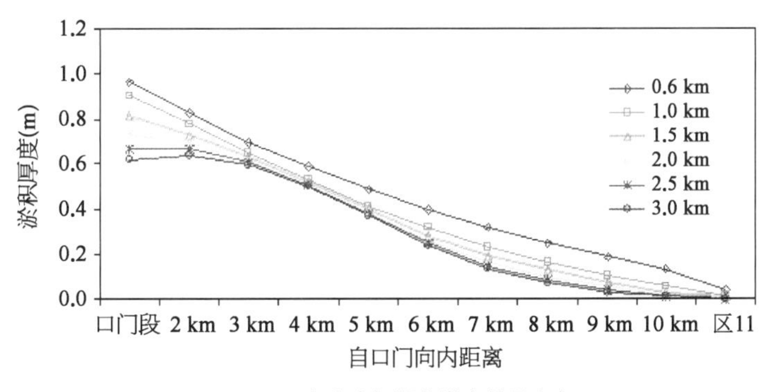

图7-38　各方案初期航道内淤强分布

表7-18　各方案初期两堤间分区航道淤积量　　(单位：万 m^3)

缓冲区宽	区1	区2	区3	区4	区5	区6	区7	区8	区9	区10
0.6 km	16.5	14.1	11.9	10.0	8.3	6.8	5.4	4.3	3.2	2.4
1.0 km	15.5	13.3	11.1	9.0	7.0	5.4	3.9	2.9	1.9	1.0

（续表）

缓冲区宽	区1	区2	区3	区4	区5	区6	区7	区8	区9	区10
1.5 km	13.9	12.4	10.7	8.8	6.8	4.8	3.2	2.2	1.4	0.5
2.0 km	12.6	11.9	10.5	8.7	6.6	4.4	2.9	1.7	1.0	0.3
2.5 km	11.4	11.4	10.4	8.7	6.5	4.3	2.6	1.5	0.7	0.2
3.0 km	10.5	10.9	10.2	8.5	6.3	4.1	2.4	1.2	0.5	0.2

注：口门向内为区1～区10。

当双堤间滩地淤积平衡后，航道内淤积量及淤强将会增加，堤间距越宽，航道内淤积就会越多，如图7-39、表7-19所示。掩护段航道平均淤强与两堤间宽度的对应关系，如图7-40所示。从图中可见航道内淤强随着缓冲区的宽度增加而增大，但是随着宽度的进一步加大，航道内淤积强度的变化趋于平缓，从趋势判断缓冲区宽度超过3 km后航道内淤强应不再有较大变化。

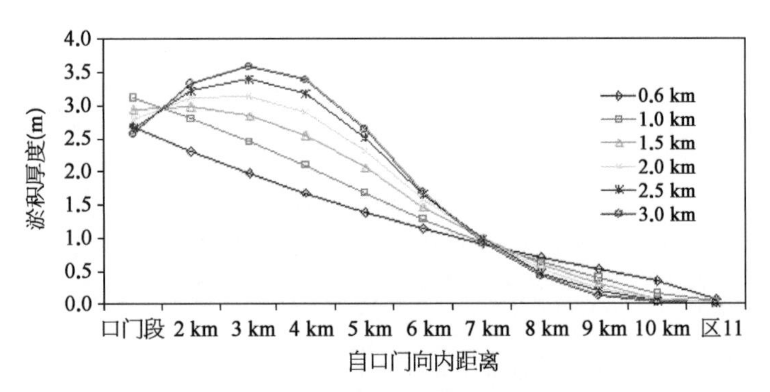

图7-39　各方案滩地平衡后航道内淤强分布

表7-19　滩地平衡后各方案各区航道淤积量　（单位：万 m^3）

缓冲区宽	区1	区2	区3	区4	区5	区6	区7	区8	区9	区10
0.6 km	45.6	39.2	33.4	28.1	23.4	19.0	15.2	11.7	8.7	5.8
1.0 km	52.9	47.4	41.4	35.2	28.3	21.4	15.4	10.4	6.5	2.5
1.5 km	49.8	50.6	48.2	43.2	34.6	24.7	16.3	9.7	5.0	1.1
2.0 km	47.3	52.8	53.3	49.1	39.0	26.7	16.6	8.8	3.8	0.5
2.5 km	45.2	54.7	57.4	53.8	42.3	28.0	16.4	7.9	2.9	0.3
3.0 km	43.6	56.4	60.9	57.6	44.8	28.7	15.9	6.9	2.0	0.2

注：口门向内为区1～区10。

（3）淤积平衡年限。

双堤建成后，在港内水流、波浪、水深等影响下，滩面及航道淤积需经历若干时间后才能相对稳定，这个达到相对稳定的时间段可称为淤积平衡年限。为有效减少航道内淤积，掌握淤积平衡年限是必要的。淤积平衡年限可按前述方法进行计算。经计算，随两堤间

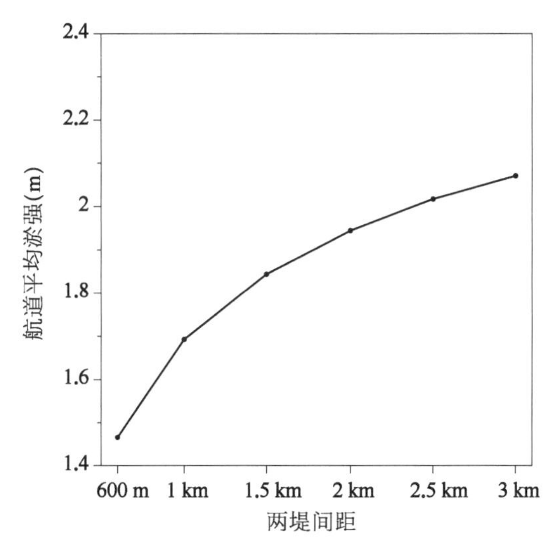

图 7-40 两堤间距与掩护段航道平均淤强关系图

距增大，两堤间淤积平衡年限缩短，两堤间距超过 2 km 后，淤积平衡年限变化趋缓，两堤间距大于 1.5 km 时，淤积平衡年限 4～6 年，如图 7-41 所示。

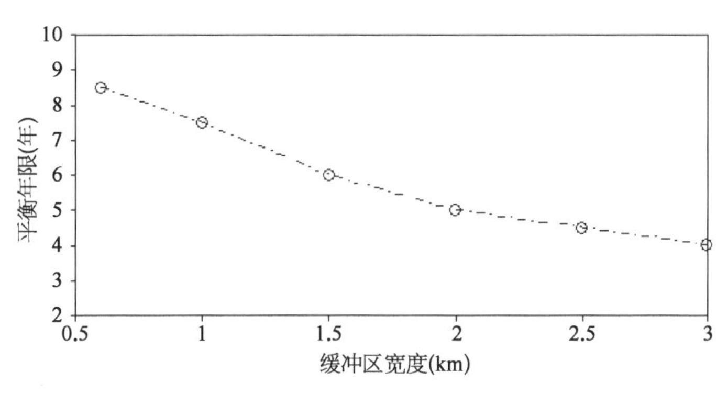

图 7-41 折线堤不同缓冲区宽度下滩地淤积平衡年限

综上，从航道泥沙淤积角度，两堤间距宜取 1～1.5 km，若要大于 1.5 km，为减少滩面泥沙对航道的影响，最好在淤积平衡年限(4～6 年)之前，通过吹填造陆，减小滩面面积。

7.4.4.2 波浪传播

防沙堤两堤间距不同影响波浪在两堤间水域传播过程的汇聚或扩散，将会影响到船舶在两堤间的航行条件，也对泥沙淤积起到一定影响。另外，除堤间距影响波浪传播外，航道宽度即深水面积占两堤间水域的比率也将影响到波浪的传播方式。

研究采用平行堤，堤间距和口门宽度都为 600 m，以及口门宽度为 800 m，堤间距分别为 1 km、1.5 km、2 km、2.5 km、3 km，共六种工况进行研究。航道尺度为深－14.5 m、宽度 220 m。波浪数学模拟采用单向不规则波，波浪入射边界处的不规则波波谱采用

JONSWAP 谱，有效波高为 2 m，谱峰周期为 8 s，波谱频率 f 取 0.04～0.23。波浪模拟采用 SMS(Surface Water Modeling System)水动力学软件中的 BOUSS-2D 波浪计算模块，该模块采用 Boussinesq 模型，可考虑波浪非线性、浅水变形、折射和绕射、波浪破碎及建筑物的反射等近岸波浪传播的物理过程。

从计算结果可知，航道内波浪衰减随防沙堤间距增大而增大，但从防沙堤两堤间距为 1.5 km 开始，掩护区航道内波浪衰减的差异就开始减小，波浪衰减趋小。从航道内波浪传播看，两堤的间距在大于 1.5 km 左右较适宜，大于 2 km，波浪衰减几乎不变。对于不同航道底宽情况，防沙堤间距为航道底宽的 3 倍左右时，航道中心波高沿程衰减相对快一些。在黄骅港外航道整治工程中，进行过防沙堤间距为 1 km、2 km 两个方案的物理模型试验研究，2 km 方案防沙堤掩护段内波高分布较均匀，波高与 1 km 方案相比减小 10%～20%。

7.4.4.3 沿堤流

根据前述工况研究了不同防沙堤间距对防沙堤两侧沿堤流的影响。潮流模型采用 ADCIRC 模型，沿堤流采样点布置如图 7-42 所示。

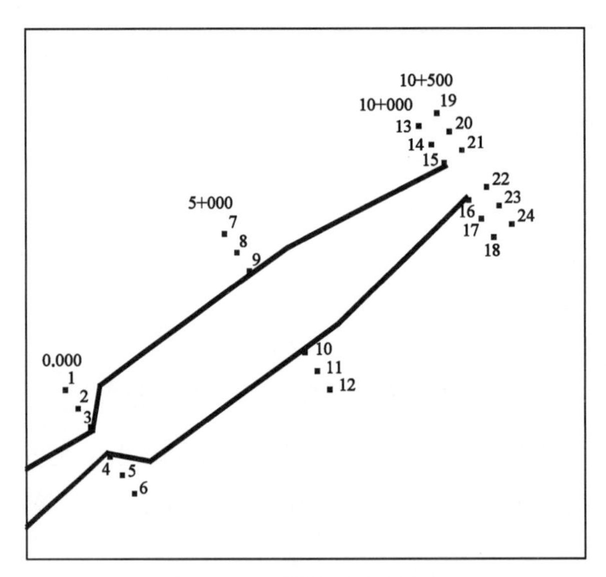

图 7-42　采样点位置示意图

由计算结果可知，由于受岸线形状和渤海湾的潮流影响，靠近外海流速较大，北侧防沙堤的沿堤流较南侧略大。从总的趋势看，随着防沙堤间距的增加，1～6 号测点的流速略有减小，7～12 号测点的流速略有增大，13～24 号测点的流速略有减小，但总体来看流速变化不大。口门附近的测点除沿堤流外还受到口门横流的影响。从最大沿堤流流速变化情况来看，随着防沙堤间距的增加最大沿堤流流速有所减小，但是减小的幅度小于 20%，北堤和南堤最大减小值分别为 0.2 m/s 和 0.1 m/s 左右。

7.4.4.4 船舶航行安全

确定防沙堤间距时,还应考虑船舶航行的安全性。若防沙堤间距过窄,虽然泥沙淤积总量减少,但会对船舶驾驶员产生心理压力,易出事故。若口门位置一次建设不到位,其口门宽度应预留出以后防沙堤延长需要宽度。

7.4.4.5 港区远期发展

防沙堤间距的确定,还要考虑港区远期发展的需要。有时此考虑因素是确定防沙堤间距的主要因素。由于一般防沙堤较长,形成了一定的掩护条件,航道两侧所围水域可以作为远期港区陆域发展用地。这时,防沙堤间距由两侧预留港区陆域纵深和码头岸线之间的预留港池宽度组成,如潍坊港防波(挡沙)堤布置如图 7-9 所示。

7.4.4.6 小结

(1) 防沙堤建成初期,两堤间距越大,航道内淤积量越少。当双堤间滩地淤积平衡后,堤间距越宽,航道内淤积量就会加大。当两堤间距超过 3 km 后航道内淤积强度增加趋缓。从航道泥沙淤积角度,两堤间距宜取 1～1.5 km。

(2) 防沙堤两堤间距越大,波高衰减越大,间距 1.5 km 以后,衰减趋缓,大于 2 km,波浪衰减几乎不变。堤间距大于 1.5 km 为宜。对于小于 1.5 km 间距情况,应加大深水所占面积,单位宽度达 30%以上,则波浪衰减较快。

(3) 沿堤流随防沙堤间距不同总体变化不大,最大流速减小幅度小于 20%。

(4) 若考虑远期在两防沙堤之间建设港区,需满足港口功能要求,此情况下防沙堤间距可取 2～3 km,根据港口规划规模,小型港口也可取小些,大型港口也可取大些。对于宽间距防沙堤最好在淤积平衡年(4～6 年)之前,通过吹填造陆,尽量减小滩面面积,降低对航道淤积的影响。

(5) 防沙堤间距还需考虑航行安全因素。国内典型粉沙质海岸港口中,黄骅港煤炭港区防沙堤间距为 2 km,黄骅港综合港区防沙堤间距约为 3.3 km(综合港区北防波挡沙堤至煤炭港区北防波挡沙堤平均距离)、延长段防沙堤间距为 1 km,潍坊港防沙堤间距为 2.3 km,东营港东营港区防沙堤间距为 1.4 km、广利港区防沙堤间距为 1.8 km。

7.5 粉沙质海岸港口减淤设计准则

针对粉沙质海岸泥沙运动的特点,粉沙质海岸港口减淤设计准则如下:

(1) 粉沙质海岸航道淤积特征为:骤淤强度大、强淤积区的分布范围广、淤积物可挖性差。航道仅依靠单一的疏浚手段难以保证船舶正常通航,必须采用防治与疏浚相结合的方法。

(2) 在满足港口正常生产运营,能够保证航道通过能力,完成港口货运量的前提下,考虑自然条件、航道规模、防沙堤建设投资、维护疏浚能力等条件,确定切实可行的抵御骤淤的设计骤淤重现期标准及航道通航标准。

(3) 防淤减淤工程以消除骤淤对船舶通航的影响、减少航道年总淤积量、改善沉积泥沙可挖性为目标,同时应尽量改善口门区流态,减小口门区横流,保证船舶通航安全。

(4) 防淤减淤工程一般采用防沙堤防护形式,平面布置采用顺航道走向的双侧防沙堤掩护。防沙堤堤长、顶高程应满足既有效挡沙又经济合理的要求。顶高程沿海底不同水深应有所变化,应采用出水堤与潜堤相结合的形式。堤头位置除考虑波浪破碎带宽度外,还应结合港口水域浑水带宽度、通航标准、航道沿程泥沙淤积状况及投资经济性等综合确定。口门位置应能保证在设计骤淤重现期条件下,保证设定吨级的船舶不碍航,满足通航标准。

(5) 防沙堤平面布置需充分考虑减小口门横流、沿堤流,降低两防沙堤内波浪对船舶航行的影响。平面布置要预留防沙堤远期延长的可能性。

(6) 防淤减淤工程应尽量减小对海域生态环境、自然环境的影响。

(7) 防沙堤水工结构应考虑防沙的有效性。对于抛石斜坡堤结构,人工护面块体孔隙率较大,挡沙效果差,须在堤顶设置阻沙块体,以起到有效挡沙作用。

参考文献

[1] 杨华,等.神华集团黄骅港外航道泥沙淤积研究[K].天津:交通部天津水运工程科学研究所,2003.

[2] 季则舟,侯志强.粉沙质海岸港口航道骤淤防治标准研究[J].港工技术,2010(1):11-13.

[3] 季则舟.考虑泥沙骤淤影响的航道通航标准研究[J].港工技术,2011(6):1-4.

[4] 杨玉森,李鑫.南通港吕四港区环抱式港池进港航道总体方案探讨[J].港工技术,2014(3):14-17.

[5] 中交第一航务工程勘察设计院有限公司.海港工程设计手册(第二版)[M].北京:人民交通出版社,2018.

[6] 中华人民共和国交通运输部.海港总体设计规范:JTS 165—2013[S].北京:人民交通出版社,2014.

[7] 中交第一航务工程勘察设计院有限公司.粉沙质海岸港口减淤措施研究总报告[R].天津:中交第一航务工程勘察设计院有限公司,2008.

第 8 章

工程应用

前述各章介绍了粉沙质海岸泥沙运动的相关理论及港口航道设计方法，为更好地掌握如何在工程上应用，并了解工程实施后的效果，本章结合几个典型工程重点介绍工程所处的自然环境、工程减淤实施方案及效果，可供类似环境的工程建设参考。

8.1 黄骅港工程

8.1.1 港口概况

8.1.1.1 港口位置

黄骅港是我国的主要能源输出港之一，位于河北、山东两省交界处，环渤海经济圈的中部，地理坐标约为38°19′30″N、117°52′30″E。黄骅港北距天津海上60海里，陆上112 km；东距龙口海上149海里，陆上280 km；西距黄骅市45 km[1]。

8.1.1.2 港口建设历史沿革

1) 河口港区起步建设

黄骅港始建于20世纪80年代，早在1982年就开始谋划建设黄骅港河口港区，1986年建成两个1 000吨级散杂货码头，结束了沧州“有海无港”的历史。

2) 煤炭港区建设

为适应神木煤炭下水外运的需要，建设与神黄铁路配套的煤炭转运港口，1997年11月由神华集团投资的黄骅港一期工程开工建设，2001年底建成2个5万吨级、1个3.5万吨级煤炭专业化泊位，码头全长780 m，相应建设的水域设施包括防波堤约9.6 km，航道长约36.5 km[2]。黄骅港成为西煤东运第二大通道的出海口。其后陆续建设了一期完善工程、二期工程、二期扩容工程、二期扩容完善工程、三期工程、四期工程，港区设计年通过能力18 260万吨[1]。

3) 综合港区建设

2009年3月综合港区起步工程(包括8个5万吨级泊位、10万吨级航道及配套防波堤)开工建设，2010年8月起步工程4个5万吨级散杂货泊位(水工结构为10万吨级)建成通航，同年底，综合港区多用途码头集装箱航线正式开通，结束了黄骅港无集装箱码头的历史，实现了黄骅港从单一的煤炭输出港向多功能、现代化综合大港的新跨越。其后，又陆续建设了专业化矿石码头、液体化工码头、粮食码头及其他通用码头。

截至2019年年底，黄骅港共有生产性泊位40个(其中万吨级以上泊位33个)，最大靠泊能力20万吨级为设计年通过能力26 853万t[1]。

8.1.1.3　航道、防波堤建设概况

1) 黄骅港煤炭港区一期工程[2]

黄骅港一期工程码头由防波堤掩护，南北防波堤堤头位于−2.5 m水深处。北防波堤长5 583 m、南防波堤长4 031 m，防波堤顶标高以−1.8 m水深为界，分别为5.2 m和4.2 m，形成了一个泊稳条件良好的港池水域。进港航道按5万吨级单线航道标准设计，航道底标高−12.3 m，设计航道宽度140 m，航道长约36.5 km，轴线方位为N235°～N55°。

在施工过程中，黄骅港发生重大淤积，口门处的回淤土疏浚困难，为保证一期工程顺利投产，航道自外航道3+000处向南偏转4.5°，调整后的航道轴线走向为N239.5°～N59.5°，如图8-1所示。

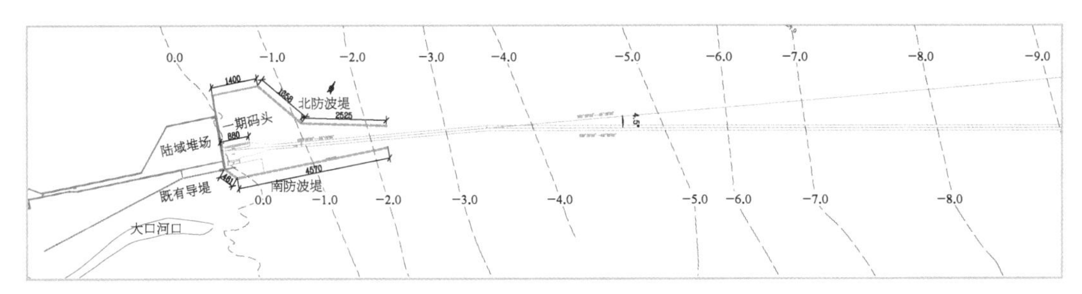

图8-1　黄骅港煤炭港区一期工程防波堤、航道布置图

2) 黄骅港煤炭港区外航道整治工程[3]

为彻底解决黄骅港外航道泥沙淤积问题，神华黄骅港务有限责任公司启动了“黄骅港外航道整治工程”，在一期防波堤外建设了南北两道防沙堤(其中，北防沙堤长度10 905 m、南防沙堤长度10 727 m)，堤头位于−6 m水深处，形成口门宽度1 000 m，如图8-2所示。

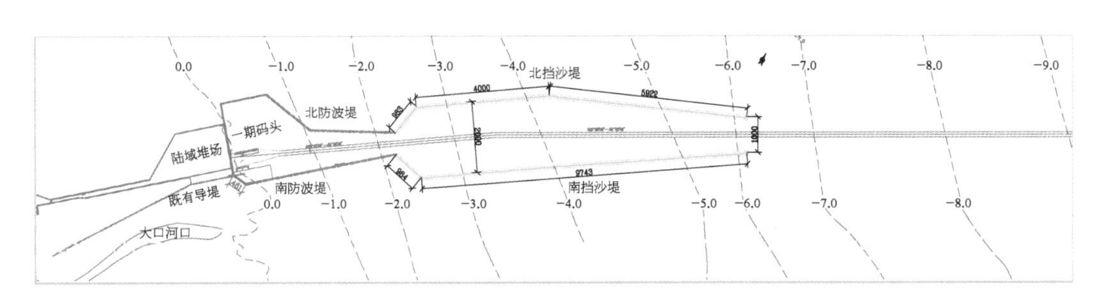

图8-2　黄骅港外航道整治工程防波堤、航道布置图

外航道整治工程后，疏浚土的可挖性改善较大、回淤量减少、航道骤淤碍航得到控制，航道等级逐渐提升，目前达到5万吨级散货船不乘潮通航、7万吨级散货船乘潮

通航标准。

3) 黄骅港综合港区工程

2009 年起，黄骅港北侧的综合港区开始开发建设，其起步工程建设 8 个泊位及 1 条 10 万吨级单线航道。航道通航宽度为 210 m、设计底标高为 −14.5 m、总长度为 44 km。航道轴线距煤炭港区外航道轴线 3.6 km；为掩护码头及航道，分别建设了综合港区北防波挡沙堤(长度 20 952 m)和南防波挡沙堤(长度 2 537 m)[4]，如图 8-3 所示。

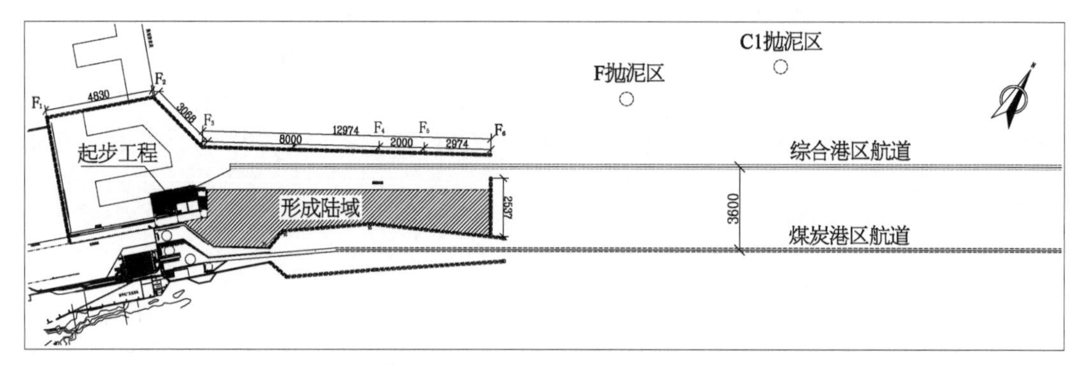

图 8-3　黄骅港综合港区 10 万吨级航道防波挡沙堤布置图

综合港区起步工程 10 万吨级航道投产后，其二期工程又扩建了 20 万吨级航道。航道通航宽度为 250 m、设计底高程为 −18.3 m、航道长度为 56.8 km。为掩护航道，在起步工程防波堤堤头处向外各延伸 8.8 km 防沙堤，堤头处海床底标高约 −8.0 m，如图 8-4 所示。

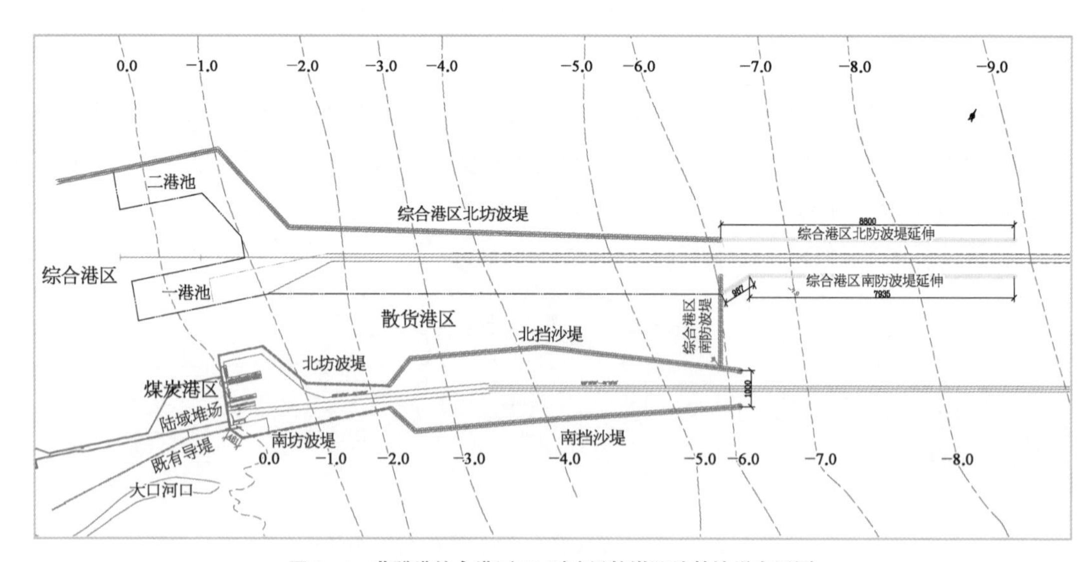

图 8-4　黄骅港综合港区 20 万吨级航道防波挡沙堤布置图

黄骅港煤炭港区、综合港区航道现状见表 8-1。

表 8-1　黄骅港航道现状表

航道名称	航道分段	航道等级	航道轴线走向	航道长度(km)	航道宽度(m)	底标高(m)	备　注
煤炭港区航道	内航道	双向 5 万吨级 单向 7 万吨级	235°—55°	3.48	270	−14.0	外航道在 W3+000 处向东南偏转 4.5°
	外航道		239.5°—59.5°	43	270	−14.0	
综合港区航道	0+000—3+700	单向 10 万吨级	239.5°—59.5°	3.7	210	−14.5	口门段航道宽 280 m，设计底标高−18.5 m
	3+700—44+000	单向 20 万吨级	239.5°—59.5°	40.3	250	−18.3	
	44+00—60+500		226.5°—46.5	16.5		−18.3	

8.1.2　环境动力条件

8.1.2.1　风况[5]

根据黄骅新村气象站实测资料统计分析得出，黄骅港地区全年以 SW、E、ESE 向风最多，WNW 风出现的频率最少，强风向为 NE 至 E 向。

1) 大风天年际变化特征

经统计，大风天出现次数有明显的年际不等现象，大风天出现次数呈波浪状，变化幅度较大，近十几年来最多 40 次，最少 16 次，累年大风能量也呈波浪状，约 6 年出现一次大风年，如图 8-5 所示。

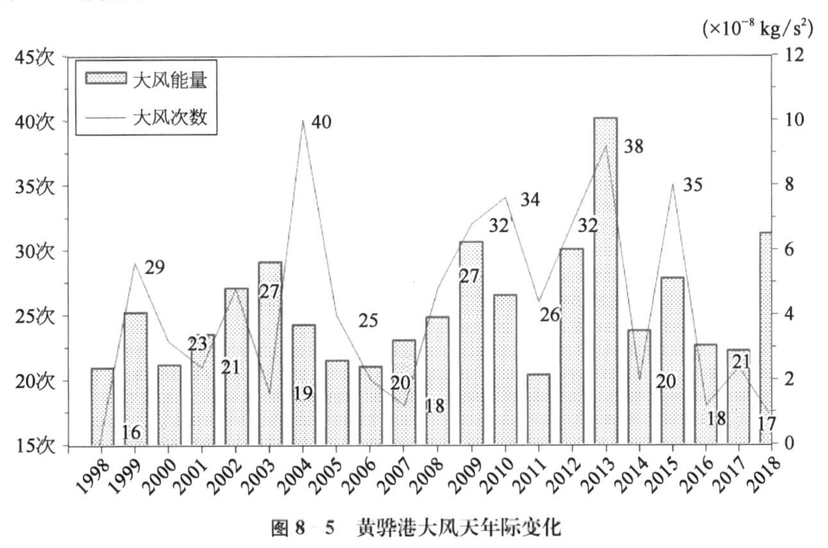

图 8-5　黄骅港大风天年际变化

(1) 本节所述大风是指对黄骅港淤积产生影响的“有效大风”，主要指大于 6 级风连续作用 4 h 及以上的 E、ENE、NE、NNE 和 N 向风。

(2) 大风能量是指“有效大风”作用在单位面积上的、经过时间修正和方向修正的“有效风能”，其单位为 10^{-8} kg/s²。

2）大风天年内分布特征

从大风天月际变化来看，出现 6 级以上大风夏、冬两季的次数较低，春、秋两季大风次数开始增加；8 级以上大风夏、冬两季出现次数分别占全年的 11%和 6%，春、秋两季分别占全年的 56%和 27%。春、秋两季是黄骅港大风出现频率较多季节，也是黄骅海区航道出现严重骤淤的主要季节。

3）各级各向大风分布特征

据十几年（1998—2015 年）大于 6 级以上大风资料统计，本海区 E 向大风出现频率高，ENE、NE 次之，其出现频率分别为 38.5%、18.3%和 11.9%。十几年中无 S 向大风，SE、SSE、SSW、W 向大风出现频率较低，出现频率均小于 1%。

就本港区岸线走向（SE）而言，NNE、NE、ENE、E、ESE 为向岸风，占大风天的 76.6%，其中 E、ENE、NE 三个方向出现的频率达到 68.7%，为主要的大风来向。7 级以上的大风 E、ENE、NE 三个方向出现的频率为 70.2%；8 级以上的大风 E、ENE、NE 三个方向出现的频率为 72.7%；9 级以上的大风 E、ENE、NE 三个方向出现的频率为 100%，黄骅海域航道出现的严重骤淤均为这一风向造成的。

8.1.2.2 潮汐

黄骅港潮汐属不规则半日潮，平均高潮位为 3.48 m，平均低潮位为 1.44 m，平均潮差为 2.04 m，平均海面为 2.44 m。潮位有明显的月际变化，1 月份最低，7 月份最高。冬、春两季与年平均状况相比，月平均海面平均低 0.14 m，夏、秋两季与年平均状况相比，月平均海面平均高 0.14 m。

8.1.2.3 波浪

从 2007—2017 年的统计资料来看，本区常浪向为 ENE、E 和 N 向；强浪向为 ENE 和 N 向，以大于 1.0 m 波浪出现的频率为例，这两个方向的频率分别为 2.48%和 1.75%。

本海区波浪有明显的季节性，春季为一年中波浪最大季节，以 ENE 向浪居多，E 向次之，再之为偏 N 向，强浪向为 ENE 向；夏季为一年中波浪最小季节，常浪向为 E 向，ENE 向和 ESE 向次之，强浪向虽为 E 向，但波高值较小；秋季波浪大小仅次于春季，常浪向为 ENE 向，强浪向也为 ENE 向；冬季波浪略小于秋季，常浪向为 E 和 ENE 向，N 向波浪频率次之，强浪向也为 N 向。

总体来看，本区波浪以风浪为主，少有涌浪。各月波浪的次数与大风出现的频率对应良好，从长时段角度来讲，本海区没有经常性的涌浪传入，多以大风造成的波浪为主；就一次大风过程的波浪而言，大风天实测波浪与风况有良好的对应性，几乎未见海域外风场产生的波浪传入。黄骅港所处的地理纬度及渤海、渤海湾的地理条件决定了黄骅港海域风场的单一性,波浪也表现为风起即兴,风衰即减。

8.1.2.4 潮流

2014年实测潮流资料分析可知:实测涨、落潮段平均流速分别为0.35 m/s和0.33 m/s,涨潮段流速略大于落潮段;其中,大潮分别为0.42 m/s和0.40 m/s,中潮分别为0.35 m/s和0.34 m/s,小潮分别为0.30 m/s和0.24 m/s。

各测站大、小潮潮流平均流速矢量如图8-6所示。

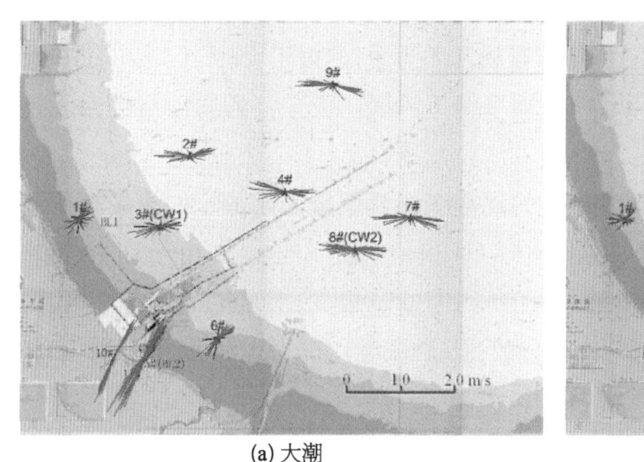

(a) 大潮

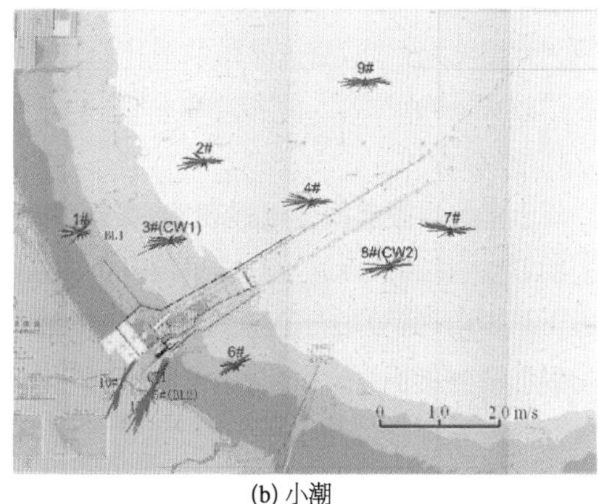

(b) 小潮

图8-6 垂线平均潮流矢量图

8.1.3 海岸地貌特征

黄骅港附近海岸是古黄河三角洲及近代黄河三角洲废弃后,经长时期的波浪、潮流等动力塑造,在河口外形成的大面积残留浅滩。黄骅港海区泥沙运动活跃,滩面表层泥沙粒径较粗,与淤泥质海岸泥沙特性明显不同,属于淤泥粉沙质海岸。滩面坡度很缓,0～－5 m区域约为1∶3 500,－5～－10 m区域约为1∶4 000。

历史上1048年黄河在漳卫新河入海,近代1921年、1922年和1925年三次在套尔河入海(距黄骅港22 km)。根据黄河水利委员会观测,黄河在套尔河入海泥沙主要沉积在其两侧宽20～30 km的弧形范围内。分布范围的大小与入海沙量和行水时间有关,按照大口河行水12年的淤积范围22 km分析,黄骅港海区不在黄河泥沙沉积的直接范围内。另据早期英版海图分析,大口河自1855年来一直处于侵蚀之中,大口河海岸是旧黄河河口遭遗弃后,经长时间的侵蚀后退及破坏才成今日之面貌。

河口废弃破坏有两种情况:一是在弱潮海岸(平均潮差小于2 m),地区废弃破坏的主要动力是波浪,其演变规律经历“青年期”“壮年期”“老年期”等阶段,直至最终破坏作用停止,这是遵照波浪动力及其泥沙运动规律产生的破坏演变过程;二是在强潮或潮汐作用较强的地区，破坏的主要动力是潮流，破坏改造的最终结果是形成喇叭状河口及其口内外放射状沙脊堆积体，这是潮汐作用活动规律产生的地形结果。大口河海岸平均潮差大于2 m，冬季又受波浪作用的重要影响，故大口河海岸的废弃是波浪跟潮汐双重作用的结果，其地貌特点为：① 有残留堡岛及半珠状堡岛链；② 形成大片近岸或内陆架侵蚀残留浅滩；③ 大口河水道呈喇叭形，−2～−10 m 等深线呈锯齿状，即有许多潮流侵蚀沟脊。

这些特点表明，大口河的废弃，波浪为主要作用，同时潮流作用也不可忽视。同时也表明，大口河海岸的废弃破坏，已进入“老年期”，即海岸又逐渐趋于比较稳定。破坏的最终结果是在河口外形成大面积以粉沙为主的残留浅滩。大口河−5 m 以浅的浅滩区，均可视为残留浅滩性质，它主要是波浪作用的产物，以粉沙质为主，厚度不大(＜0.5 m)，沉积地质学称它们为“沙席”，即它们像一张“沙席”似地平铺于海底。大口河的粉沙质泥沙就是这样形成的。

上述河口废弃演变过程表明，黄骅港地区的泥沙来源是严重不足的。许多调查研究表明，现代黄河入海泥沙对这里没有影响，邻近大口河和套尔河口的泥沙，由于近 20 年北方干旱少雨，两河几无径流下泻，河道萎缩，两河年入海沙量很少，对这里无重要影响，沿岸纵向输沙量不大。因此，这里所发生的大部分或主要泥沙侵蚀—搬运—堆积作用，都主要是由海岸本身遭受侵蚀产生的泥沙而活动的结果。

从涨潮流的方向、底质分布特征、海区的主要风向上分析，泥沙运动的总趋势为从南向北；从落潮流的方向、岸滩的冲淤变化分析，泥沙运动的总趋势从近岸到远岸，即从西向东，遥感图片也清楚地反映了上述泥沙运动趋势。

8.1.4 泥沙环境

8.1.4.1 表层沉积物(底质分布)

表层沉积物分布特征详见第 2 章 2.1 节。从近年来的变化看：在航道南北两侧的沉积泥沙虽然表现出南粗北细的特征，但 0～9.5 m 水深内表现出有所细化的特征。分析认为航道两侧防沙堤的建成，阻挡了粗颗粒泥沙向航槽及北侧滩面的运移，致使航道北侧滩面表层沉积物质有所细化。

8.1.4.2 含沙量分布

1) 宏观含沙量背景

从整个渤海海域的不同季节卫星图像看，水体中悬浮泥沙含量较多的水域多集中于渤海湾及莱州湾海域。就渤海湾内海域而言，悬沙分布具有南大北小的特点，其中天津港至曹妃甸水域处于低含沙区，而黄骅港及以东的老黄河三角洲水域均处于高含沙区。

渤海湾内含沙场的分布特点主要与其底质、水动力条件和泥沙来源等因素有关。一是渤海湾内近岸表层底质泥沙总体呈现自北向南由细渐粗的分布，北部水域底质基本多属于淤泥质，而南部水域底质则属于粉沙质，在一定的水动力条件下，粉沙质泥沙较淤泥质泥沙更易起动悬浮。二是在N和EN向大风情况下，北部水域的波浪要小于南部，较强的动力条件使得该水域泥沙大量悬浮。三是渤海湾北部水域悬浮泥沙主要来源于波浪和潮流的滩面掀沙，涨潮水体主要来自水体含沙量较小的渤海中部。而南部水域除波浪对海底掀沙外，老黄河口三角洲水域的滩面悬浮泥沙的运移，对该水域也带来一定影响。

2）工程附近局部海域含沙量分布

从2004—2012年不同时期14张Landsat遥感卫星图片反映的结果上反映出海域的悬沙分布具有明显的几个特点：

（1）就整个海域而言，横向上由岸至海，不论潮型、风况等因素如何不同，该海域含沙量均呈现从近岸至外海递减，具有明显的层次性；一般天气下，0 m等深线表层含沙量在0.18 kg/m^3，−5 m等深线递减到0.10 kg/m^3，−10 m等深线则在0.05 kg/m^3。沿岸线走向，滨州港套尔河口附近海域的含沙量总体上比黄骅港要大；特别是近岸区比黄骅港海域含沙量明显要大。

（2）风浪对黄骅港附近海域悬沙分布的总体变化起着决定性作用，在无风或小风天时，港口附近海域含沙量较低，沿岸高含沙带宽度较窄；而在风浪比较大的天气（E向为主、风况在5级以上时）沿岸高含沙带则明显变宽，在涨、落潮流和波浪的作用下，悬沙向外海和其他地区扩散进而影响至外航道。风向和风时也对本海域悬沙分布起着关键作用，尤其对于N向、NE向、E向等比较强风况条件。

（3）距港口南侧22 km的套尔河口水域含沙量较高，特别是在风浪作用下，该区域高含沙量影响范围较大。且套尔河口的长堤有明显的挑流作用，在风吹流、沿岸流、潮流、河口射流的综合作用下，特别是在偏S风影响下黄骅港海域航道的淤积。

3）基于实测资料分析

根据宏观泥沙背景分析，工程海域处于含沙量较高的区域，同时受风浪影响较大。分析2001—2014年在本海区进行的历次含沙量观测结果可知，含沙量在平面分布上总体有如下特征：

（1）大于6级E～NE向风作用4～6 h后，含沙量迅速增大，峰值一般出现在风速衰减末期，风速衰减后，含沙量迅速降低，上下含沙量差异很大，越靠近泥面含沙量越大，高含沙量（以≥10 kg/m^3计）只存在于靠近底部水体内，其厚度应小于0.5 m。在一般大风过程中（以风速大于6级连续作用4 h以上计），水深−6.8 m处含沙量小于−4.3 m处含沙量；水深−2.9 m处含沙量也小于−4.3 m处含沙量，但略大于水深−6.8 m处的含沙量值。

（2）波高增加，含沙量迅速增大，波高减小，含沙量迅速减小；风浪加大，上、下层含沙量迅速增长，上层含沙量增长滞后于下层，越靠近底部含沙量越高，风浪减小，上、下层含沙量迅速减小,上层减小速度快于下层。

(3) 含沙量总体呈现大潮大、小潮小的特点,沿程含沙量由里向外海域逐渐减小,河口附近含沙量最高,堤头处为最小;大风时,堤头处略小。

(4) 含沙量垂线分布上呈现自表层到底层逐渐增大的特征,正常天气下含沙量垂向梯度变化不大。

8.1.4.3 泥沙来源

黄骅港外航道泥沙淤积物的来源主要有三个方面:

滩面泥沙:在大风浪天气条件下,风浪掀起大量滩面泥沙,泥沙随水流进入航道后,随着流速减小,泥沙落淤。

岸线冲蚀泥沙:岸线被冲刷掉的泥沙在离岸流的作用下运移到航道落淤,造成航道淤积。

疏浚弃土:疏浚弃土还没有密实即被风浪掀起,水流的带动下在外航道沉积。

三个方面的泥沙均对黄骅港外航道的淤积有影响,但程度各不相同,其中滩面泥沙和离岸流挟带的泥沙是造成航道淤积的主要原因。

1) 滩面泥沙运动对航道淤积的影响

(1) 从滩面泥沙的起动角度分析,室内试验结果表明,黄骅港滩面物质在纯水流作用下起动摩阻流速为 2.0 cm/s,按照窦国仁公式转换到垂线平均流速在水深 5.0 m 时,起动垂线平均流速为 0.66 m/s,在水深 7.0 m 时,起动垂线平均流速为 0.68 m/s,基本达到本海区急流时刻流速。因此,单纯潮流对本海区滩面泥沙作用不强。

黄骅港滩面物质在波流作用下起动摩阻流速为 1.16 cm/s,起动切应力为 0.2 N/m^2,按照 Jonson(1996)公式 $\tau_{\mathrm{m}}=\frac{1}{2}\rho f_{\mathrm{w}} u_{\mathrm{m}}^{2}$ 推算,在波高 1.0 m、周期 4 s 作用下,−5 m 水深滩面泥沙达到起动条件,波浪是本海区泥沙起动的主要动力,滩面物质的运动为航道淤积提供了条件。

(2) 从滩面波浪掀沙的角度分析,波浪破碎对滩面的强烈扰动,水体含沙量相当高,大风浪天气在破波带可形成高含沙区,应是造成港口航道发生严重淤积的主要原因。

(3) 黄骅港建港后由于港口建筑物的作用,造成局部流场发生明显变化,一是口门处在高潮位与低潮位时均出现横流;二是大风作用下,由于风吹流造成南北两侧近岸雍水,潮位抬高,增加了近岸落潮流速,使得近岸区高浓度泥沙沿防波堤两侧向外运动,在穿越航道的过程中,泥沙落淤,对外航道局部区域回淤带来较大影响。

2) 岸蚀泥沙对航道淤积的影响

近几十年来,大口河附近的海岸线在不断冲蚀后退,自 1939 年特大风暴潮冲刷狼坨子以来(1987),岸线已后退约 0.5 km。1970—1987 年,被侵蚀的贝壳堤达 100 m。通过 1954 年、1967 年和 1986 年三代航片比较,冯家堡至狼坨子岸段,年平均后退速度为 1.6～11.3 m。大口河堡贝壳堤 1954—1987 年平均每年后退 5.5 m,棘家堡以北的石坨子贝壳堤平均每年后退 5 m。岸线冲蚀泥沙是黄骅港海区泥沙来源的一部分。但随着综合港区的建设,岸线冲蚀泥沙对航道的影响比较小。

3) 疏浚弃土对航道淤积的影响

抛泥地的泥沙在海洋动力的作用下向四周扩散,其泥沙沉积和扩散的区域分布特征与当地海洋动力特征密切相关,通常表现为: 泥沙淤积厚度以抛泥中心区为最大,由中心区向四周淤积厚度明显下降。长期疏浚抛泥和水动力的影响,将改变局部海域泥沙环境。

黄骅港航道自建成至今已经向深水区倾倒了大量疏浚弃土,曾先后使用了 E 区、F 区、C1 区和 M 区 4 个抛泥区。E 区为黄骅港一期工程建设期间临时倾倒区,2004 年左右已完成倾倒量关闭;F 区、C1 区先后停止使用;目前 M 区为黄骅港航道工程正在使用的海上倾倒区。

巨大的抛泥量已经给本海区泥沙环境造成了显著影响。根据近年来的观测和研究,抛泥区泥沙已经明显大范围扩散,原－5 m 抛泥区的疏浚弃土已所剩无几,该区水深已经接近其原始水深,原－8 m 抛泥区泥沙有一半以上已扩散至周围海域,－10 m 抛泥区泥沙也有明显扩散趋势。抛泥区的扩散泥沙至少在以下三个方面对本海区产生影响:

(1) 多年的深水抛泥及抛泥区泥沙扩散已经使本海区深水等深线明显外移,特别是－10 m 等深线已经外推近 2 km。

(2) 黄骅港航道北侧－8 m 以外滩面沉积物明显粗化,粗化范围已经延伸至－11 m 水深,该段原有沉积物以淤泥及淤泥质粉沙为主,含泥量较高,现阶段已演化成以淤泥质粉沙为主,淤泥成分大量减少。

(3) 抛泥区的扩散泥沙已经影响到外航道淤积,扩散泥沙已导致外航道局部段淤积加重。

8.1.4.4 泥沙运移特征[6]

以往研究表明: 水流条件下黄骅港航道泥样的起动流速小于淤泥质海岸泥沙的起动流速。同样波流共同作用下的综合起动流速远小于纯水流作用下的泥沙起动流速,即波浪的存在可使泥沙更易起动。在纯波浪作用下,当波浪较小时,泥沙以推移质运动为主,床面出现沙纹,沙纹峰顶附近有沙悬扬,随着波浪加大,泥沙大量悬扬,床面附近出现高浓度含沙水层,层内含沙浓度可达上层水体含沙浓度的 5 倍以上。

室内试验观察到的现象和泥沙输移试验结果分析显示,黄骅港海区泥沙的运移形态主要分三种方式——悬移质、推移质和临底高浓度含沙水体,其泥沙淤积比例推移质约为

26%，悬移质和临底高浓度含沙水体分别约为18%、56%[6]，这一比例应随水深和动力条件而有所变化，但趋势是一致的。从水体穿越航道悬沙落淤角度分析，黄骅港滩面泥沙沉降速度较快。

2003年现场实测结果也显示底层有高含沙水体存在，因此可以推测黄骅港大风期外航道的泥沙淤积主要不是上层悬移质，而是推移质和悬移质底层高含沙水体。也就是说大风天外航道的强淤，主要是由下层泥沙的运移沉积所致。

1) 悬移质

在粉沙质海岸上，波浪掀沙、潮流输沙是该海岸泥沙运移的重要方式与主要过程，在一般大风天气下，粉沙质海岸泥沙运动仍然以悬移质运动为主。悬移质泥沙在流体中运移虽然极不规则，时而上浮，时而下沉，但总体上仍是随流运移，其运移方向和速度与流动体的方向和速度一致。

悬移质能在水中随流作长距离运移，主要是由重力和紊动扩散两者共同作用的结果。悬移质含沙量在垂线上分布形式为上小下大，但其不均匀程度则与上述两种因素相对大小有关，紊动扩散力大于重力，则分布均匀，紊动扩散小于重力，则分布不均匀。

悬移质的落淤主要与泥沙的沉降速度和水流的流速有关，当水流速度小，沉降速度快，含沙量大于水流挟沙力时，导致泥沙落淤。

2) 推移质

推移质泥沙运动的方式有滚动、跳跃、滑移等多种形式，主要特点是与床面接触。粉沙质海岸在波浪作用下，泥沙组成中的粗颗粒部分将形成推移质。

推移质运动在泥沙研究中尚不成熟，主要原因：一是不易取得现场实测资料；二是现象复杂，理论研究很困难。目前多用推移质输沙率来表示推移质泥沙运动的数量。

3) 临底高浓度含沙水体

临底较高浓度含沙水体是粉沙质海岸上在特殊大风天气下特有的一种泥沙运移形态，存在于悬移质与推移质之间的邻近床面水体中，是悬移质与推移质的过渡区。底部较高浓度水体上面与悬移质平滑过渡，无明确的分界线，下面以床面为界，与推移质泥沙频繁交换。

底部较高浓度水体按其运移特点来分析属于悬移质，是上部水体悬移质的一部分，由于粉沙起动流速小，容易起动，沉降速度又大，容易沉积，因此沉聚在下部形成浓度高、厚度小、对航道淤积有重大影响。它的运动也可以看作是一种被称为 sheetflow 的现象(层移现象)。从上述对黄骅港外航道淤积的主要泥沙运移形态分析，修建潜堤是一种相对科学经济的整治措施。

8.1.4.5　航道淤积季节特点

黄骅港航道的淤积机理为“波浪掀沙，潮流输沙”，航道的回淤主要受大风影响，港区边滩泥沙在大风作用下起动，随潮流进入航道落淤。港口每年春、秋两季为大风多发期，大风能量占全年总能量的75%左右；夏季大风发生的频率最小，大风能量仅占全年总能量的9.5%，冬季大风能量占全年总能量的15.5%。航道回淤与大风期基本同步，春、秋季易发生大风骤淤，回淤较为严重；冬季回淤较小，夏季只有轻微回淤。

8.1.5　煤炭港区一期工程淤积状况

1）工程平面布置

黄骅港煤炭港区一期工程建设时，按照淤泥质海岸的特点进行了防波堤的布置，堤头水深−2.5 m，采用南北两堤成环抱形布置，以保证码头的泊稳要求，减少港内泥沙的淤积。

进港航道按5万吨级单线航道标准设计，航道底标高为−12.3 m，设计航道宽度为140 m，航道长约为36.5 km，轴线方位为N235°～N55°。

南堤沿既有导堤继续向东北方向延伸布置，根据防浪和防淤积的使用要求不同，堤顶高程以−1.8 m水深为界分别为5.2 m和4.2 m，南堤线型顺直，避开了河口射流区，对流场的影响较小。

北堤的布置考虑到港口的综合开发利用，预留煤二、三期工程发展位置及杂货港区的位置，北堤布置在既有导堤以北2 067 m处，由岸（高程0.0 m）向海延伸1 400 m后，向东折继续延伸1 658 m，再折向东北2 525 m，与南堤基本平行，北堤的堤顶高程根据防浪和防淤积的不同的使用要求以−1.8 m水深为界分别取为5.2 m和4.2 m。两防波堤形成口门布置在−2.5 m水深处。

2）工程实施后淤积状况

航道建成初期（2000年航道开航至2004年实施外航道整治工程），航道淤积有以下主要特点：

（1）发生大风后航道内淤积剧烈，航道水深骤减，遇一般性6级以上大风航道内最大淤强可达1～2 m，遇到7～8级以上大风淤强可达2 m以上（实测大风淤强如图8-7所示）。航道曾多次出现大风后淤平、航槽消失的现象，骤淤发生后煤船无法进出港口，时有生产停滞现象发生；其中2002年4月22日大风，淤积量近270万 m^3，最大淤积厚度2 m多，口门以外3 km段航道基本淤平；2003年10月10—13日大风，淤积量近1 000万 m^3，最大淤积厚度接近4 m，风后外航道基本淤平，直到2005年上半年还在清除该场大风造成的淤积。这一时期屡遭骤淤的航道成为神华煤炭出海外运和制约黄骅港发展的瓶颈。

（2）航道疏浚维护量巨大，根据2000年5月—2003年10月期间实测资料统计来看，航道回淤了近6 000万 m^3（表8-2），对于港口运营是难以承受的。

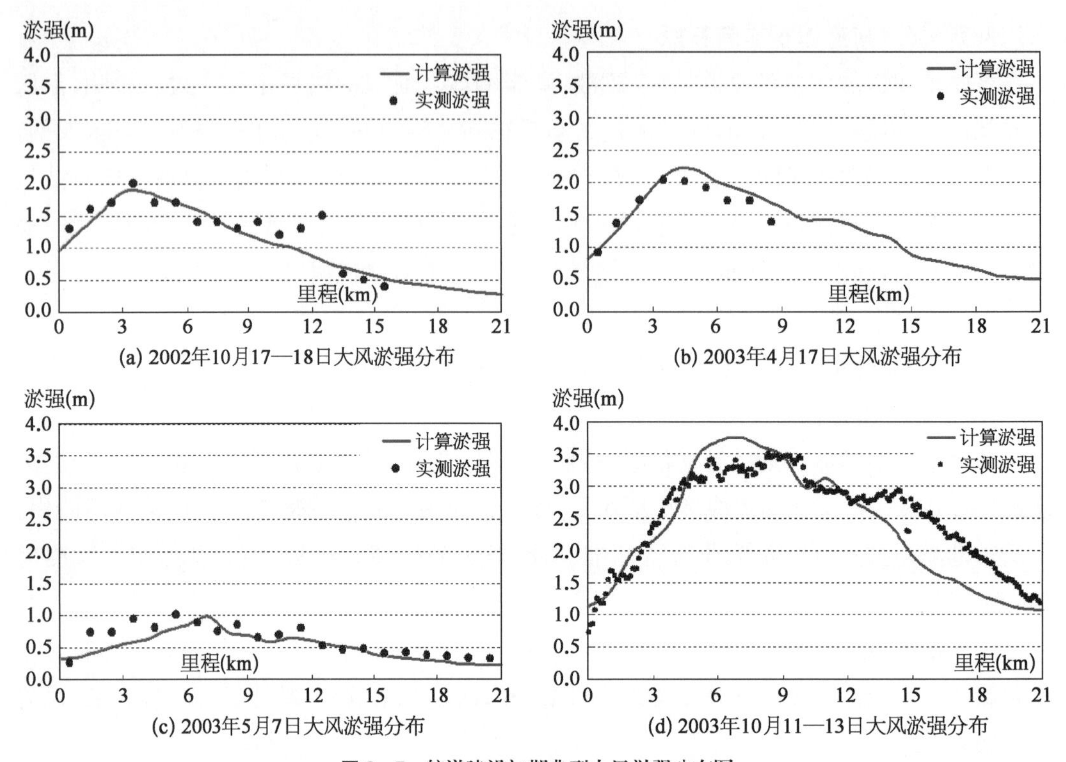

图 8-7　航道建设初期典型大风淤强分布图

表 8-2　航道建成初期各时段淤积情况表

时 间 段	淤积量(m^3)	航 道 状 态
2000 年 05 月—2001 年 06 月	950	无法通航
2001 年 10 月—2002 年 05 月	900	不达通航标准
2002 年 05 月—2003 年 01 月	1 367	航道被迫改线，向南偏转 4.5°
2003 年 01 月—2003 年 05 月	1 520	不达通航标准
2003 年 10 月 10—13 日	1 次大风近 1 000	实施整治工程
累　计	接近 6 000	

(3) 外航道发生骤淤后，强淤段集中在口门至口门外约 6 km 的范围内，而且强淤段回淤土极其难挖(疏浚船挖泥进舱浓度＜10%)，回淤土密实度高，疏浚效率低下，经常出现上场风的淤积未清、下场风淤积又至的局面，由于航道水深一直不能达到设计标准，2002 年被迫将航道轴线进行调整，自 W3+000 开始向南偏转 4.5°。

黄骅港海域在泥沙运动方面有明显区别于淤泥质海岸的特性。黄骅港煤炭港区一期工程建设、运营初期的实践表明，外航道的淤积特征为：骤淤强度大、强淤积区的分布范围广、相当长区段淤积物的可挖性差，仅依靠疏浚的单一手段难于确保船舶的正常通航。另一方面，鉴于黄骅港海区的滩面坡度十分平缓、粉沙物质及泥沙运动活跃区的分布广阔，仅依靠减淤工程也难以达到理想经济的效果。黄骅港一期工程港内实际淤积情况表明，港内回淤量相对较少，可挖性好，防波堤对港内的减淤有着比较好的效果。因此，解决黄骅港外航道泥沙骤淤问题应采用整治与疏浚相结合的治理方案。

8.1.6 煤炭港区外航道整治工程

为解决泥沙淤积问题，神华集团组织实施了外航道整治工程，以前期大量的观测资料为基础，设计、科研联合攻关，取得大量科研成果，完成了外航道整治方案设计。工程于2004年5月开工，至2005年9月工程完工。

1）整治标准

（1）整治工程设计骤淤重现期为10年。

（2）在相当于发生设计骤淤重现期10年一遇骤淤情况下，保证3.5万吨级煤船不碍航满载乘潮出港，航道通航水深－9.8 m，经维护性疏浚后，满足5万吨级煤船满载乘潮出港，航道通航水深为－11.5 m。

2）设计方案

防沙堤的平面布置要满足防沙的基本功能，还要充分考虑工程实施对水流、波浪、泥沙运移和海区环境的影响。

若仅修建单堤，从工程实施后的流场上分析，涨潮情况下堤后局部区域存在大的环流区，有利于泥沙的淤积；从波浪场分析，在黄骅港主要大浪E、ENE向情况下，堤后的波影区形成了泥沙淤积的环境，而且不能阻挡防沙堤一侧近岸泥沙对航道的影响，在NE向大浪情况下，堤前反射波对航道滩面作用的加剧，对航道的影响不能忽视，加上底沙对航道影响的不确定性，只建单堤是不可行的。因此，黄骅港外航道整治工程防沙堤的布置形式宜采用南、北双堤方案。

防沙堤的平面布置形态对航道整治起到关键作用。黄骅港防沙堤的布置形式采用顺航道走向的双导堤。根据当地波浪破波带变化幅度及沿航道实测淤积规律，防沙堤堤头位置在－5.7～－6.1 m水深，堤的长度为10～12 km。防沙堤堤头位置直接决定了防淤效果，因此对其确定应非常慎重。

防沙堤平面布置线形考虑折线、直线，两防沙堤间距考虑变距、等距形式，进行方案比选。

设计阶段针对是否设置消能缓冲区、堤头的不同位置、堤顶标高的布置进行了不同方案组合，针对不同方案对波浪、潮流、泥沙淤积、航行安全、远期规划预留等方面进行了数值分析和验证，最终推荐设置消能缓冲区、堤头位于W10＋500处、出水堤与潜堤结合的方案。

防沙堤平面布置采用双侧掩护航道的布置形式。两防沙堤间设置消能缓冲区，消能缓冲区尺度为：长4 km、宽2 km。防沙堤堤头位置位于W10＋500处，口门宽度为1 000 m，W0＋000—W8＋000堤顶高程为3.5 m，W10＋500处堤顶高程为－1.0 m。W8＋000—

W10＋500 堤顶高程由 3.5 m 渐变至－1.0 m，坡降约 1.8‰。远期防沙堤延长至 W19＋000 处时，口门宽度 800 m，如图 8－8 所示。防沙堤结构采用了抛石斜坡堤结构方案。

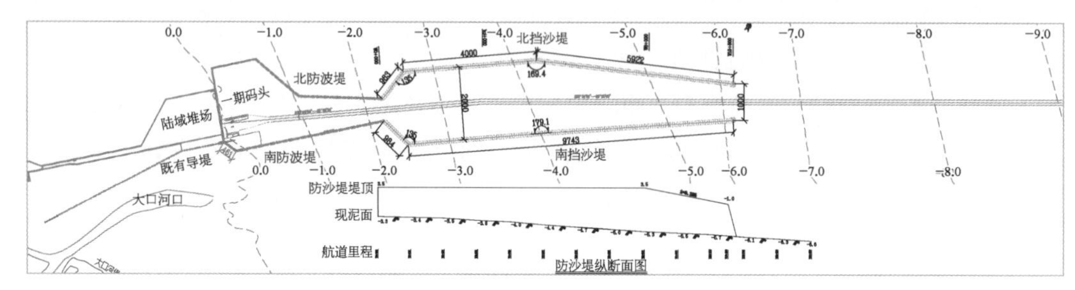

图 8－8　外航道整治工程防沙堤布置图

8.1.7　综合港区防波挡沙堤及航道设计方案

以神华集团为主导的煤炭港区投产后，作为我国“北煤南运”的主要通道之一，为我国国民经济发展发挥了重要作用。但由于港口功能相对单一，与地区经济发展的关联度较低，难以为地方及腹地经济发展提供全面支持。随着黄骅港经济腹地开发程度进一步提高，港口运输需求加大，尤其是 2007 年沧州渤海新区的建立，产业集聚明显，散杂货物和集装箱运输要求迫切。因此，黄骅港需全面发展综合运输，建设综合性港口。经多方研究，河北省政府决定启动黄骅港综合港区的建设。新港区选址在煤炭港区北侧水域，紧邻煤炭港区北防波挡沙堤。黄骅海域潮间带宽阔，海底坡度平缓，港区采用近岸填筑＋双堤环抱式布置，港区设计由中交一航院承担，试验由天科所承担。本小结重点介绍港区航道、防波挡沙堤工程设计方案情况。

8.1.7.1　通航标准

1）骤淤重现期设计标准

设计骤淤重现期标准为 10 年。

2）通航标准

10 万吨级航道：在发生骤淤重现期 10 年一遇骤淤情况下，可满足 5 万吨级散货船不碍航满载乘潮出港，航道通航水深为－12.1 m。经维护性疏浚后，满足 10 万吨级散货船满载乘潮出港，航道通航水深为－14.5 m。

20 万吨级航道：在发生骤淤重现期 10 年一遇骤淤情况下，可满足 12 万吨级散货船乘潮（保证率 90%）、15 万吨级散货船乘潮（保证率 80%）满载出港，航道通航水深为－17.3 m。经维护性疏浚后，满足 20 万吨级散货船乘潮（保证率 80%）、15 万吨级散货船乘潮（保证率 90%）满载出港，航道通航水深为－17.9 m。

8.1.7.2 设计方案

1) 航道位置选择

对航道轴线进行了不同方位角的比选，通过对比自然条件、船舶航行情况等，推荐航道轴线方位与煤炭港区外航道轴线一致，即 239.5°～59.5°。确定航道轴线布置后，针对综合港区航道与煤炭港区外航道的不同间距(1 700 m、3 600 m、6 000 m)进行了方案比选，针对各方案的通航情况、抛泥区的影响、形成岸线及陆域规模等情况进行了分析，并重点分析了泥沙淤积对两航道的相互影响及口门流态，最终推荐轴线间距 3 600 m 方案。

2) 整体布置方案

(1) 10 万吨级航道及防波挡沙堤。

综合港区起步工程航道等级为 10 万吨级单线航道、通航宽度为 210 m、设计底标高为 －14.5 m、航道长度为 44 km、乘潮水位为 2.47 m(乘潮历时 4 h，保证率 90%)。通过潮流模型试验分析，口门处横流较大，风、流压偏角取 10°，航道(航道里程 11＋000—14＋000)向两侧加宽至 230 m。

综合港区以骤淤重现期 10 年一遇为防护标准，采用双堤环抱式布局，将口门设置在 －6.0 m 水深处。北防波堤自规划二港池北边线起，向东沿规划防波堤轴线建设至－6.0 m 水深处。其中，北防波堤 F1—F2 段长度为 4 830 m，顶标高为 5.0 m；防波堤从 F2 点转向东南方向延伸至 F3 点，F2—F3 段长度为 3 068 m，顶标高为 5.5 m；北防波堤 F3—F4 段从 F3 点向东延伸至 F4 点，F3—F4 段长度为 12 974 m，沿程采用不同的顶标高。其中，0～8 000 m 范围内顶标高为 5.5 m、8 000～10 000 m 范围内顶标高为 3.5 m、10 000～12 974 m 范围顶标高由 3.5 m 逐渐过渡到－1.0 m。南防波堤自已建煤炭港区北防波堤向北垂直于航道轴线建设，长度为 2 537 m，顶标高为 0.0 m。最终南北防波堤间形成口门宽度 1 000 m，如图 8－9 所示。

(2) 20 万吨级航道及防沙堤。

黄骅港综合港区 20 万吨级航道是在 10 万吨级航道基础上的扩建工程。20 万吨级航道轴线在里程 3＋700—44＋000 内维持 10 万吨级航道轴线不变，航道向两侧拓宽并浚深。在 44＋000 处(水深－14.5 m)，向北偏转 13°，延伸至天然水深，折线段轴线方位为 226.5°～46.5°。

黄骅港综合港区航道满足 20 万吨级散货船满载乘潮单向通航，航道长度约 60 km。长航道沿程理论最低潮面及潮位是不同的。针对 20 万吨级航道较长、疏浚量大的问题，为准确计算航道工程量，在设计阶段对航道沿程理论最低潮面的变化及潮波变形情况进行了专题研究。在沿拟建 20 万吨级航道轴线附近布设了 6 个临时验潮站，最远站位于水深处－20.4 m，进行了 1 个月的潮位同步观测。根据潮波变形、船舶沿航道进港航速变化规律，采取分段乘潮的方式，即航道里程 19＋000—60＋500 乘潮水位为 2.9 m、航道里程

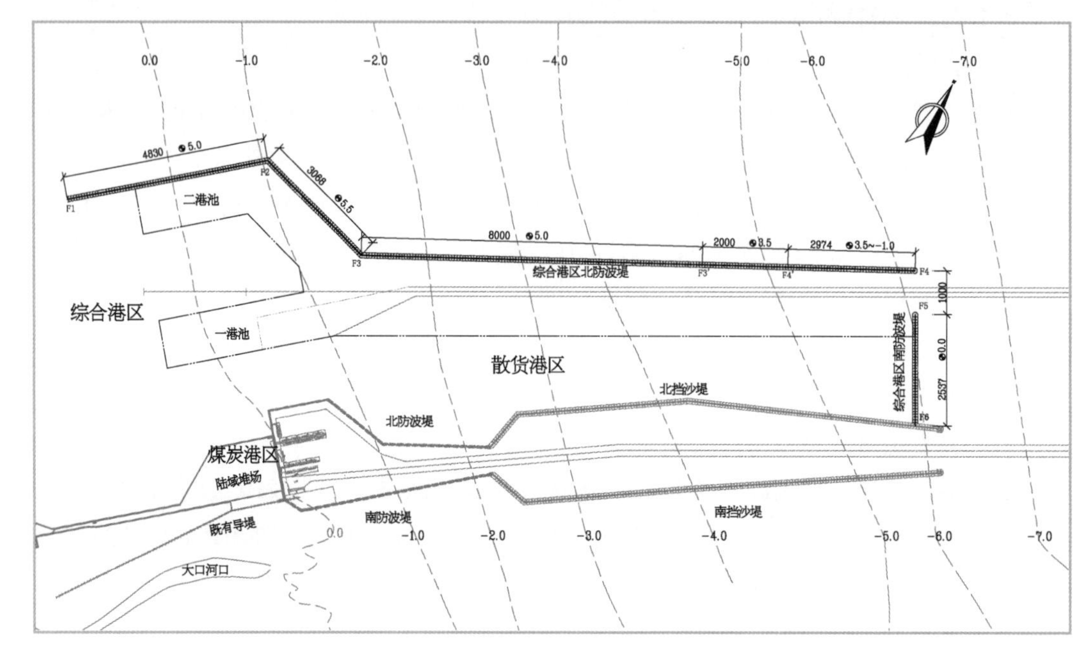

图 8-9　黄骅港综合港区防波堤平面布置图

8+700—19+000 乘潮水位为 2.64 m、航道里程 3+700—8+700 乘潮水位为 2.29 m，保证率为 80%、冬三月保证率>50%。航道通航宽度为 250 m。防沙堤口门处、航道里程 19+500—22+500 附近横流较大，风流压偏角取 10°，航道通航宽度取为 280 m，航道设计底标高为－18.3 m，航道长度为 56.8 km。

将已建南、北防波挡沙堤沿航道两侧平行延伸至－8.0 m 水深处，单侧延长防沙堤长度为 8.8 km。防沙堤顶标高在天然水深－6.0 m、－7.0 m、－8.0 m 处分别为－1.0 m、－2.0 m 和－3.0 m。

为满足通航标准，根据防沙堤减淤效果分析，加大里程 20+000—25+000 段航道的备淤深度，备淤取 0.6 m，即里程 20+000—25+000 段航道设计底标高取－18.5 m。

8.1.7.3　淤积分析

1) 10 万吨级航道

(1) 10 年一遇大风淤积。

10 万吨级航道内最大淤积强度约 1.4 m(图 8-10)，最小水深约 13.1 m，满足 5 万吨级散货船通航要求。

10 年一遇大风淤积航道内的淤积总量为 622 万 m^3，其中掩护段以内航道淤积量为 208 万 m^3，开敞段航道淤积量分别为 414 万 m^3(表 8-3)。

(2) 10 万吨级航道平均年份的年淤积。

10 万吨级航道内平均年份的年淤积强度约 3.8 m，如图 8-11 所示。

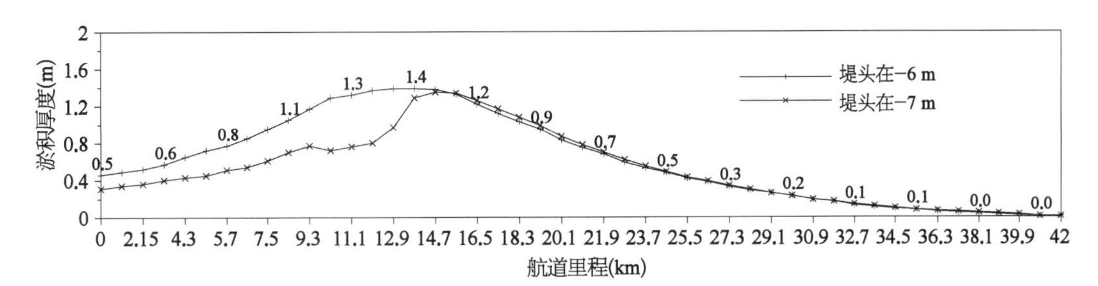

图 8-10 10 万吨级航道 10 年一遇淤强分布图

表 8-3 10 万吨航道 10 年一遇大风淤积量统计表

航道段	掩护段内航道	开敞段航道	全航道
淤积量	208 万 m^3	414 万 m^3	622 万 m^3

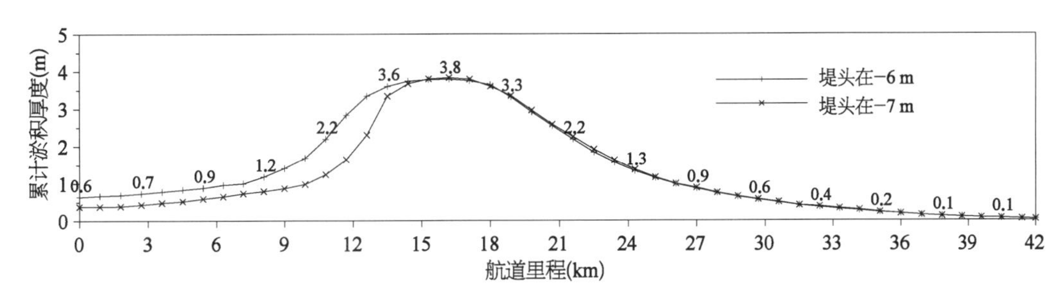

图 8-11 10 万吨级航道年淤积分布图

航道内的淤积总量为 1 500 万 m^3，其中掩护段以内航道淤积为 330 万 m^3，开敞段航道淤积为 1 170 万 m^3（表 8-4）。

表 8-4 10 万吨航道平均年份的年淤积量统计表

航道段	掩护段内航道	开敞段航道	全航道
淤积量	330 万 m^3	1 170 万 m^3	1 500 万 m^3
	400 万 m^3	900 万 m^3	1 300 万 m^3

2) 20 万吨级航道

南、北防波堤延伸前后的 20 万吨级航道的年淤积分布如图 8-12 所示，淤积量见表 8-5。

可见，防波堤延伸后正常年淤积量和最大淤积厚度明显降低，防波堤延伸前全航道淤积量为 1 854 万 m^3，其中 −8 m 水深以里 1 081 万 m^3，−8 m 以外 773 万 m^3；防波堤延伸后全航道淤积量为 1 405 万 m^3，与延伸前相比减少了 449 万 m^3，减淤率为 24%；−8 m 水深以里 656 万 m^3，减少了 425 万 m^3，减淤率达到了 40%。

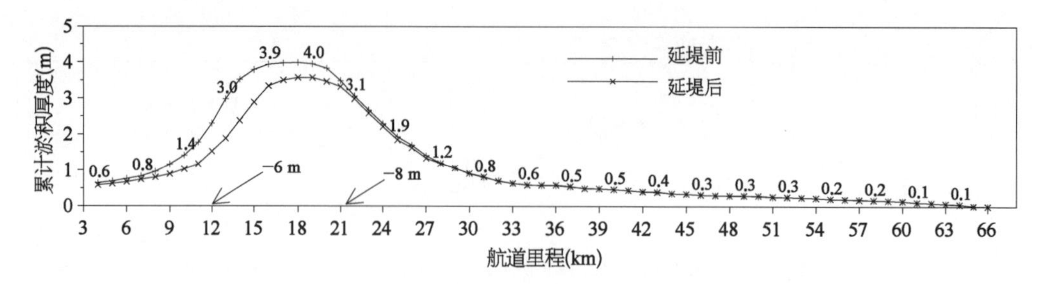

图 8-12　防波堤延伸到−8 m 前后 20 万吨级航道年淤积分布图

表 8-5　防波堤延伸前后 20 万吨级航道淤积量对比表　　（单位：万 m^3）

工　况	防波堤延伸前			防波堤延伸后					
	−8 m 以里	−8 m 以外	全航道	−8 m 以里		−8 m 以外		全航道	
				淤积	减少	淤积	减少	淤积	减少
年淤积	1 081	773	1 854	656	−425	749	−24	1 405	449

8.1.8　工程实施效果

8.1.8.1　港区运营情况

黄骅港自 2001 年建港以来，煤炭港区和综合港区吞吐量统计情况见表 8-6。

表 8-6　2001—2018 年黄骅港吞吐量一览表　　（单位：万 t）

年　份	煤炭港区	综合港区	合　计
2001	19.40		19.40
2002	1 653.34		1 653.34
2003	3 116.13		3 116.13
2004	4 543.02		4 543.02
2005	5 638.16		5 638.16
2006	8 030.05		8 030.05
2007	8 282.90		8 332.73
2008	7 928.22		7 980.28
2009	8 295.42		8 373.63
2010	9 358.92		9 438.41
2011	10 058.10	1 119.10	11 267.46
2012	10 553.93	1 995.68	12 640.31
2013	13 759.08	3 197.73	17 047.48
2014	14 248.30	3 125.93	17 463.97
2015	12 429.70	3 950.00	16 614.66
2016	18 367.54	5 739.09	24 170.00
2017	20 153.83	6 781.25	27 027.83
2018	20 922.30	7 735.80	28 658.10

8.1.8.2　煤炭港区航道淤积情况

1) 整治工程建成初期航道回淤情况

黄骅港整治工程的实施使航道通航条件发生了明显好转，至2005年年底航道水深已经浚深至－13.5 m，宽度达到170 m，航道长度近35 km。大风后航道内的回淤特点也发生了明显的转变，有如下主要特点：

(1) 掩护段淤积明显改观。航道内淤积与整治工程前相比明显改观，遭遇大风淤积后航道内淤强分布发生了明显变化，掩护段以内淤强下降，W0＋000—W10＋500段内淤积量占全航道淤积的比例大幅降低，原有强淤段消失淤积相对较高区段位于W8＋500—W19＋500，原有的W4＋000—W6＋000段的强淤段消失，最大淤强也有大幅度下降，下降约53％，已经不是黄骅港外航道淤积的重灾区(图8－13)。淤积重心和整治工程前相比已经外移，这对降低疏浚费用，提高维护效率起到了积极的作用。

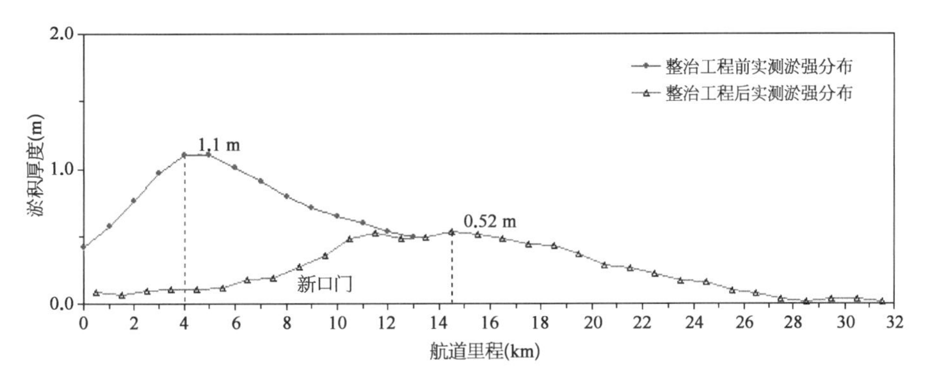

图8－13　整治工程竣工后大风淤积淤强分布

（说明：本图淤强为1～2年一遇大风实测淤积平均淤强分布）

(2) 整治工程对航道的减淤效果明显。防沙堤未出水前：W0＋000—W8＋000段减淤率为67.7％，W8＋000—W10＋500段减淤率为33.2％，W0＋000—W10＋500减淤率为61.0％；W0＋000—W13＋000段减淤率为52.1％。2005年9月整治工程竣工后：W0＋000—W8＋000段减淤率为79.6％，W8＋000—W10＋500段减淤率为26.9％，W0＋000—W10＋500减淤率为69.3％。

(3) 难挖段消除。根本性地改观了航道回淤土的可挖性问题。回淤土颗粒细化，W10＋000以里d_{50}下降，为0.012 7 mm，下降约66％。外航道d_{50}为0.025 7 mm；黏土含量增加($d < 0.005$ mm)，2005年6月回淤土平均黏土含量为9.4％，到2006年3月，掩护段航道内的回淤物质已经发生了根本性的改变，回淤土平均黏土含量为30.4％(表8－7)；疏浚船舶泥浆进舱浓度提高，整治工程前航道内各段的进舱浓度基本维持在14％～16％，变化不大，到2005年5月航道内疏浚船舶的泥浆进舱浓度有了较大的提高，沿程进舱浓度在17.59％～26.19％，平均进舱浓度为21.53％，到2006年3月全航道的平均泥浆进舱浓度已经达到27.14％，航道内最低进舱浓度与整治工程前相比提高了约11％。

表 8-7　整治工程前后黏土含量情况表

位　　置	工程前 2004 年 3 月	施工期 2005 年 6 月	工程后 2006 年 3 月
掩护段内(0～10.5 km)	3.1%	8.6%	30.4%
掩护段外(10.5～30 km)	4.7%	10.3%	13.9%
全航道平均	4.0%	9.6%	22.1%

(4) 航道水深大幅提升。因大风骤淤造成的阻碍通航、生产停滞现象消除。航道得以拓宽到 170 m,浚深至−13.5 m,达到单向 5 万吨级航道标准(图 8-14),航道瓶颈被打通,后续二、三期的扩能工程得以开展。

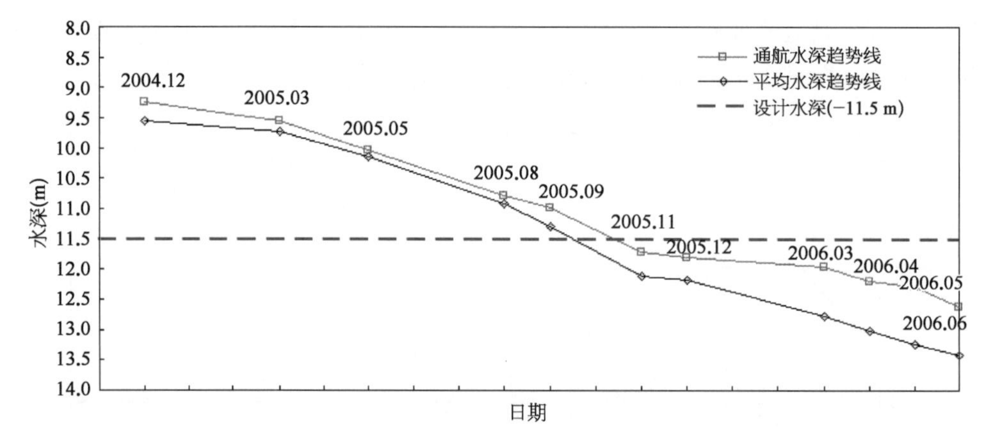

图 8-14　整治工程后航道通航水深的变化情况

(5) 航道不断扩建。整治工程建设使黄骅港得到了快速发展,黄骅港煤炭运量迅速提升,航道不断被扩建,2008 年拓宽至 200 m,2009 年拓宽至 235 m,2011 年底拓宽至 270 m,水深浚深至−14.5 m,航道等级相应提高。

2) 近期航道回淤实测情况

整治工程建成后的几年间,黄骅港得到了快速发展,煤炭运量迅速提升,航道不断扩建,航道宽度、长度逐年增加,目前航道宽度为 270 m、底标高为−14.5 m、长度为 45 km。

从近些年统计来看,大风淤积频次增多,每年有 7～8 次明显的大风淤积过程,其中淤积 100 万 m^3 以上骤淤年均有 4～5 次,每年仅骤淤累计接近 1 000 万 m^3。2009 年 11 月 8—12 日遭受 15 年一遇大风骤淤,大风在短短 4 d 内给航道造成回淤近 900 万 m^3,口门外局部段最大淤积厚度 1.7 m,全航道平均淤积了近 1 m,航道通航水深从 14.5 m 锐减到 13 m 以下,风后 3 个月才将本次大风造成的回淤土清完;2018 年春季连续发生 5 次 2～5 年一遇大风骤淤,骤淤总量约 1 770 万 m^3,通航水深锐减至 13.5 m,可见大风骤淤仍是黄骅港航道通航安全面临的主要威胁之一。从 2010 年到 2019 年实测年淤积(表 8-8)来看,每年仍有 1 400 万～2 500 万 m^3 的回淤量,疏浚维护任务仍十分繁重。因此,煤炭港区防沙堤进一步延长是必要的。

表 8-8 煤炭港区航道 2006—2019 年年淤积情况统计表

年 份	淤积量(万 m^3)	备 注
2006	1 090	航道 170 m 宽、40 km 长
2007	1 382	航道 170 m 宽、40 km 长
2008	—	航道 200 m 宽、44 km 长
2009	—	航道 235 m 宽、44 km 长
2010	2 553	航道 270 m 宽、44 km 长
2011	2 315	航道 270 m 宽、44 km 长
2012	2 548	航道 270 m 宽、44 km 长
2013	2 166	航道 270 m 宽、44 km 长
2014	1 403	航道 270 m 宽、44 km 长
2015	2 300	航道 270 m 宽、44 km 长
2016	1 902	航道 270 m 宽、44 km 长
2017	1 655	航道 270 m 宽、44 km 长
2018	3 147	航道 270 m 宽、44 km 长
2019	1 778	航道 270 m 宽、44 km 长

注：① 2008—2009 年，航道常年进行基建性疏浚施工，无法统计回淤量。
② 2018 年连续发生多次小重现期骤淤，淤积量增加。

3）疏浚弃土对海区泥沙环境影响日益显现

黄骅港煤炭港区航道自建成至今已经向深水区倾倒了大量疏浚弃土，曾先后使用了－5 m、－8 m 和－10 m 水深处的 3 个抛泥区，－5 m 和－8 m 抛泥区早已完成倾倒量，正在使用的－10 m 抛泥区也已经接近其饱和容量。如此巨大的抛泥量已经给本海区泥沙环境造成了巨大影响。根据近年来的观测和研究，抛泥区泥沙已经明显大范围扩散，原－5 m 抛泥区的疏浚弃土已所剩无几，该区水深已经接近其原始水深，原－8 m 抛泥区泥沙有一半以上已扩散至周围海域，－10 m 抛泥区泥沙也有明显扩散趋势。抛泥区的扩散泥沙至少在以下三个方面对本海区产生着巨大影响：

（1）多年的深水抛泥及抛泥区泥沙扩散已经使本海区深水等深线明显外移，特别是－10 m 等深线已经外推近 2 km。

（2）黄骅港航道北侧－8 m 以外滩面沉积物明显粗化，粗化范围已经延伸至－11 m 水深，该段原有沉积物以淤泥及淤泥质粉沙为主，含泥量较高，现阶段已演化成以淤泥质粉沙为主，淤泥成分大量减少，对于航道回淤物可挖性是不利信号。

（3）抛泥区的扩散泥沙已经影响到外航道淤积，扩散泥沙已导致外航道局部段淤积加重。

8.1.8.3 综合港区航道淤积情况

综合港区 20 万吨级航道位于煤炭港区航道西北侧，淤积状况略好于后者，自 2011 年起至 2019 年综合港区航道淤积资料见表 8-9。

表 8-9 综合港区航道 2011—2019 年年淤积情况统计表

年　份	淤积量(万 m^3)	备　注
2011	1 370	航道 210 m 宽、44 km 长
2012	1 155	航道 210 m 宽、44 km 长
2013	1 405	航道 210 m 宽、44 km 长
2014	2 129	航道 250 m 宽、65 km 长(测图长度)
2015	2 240	航道 250 m 宽、66 km 长(测图长度)
2016	2 170	航道 250 m 宽、66 km 长(测图长度)
2017	2 157	航道 250 m 宽、66 km 长(测图长度)
2018	2 271	航道 250 m 宽、66 km 长(测图长度)
2019	1 774	航道 250 m 宽、66 km 长(测图长度)

8.1.8.4 后续研究

随着煤炭港区运量的增加,船舶通航密度加大,对航道提出了更高的通航要求。目前正在开展提高航道设计骤淤重现期标准、通航标准,确定沿航道合理备淤深度、适航水深应用、疏浚计量标准、疏浚方案等方面的研究。

8.2 唐山港京唐港区工程

8.2.1 港口概况

8.2.1.1 港口位置

唐山港京唐港区位于渤海湾北岸,沿大沽口至秦皇岛海岸的岬角上,大清河口与滦河口之间。东距秦皇岛港 64 海里,西距天津新港 70 海里。地理坐标为东经 119°00′,北纬 39°12′。

8.2.1.2 港口规模

1) 布置模式

京唐港区陆域存在大面积低洼荒滩,水域水深条件好于淤泥质海岸和淤泥粉沙质海岸,故港区采用了陆域挖入+双堤环抱式的布置模式,即"挖入式"布置。京唐港区起步工程为当时国内最大吨级的"挖入式"港池[8]。此种布置模式使码头、堆场与后方加工区连成一体,具有优越的建设工业港区的条件。同时,码头结构可采用地连墙板桩结构,采取陆上施工,节省工期,降低造价。

2) 港口规模

截至 2018 年年底,京唐港区共有生产性泊位 41 个,工作船泊位 2 个,总通过能力为

17 268 万 t/110 万 TEU，其中专业化泊位(包括 8 个煤炭、2 个矿石、2 个液体化工、1 个纯碱、1 个散装水泥泊位和 4 个集装箱泊位)的能力为 12 398 万 t/110 万 TEU，其余均为通用散货、杂货、液化泊位。

近几年京唐港区分货类吞吐量见表 8-10 和图 8-15。

表 8-10　京唐港区近年分货类吞吐量表　　(单位：万 t)

年份	总吞吐量	其中外贸	煤炭	金属矿石	钢铁	矿建材料	水泥	盐	粮食	其他
2006	4 066.1	1 748.9	1 438.2	1 375	889.3		65.4	33.4	1.6	263.2
2007	4 750.2	1 975.3	1 561.3	1 695.7	1 101.2		19.3	43.1	0.7	328.9
2008	7 645.0	2 331	3 938.5	2 029.9	1 096.2		45.4	48.9	0.5	485.6
2009	10 541.0		5 408.9	3 178.3	1 272.6	29.3	27.8	11.0	6.68	606.4
2010	12 017.1	4 125	6 694.5	2 945.1	1 506.5	167.9	34.8	8.5	2.8	657
2011	13 757	4 473.6	8 024.3	3 281.3	1 393.9	362.1	22.9		16	656.5
2012	17 001.6	7 313	8 765.8	5 406.3	1 548.9	464.1	14.5		40.7	761.3
2013	20 102	8 296	10 248	5 785	1 736	863	13.9	0.2	44.6	1 411.3
2014	21 502	9 755	9 711	7 418	1 861	867	29.7		63.2	1 343.8
2015	23 298	10 877	9 793	8 764	1 944	726				2 797
2016	27 099.8	13 189.3	9 966.6	11 195	1 679.4	1 595.2	35.5		86.8	2 541.3
2017	29 048	13 038.8	11 243.7	11 293.3	1 708.8	1 810.7	12.9		102.4	2 876.1
2 018	30 021.3	11 380.4	13 542.9	9 739.5	1 730.7	1 439.6	12		96.3	3 460.2

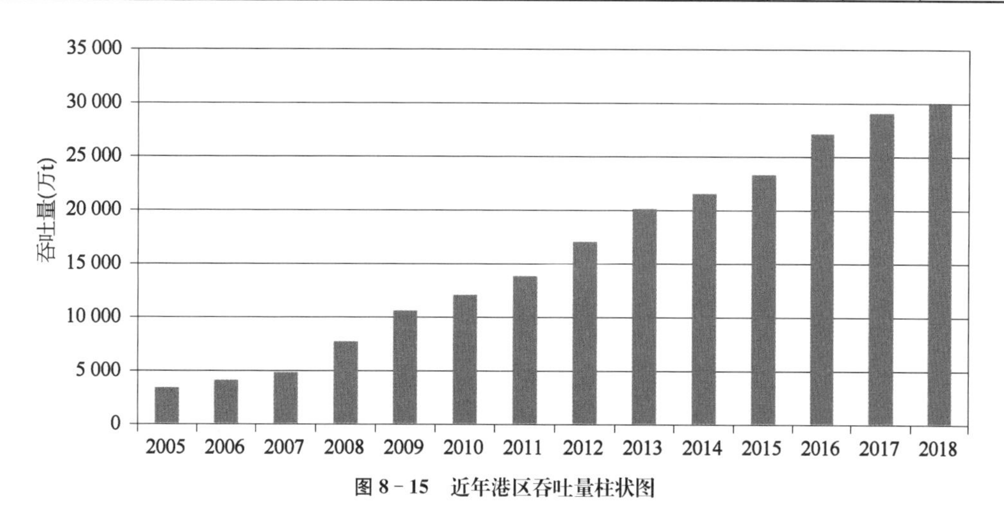

图 8-15　近年港区吞吐量柱状图

京唐港区现有 20 万吨级航道，航道长度为 16.7 km，航道通航宽度为 295 m，通航底标高为－19.5 m。

8.2.1.3　航道及防波挡沙堤建设概况

唐山港京唐港区位于渤海大清河口和滦河口之间，地处泥沙运动较为活跃的粉沙质海岸，天然岸线大致呈 NE—SW 走向，发育有沙坝-潟湖。该港区始建于 20 世纪 80 年代末，是我国粉沙质海岸上建设的首座大型港口。进港航道最初的建设规模为 1.5 万吨级，方位 315°～135°，在航道两侧建有环抱式防波挡沙堤。随着船舶大型化和港口运量的增长，港区航道后续的历次扩建均在维持原方位的基础上加长和加宽，逐步提升成 3.5 万吨级、7 万吨级、10 万吨级和 20 万吨级航道。

京唐港在建设 7 万吨级航道工程时，配套启动挡沙堤三期工程的建设。第五港池的外堤与航道西侧的防波挡沙堤连为一体。西侧防波挡沙堤与航道轴线平行，堤长 600 m，堤头水深－9.0 m；航道东侧防波挡沙堤自防波挡沙堤二期改造工程的南端开始，平行于航道轴线，堤长 700 m，堤头水深－8.0 m，两堤间距 700 m。为改善航道受横流影响的不利因素，在东防波挡沙堤轴线方向向前延伸 500 m 形成东侧潜堤，堤顶高程为－4 m[7]，如图 8－16 所示。

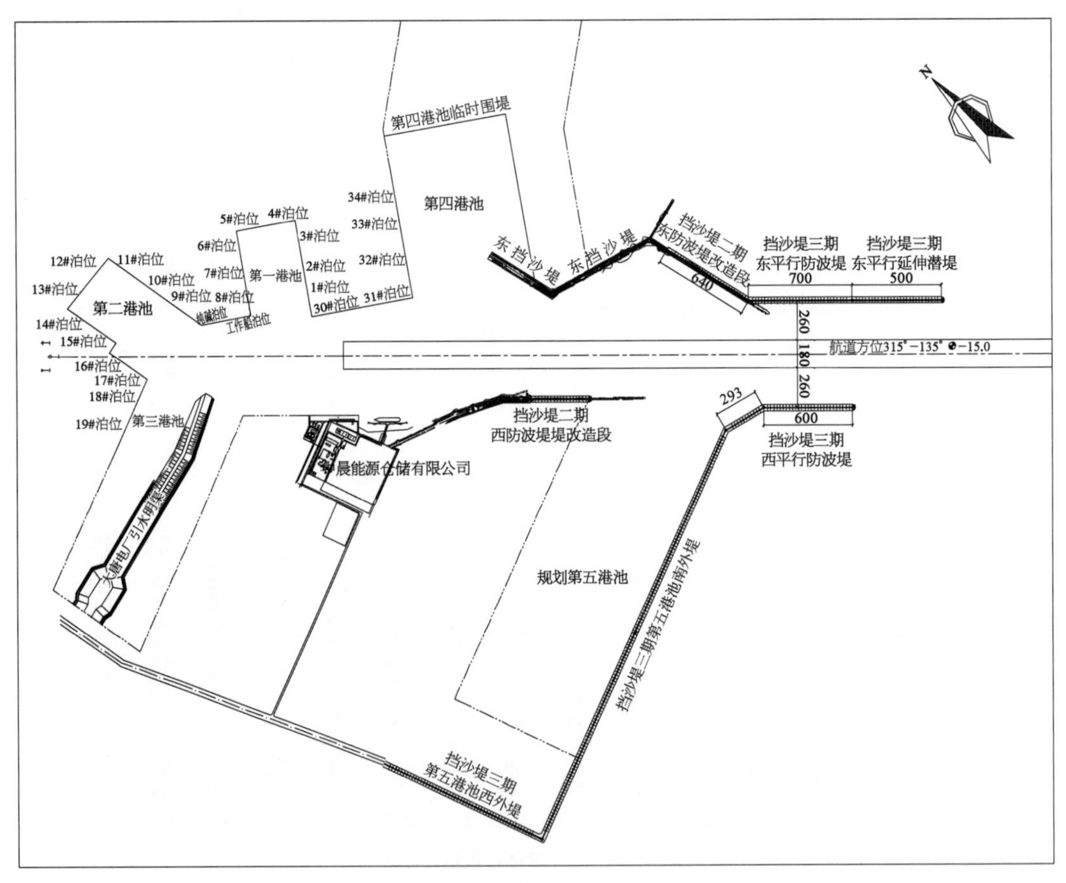

图 8－16　挡沙堤三期平面布置图

8.2.2　环境动力条件

1）风况

唐山港京唐港区沿海风况在冬季受寒潮影响盛行偏北风，夏季受太平洋副热带高压影响,多为暖湿的偏南风,季风特征明显。根据京唐港区观测资料统计得：常风向为SSW向,其出现频率为9.87%;次常风向为WSW向,其出现频率为8.25%;强风向为NE向,其≥7级风的出现频率为0.11%;次强风向为ENE向,其≥7级风的出现频率为0.05%。

2) 潮汐及潮位

唐山港京唐港区附近海域为不正规半日潮。潮汐特征值如下：平均高潮位为1.69 m(以下潮位均以当地理论最低潮面起算);平均低潮位为0.82 m;平均海面为1.27 m;设计高水位为2.02 m;设计低水位为0.27 m。

3) 波浪

京唐港区海域大浪主要来自ENE和NE方向,年内波浪的分布具有明显的季节特征,即春夏季波浪相对较弱,秋冬季则波浪较强。根据实测波浪资料统计,本港常波向为SE向,出现频率为11.57%;次常波向为ESE向,出现频率为9.20%;强波向为ENE向,$H_{1/10} \geqslant$ 2.0 m的出现频率为1.46%;次强波向为NE向,$H_{1/10} \geqslant 2.0$ m的出现频率为0.78%。

4) 海流

(1) 潮流测验分析。近年来先后两次对该海域进行大、小潮期的定点全潮同步水文测验,以掌握大、小潮的潮位变化过程与潮汐规律,了解各潮流站(点)在大、小潮期的流速、流向变化过程及规律。2009年6月工程海域开展了水文泥沙测验,布设11个定点(V_1～V_{11}垂线),测流点平面布置如图8-17所示;2013年5月在航道口门附近布设了4条测流垂线(V_1～V_4)。下面着重描述口门附近的流场情况。

(2) 小潮期潮流。其落急流速降序依次为：V_3、V_4、V_2、V_1,其中,最大垂线平均落潮流流速为0.64 m/s(V_3),最小垂线平均落潮流流速为0.14 m/s(V_1)。涨急流速降序依次为：V_3、V_2、V_4、V_1,其中,最大垂线平均涨潮流流速为0.44 m/s(V_3),最小垂线平均涨潮流流速为0.18 m/s(V_1)。落潮期实测最大测点流速为0.81 m/s(V_3,测次为1 306,0.4 h),涨潮期实测最大测点流速0.59 m/s(V_2,测次为1 213,0.2 h)。

(3) 大潮期潮流。其落急流速降序依次为：V_3、V_4、V_2、V_1,其中,最大垂线平均落潮流流速为0.78 m/s(V_3),最小垂线平均落潮流流速为0.30 m/s(V_1)。涨急流速降序依次为：V_3、V_4、V_2、V_1,其中,最大垂线平均涨潮流流速为0.63 m/s(V_3),最小垂线平均涨潮流流速为0.23 m/s(V_1)。落潮期实测最大测点流速为0.89 m/s(V_3,测次为2 324,0.0 h),涨潮期实测最大测点流速为0.78 m/s(V_3,测次为2 304,0.0 h)。

(4) 京唐港区附近水域海流基本特征：① 在港口挡沙堤影响范围以外,垂线平均流速为0.25～0.30 m/s,垂线平均最大流速为0.50 m/s左右;在港口挡沙堤影响范围以内,垂线平均流速增大0.05～0.10 m/s,垂线平均最大流速则可达0.79 m/s左右;② 潮流流向基

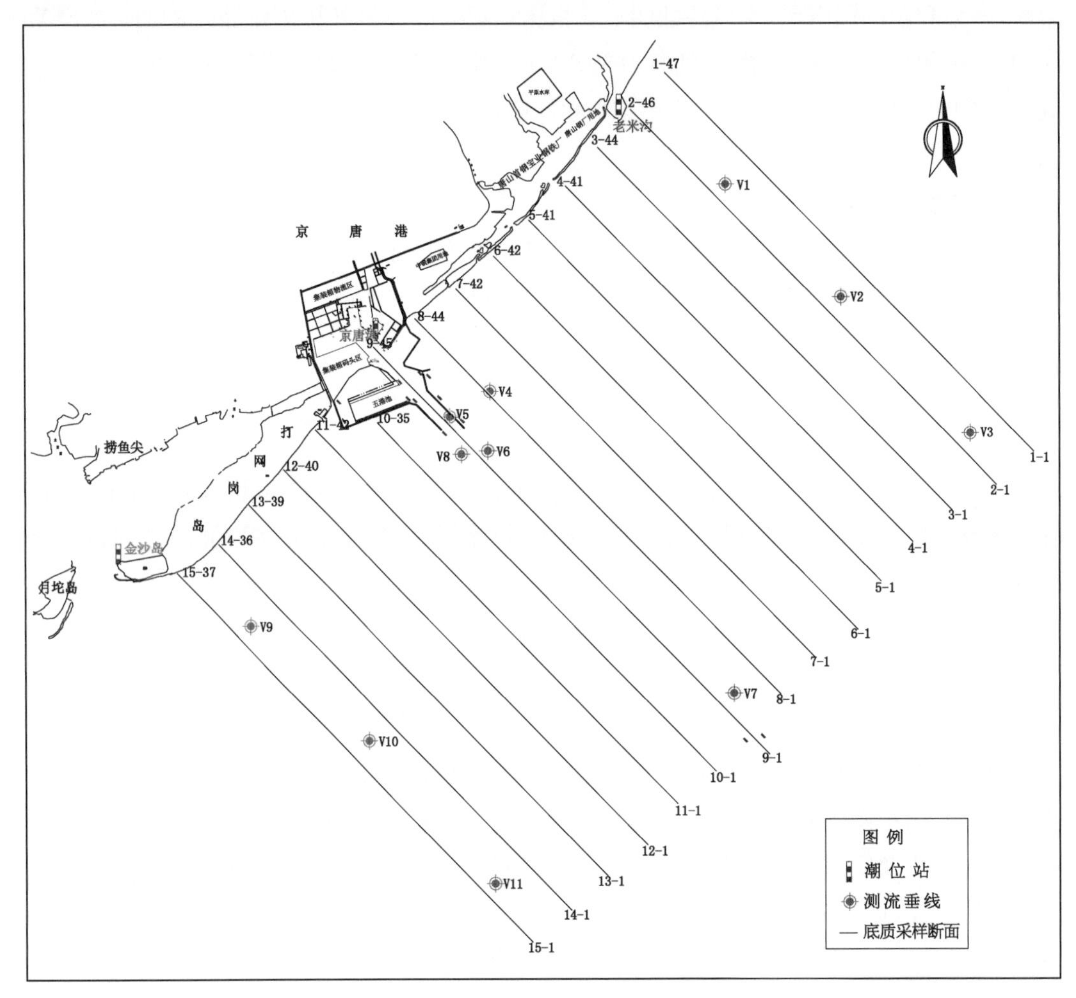

图 8-17　2009 年 6 月水文测验点布置图

本与等深线平行，表现为较明显的往复流性质；挡沙堤附近的流向上仍呈往复流特征，但受到建筑物影响，主流流向与岸线略有夹角；③ 本海区潮流涨潮时为西南流，落潮时为东北流，且涨、落潮流强度和历时大致相等；④ 潮流流速大小有向岸逐渐减小的趋势。

8.2.3　海岸地貌特征

1）海岸演变基本特征

滦河曾是渤海湾地区除黄河以外第二条多沙河流，据滦河水文站自 1927—1970 年资料统计，年平均输沙量为 2 670 万 t，历史上滦河南北摆荡迁移，塑造了以滦县为顶点北至昌黎，南至曹妃甸的扇形三角洲平原。从滦河口至大清河口间的沙坝-潟湖海岸是滦河三角洲的前沿部分，京唐港区即位于滦河三角洲中部，滦河口与大清河口之间。

滦河自大清河口不断向东北迁移，在陆地上留下了一系列故道和废弃河口湾遗迹。

废弃河口因泥沙来源断绝，海洋动力作用促使三角洲前缘遭到破坏。沙质沉积物经波浪水流长期作用，塑造了呈带状、大致与海岸平行的不连续分布的沙坝链，形成了典型的沙坝-潟湖海岸。自20世纪70年代以后，因滦河中上游兴建水库蓄水，入海水量70%受到控制，入海沙量大幅度减少，根据1981—1985年资料统计，年平均输沙量只有124万t，这对本区的泥沙运移及海岸冲淤演变产生很大影响。根据分析，当地海岸演变的基本特征为：① 70年代以前，本区海岸普遍淤长。根据收集历年地形图及海图的比较，1945—1959年间，0 m、5 m和10 m等深线向海移动。在京唐港区附近区域，等深线外移50～1 120 m，不同岸段不同深度等深线外移幅度不等，不同岸段岸滩及水下岸坡的平均年淤积强度为0.4～6.2 cm/年不等。② 70年代以后，本区海岸以普遍蚀退为其特点，等深线向岸移动。1995年在二期挡沙堤研究期间，根据卫星遥感资料，分析了滦河三角洲海岸沙坝1976—1994年18年间的变迁，2004年又根据收集的大量的卫星遥感资料，并对1994—2004年10年间的沙坝移动变化做了分析。根据分析结果京唐港区东北方向湖林口至滦河口以南的浪窝口的沙坝依然在不断向岸蚀退，1976—1994年平均后退速度在11～27 m/年，1994—2004年间，年平均后退速度为12～27 m，后退速度相近。京唐港区东挡沙堤外二排干以北1976—1994年平均淤长速度为11 m/年，1994—2004年间淤长速度达21 m/年，淤长速度加快，显然这是挡沙堤拦截沿岸输沙及人类活动所致，由于挡沙堤是在1989年才开始修建，挡沙堤不同时期长度不同，导致不同年限淤长速度不同是合理的。京唐港区西南打网岗沙坝后退速度为12～18 m/年，较之京唐港区东北方向沙坝后退速度要慢。

可见，京唐港区附近海岸在波浪作用下，存在自东北向西南的沿岸泥沙输移运动。当上游泥沙来源充足时，沿岸输沙能力饱和，岸线淤长，相反当上游供沙不足时，沿岸输沙不饱和，必然会通过侵蚀海岸来获得泥沙补给，以维持新的输沙平衡。

2）港口附近岸滩演变概况

如上所述，京唐港区附近海岸建港前宏观上处于轻微侵蚀状态。建港后，由于港口工程存在，使原有海滩冲淤状态遭到了破坏。为了研究港口工程对附近海岸演变的影响，在港口建设过程中，曾以观测泥沙运动、水下地形变化为目的进行了多次水深测量，其中1986年9月、1994年11月、2003年8月和2003年12月（包括2004年补充测量部分）测量范围比较大。以下根据对不同时期测图的比较，对港口附近岸滩的演变特征进行简要描述：

（1）港口附近海岸冲淤变化有明显的季节性差异。根据建港前1986—1988年间不同季节在港口附近进行的五次固定断面测量结果分析，港口附近岸滩冬半年以冲刷为主，夏半年淤积大于冲刷，建港前宏观上处于轻微侵蚀状态。

（2）建港初期，港口附近岸滩主要处于调整状态，岸滩冲淤幅度都比较小，分布也比较零散，如1986年9月—1994年11月期间，东挡沙堤以东和西挡沙堤以西，大致－5 m等深线以浅主要以淤积为主，但淤积幅度不大，东挡沙堤以东区域淤厚没有超过 1.5 m 的，超过 1.0 m 的区域面积不大，分布也比较零散，在−3 m 等深线以浅出现冲淤交替分布。西挡沙堤以西区域淤厚超过 1.5 m 的区域范围很小；在−6 m 等深线以深是侵蚀区，侵蚀分布在挡沙堤堤头向海至−8 m 等深线附近，并且主要在航道两侧 2 km 范围区域。

(3) 平常年份的波浪作用下，港口附近岸滩表现为“里淤外冲”，东西挡沙堤两侧水深较浅的滩地处在淤积状态，而水深相对较深的区域则处在微冲状态。2000 年 6 月—2003 年 8 月期间，基本上没有出现强的灾害性天气过程(指相对于泥沙淤积而言)，这两次测量的对比可以代表平常年份的波浪作用下港口附近岸滩的演变特点，根据分析，东、西挡沙堤的挡沙作用比较明显，挡沙堤根部是主要的泥沙淤积区，−9 m 等深线以深区域处于微冲状态，其中东挡沙堤根部淤积量和淤积范围均大于西挡沙堤，一方面与西挡沙堤比东挡沙堤短，其挡沙效果不如东挡沙堤有关，另一方面也符合港口附近海岸主要沿岸输沙方向为东北向西南运动的规律。

(4) 强风暴潮期间，港口附近岸滩表现为“里冲外淤”，岸滩剖面的横向调整现象明显，其冲淤强度和分布范围与风暴潮的强度和历时有关。2003 年 10 月中旬发生的强风暴潮无论是强度还是历时都接近 50 年一遇，根据 2003 年 8 月与 2003 年 12 月测图比较，近岸泥沙向深水方向输移，−6 m 等深线以浅区域基本处于冲刷状态，而−6 m 等深线以深区域则处于普遍淤积。特别是沿东环抱潜堤方向在堤外侧出现较大的淤积区，这一淤积区延续到航道西侧滩地，根据测量，淤积最严重的航道段已经淤平，外航道西侧淤积区是东北向的泥沙穿越航道后沉积的。

8.2.4 泥沙环境

8.2.4.1 底质分布

京唐港附近海域岸滩泥沙总体上介于细砂和粉砂。根据以往底质取样结果分析，港区海底表层为 1～2 m 厚的细砂和粉砂，以下为淤泥质亚黏土，泥沙粒径横向分选明显，有向海逐渐细化的趋势。近岸 1 km 范围内(0～−3 m 等深线)的波浪破碎带泥沙较粗，主要为 0.1～0.2 mm 的细砂；离岸 1～3 km(−3～−8 m 等深线)之间的泥沙粒径较细，主要为 0.06～0.09 mm 的粗粉砂；离岸 3 km 以外(−8 m 等深线之外)则以黏土质粉砂为主。航道中淤积泥沙 d_{50} 为 0.06～0.09 mm。

根据中交一航院于 1993 年 11 月和 2000 年 10 月对港区附近大范围的底质采样和航道底质采样的分析结果，近岸破波带主要为 0.15 mm 的细砂，破波区以外主要为极细砂及粗粉砂。在整个港池、航道及外航道两侧，沉积有 0.005～0.02 mm 的细粉砂，这显然是悬沙落淤的结果。在挡沙堤外侧，泥沙粒径相对粗化。在挡沙堤环抱掩护的内航道沉积物中值粒径比没有被西堤完全掩护的航道段的沉积物中值粒径小。由此可见，受挡沙堤掩护区域水流动力较弱，仅有很细的泥沙才可能输移扩散到此区域落淤沉降。

2004 年 9 月进行了 7 条断面的底质采样，离岸方向测至—15 m 等深线处，如图 8-18 显示了该测次的底质采样结果。由图可以看到，泥沙粒径在离岸方向上的分布总体上与 2000 年 10 月的结果相同。同时，在挡沙堤两侧有基本对称于航道轴线且大致沿—5 m 等深线分布的细砂粉砂区，这表明该区域的泥沙运动较为活跃，同时表明这一区域的底质分布特征是泥沙运动受到建筑物影响的结果。

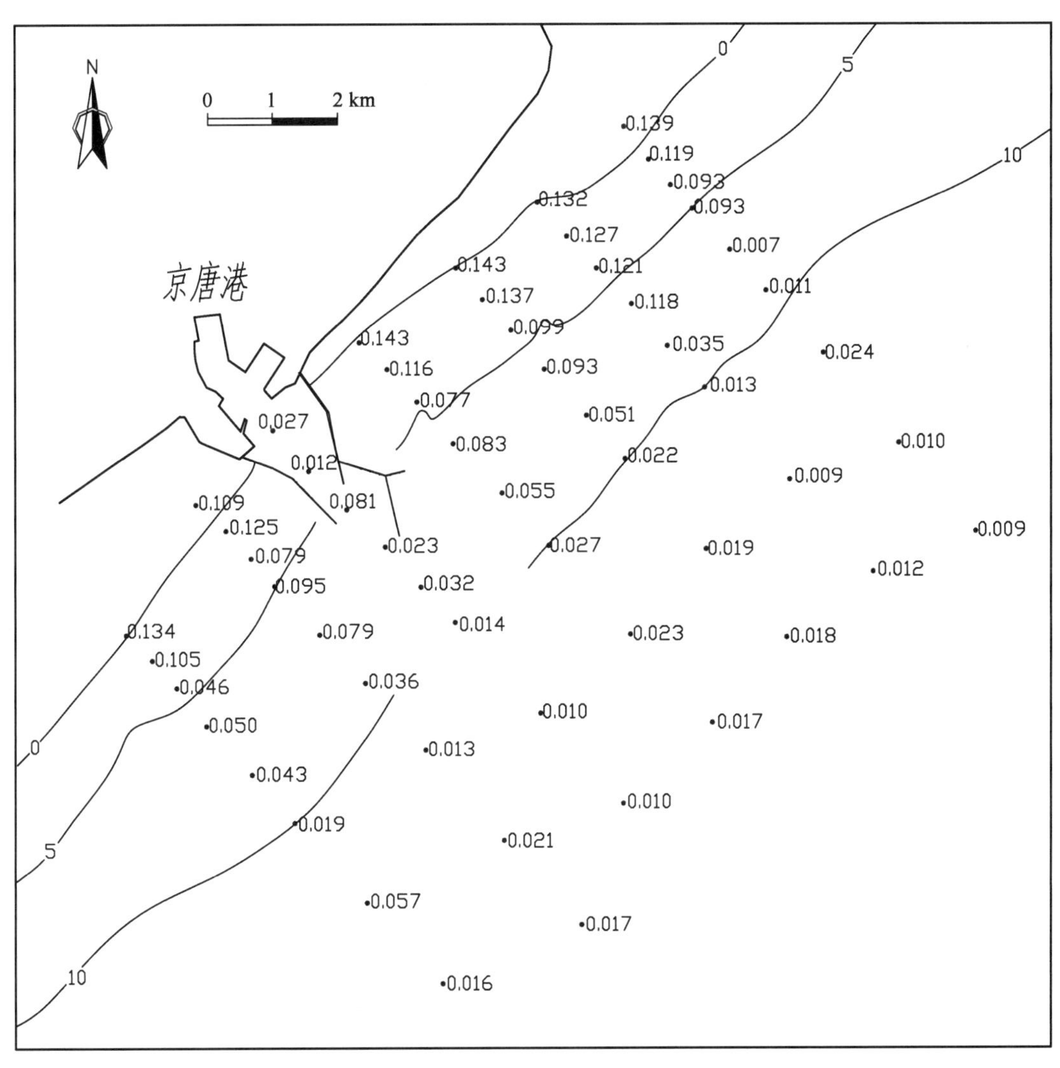

图 8-18　2004 年 9 月底质采样结果

2009 年 6 月专项水文测验底质采样的分析结果如图 8-19 所示，该次取样范围较广，沿岸方向距航道中心轴线两侧各约 15 km，离岸方向至等深线—20 m 处，共计 15 条断面 620 个采样点。从本次底质中值粒径平面分布来看，在 0～—5 m 等深线范围内泥沙较粗，主要为 0.15～0.20 mm 的细砂，在—5～—8 m 等深线范围内泥沙粒径主要为 0.01～0.15 mm，而在—8～—20 m 等深线泥沙粒径分布较为均匀，主要集中在 0.005～0.010 mm 的黏土质粉

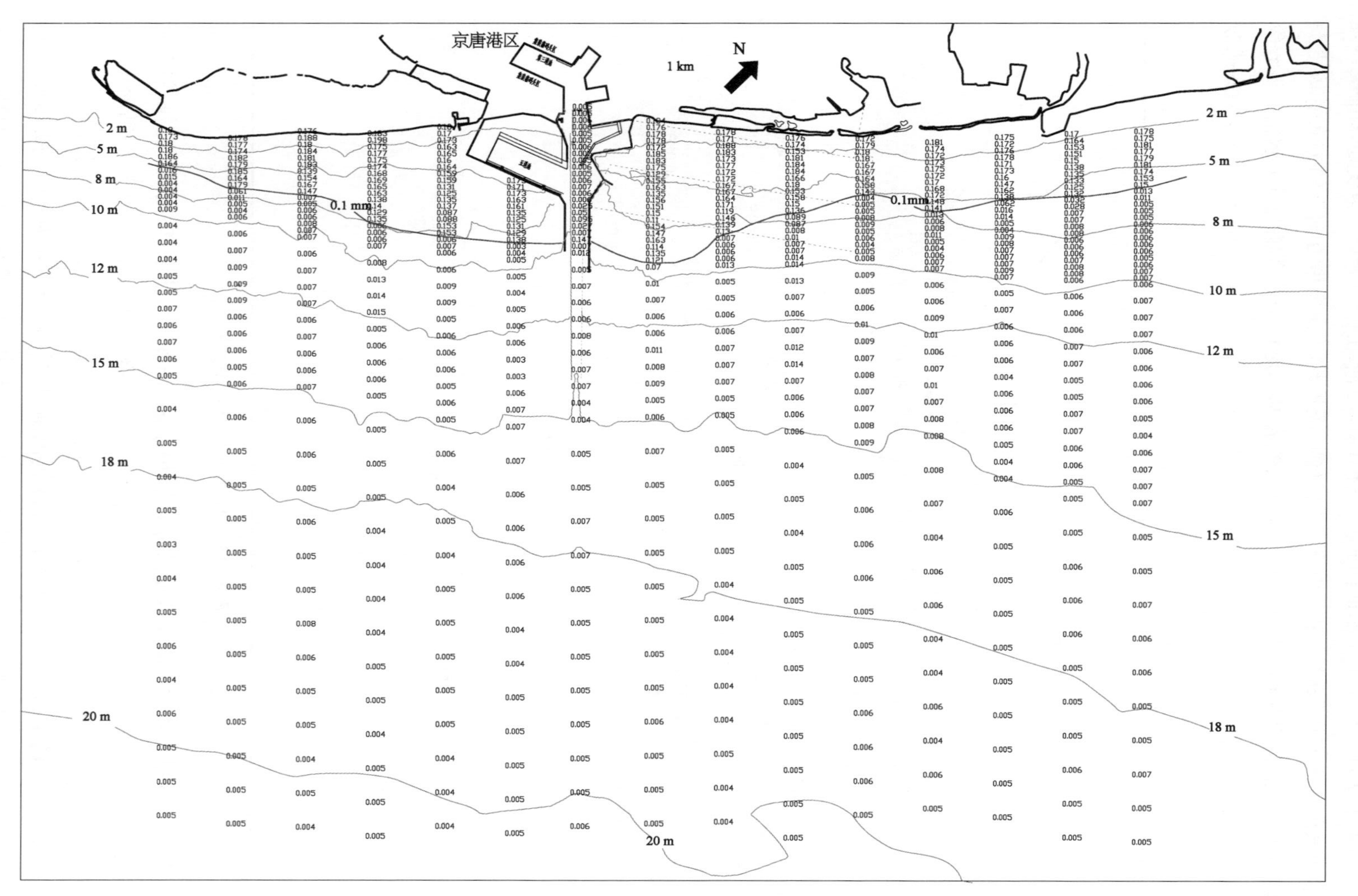

图 8-19　2009年6月底质采样结果

砂，与以往资料相比，呈现出近岸泥沙粒径略粗，外海区域粒径相对较细的趋势，但不同区域泥沙组成性质是一致的。还可发现，在东、西防波挡沙堤外侧各形成一个明显的三角形状粗颗粒泥沙落淤区，泥沙粒径在 0.12 mm 以上，这主要是由于沿岸输沙的原因。并且上述两区域的部分泥沙随着潮流运动落淤至口门处，口门附近泥沙粒径为 0.02～0.09 mm，明显粗于港池及外航道的 0.005～0.007 mm。同时，口门处泥沙粒径分布范围较广，表明该区域泥沙来源随机性相对较强。由上述分析可知，底质泥沙粒径及组成的分布基本上反映了口门附近区域泥沙运动轨迹。

2012 年 5 月，在工程海域进行大规模底质取样工作，共布设 26 个断面。各断面基本平行于京唐港航道，底质取样航道轴线布置 1 条取样断面，航道以南自岸边至－15 m 等深线布置 13 条断面，断面间距为 500～2 km；－15～－19 m 等深线断面间距为 1～2 km；航道以北布置 12 条断面，断面间距为 1～2 km，航道轴线及南侧－15.0 m以浅断面取样点间距为 500 m，－15 m 以深断面取样点间距为 1 km，航道轴线北侧断面上间隔 1 km 左右布置 1 个取样点，共计约 457 点。

将航道和航道两侧(挡沙堤外东侧和西侧)垂直岸线方向断面的底质中值粒径点绘于图 8－20～图 8－23，图 8－20 为底质采样沿程分布图，图 8－21 和图 8－22 为挡沙堤两侧

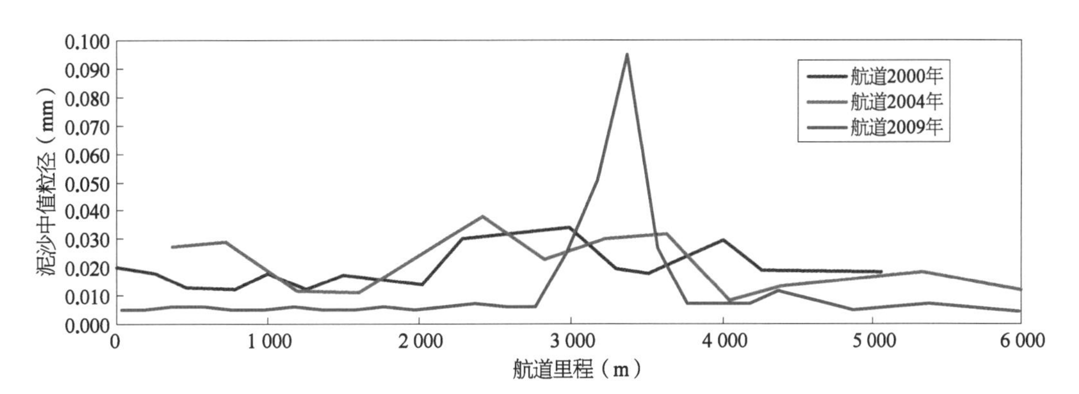

图 8－20　2009 年、2004 年与 2000 年航道底质中值粒径分布对比

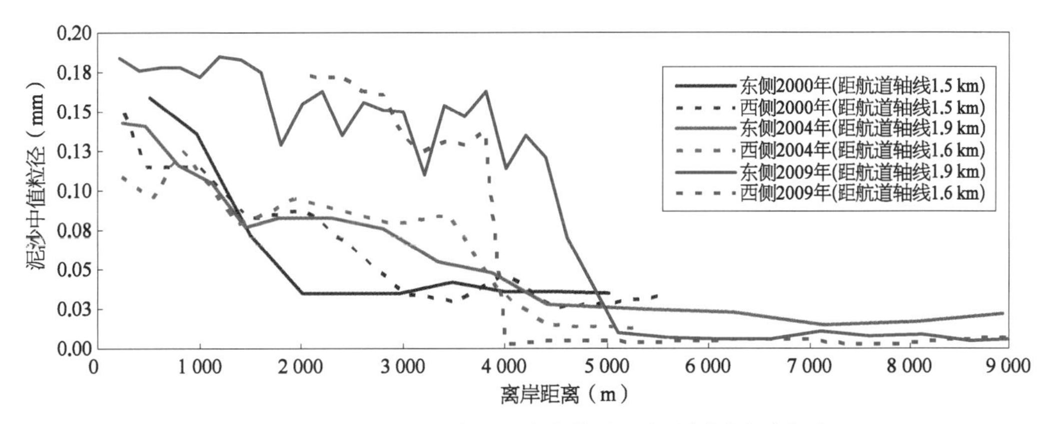

图 8－21　2009 年、2004 年与 2000 年航道、滩地底质中值粒径分布对比

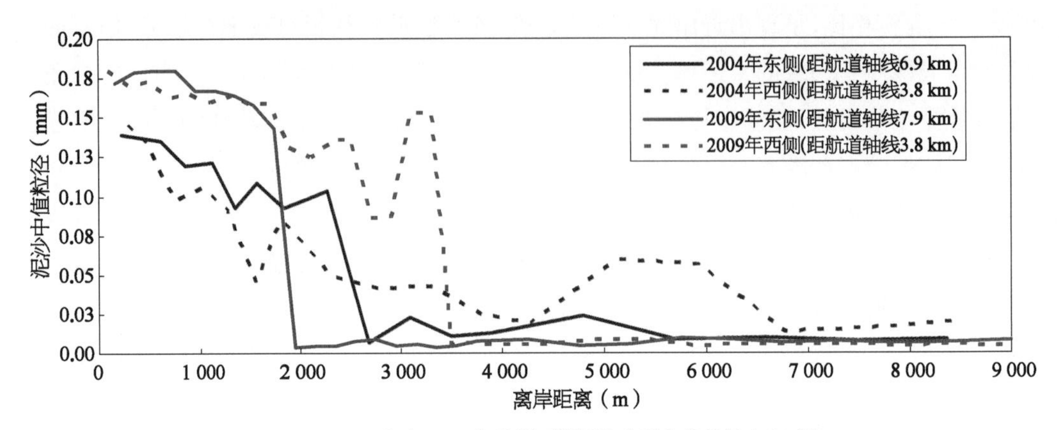

图 8-22　2009 年与 2004 年航道两侧滩地底质中值粒径分布对比

底质采样沿程分布图，图 8-23 为港区底质中值粒径分布平面图。

由图可见，三个测次航道内底质粒径沿程分布呈明显的内外细中间粗状态：航道中段(2+000—4+000)的沉积物粒径大，其中 2000 年和 2004 年均约为 0.025 mm，而 2009 年相对较粗，约为 0.10 mm；航道两端(内航道和深水区)的沉积物颗粒粒径相对小，2000 年和 2004 年为 0.015 mm 左右，2009 年约为 0.005 mm。需要说明的是 2004 年施测于 2003 年 10 月风暴潮骤淤泥沙清淤后，因而不能代表风暴潮骤淤泥沙粒径的分布情况，而是风暴潮之后平常小风浪作用下航道淤积物的粒径分布状况。航道两侧挡沙堤外的断面采样结果表明，底质粒径在离岸方向逐渐变小，东西两个断面上的变化趋势基本一致。从不同的年度来分析，2004 年的底质中值粒径在离岸 1 000 m 范围内和离岸 4 000 m 以外较之 2000 年的结果小，在 1 000～4 000 m 的范围内则明显大，这可能是 2003 年 10 月风暴潮作用下，岸滩泥沙粒径在剖面上的重新分选；2009 年底质泥沙粒径在近岸处明显粗于 2000 年和 2004 年，而在离岸约 5 km 后明显要细于后者。

综上所述，由于施测前所调查海域经历的潮流与风浪等动力条件有所不同，因而不同年份所施测沉积物粒径及平面分布存在一定差异，但总体性质是一致的，即在近岸处为 0.1～0.2 mm 细砂，外海处为黏土质粉砂。同时，建筑物对底质泥沙分布影响较为明显，建筑物外侧泥沙有明显粗化趋势。

8.2.4.2　含沙量特征

京唐港多次水文测验工作内容都包括含沙量观测，资料包括 1986 年、1993 年、2000 年和 2004 年所测得的含沙量结果。1986 年 10 月在京唐港港址东北方向进行了 8 条垂线的含沙量观测，各测站平均含沙量见表 8-11，其天气条件可代表 5 级风以下中等风力强度条件下含沙量横向分布情况。测量结果表明，这时泥沙主要活动带位于－3 m 等深线内的破波区，随着水深的加大，含沙量迅速下降。近岸带(－3～－4 m)海域含沙浓度为 0.14 kg/m^3 左右，在－7 m 附近海域含沙浓度为 0.07 kg/m^{3}左右。这说明小风浪条件动力下，波浪引

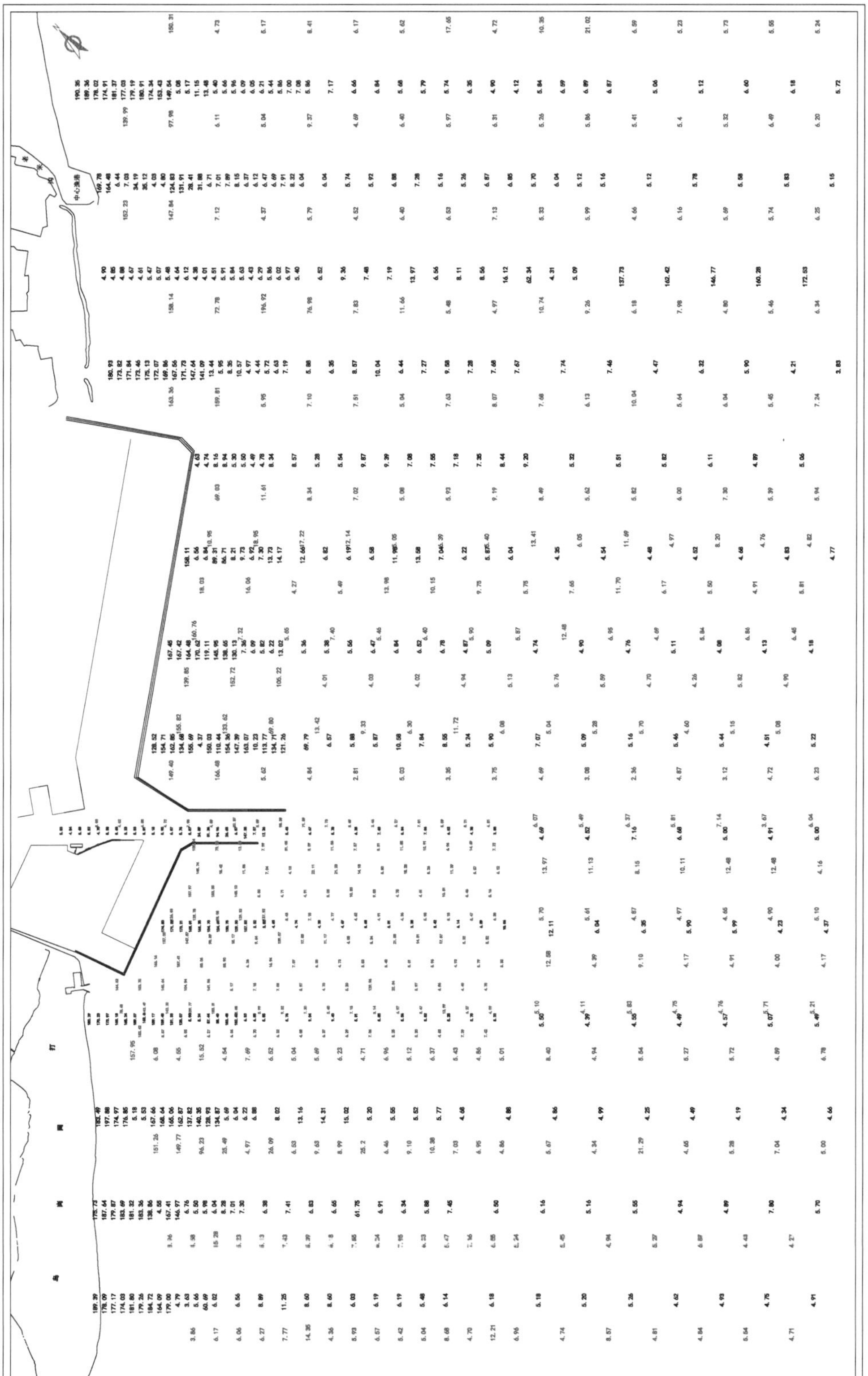

图 8-23 唐山港京唐港区底质中值粒径2012年与2009年对比

表 8-11　1986 年 10 月各测站平均含沙量　(单位：kg/m³)

测　站	1#	2#	3#	4#	5#	6#	7#	8#
水深(m)	−3.2	−5.0	−7.3	−3.5	−7.0	−2.0	−4.0	−6.0
18 日	0.188	0.173	0.105	0.245	0.046	0.190	0.227	0.115
22 日	0.100	0.071	0.068	0.178	0.110	0.261	0.197	0.161
25 日	0.109	0.073	0.058	0.074	0.044	0.121	0.095	0.078
三次平均	0.132	0.106	0.077	0.166	0.067	0.191	0.173	0.118

起的泥沙横向(离岸方向)运动很弱，深水区的含沙量浓度场主要由水体紊动扩散和潮流输运所形成。

1993 年 11 月 15—16 日京唐港当地风速为 10.7 m/s，最大风速为 15～17 m/s，平均波高为 2.2～3.2 m，最大波高为 2.8～3.9 m。11 月 20 日，当天平均风速 5.6 m/s(5 级)，平均波高为 0.7 m，各测站含沙量见表 8-12。除港池口门 1＃测站外，含沙量沿岸滩剖面横向分布趋于均匀，不同水深处(−1.5～−9 m)含沙量均为 1.2 kg/m³。与小风浪条件下的含沙量场相比，深水区含沙量增幅要大于浅水区。一周以后即 11 月 28 日，各测站含沙量降至 0.25 kg/m³左右。这充分体现了波浪对含沙量的影响十分明显，含沙量的变化对波浪条件较为敏感，同时也说明波浪不仅有强烈的掀沙作用而且会导致泥沙的沿岸输移和离岸输移。

表 8-12　1993 年 11 月京唐港各测站平均含沙量　(单位：kg/m³)

测　站	1＃	2＃	3＃	4＃	5＃	6＃	气象波浪条件
水深(m)	−1.0	−1.5	−5.5	−9.0	−2.2	−7.3	
20 日	0.308	1.227	1.254	1.144	0.975	1.191	11 月 15—16 日风速 10.7 m/s，最大风速为 15～17 m/s，平均波高为 2.2～3.2 m，最大波高为 2.8～3.9 m；当日平均风速为 5.6 m/s，平均波高为 0.7 m
28 日	0.039	0.135	0.271	0.333	0.231	0.255	平均波高为 0.5 m 平均风速为 3.9 m

表 8-13 列出了 2000 年两次含沙量测验结果。在汇总历次含沙量测验结果的基础上，对风浪和含沙量的关系进行了对比分析，见表 8-14，所得结论可归纳如下：

表 8-13　2000 年 9—10 月京唐港各测站平均含沙量　(单位：kg/m³)

测站	1＃	2＃	3＃	4＃	5＃	6＃	气象波浪条件
水深(m)	−7.0	−7.0	−7.0	−8.5	−8.5	−8.5	
9.28～29	0.044	0.050	0.044	0.034	0.052	0.030	平均波高：1.2 m 风级：4～5 级
10.6～7	0.054	0.082	0.071	0.055	0.056	0.042	平均波高：1.2 m 风级：6～7 级

表8-14　风、波浪与含沙量关系

风　级	风速 (m/s)	频率 (%)	波能所占比例 (%)	波高范围 (m)	−3 m处平均含沙量浓度 (kg/m^3)
0～2级	0.0～3.3	42.97	4.44	0.5	0.03
3级	3.4～5.4	29.98	22.02		
4级	5.5～7.9	16.65	28.34	0.5～1.5	0.14
5级	8.0～10.7	7.25	24.05	1.5～3.0	0.45
5级以上	>10.7	3.14	21.12	>3.0	>1.25

(1) 在小波浪条件下，水体含沙量很低，且随水深的增大，含沙量迅速减少。

(2) 大风浪条件下，泥沙含沙量场分布比较均匀。

(3) 强风浪条件下含沙量会急剧增大。

(4) 在小风浪条件下，沿岸泥沙主要由潮流输运，由于该海域涨、落潮流强度及历时相差不大，故而沿岸两个方向的输沙率相差不会大；但大风浪条件下，较高的含沙浓度及较强的波生沿岸流作用将使两个方向输沙量差别加大，从而导致沿岸净输沙量大大增加。

通过对遥感卫星图片资料的分析亦可得到京唐港海域的含沙量分布信息。根据现有的卫星遥感资料统计的京唐港口门处海域水体含沙量为0.05～0.25 kg/m^3，统计平均值为0.16 kg/m^3。显然，含沙量大小至少在5倍以内变化，事实上由于在较大风浪作用时，没有足够清晰的卫星成像资料，因而更大风浪条件下的卫星含沙量资料缺乏。可以预测在大风浪作用下，特别是风暴潮作用下水体含沙量比平常浪作用下要明显增大。

2004年水文测验垂线平均含沙量见表8-15，其中小潮(9月8—9日)时的平均风速为6.12 m/s，平均波高为0.85 m；大潮(9月16—17日)时的平均风速为6.52 m/s，平均波高为1.42 m。虽然水文测验期间波浪较小，水体中含沙量亦不大，但两次测量的结果表明含沙量场受波浪影响明显，这与以往的分析是一致的。

表8-15　2004年9月各测点平均含沙量　(单位：kg/m^3)

测　点	1	2	3	4	5	6	7	8	9
大　潮	0.123	0.073	0.047	0.118	0.077	0.055	0.118	0.060	0.057
小　潮	0.035	0.028	0.017	0.033	0.022	0.025	0.024	0.029	0.023

2009年6月水文测验布设11个测验点(图8-19)，本次大、小潮水文泥沙测验期间，垂线V_1～V_{11}处海水含沙量均较小，以垂线V_9处的海水含沙量在大潮期为最大；其他垂线处海水含沙量很小，绝大多数小于5.0 mg/L。

据统计，各垂线平均含沙量最大值为9.3 mg/L，发生在V_9处的大潮落急之后低潮时；实测点最大含沙量为36.1 mg/L，亦发生在垂线V_9处的同步时间。这与该测点的水浅流急及附近海底地形、底质泥沙组成等因素密切相关。

8.2.4.3 泥沙来源

通过以上的分析结果表明：京唐港区附近海岸存在明显的沿岸泥沙运动，特别是在较大风浪条件下的近岸波浪破碎带，泥沙运动更为剧烈。泥沙运动的结果可导致泥沙净的输移，最终表现为岸滩的侵蚀和淤积。根据京唐港区海域风浪动力条件的分析，港口附近沿岸输沙的净方向为自东北向西南。当然，在季节性波浪作用下，沿岸输沙也还存在一定数量的由西南向东北的运动，相对而言，这部分输沙量要小得多。根据前文对港口附近海岸演变分析可知，历史上由于滦河入海口在本海区北迁过程中，为该海岸的发育提供了大量的沙源，且入海水沙丰沛。但 20 世纪 70 年代以后，滦河上游不断建修水利工程，致使入海径流量和泥沙锐减，导致港口上游海岸由于供沙不足使海岸侵蚀后退。因此，宏观而言港口附近泥沙来源是由其上游海岸所提供的，这其中包括滦河供沙和本海岸侵蚀供沙两部分，目前来说，后者是主要的。

从以上对京唐港区附近岸滩演变和沙坝移动的分析可知，在港口附近海岸侵蚀过程中表现为一段海岸侵蚀较严重，接着一段海岸侵蚀较轻，再接着一段海岸或相对稳定或略有淤长这样一种交替演变特征。从泥沙运动角度来讲，现代滦河口附近的泥沙并不是直接被搬运到京唐港区附近海岸的，而是通过接力的方式间接地由上一段海岸向下一段海岸输移。因此，滦河口以南各潟湖口沿岸沙坝明显地表现出向西南运动的形态，即每条沙坝的西南端有不断淤长、东北端则有不断被切割的迹象。据二排干、大棉口、浪窝口等地的渔民介绍，大浪天水下沿岸沙坝往往会堵住潟湖口水下通道，这不仅反映了大浪天沿岸泥沙运动较强，同时也表明上述泥沙运动的间接搬运过程。

1）京唐港航道泥沙回淤回顾

港口自 1991 年 7 月首航投产运行的前三年多的时间里，经过监测，每年秋冬季均发生较为严重的航道集中淤积，从表 8－16 中可见，航道内的集中淤积呈逐年下降的趋势。结合淤积范围与挡沙堤工程的进展情况可以看出，航道淤积的发生不仅与附近海岸动力条件、泥沙组成状况及其运动形态有关系，而且与挡沙堤工程扩建的进度紧密相关。表 8－16 列出了 1998 年 11 月—1999 年 11 月和 2000 年 4 月—2001 年 4 月两个完整水文年的航道回淤情况。从趋势上看，如果不发生风暴潮航道泥沙回淤强度不大。

表 8－16　京唐港 1992—2000 年航道回淤量变化

年　份	航道长度(m)	总淤积量(万 m^3)	平均淤厚(m)	最大淤厚(m)	备　　注
1992	3 000	47	1.56	3.7	未采取挑流措施 东堤至－3.5 m，西堤至－3.0 m
1993	3 300	29	0.87	2.5	一期东、西堤到位 东堤加 300 m 潜堤挑流

(续表)

年 份	航道长度(m)	总淤积量(万 m^3)	平均淤厚(m)	最大淤厚(m)	备 注
1994	3 300	18	0.54	1.1	东堤加强挑流措施 300 m 出水挑流堤加 450 m 潜堤
1999	5 000	54	0.98	1.5	1998 年 11 月—1999 年 11 月,最大淤厚为 2+000—2+500 处
2000	5 000	37	0.68	1.3	2000 年 4 月—2001 年 4 月,最大淤厚为 2+000—2+500 处

2) 平常风浪年份航道泥沙淤积

京唐港 2 万吨级航道于 1998 年底竣工,底宽 110 m,水深−10.5 m。2000 年 3—6 月进行航道清淤并测量,2001 年 9 月 20 日浚前扫测,其间没有进行航道疏浚。在此期间一年多的时间内,没有较大灾害性天气情况的记录,所以这两次测图的比较可代表京唐港航道平常风浪年的淤积状况。

从沿程淤积的分布来看,0+1 000 前靠近港池的区域和 4+250 后的外航道基本没有冲淤变化,淤积较均匀地分布在 0+1 000—4+250,平均淤厚约为 0.54 m,淤积总量为 19.5 万 m^3,最大淤厚约为 0.90 m,位于 2+000 处,即西潜堤堤头。从航道的横断面上看,淤积的发生基本上沿航道轴线左右均衡的分布,航道右边坡有淤长趋势而向中轴线移动,航道左边坡则略有冲刷。

以上淤积情况说明,在平常浪作用下,东挡沙堤对航道起到了很好的掩护作用,泥沙主要通过西潜堤与东环抱潜堤之间的开阔处进入航道。进一步分析可知,在平常风浪作用下,由于波浪较小,风浪挟沙能力较低,随涨潮流绕过东堤头的泥沙较少,外航道淤积强度较小。平常浪条件下,最大淤积强度位于航道里程 2+000 处,这里正好是东环抱潜堤始端与西挡沙潜堤的末端沿线位置。根据分析,最大淤强处淤积的泥沙主要来自落潮流绕过西潜堤堤头所挟带的泥沙,这可以从航道淤积的断面分布得到佐证。

3) 典型的风暴潮过程骤淤

京唐港建港以来曾出现过多次航道泥沙集中淤积(骤淤),其中 1992 年 9 月 2 日(农历八月初五)及 2003 年 10 月 10 日(农历九月十五)是两次典型的风暴潮过程,造成京唐港外航道两次骤淤。这两次风暴潮造成的航道淤积峰值都与岸滩齐平。其中 1992 年的集中淤积发生在 11 月,滞后于风暴潮后 2~3 个月,最大淤厚为 3.5 m,淤积部位位于当时的东堤堤轴线与航道中心线的交点处,对应航道里程在 2+000 附近。2003 年的骤淤发生在风暴潮期间,没有 1992 年的“滞后”现象,最大淤厚为 5.5 m,淤积部位位于东环抱潜堤延长线与航道中心线的交点处,对应航道里程在 3+200 附近,使 3.5 万吨级航道(底宽 160 m)淤积总量达 186 万 m^3 左右,如图 8-24 所示。

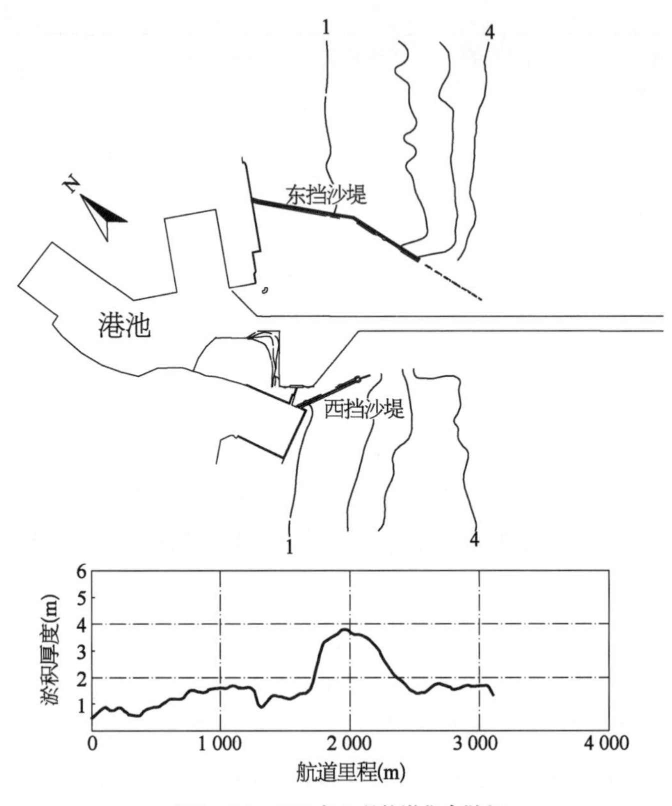

图 8-24 1992 年 9 月航道集中淤积

京唐港于 2003 年 9 月完成 3.5 万吨级航道施工，底宽为 160 m，通航水深为－12 m。对比了 2003 年 9 月的航道扫测图和风暴潮过后 10 月的航道检测图，这次风暴潮造成航道沿程平均淤厚约为 1.9 m。其中 0＋000—2＋100 段淤厚缓慢增加，平均为 0.91 m；2＋100—2＋750 段淤强较为均匀，为 2.35 m；2＋750—3＋600 段则是较为集中的淤积，厚度平均达 4.71 m；从 3＋600—4＋500 段淤积从强到弱沿程递减，平均值为 2.50 m；从 4＋500—5＋700 段淤强变化趋于平缓均匀，约为 1.34 m；最后 300 m 的平均淤厚则仅为 0.34 m。从沿程淤积的分布来看，有两段不连续分布的强淤积段，即 2＋100—2＋750 和 2＋750—3＋600，如图 8-25 所示。

从航道横断面上的淤积分布来看，淤积的发生基本上沿航道轴线左右均衡的发展，与平常风浪年的分布不同的是，航道左边坡有淤长趋势而向中轴线移动，航道右边坡发生冲刷，这可以说明大量泥沙是从左侧(东北)向右侧(西南)运动。

8.2.4.4 泥沙运移特征

1) 沿岸输沙

多家机构对京唐港区附近海岸沿岸输沙量进行计算，由于采用的计算公式不同、公式

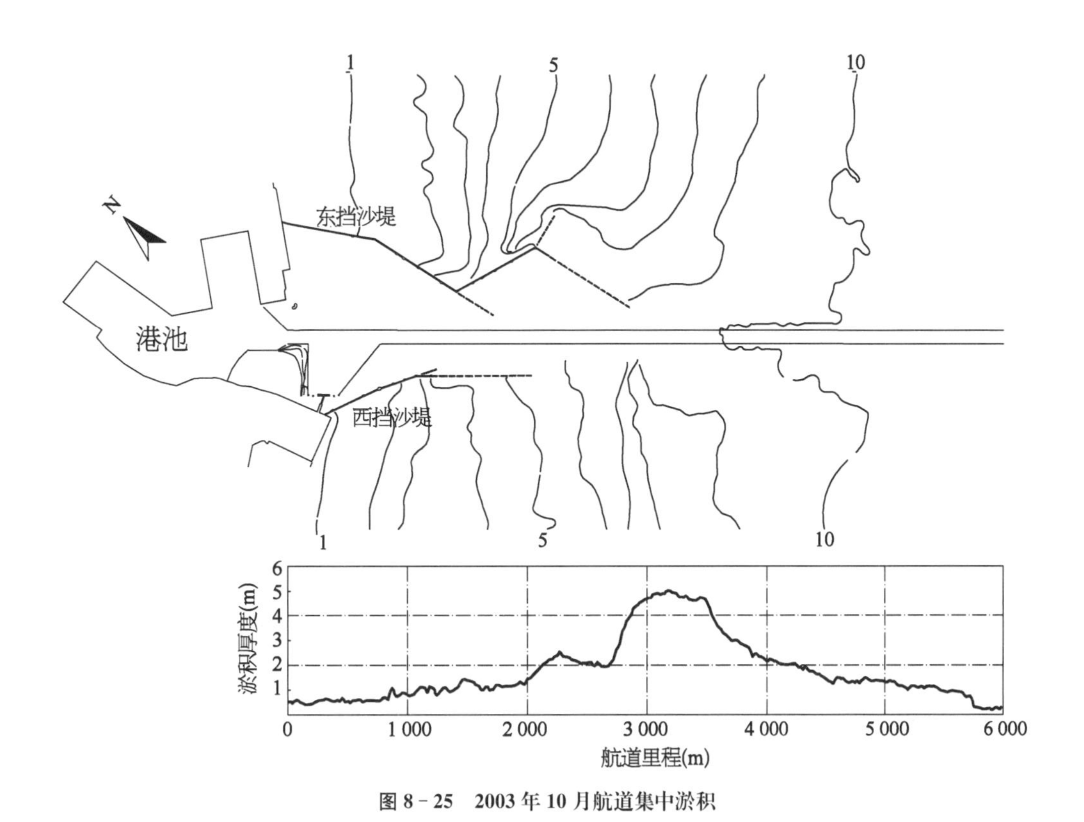

图 8-25 2003 年 10 月航道集中淤积

参数取值不一致再加上计算选取的年波浪资料不同，所得到的结果各异，2004 年南科院根据对 1993—1995 年波浪观测资料及附近长期测风资料的分析，推算了港口附近代表年的波浪要素，根据不同的公式对港口附近沿岸输沙量进行计算，得到以下认识[9]：

(1) 京唐港区附近海岸主要输沙方向是从 NE 向 SW。

(2) 京唐港区附近海岸年输沙量级不大，总输沙量在 38 万～62 万 m^3。

(3) 净输沙方向由 NE 向 SW 运动，年输沙量级在 20 万～40 万 m^3。

另外，还估算了 2003 年 10 月强风暴潮期间的沿岸输沙，输沙量为 30～70 万 m^3，可见一次强风暴潮过程的输沙量甚至与平常风浪条件下的年输沙量相当。因此，风暴潮不仅对当地岸滩形态的塑造起着十分重要的作用，而且对外航道的泥沙骤淤影响是重大的。

2) 复合沿岸输沙率

根据风暴潮涨、落潮平均流速及历时的数学模型计算结果，估算了风暴潮期间复合沿岸输沙，结果为涨潮流期间(由东北向西南向)的输沙量 165.6 万 m^3(以 6 天考虑)，比仅考虑波浪作用的 72.0 万 m^3 净增加了 93.6 万 m^3。除此之外，风暴潮落潮流期间也还存在较强的由西南向东北的潮流沿岸输沙。因此，风暴潮期间复合沿岸输沙量比仅考虑波浪作用下的沿岸输沙量要大得多。

8.2.4.5 航道淤积原因

京唐港建设以来,港口的泥沙淤积应包括东西挡沙堤北南两侧岸滩淤积、挡沙堤外侧滩地淤积及内外航道和港池泥沙回淤。

建港后,多次较大范围的水深地形测量及港池、航道水深测量资料分析表明,由于这里潮差小,港内外水体交换弱,因此,无论是平常风浪年作用还是风暴潮影响,该港港池的回淤量甚小。在平常风浪作用下,内外航道淤积量小,最大淤强在 1 m/年左右,且最大淤厚发生在东环抱潜堤以内、西挡沙潜堤之外。挡沙堤南北两侧岸滩和挡沙堤外侧滩地,在平常风浪沿岸输沙作用下,−6 m 等深线以内均处在淤积状态。相对而言,在常浪向和强浪向波浪作用下,东挡沙堤北侧岸滩破波带由于沿岸输沙受阻淤积速率相对较快,而挡沙堤外侧未破碎区由沿岸流扩散造成的淤积速率较小。但在风暴潮作用下,岸滩剖面发生较大调整,−6 m 以内滩地形成冲淤交替状态,−6 m 以外滩地形成堆积;与此同时,外航道产生泥沙骤淤。以下通过京唐港航道历年回淤状况,平常浪、风暴潮条件下的航道回淤资料对比来分析骤淤发生的机理。

通过以上对京唐港附近海岸波浪、潮流等水动力条件及泥沙运动状况,特别是对进港航道在平常风浪年份的淤积和风暴潮大浪作用后的骤淤分析,根据海岸动力学及近岸泥沙运动理论,可以推断京唐港外航道在典型风暴潮过程骤淤机理为:东西挡沙堤南北两侧岸滩平常浪作用下淤积粒径相对较细的泥沙,一部分被较强的横向输沙输向较深水域,使岸滩在剖面上有较大的调整,挡沙堤北侧岸滩上较细的另一部分泥沙随上游较强的复合沿岸流(波生沿岸流和风暴潮潮流合成)挟带沿着东环抱堤轴线方向输向航道。与此同时,东挡沙堤外侧平常浪作用下淤积在滩地上的泥沙,在堤前较强的反射波和沿堤流(沿堤轴线方向运动的复合沿岸流,包括挡沙堤的挑流作用影响和堤前三角区因增水产生的梯度流影响在内综合作用,其强度较大)共同作用下被掀起,并随沿堤流输移,在跨越外航道时沉降落淤,这两部分泥沙综合作用的结果使航道产生骤淤。在这个过程中,就泥沙而言也由两部分组成:其一,是平常浪作用落淤在挡沙堤北侧岸滩及挡沙堤外侧滩地的泥沙,这部分泥沙称为“就地搬运泥沙”。其二,是由复合沿岸流挟带的上游来沙,可称之为“过境泥沙”。严格来讲,“就地搬运泥沙”也来自上游沿岸输沙,只是在平常风浪作用过程中完成且暂时堆积在东挡沙堤外侧。因此,从根本上说京唐港航道骤淤的泥沙来源主要是港口东北侧海岸侵蚀所提供的。

上述京唐港航道风暴潮骤淤机理可简单归纳为,在风暴潮期间大浪产生的破波沿岸流与风暴潮沿岸潮流叠加,产生较强的沿岸输沙(或称复合沿岸输沙),复合沿岸输沙连同平常浪落淤在挡沙堤北侧滩地的泥沙,遇到港口东挡沙堤后转变为沿堤输沙输向航道落淤。2003 年京唐港东挡沙堤堤头附近位于强风暴潮波浪破碎带,挡沙堤拦沙效果不足造成航道泥沙骤淤。

8.2.5　航道减淤工程实施方案

京唐港起步工程挡沙堤与航道分别于1989年8月和1990年5月开工建设，至1990年年底西堤基本到位，东堤建至0＋700 m处，航道0＋100—1＋500 m段开挖。1990年11月3日—1991年3月22日航道从－3 m等深线以外1 800 m的长度内淤积泥沙19万m^3，平均淤厚1.4 m，最大淤厚达4.2 m。这是京唐港航道发生的第一次淤积，当时初步认定是航道开挖与挡沙堤建设不协调所致。

京唐港区从1991年8月建成投产以来，进行了多次较大范围的水深地形测量及港池、航道水深测量，测量资料分析表明，由于港池采用“挖入式”的布置方案，这里潮差小，港内外水体交换弱，无论是平常风浪年作用还是风暴潮影响，京唐港区港池的回淤量微乎其微。影响港口营运和船舶航行安全的主要是航道的泥沙淤积，其中尤以大浪或强风暴潮作用下的航道泥沙骤淤为甚，以下主要针对航道的泥沙淤积进行分析。

8.2.5.1　历次航道淤积和挡沙堤建设过程

唐山港京唐港区是我国第一个在泥沙运动较活跃的粉沙质海岸建设的大中型港口。在建港初期，鉴于当时的研究水平，为保证港口的安全，一航院提出了“随建设、随监测、随调整、求发展”的建设原则，可以说，京唐港区建设、发展过程同时也是对粉沙质海岸港口泥沙淤积规律的认识过程。

京唐港区挡沙堤建设过程如图8－26所示，起步工程防波挡沙堤与航道分别于1989年8月和1990年5月开工，至1990年年底西堤基本到位，东挡沙堤筑至0＋700 m处，航道0＋100 m—1＋500 m段在开挖，这时京唐港区航道发生了第一次淤积，经分析认为主要原因是航道开挖与挡沙堤建设不协调所致，并对东挡沙堤做了第一次局部调整。

港口自1991年7月首航投产运行的前三年多时间里，经过监测，每年秋冬季均发生较为严重的航道集中淤积，其淤积量、淤积范围及挡沙堤建设情况见表8－16。从表中可见，航道内的集中淤积呈逐年下降的趋势。结合淤积范围与挡沙堤工程的进展情况可以看出，航道淤积的发生不仅与附近海岸动力条件、泥沙组成状况及其运动形态有关系，而且与挡沙堤工程扩建的进度紧密相关。表中还列出了1998年11月—1999年11月和2000年4月—2001年4月两个完整水文年的航道回淤情况。从趋势上看，如果不发生风暴潮航道泥沙回淤强度不大。

京唐港区航道经历次扩建，目前已达到20万吨级。在航道扩建工程中，防波挡沙堤也同步建设。下面就京唐港区20万吨级航道设计方案进行介绍。

8.2.5.2　20万吨级航道工程[10]

1）通航标准

京唐港区海域海底坡度相对淤泥粉沙质海岸陡，防沙堤不需修建很长即可至较深水深

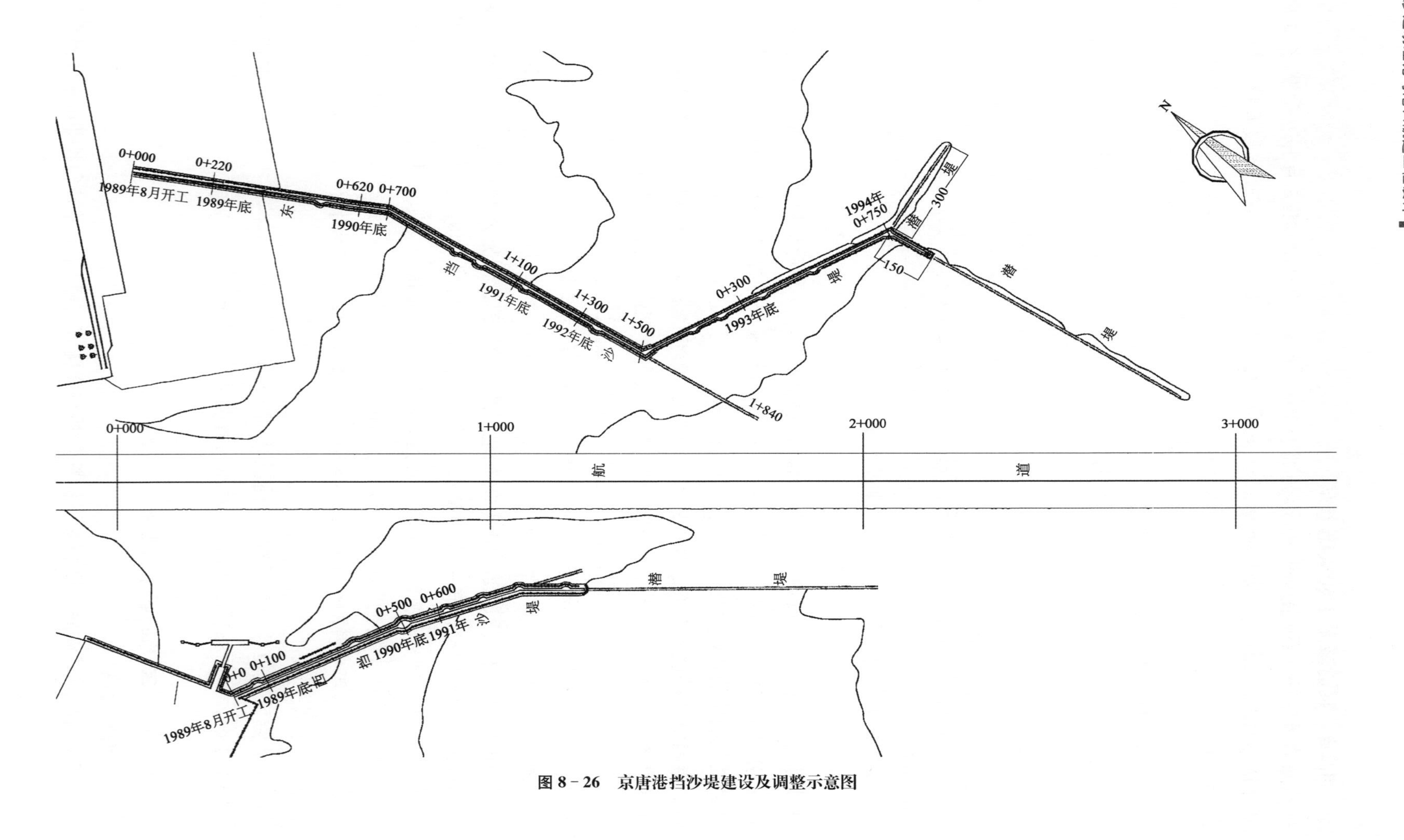

图 8-26 京唐港挡沙堤建设及调整示意图

处,可在投资不多情况下抵御较强骤淤,故工程设计防骤淤标准采用风暴潮骤淤标准。通航标准为:在发生风暴潮骤淤后,航道可满足15万吨级散货船满载乘潮进出港要求,经维护性疏浚,满足20万吨级散货船满载进出港要求。风暴潮采用曾造成严重骤淤的2003年10月风暴潮。

2) 设计船型

京唐港区航道建设规模以满足20万吨级散货船单向通航。设计船型尺度选用见表8-17。

表8-17 设计船型主尺度表

设 计 船 型	总长(m)	型宽(m)	型深(m)	满载吃水(m)
20万DWT	312	50.0	25.5	18.5
15万DWT	289	45.0	24.3	17.9
12万DWT	266	43.0	23.5	16.7
10万DWT	250	43.0	20.3	14.5

3) 主要参数及尺度

(1) 乘潮历时及水位。本航道通航船舶等级为20万吨级散货船,通航方式为单向通航。每潮次船舶乘潮进出港所需的持续时间按下式确定:

$$t_s = K_t(t_1 + t_2 + t_3) \tag{8-1}$$

式中 t_s——每潮次船舶乘潮进出港所需的持续时间(h);

K_t——时间富裕系数,取1.1~1.3;

t_1——每潮次船舶通过航道持续时间(h),其中包括船舶追踪航行的间隔时间;

t_2——一艘船舶在港内转头的时间(h);

t_3——一艘船舶靠离码头的时间(h)。

20万吨级航道起点至第四港池内航道终点航道长度约12海里,平均航速取6 kn,经计算乘潮历时取3 h,保证率为90%,乘潮水位为1.15 m。

(2) 通航宽度。在设计20万吨级航道通航宽度时,一方面按照不同航段风流压偏角取值不同,区分计算;另一方面宜考虑远期25万吨级航道导标的兼顾性,避免重复建设,减小对生产运营的影响,在开挖20万吨级主航道时,通航底标高为-19.5 m,通航宽度取295 m。

(3) 通航水深和设计底标高。航道通航水深和设计水深,分别按下列公式计算:

$$D_0 = T + Z_0 + Z_1 + Z_2 + Z_3 \qquad D = D_0 + Z_4 \tag{8-2}$$

式中 D——航道设计水深(m);

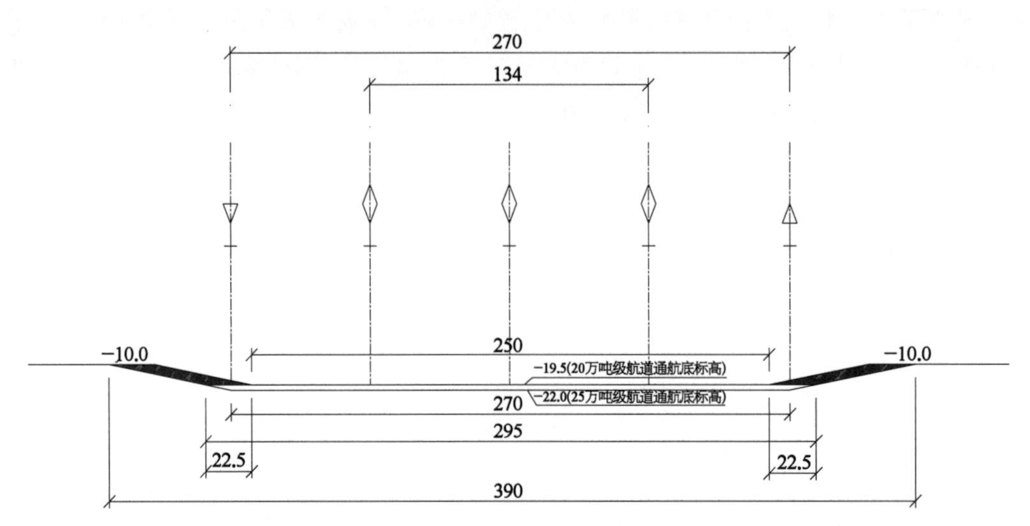

图 8－27　20 万吨级主航道断面示意图(单位：m)

D_0——航道通航水深(m)；

T——设计船型满载吃水(m)；

Z_0——船舶航行时船体下沉值(m)；

Z_1——航行时龙骨下最小富裕深度(m)；

Z_2——波浪富裕深度(m)；

Z_3——船舶装载纵倾富裕深度(m)；

Z_4——备淤富裕深度(m)。

表 8－18　航道设计水深计算表

项　　目		15 万吨级散货船	20 万吨级散货船
船舶满载吃水 T(m)		17.9	18.5
船舶航行时船体下沉值 Z_0(m)		0.58	0.6
龙骨下最小富裕深度 Z_1(m)		0.6	0.6
波浪富裕深度 Z_2(m)		0.84	0.84
纵倾富裕深度 Z_3(m)		0.15	0.15
备淤富裕深度 Z_4(m)		0.5	0.5
航道设计水深 D(m)		20.57	21.19
乘潮水位(乘潮 3 h,保证率 90%,单位为 m)		1.15	1.15
设计底标高	计算值	−19.42	−20.04
	取　值	−19.5	−20.0

航道沿程通航底标高均为−19.5 m,但考虑风暴潮骤淤后,仍能满足 15 万吨级散货船乘潮进港,根据物模风暴潮试验结论,航道沿程备淤深度取值如下：里程 5＋000—9＋000

段风暴潮淤厚为1.0～2.0 m，备淤深度取1.5 m，设计底标高为－21.0 m；其余航道沿程备淤深度取0.5 m，设计底标高为－20.0 m。

4）防波挡沙堤布置

唐山港京唐港区采用“挖入式”平面布局，在建港初期航道等级较低，防波挡沙堤建设较短。随着港区快速发展，航道等级逐步提高，防波挡沙堤平面形态及长度也随之改变。由于京唐港区位于细沙粉沙质海岸，其泥沙运移特征与淤泥粉沙质海岸不同，泥沙对航道淤积影响方式具有不同特点。表现在京唐港区海岸在风暴潮作用下存在复合沿岸输沙，其纵向和沿堤形成的强泥沙输移带及附近浅滩泥沙二次起动输移对航道造成较大影响。另外，由于细沙粉沙质海岸坡度较淤泥粉沙质海岸陡，其波浪掀沙强度较大。因此，防波挡沙堤布置应考虑上述因素影响。

将原10万吨级航道配套防波堤三期东平行防波堤向前延伸的500 m潜堤加高为出水堤，堤头按3%的坡度标高由＋3.0 m渐变过渡至－5.0 m。并将原10万吨级航道配套东西潜堤各向前延伸1 000 m，新建潜堤顶标高由－5.0 m渐变至－6.0 m，堤头位于约－11 m水深处。具体布置情况如图8－28和图8－29所示。

5）航道淤积预测

结合第四港池南岛的建设时序，提出不同的防波挡沙堤布置方案。通过数学模型、物理模型进行试验，从平常浪的回淤情况、风暴潮总淤积量、最大淤厚分布、航道轴线最大流速等方面进行比较，见表8－19。

8.2.6 工程实施效果

1）航道淤积情况

2006年10月挡沙堤三期工程和7万吨级航道工程基本同期建成。2007年3月就经受渤海湾大风暴潮的影响，根据7万吨级航道工程2006年10月竣工验收图和2007年4月渤海湾大风暴潮结束后新检测图对比分析表明，在航道里程1.6～4.4 km原备淤深度为1.0 m的区间内淤强约为20 cm，其余部分基本没有淤积，挡沙堤三期工程的建设起到了大风潮天气下航道防淤的功效。

2011年10月港区建成20万吨级航道，将防波堤三期东平行防波堤向前延伸的500 m潜堤加高为出水堤，堤头按3%的坡度标高由＋3.0 m渐变过渡至－5.0 m。并将原10万吨级航道配套东西潜堤各向前延伸1 000 m，新建潜堤顶标高由－5.0 m渐变至－6.0 m。目前挡沙堤堤头已延长至泥面标高为－11.5 m，经过多年实际运行检测，挡沙堤对航道防淤、减淤效果显著。

京唐港区20万吨级航道自2011年8月竣工以来，共进行了6次检测或扫测，经2011年

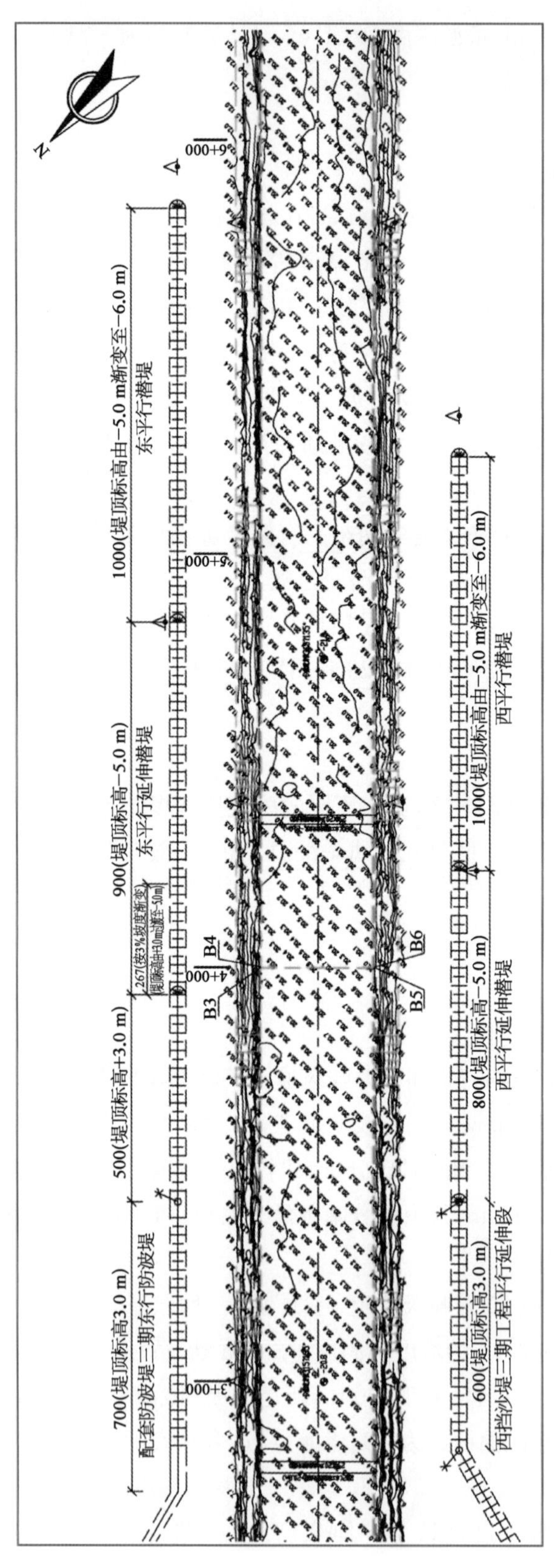

图 8－28　京唐港 20 万吨级航道挡沙堤平面布置图

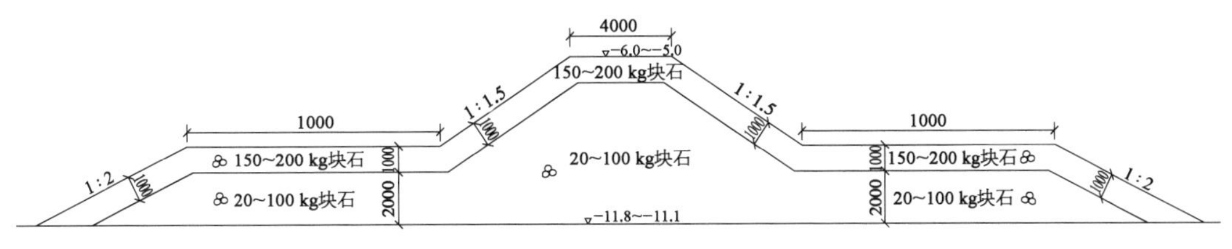

图 8-29　新建潜堤断面图

表 8-19　防波挡沙堤布置主要技术效果指标表

方　案	风暴潮淤积总量(万 m^3)	风暴潮最大淤厚(m)	最大淤厚位置	大潮涨潮		大潮落潮	
				航道轴线最大流速(m/s)	最大流速位置	航道轴线最大流速(m/s)	最大流速位置
比选方案	263	2.60	6+250	0.77	5+100	0.68	5+400
推荐方案	238	2.15	6+500	0.76	5+100	0.66	6+400

8月、2012年3月、2012年8月和2013年6月的航道水深地形图及纵剖面图比较。其间，2012年10号台风达维(Damrey,7月28日—8月4日)和11号台风海葵(Haikui,8月3—9日)可能影响到京唐港区,2012年8月的航道测量资料应已包含达维台风的影响。从统计航道回淤量看,2011年8月—2012年8月的总淤积量达195万 m^3,其包含年化淤积量及达维台风的影响,表明整治工程实施后,对进港航道起到了有效的掩护作用。2012年8月—2013年8月的年化淤积量则仅为56万 m^3,基本可以代表平常浪天气下,20万吨级深水航道的年回淤情况,较研究预测的略小,这主要是由于波浪等影响航道回淤的动力条件存在年际变化。

2) 港区运营情况

京唐港区现有航道为20万吨级,其长度为16.7 km,设计底宽为290 m,设计底标高为−20.0 m。京唐港目前共有生产性码头泊位42个,核定通过能力为17 268万 t/110万 TEU。2012年京唐港全港完成吞吐量1.7亿 t,2018年突破3亿 t。京唐港区航线通达国内外100多个港口,与40多个国家和地区的港口建立起业务往来,船舶进出港艘次逐年增加。京唐港区是以大宗散货运输为主的港口,近几年到港船舶大型化发展趋势明显,尤其是矿石船。2011年15万吨级以上到港船舶为68艘次,2012年增长至325艘次,其中最大吨级达到25万吨级,2013年15万吨级以上到港船舶达到403艘次,2014年15万吨级以上到港船舶达到500艘次。港区航道、防波挡沙堤等基础设施的建设对泥沙的防淤、减淤起到关键作用,研究成果的成功应用极大地改善了港区通航环境、提高了通航能力、提升了港口规模,对腹地经济发展起到了很好的推动作用,取得了显著的社会和经济效益。

8.3 潍坊港工程

8.3.1 港口概况

8.3.1.1 港口位置

潍坊港地处渤海之滨，莱州湾南岸，东距烟台港 270 km，西距天津港 287 km，北距营口港 435 km，与辽宁半岛各港隔海相望，是山东省中西部地区距离较近的出海口，也是鲁北沿海经济带重要的物资集散地。

8.3.1.2 港口发展概况

1) 港口发展历程

潍坊市的港口建设始于 20 世纪 70 年代，国家投资在羊口港建设了一批千吨级以下泊位，并疏通了 500 吨级出海航道，港口得以起步发展。截至 1996 年年末，羊口港共形成泊位 15 个，年货物核定通过能力 50 万 t，但由于河口拦门沙制约，港口后期处于半停运状态。

1996 年潍坊市开始建设潍坊港中港区。鉴于粉沙质海岸特点，潍坊港采取小规模起步、滚动发展的建设模式，取得了良好效果。于 1998 年建成 2 个 3 000 吨级通用泊位，实现了较小投入、快速达产，形成了效益。“十一五”期间，潍坊港相继建设了 3 个 3 000 吨级泊位、2 个 5 000 吨级泊位、3 个 1 万吨级泊位和万吨级航道及防波挡沙堤工程，港口步入良性快速发展的轨道。2009 年潍坊港成为国家一类开放口岸。2010 年潍坊港由一般性港口升级为地区性重要港口。

“十二五”期以来，港口规模化程度进一步提升，集聚效应更加显现。2014 年潍坊港航道疏浚至 −10 m，实现 2 万吨级航道通航。目前，港口 3.5 万吨级航道已建设完成。

2) 港口发展现状

目前潍坊港已经形成以中港区为主，西港区和东港区为辅的“一港三区”发展格局。中港区位于潍坊市滨海经济技术开发区海岸，白浪河和弥河之间，以中间港池为界分为东、西两个作业区。西港区位于寿光市，小清河的南岸，包括寿光和羊口两处作业区。东港区位于昌邑市海岸，潍河以西，目前尚处于起步发展期。

截至目前潍坊港中港区和西港区已建成生产性泊位 38 个，总通过能力 2 752.4 万 t。2019 年潍坊港完成货物吞吐量 5 408 万 t，比上年增长 16.14%。

中港区是潍坊港规模最大的港区，目前已建成生产性泊位 21 个，包括深水泊位 12 个（最大泊位等级为 5 万吨级），年通过能力为 1 964.4 万 t。2019 年完成货物吞吐量 3 776.89 万 t，比上年增长 15.7%，约占全港总吞吐量的 69.84%。

3）中港区港口布置模式及航道、防波挡沙堤现状

在建港初期，为减少投资、避免开挖航道造成骤淤碍航，起步工程采用了离岸岛式布局，即在水深－3～－4 m处填筑陆域建设泊位，设置单侧防波堤对泊位形成掩护，建设长引堤与大陆相连，利用堤头挑流形成天然深槽作为航道。后期，启动防波挡沙堤及航道建设，港口布置模式由离岸岛式转变为近岸填筑＋双堤环抱式。

潍坊港中港区防波挡沙堤及3.5万吨级航道已建设完成，实现了3.5万吨级船舶单向乘潮通航。3.5万吨级航道轴线方位为227°30′～47°30′，通航宽度为135 m，航道设计底标高为－12.0 m，航道长为48 km。

潍坊港东西防波挡沙堤总长为20.54 km（图7-9），采用中水堤和潜堤结合的布置形式，防波挡沙堤结构为抛石斜坡堤结构。

8.3.2　环境动力条件

1）风

潍坊港中港区以西约20 km处，设有羊口盐场气象站，有长期的地面气象要素观测资料。气象站地理坐标为北纬37°07′，东经118°57′，观测场地海拔高度为21.9 m。

根据观测站资料统计，中港区常风向为SSE向，次常风向为SE、S向，出现频率分别为14.76％、11.74％、11.70％，强风向为NE向，次强风向为NNE向，该向≥7级风出现频率分别为1.10％、0.83％。

2）潮汐

根据潍坊北港码头南侧1990年4月16日—1991年4月15日一年的潮位观测资料进行统计分析，该海区属于不规则半日潮海区。

潮位特征值为平均海平面1.23 m、平均高潮位1.96 m、平均低潮位0.36 m、平均潮差1.60 m、最高潮位3.47 m、最低潮位－0.63 m。

3）风暴潮

工程区所处的莱州湾是我国北方沿海风暴潮多发且最严重的地区之一，除台风路经山东半岛形成台风增水外，较大增水过程大多发生在春秋季冷暖气团活动最频繁的季节，北方南下的冷空气和向东北移动加深的低压形成对峙，造成渤海海面区域性大风，从而诱发严重的增水。

1949年新中国成立以后在莱州湾地区先后设立了羊角沟、下营（辛安庄）等十几处水文站，根据相关文献记载仅莱州湾下营水文站在1960—1978年间就观测到了53次明显的温带风暴潮，年均2.8次。

1969年4月23日的风暴潮是本区新中国成立以来最大的一次，当时东北风力达11

级，羊角沟最高潮位达到 6.74 m，最大增水为 3.55 m。1.0 m 以上增水持续 38 h，3.0 m 以上增水历时 8 h，莱州湾南岸海水上涨 3 m 以上，冲毁海堤约 50 km，海水倒灌 30～50 km，造成严重损失。

4）波浪

2008 年 12 月—2010 年 1 月，在莱州湾海区 -10 m 水深处设置了 1 个波浪观测站，进行了历时 1 年的观测。观测资料表明潍坊海区常浪向为 NE，出现频率为 25.27%；次常浪向为 NNE，出现频率为 17.35%；强浪向为 NNE。

5）潮流

本区为规则的半日潮流区，潮流呈往复流性质，涨潮流向 SW，落潮流向 NE。河口内流速较大，河口以外流速较弱，潮段平均流速仅为 0.15 m/s，涨、落潮流最大垂线平均流速分别为 0.44 m/s 和 0.26 m/s，最大涨潮流速为 0.60 m/s，最大落潮流速为 0.61 m/s，该海区余流流速较小。

2011 年 3 月期间在潍坊沿海布设了 11 个测站进行了大、小潮的水文全潮观测，如图 8-30 所示。本区呈明显往复流特征，各测站涨潮平均流向呈 SW～WNW 向，大部分测站涨潮平均流向呈 WNW 向，落潮平均流向呈 NE～E 向，除 2#、3# 两测站落潮平均流向呈 E 向，其余测站呈 NE～ENE 向。

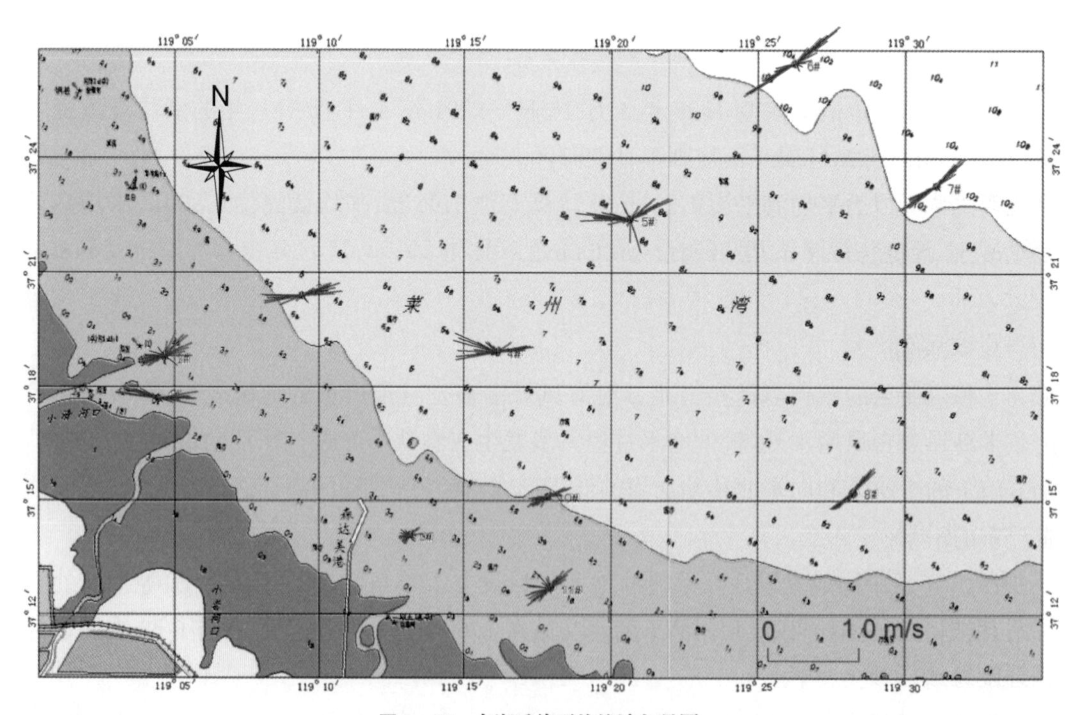

图 8-30　大潮垂线平均流速矢量图

本海区垂线平均最大流速，大潮为 0.66 m/s，流向为 238°，出现在 6♯测站涨潮段；小潮为 0.54 m/s，流向为 94°，出现在 2♯测站落潮段。各层实测最大流速，大潮为 0.72 m/s，流向为 236°，出现在 6♯测站涨潮段的 0.6 倍水深处；小潮为 0.68 m/s，流向为 92°，出现在 2♯测站落潮段的 0.6 倍水深处。

8.3.3 海岸地貌特征

1）海岸地貌

本区为冲积海积平原，以海积为主，河口区浅滩宽阔平坦，近岸多为盐田和养殖区。

潍坊港近岸底质自上而下分为泥质粉砂、亚黏土、粉砂、亚黏土，上部为海相沉积，下部为陆相沉积，如此厚的沉积物质，源于历史上黄河夺小清河入海及附近河流下泄泥沙。1953 年黄河改由神仙沟入海后，比往年海区沙源大减，细物质经潮流分选作用后被带往外海，岸滩物质明显粗化。泥沙粗化的表现，显示了本地区外来沙源的不足，而且表明当泥沙经波浪与潮流动力的分选作用，细颗粒泥沙被带入外海，而使当地泥沙处于不断粗化的演变过程中。老黄河口形状向南偏转，似会产生对本区趋于不利的因素，但小清河口与中港区的沉积物取样分析结果，均排除了黄河泥沙的直接影响作用，因此认为现状下黄河排沙目前对小清河口及中港区没有直接的影响。

2）海岸演变特征

对黄河口至胶莱河口海域的 0 m、2 m、5 m、10 m 等深线及岸线进行套绘的结果显示，位于莱州湾海域近岸区的中东部等深线淤长速度较区域 A 大大减小，如图 8 - 31 所示。1959—2002 年 5 m 等深线最大外推距离只有 2 km 左右，平均 46 m/年，1959—1984 年 10 m 等深线向内蚀退最大距离为 3 km 左右，平均 117 m/年。以 A 区域为界，向南蚀退距离逐渐加大，至胶莱河口达到最大，此处 1935—2002 年累计蚀退距离为 10.5 km，再向南逐渐减小，至虎头崖岸线基本稳定。从时间趋势上看，1935—1959 年南部海岸线变动幅度较大，1984—2002 年则以老黄河口形成的沙嘴南北区域变动较大。同时，由于 A 区域以南海岸线后退影响，莱州湾海域的几个主要河口均发生了摆动，如广利河口、小清河河口总体上向南摆动，潍河口、胶莱河口总体上向东摆动。

莱州湾海域河口地区岸线相对其他岸线段变动较为明显，当 1953 年黄河入海口北移后，A 区域南侧的岸线 1959—2002 年较 1935—1959 年变化范围及幅度已大大减小。因此，潍坊港海域岸线稳定的前提是黄河口以现清 8 入海口位置保持不变，如河口位置北移，则海岸线更加稳定；如果河口位置南移，则势必影响本海区海岸线稳定。

相关研究成果认为在有计划地安排入海流路并在一定的工程措施条件下，清水沟流路还能继续行河 100 年是可能的[11]。因此，从黄河流路变迁这一角度来看，本海区岸线将在长期内保持稳定。

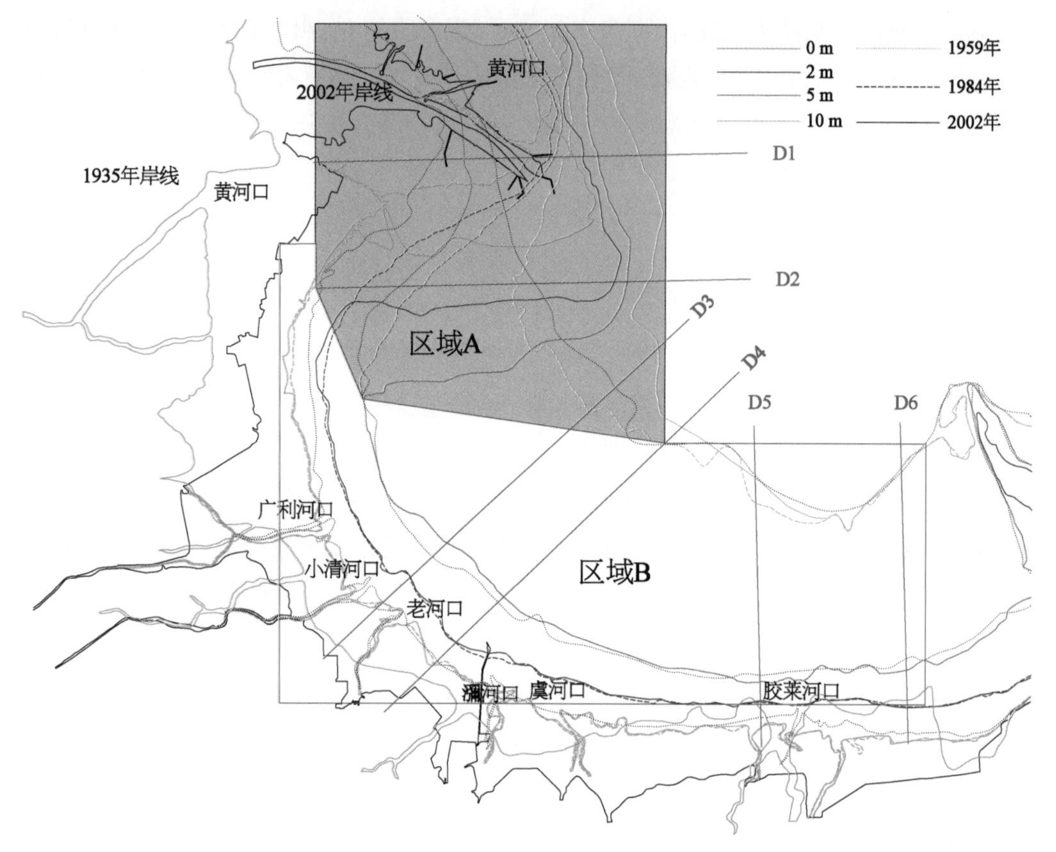

图 8-31　黄河口至胶莱河口海域等深线对比图

3）海床冲淤变化特征

相关资料研究表明，潍坊中港区以西，受黄河口泥沙扩散、沉积影响，海床一直处于持续淤长之中，这种趋势还将持续，潍坊中港区以东海床则基本保持稳定。

8.3.4　泥沙环境

1）泥沙来源

本海区沿岸输沙很小，对港区的淤积影响不大。本港位于粉沙质海岸，泥沙运移的方式为“波浪掀沙，潮流输沙”，滩面泥沙的局部搬运是造成港区泥沙淤积的主要原因。分析认为本港 NW 向的黄河口泥沙的扩散对本港区泥沙有一定间接影响，但目前还不是港口淤积的主要原因。

2）含沙量

一般天气条件下，港口所在附近海域水体表层含沙量总体较小，港口附近海域含沙量均不大于 0.2 kg/m^3，堤头前沿 5 km 范围内含沙量均不大于 0.1 kg/m^3。大风天港口附近海域含沙量明显增大,西北风 6 级作用下,港区附近水体表层含沙量值最高达到了 0.8 kg/m^3;4～5 级风力作用下,港口堤头附近水域表层含沙浓度最高值也达到了 0.8 kg/m^3。大风天气条件的不同,海区水体表层含沙浓度差别较大。

从海区含沙量平均分布来看,小风或无风天表层悬沙总体平面的分布为内小外大,总体上至－6 m 等深线达一高点,而向外至－10 m 等深线较为均匀。其原因:一是小风天所对应的海区动力条件较弱,加之近岸泥沙颗粒较粗,近岸泥沙起动较难;二是黄河口扩散的悬浮泥沙也掺混于莱州湾中部的悬沙云,致使在一般小风天莱州湾中部表层含沙浓度均高于近岸。

3) 底质

潍坊港中港区防沙堤口门以外航道及两侧沉积物以粉砂及黏土质粉砂分布为主。沉积类型中,粗颗粒物质有砂、粗中砂、中砂、细中砂、中细砂、细砂共六种;细颗粒物质有砂质粉砂、粉砂及黏土质粉砂共三种。港区海岸在天然水深－6 m 以内,岸滩沉积物的 d_{50} 为 0.08～0.05 mm,－7～－9 m 为 0.03～0.01 mm。在口门以东 8 km 内 $d_{50}>0.05$ mm,8 km 以外区域 $d_{50}<0.05$ mm。本海区沉积物含泥量总体呈较高的特征,岸滩沉积物的含泥量由浅水至深水呈由低至高的趋势,－4 m 以内含泥量为 11%～20%,－5～－6 m 上升至 24%～35%,当水深达到－6 m 以后,含泥量的增值明显,－7～－8 m 再增至 40%～49%。随着时间的延续,同水深沉积物的含泥量呈增长趋势。

4) 泥沙运动特点

港区海岸泥沙运动具有一般粉沙质海岸泥沙运动特点,泥沙运动活跃,易起动、沉降快,波浪掀沙、潮流输沙仍是泥沙的主要运动形式,当海洋动力达到一定程度时,悬移质、推移质和底部高浓度含沙水体运移共存。港口淤积,从时间上看主要集中于一年内几次大风后的累计值,强淤区集中于破波带以内及其以外一定范围的无掩护航道段。

8.3.5　防波挡沙堤及航道设计方案

潍坊港于 2009 年开展了潍坊港(中港区)防波挡沙堤及万吨级航道工程的建设,2010 年 12 月工程投产运营。2013 年为提升潍坊港竞争力,潍坊港开展了 3.5 万吨级航道的建设。3.5 万吨级航道工程在潍坊港(中港区)航道及防波挡沙堤工程建设的基础上对航道进行浚深、拓宽,工程于 2016 年 11 月完工。

8.3.5.1　潍坊港(中港区)防波挡沙堤及航道工程[12]

1) 通航标准

航道按 1 万吨级船舶单向航道标准设计。在正常情况下,航道可以满足 1 万吨级船舶满载乘潮进出港的要求。在发生设计骤淤重现期 10 年一遇大风骤淤情况下，能够保证 5000DWT 船舶乘潮满载不碍航，经过维护性疏浚后，能够满足 10000DWT 船舶乘潮满载通航。

防波挡沙堤长度按照防御设计骤淤重现期为 10 年一遇大风骤淤的标准进行设计，当发生该强度骤淤情况下，航道通航水深可保证 5000DWT 船舶乘潮满载通航所需的水深。

2) 实施方案

潍坊中港区采用“近岸填筑＋双堤环抱”的平面布局。航道轴线方位为 227°30′～47°30′，万吨级航道通航宽度为 100 m，口门附近局部加宽至 120 m(风流压偏角为 7°)，设计底标高为－8.7 m，航道长度约为 23 km。

东西防波挡沙堤采用中水堤和潜堤相结合的布置形式。东、西两道防波挡沙堤总长约 20.5 km；防波挡沙堤沿平行航道方向向深水延伸，两堤间距约 2.3 km。其中，西防波挡沙堤全长约 10.3 km，东防波挡沙堤全长约 10.2 km。由天然水深－5.5 m 开始，东、西两道潜堤向航道方向收拢，在－6.0 m 水深处形成宽 600 m 的口门。

航道两侧的防波挡沙堤在－3.0～－5.0 m 等深线的为中水堤，堤顶标高为 2.0 m；在－5.0～－6.0 m 等深线的为潜堤，堤顶高程在－5.0～－5.5 m 等深线的堤顶标高由 2.0 m 过渡到 1.0 m，在－5.5～－6.0 m 的由 1.0 m 过渡到－1.0 m。

1 万吨级航道设计底标高为－8.7 m；5 000 吨级航道设计底标高为－7.5 m，备淤富裕深度均为 0.4 m；经计算，航道最大骤淤厚度 Δ 需满足 $\Delta \leqslant D - D_0' = 8.7 - 7.1 = 1.6$ m。根据试验成果，当发生设计骤淤重现期 10 年一遇的骤淤情况下，航道最大淤积厚度为 0.86 m，因此，防波挡沙堤工程能够达到预定的航道通航标准。当辅以维护性疏浚挖泥后，航道能够达到 1 万吨级杂货船乘潮满载通航的水深要求。

8.3.5.2 潍坊港中港区 3.5 万吨级航道工程

1) 通航标准[13]

潍坊港中港区 3.5 万吨级航道工程通航标准为：在发生设计骤淤重现期 10 年一遇骤淤时，可满足 2 万吨级散(杂)货船满载乘潮不碍航，经维护性疏浚后满足 3.5 万吨级散货船满载乘潮通航。

2) 实施方案[14]

潍坊港中港区 3.5 万吨级航道轴线方位为 227°30′～47°30′，为单向通航航道。航道通航宽度按满足 3.5 万吨级散船单向航行需要设计为 135 m，防沙堤口门内 500 m 至口门以外 1 500 m(9＋500—11＋500)局部加宽至 165 m。航道设计底标高为－12.0 m，根据航道通航标准及航道沿程回淤强度分布规律，航道里程 9＋500—11＋500 段备淤厚度取为

0.6 m,该段航道设计底标高取为－12.2 m。航道总长度约 48 km。

8.3.5.3　淤积分析[15]

根据波浪潮流泥沙数值模拟研究,防沙堤堤头位于－6 m 等深线时,航道内年淤积厚度最大为 1.44 m/年,年平均淤积厚度在 0.53 m/年左右,掩护段以内平均淤积厚度在 0.47 m/年左右,掩护段以外平均淤积厚度在 0.54 m/年左右。10 年一遇大风天航道内淤积厚度最大为 0.79 m,平均淤积厚度在 0.29 m 左右,掩护段以内平均淤积厚度在 0.26 m 左右,掩护段以外平均淤积厚度在 0.30 m 左右。当发生设计骤淤重现期 10 年一遇大风骤淤时,航道水深约为－11.3 m,可满足 2 万吨级散货船满载乘潮不碍航,经维护疏浚后可恢复 3.5 万吨级船舶通航标准,不会对航道的运营及维护产生较大的不利影响。

8.3.6　工程实施效果

根据 2010 年 10 月和 2011 年 5 月两个时期的水深测图显示,万吨级航道口门(里程 9＋850)以里掩护段航道淤积较小,淤积厚度沿程分布均匀(0—9＋000 段),平均年淤积厚度在 0.28 m 左右;由于万吨级航道实际疏浚尺度 0—9＋000 段为－8.0 m,9＋000 以外为－7.1 m,因此在 9＋000 处航道底高程存在 0.9 m 的高差,受港内纳潮及高差影响,航道边坡在稳定过程中,9＋000—9＋200 段航道呈微冲刷状态;受其影响靠近口门段航道 9＋300—10＋000 淤积量明显偏离航道整体淤积趋势;非掩护段航道(10＋000 以外)淤积明显增大,航道淤积厚度沿航道基本呈线性分布,挖深较大的航道淤积较多,航道平均淤积厚度约为 0.62 m,最大淤积发生在口门附近,在 1.0 m 左右,基本符合淤积预测,如图 8－32 所示。万吨级航道使用正常。

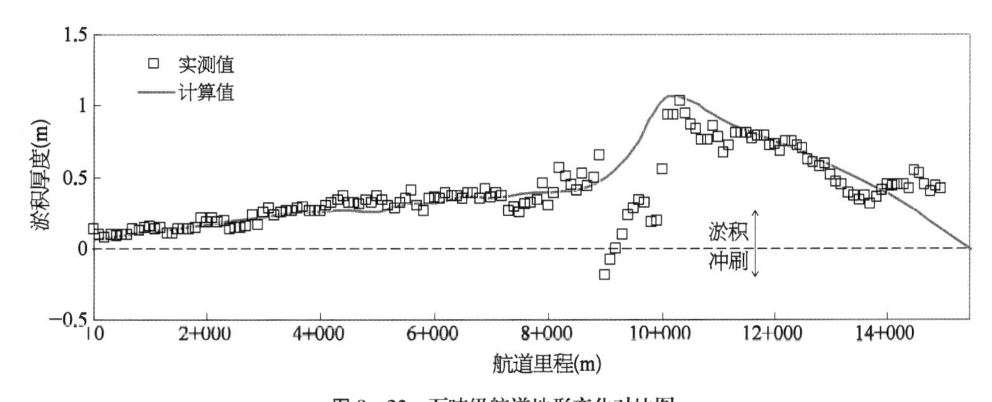

图 8－32　万吨级航道地形变化对比图

3.5 万吨级航道于 2016 年 11 月交工试运行,截至 2019 年 5 月,其间未经过航道维护,航道整体表现为变浅趋向,航道 12 km 至 21 km 重点回淤段变浅至 8～9 m。

8.4 东营港东营港区工程

8.4.1 港口概况

8.4.1.1 港口位置

东营港东营港区位于东营市东北部，现黄河入海口以北约 50 km 的渤海湾和莱州湾交界处，地理坐标为 38°05′39.9″N、118°57′27.6″E，距天津港约 165 km，距龙口港约 135 km，隔海与辽宁半岛诸港相望，距省会城市济南市约 230 km。

8.4.1.2 港口发展概况

1) 港口发展历程

东营港原称黄河海港，位于山东半岛北部、东营市河口区五号桩海域。黄河海港始建于 1984 年，主要为满足海上油田开发服务。港口初期建有 1 000 吨级材料码头和滚装码头各一座。1993 年 12 月，为满足地方经济社会发展需要，东营市决定扩建东营港。1994 年 4 月，将黄河海港更名为东营港。1994 年 12 月 8 日，东营港扩建工程正式开工，1995 年 3 月，三个 3 000 吨级散杂货码头开工建设，同年 5 月，滚装专用码头开工建设，于 12 月底建成 3 000 吨级散杂货 1＃泊位和滚装专用泊位，并开始试运行。1995 年 12 月，国务院正式批准东营港为国家一类开放口岸。2005 年 8 月 18 日东营港两个 3 万吨级散杂货通用泊位工程开工建设，于 2009 年 4 月 26 日正式投入运营。2008 年以来，东营港区建设了以液体化工品为主的 3 000 吨级、5 000 吨级、1 万吨级、2 万吨级、5 万吨级泊位 33 个，货物吞吐能力明显提升。同时，启动建设东营港区北防波堤、南防波堤、10 万吨级航道工程。2015 年 6 月，东营港区北防波堤工程主体完工；2016 年 7 月，东营港区南防波堤开工建设；2017 年年底，东营港区 10 万吨级航道开工建设。

2) 港口发展现状

东营港区是东营港的主要港区，根据东营港区总体规划，港区划分为栈桥、北港池、南港池、一突堤、二突堤和大唐电厂 6 个作业区。

截至 2019 年年底，东营港区共有生产性泊位 55 个，其中万吨级以上泊位 16 个，最大靠泊能力 5 万吨级。目前，东营港区主要为胜利油田海上生产、腹地内企业生产原材料及产成品运输提供服务，同时也为周边地区生产生活物资提供海上运输服务。2019 年完成吞吐量达到 5 835 万 t，其中石油及制品增长较快。

3) 港区航道现状

目前，东营港区现有三条航道，第一条是为栈桥 3 万吨级码头服务的航道，方位角为

234°26′45″～54°26′45″，长7.5 km，宽180 m，设计底高程为－13～－16 m；第二条是为南、北港池码头服务的航道，位于栈桥南侧，方位角为244°00′00″～64°00′00″，长8 km，宽100 m，设计底高程为－7.5 m；第三条航道是为栈桥5万吨级码头服务的单向航道，位于栈桥北侧，航道走向平行于栈桥，长约2 km，宽200 m，设计底高程为－14.5 m。

4）港口布置模式

根据东营港区泥沙运动、地质地貌等自然环境条件，考虑其主要货种为管道输送的液体油品化工，在港区扩建深水泊位时选择了离岸岛式布置模式，即在离岸深水区建设码头，由长约12 km栈桥与陆地连接，栈桥上布置管线及通道，如图8－33所示。此种布置模式减少了泥沙运动对航道的影响，并节省了工程投资，缩短了工程工期，在粉沙质海岸港口建设初期不失为一个较好的模式选择。但随着东营港区泊位的增多，栈桥承载能力受到限制，且由于前方深水区码头陆域面积有限，不适应其他货种的运输，码头泊稳条件也不理想，故后期港区建设采用了“近岸填筑＋双堤环抱式”布置模式，启动建设了北、南防波堤工程、10万吨级航道及防波挡沙堤工程。

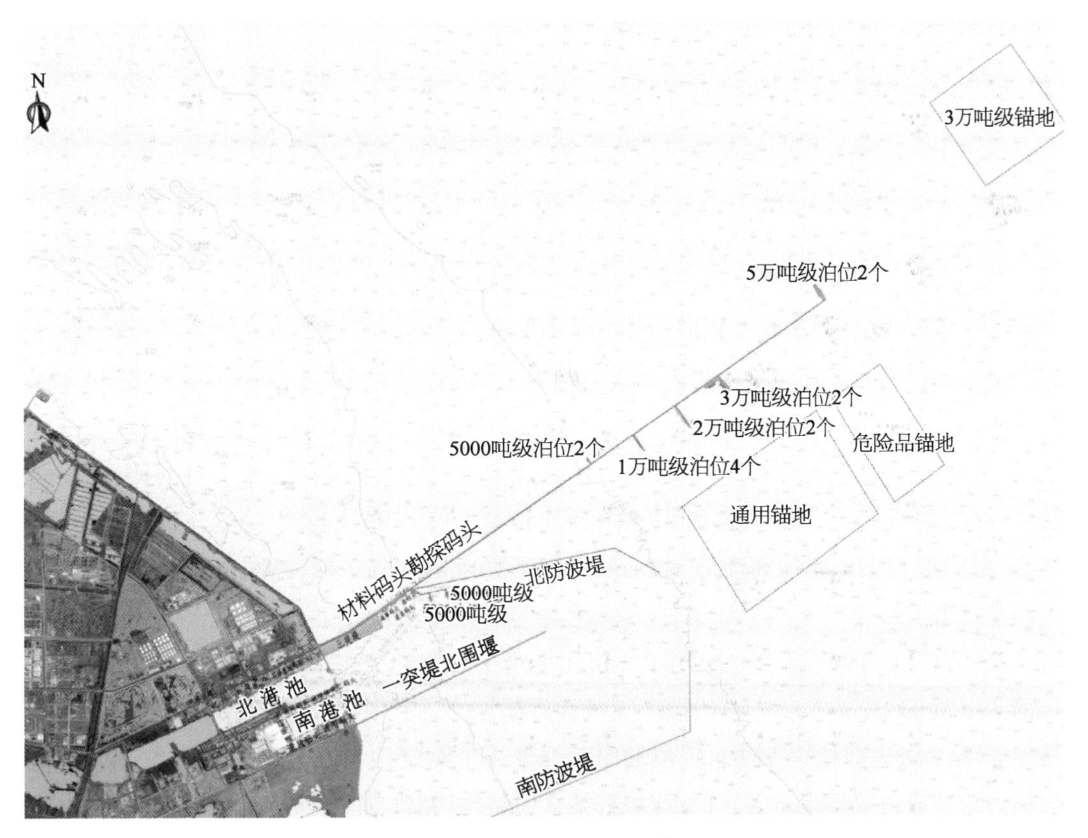

图8－33　东营港东营港区现状图

8.4.2 环境动力条件

1）风况

根据东营国家气象站（地理坐标为东经 118°26′、北纬 37°26′，观测海拔高度为 6.0 m）1990—2007 年的气象资料统计分析：东营港区本地区常风向为 SSE 和 E 向，出现频率 10.0%；次常风向 ENE 和 S 向，出现频率为 9.0%。强风向为 NW，最大风速达 21.0 m/s，极大风速为 36.9 m/s；次强风向为 NNE，最大风速达 20.0 m/s；无风天气较少，不到 1%。

影响本区的灾害性天气系统主要有寒潮、台风和气旋。寒潮主要发生在每年的 9 月至翌年 5 月，平均每年发生 6.3 次。山东沿海每年平均出现 2.9 次台风，台风中心极少直接到达本海区。

2）潮汐

东营港区位于渤海湾和莱州湾 M2 分潮无潮点，潮差较小；潮汐类型属正规全日潮。

2000 年 4 月国家海洋信息中心利用东营港、塘沽站、龙口站和羊角沟站的潮汐资料进行分析和统计计算，平均海面 0.73 m、最高潮位 1.93 m、最低潮位－0.76 m、平均高潮位 1.02 m、平均低潮位 0.41 m、平均潮差 0.61 m。

3）风暴潮

渤海中产生风暴潮的主要灾害性天气是冬季寒潮（或冷空气）。渤海湾风暴潮一年四季均有发生，大灾难性的风暴潮主要集中在夏季，且平均每四年发生一次；小型风暴潮每年都有发生且发生的时间不确定，基本四季都有，平均每年 1～2 次[16]。有时还会遇到台风侵袭，在近百年该区发生的特大风暴潮灾中，基本由寒潮和台风产生。

其中 1969 年风暴潮在莱州湾南部羊角沟地区引发的最大增水为 3.55 m，在渤海湾南岸湾湾沟和埕口水文站引发的最大增水分别为 2.34 m、2.27 m。

2003 年 10 月本工程海域经历了一次风能量重现期 45 年以上的寒潮大风过程（近期最新分析结果其重现期可能达到 60 年以上），风向为 ENE 向，6 级以上大风共持续 43 h。其中，6 级风持续 4 h；7 级风持续 12 h；8 级风持续 20 h；9 级风持续 7 h。大风增水严重，最高潮位为 565 cm，平均高潮为 513 cm，平均潮位为 380 cm；平均高潮位增水 165 cm，平均潮位增水 136 cm。

2015 年 11 月本工程海域经历了 1 次风能量重现期约为 15 年一遇的寒潮大风过程。风向为 E 转 ENE 转 NE 向，6 级以上大风共持续 48 h。其中，6 级大风持续 7 h；7 级大风持续 27 h；8 级大风持续 14 h。大风期间黄骅港人工潮位站实测最高潮位 470 cm。这次大风过程造成黄骅港煤炭港区航道、综合港区航道，滨州港航道、潍坊港航道严重淤积；东营港东营港区北防波堤堤头段破坏严重。

东营港区位于渤海湾和莱州湾交界处，该地区由于受黄河入海泥沙沉积的影响，潮间带异常宽广，水深极浅，海底坡度小，该区靠近M2分潮的无潮区，因此潮差较小，风暴潮是造成水位变化的最主要原因。该地区的风暴潮存在着明显的季节性变化，一年四季均有发生，但冬季发生的次数多，尤以每年秋冬、冬春交替时节最为频繁，东营港区海域风暴潮增水较为显著，几乎每年都会出现1 m以上的增水，年极值增水一般在1.3～1.8 m。

4）波浪

根据黄河海港海洋站1985年4—11月(－14 m水深)资料统计：常浪向为S向，频率为12.0%；次常浪向为E向，频率为7.74%；强浪向为NE向和NNE向，该向大于1.2 m频率分别为2.57%和2.46%。实测$H_{1/10}$波高为4.4 m，对应周期为7.9 s，波向为NE向。

5）潮流

2015年7—8月在东营港区进行了海流观测，海流观测时间分别为：2015年7月31日—8月1日(农历六月十六至十七，大潮)、2015年8月8—9日(农历六月廿四至廿五，小潮)。根据观测资料分析。东营港区海域的潮流均表现为半日潮流性质。受地形影响，呈明显的往复流性质，各测点潮流椭圆长轴方向基本与岸线平行，即SE和NW方向。落潮流历时大于或等于涨潮流历时。

大潮观测期间，实测最大流速为156 cm/s，流向为178°，出现在涨潮期间L1垂线的表层；小潮观测期间，实测最大流速为141 cm/s，流向为178°，出现在涨潮期间垂线L1的表层。

大潮观测期间，余流在1.4～25.7 cm/s，最大值为25.7 cm/s，流向为57°，发生在垂线L4的表层；小潮观测期间，余流在0.9～34.4 cm/s，最大值为34.4 cm/s，流向为63°，发生在垂线L1的0.2H层(H为厚度)。

8.4.3 海岸地貌特征

东营港区为典型的河口三角洲地貌形态。1964—1976年黄河自神仙沟入海。从1959年、1974年两个年代等深线平面变化看，该时期内黄河入海口附近海域0 m、－5 m、－15 m等深线均向海有不同程度淤积，其中近岸最高淤厚达13.3 m。可见，受黄河大量泥沙下泄的影响，该片海域的岸线及海床在短时期内有了较大的淤积变化。1976年黄河后改道由清水沟入海。从1975年5月21日、1985年5月1日两个年代卫星图片套绘的岸线对比看，该段时期内，若以东营港导堤为界，新黄河口及其以北岸线向外海有了明显的淤积，东营港北侧由老黄河口形成的三角洲则逐渐向岸侵蚀。这表明，在东营港以北的老黄河三角洲水域，由于黄河改道入海后，泥沙来源大量减少，在原有动力条件下，逐渐形成与其相适应的新的岸线及海床地形。

经对1999年、2003年、2006年三个年代的等深线和断面水深进行比较分析。表明在1999—2006年期间，该海域各等深线均呈现向岸侵蚀状态，其中−2 m、−5 m、−8 m等深线每年平均向岸推进分别约为35 m/年、58 m/年、90 m/年。其中2003—2006年期间，各等深线总体上有冲有淤，变化不明显。在1999—2006年不同时期内，该海域总体上均处于冲刷状态。其中以−4 m以内水域冲淤变化为最小，而−4～−5 m和−5～−8 m等深线之间水域则相对较大，三个区域的冲刷强度分别为0.07 m/年、0.14 m/年、0.13 m/年。从不同时期的冲淤变化看，该海域总体上表现为自1999年以来冲淤强度逐渐减小的趋势，−4～−5 m等深线之间水域1999—2003年、2003—2006年各断面的平均冲刷强度分别为0.14 m/年、0.05 m/年。另外，在东营港防波堤附近水域，地形的冲淤变化已基本趋于平衡，而在北侧距其较远的水域，则冲刷仍在继续。

东营港区处于现代黄河冲积扇的前缘，海域呈现出−10～−12 m等深线之外、淤浅之内为冲刷状态。−10 m等深线以浅岸滩坡度约为1∶700，以深坡度逐渐变缓，至−15 m等深线约为1∶1 700。表层沉积物以淤泥、粉土及粉砂为主。海岸总的轮廓是在沿岸地质构造和三角洲地貌格局的基础上经过多年以来的海浸过程造成的。现今形成波状曲折的粉沙质海岸。

8.4.4 泥沙环境

1) 底质分布

根据2015年11月调查区的底质取样报告，东营港区海域海底沉积物以黏土质粉砂为主占80.80%、粉砂占11.62%、砂质粉砂占6.06%、粉砂质砂占1.01%、砂-粉砂-黏土占0.51%，海岸性质为粉沙质海岸。

所有d_{50}> 0.03 mm的沉积物样品均分布在10～15 m等深线海域，主要出现在观测海域的西部及西南部；15 m等深线之外海域沉积物样品d_{50}均小于0.03 mm。

2) 含沙量

2015年7月31日—8月1日(大潮)、2015年8月8—9日(小潮)进行了两个潮次7条垂线同步含沙量观测。各垂线含沙量按大潮、小潮的顺序，有逐渐减小的趋势，从垂线上看，各垂线含沙量呈现出从表层到底层逐渐增大的趋势，大潮观测期间，实测最大含沙量为0.243 1 kg/m^3，出现在L4(栈桥码头东侧，L2以北)垂线的底层；小潮观测期间，实测最大含沙量为0.212 0 kg/m^3，出现在L2(航道里程10+000，水深−15 m)垂线的底层。

3) 泥沙来源及运移特征

东营港区位于黄河入海口附近。黄河是世界上著名的多泥沙河流，1953—1963年自神仙沟入海期间年平均入海泥沙量为12.4亿t,1964—1976年自钓口河入海期间年平均入海泥沙量为10.8亿t,1976—1987年自清水沟入海期间年平均入海泥沙量为7.11亿t,呈逐步下降趋势。根据研究成果显示,黄河入海泥沙有64%沉积在河口三角洲地区,有36%随流输向外海。输向外海的泥沙,利用卫星资料分析,在现黄河入海口向东一侧的泥沙直接影响范围,最远距离可达27 km;向南一侧的泥沙直接影响范围,最远距离可达35 km;向北一侧的泥沙直接影响范围,由于在北纬37°50′附近存在一个泥沙锋面,挡住了泥沙向北运移,因此泥沙向北扩散距离最远仅约15 km。由于东营港区在现黄河入海口北侧50 km处,根据黄河水利委员会相关研究成果,黄河入海流路是稳定的,随着整治工程的实施,黄河对东营港区海域的影响越来越小,所以在稳定黄河现有流路不变的前提下,黄河入海泥沙对港区的影响是有限的[17]。

东营港区海域泥沙冲淤变化的动力因素,河流动力因素已不复存在。当前起决定作用的动力因素主要是波浪和潮流,特别是大风、大浪天气下的滩面泥沙的就地再搬运和岸蚀物质。根据实测资料分析,本海区悬沙含量变化有其特殊的变化规律,在正常天气情况下,潮流输沙是本海区含沙量变化的主导因素,在风浪条件下,波浪掀沙是含沙量变化的主导因素,由于本海区全年以风浪为主,所以含沙量变化的主导因素是以风浪为主。

8.4.5 防波挡沙堤及航道设计方案[18]

东营港区在实施北、南防波堤后,开始了10万吨级航道及防波挡沙堤工程建设。东营港区海域特点是波浪、潮流水动力较强,大风天气海域浑浊带宽广。经大量前期勘测研究及数学模型、物理模型验证,最终确定了实施方案。

1) 通航标准

工程按照10万吨级原油船舶单项航道设计,同时兼顾12万~30万吨级油船减载单向通行。东营港东营港区海域海底坡度相对黄骅港、潍坊港等淤泥粉沙质海岸陡,防沙堤不需修建很长即可至较深水深处,可在投资不多情况下抵御较强骤淤,故工程设计防骤淤标准采用风暴潮骤淤标准。通航标准为:当发生设计骤淤重现期10年一遇大风骤淤时,航道可满足5万吨级油船满载乘潮进出港要求,经维护性疏浚,满足10万吨级油船满载进出港要求。

2) 工程方案

根据航道通航标准、航道沿程淤积分布及航道口门附近横流分布情况,经多方案比选,确定了航道及防波挡沙堤设计方案。航道轴线方位为235°~55°,航道通航宽度为357 m,航道设计底高程为-17.0 m(其中备淤深度取0.7 m),航道长度为15.3 km。在航道两侧建设防波挡沙堤，防波挡沙堤总长 13 009 m，其中北防波挡沙堤长度 6 300 m，南防波挡沙堤长度 6 709 m；防波挡沙堤间距 1.4 km。南、北防波挡沙堤在最初的 200 m 内堤顶高程由 5.0 m 过渡到 1.0 m，然后由 1.0 m 过渡到 −9.0 m，两防波挡沙堤堤头位于 −14 m 水深处。防波挡沙堤及航道平面布置如图 8 - 34 所示。目前，工程正在实施建设中。

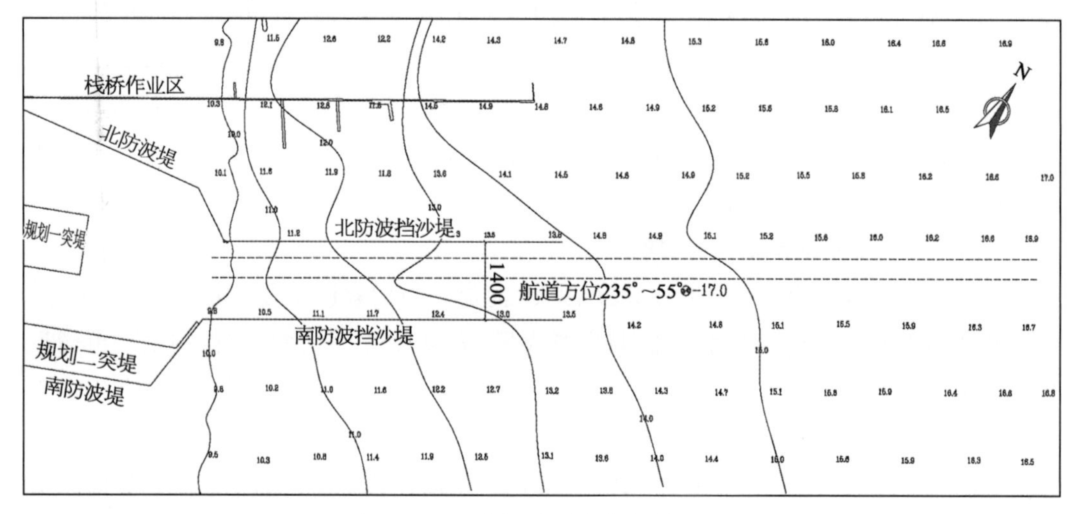

图 8 - 34　防波挡沙堤及航道平面布置图

8.4.6　淤积预测[19]

工程海域潮流较强，具有明显的往复流特征，涨、落潮流向基本呈 SE - NW 向，外海流速大于近岸。现状条件下工程区水域大潮观测期间，实测最大流速为 156 cm/s，流向为 178°；小潮观测期间，实测最大流速为 141 cm/s。工程实施并未改变大范围海域的潮流运动规律，海区水流变化主要体现在南、北挡沙堤建设对水流流态产生的局部影响。工程建设后，航道全程最大流速约为 1.01 m/s。

工程建设后，航道年淤积分布及大风淤积分布均呈现自口门向口内及口外逐渐减小的特征。当堤顶高程由 +1 m 渐变到 −8 m 时，平常浪作用 1 年，最大淤积厚度为 1.80 m，年淤积量为 442 万 m^3；10 年一遇大浪作用 3 d，最大骤淤淤积厚度约为 1.31 m，淤积量约为 366 万 m^3。最大淤积厚度均出现在口门外侧 1～2 km 处。

当堤顶高程由 +1 m 渐变到 −10 m 时，平常浪作用 1 年，最大淤积厚度为 1.76 m，年淤积量为 471 万 m^3；10 年一遇大浪作用 3 d，最大骤淤淤积厚度约为 1.27 m，淤积量约为 403 万 m^3。最大淤积厚度均出现在口门外侧 1～2 km 处。

本工程堤顶高程设计为由 +1 m 渐变到 −9.0 m，防波堤挡沙堤堤头位于 −14 m 水深处，堤间距为 1 400 m。堤顶高程 −9.0 m 较 −8.0 m 时年淤积量会高 30 万 m^3，但好处是水流条件进一步改善，工程投资减少约 2.1 亿元。

8.5 东营港广利港区工程

8.5.1 港口概况

1) 港口位置

东营港广利港区位于莱州湾的西部、广利河河口处，河口南距小清河约 8 km，北距黄河口约 45 km，距东营市城区约 20 km，地理坐标为北纬 37°23′50″，东经 118°40′36″。

2) 港口发展现状

2014 年 7 月《东营港广利港区总体规划》获得山东省人民政府的批复，规划广利港区由北、南两个作业区组成。北作业区自广利河口向港池口门方向，依次布置客滚泊位区、多用途泊位区、通用泊位区、支持系统泊位区、液体散货泊位区和预留发展区。南作业区规划为预留发展区，位于广利河口南侧及南防波挡沙堤内侧。

港区布置采用“近岸填筑＋双堤环抱式”布置模式，如图 8－35 所示。

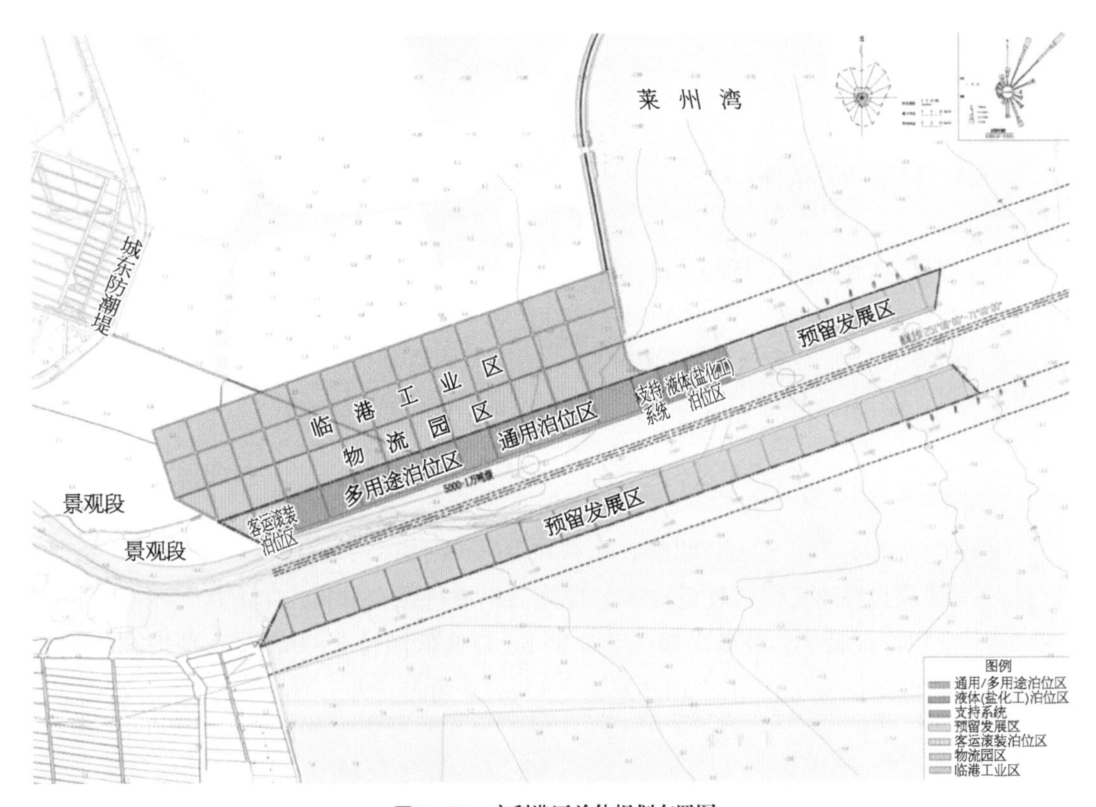

图 8－35　广利港区总体规划布置图

目前广利港区 5 000 吨级航道、南北防波挡沙堤、通用码头一期等工程均已建成，港口已经初具规模，如图 8－36 所示。2018 年广利港区完成货物吞吐量约 328 万 t。

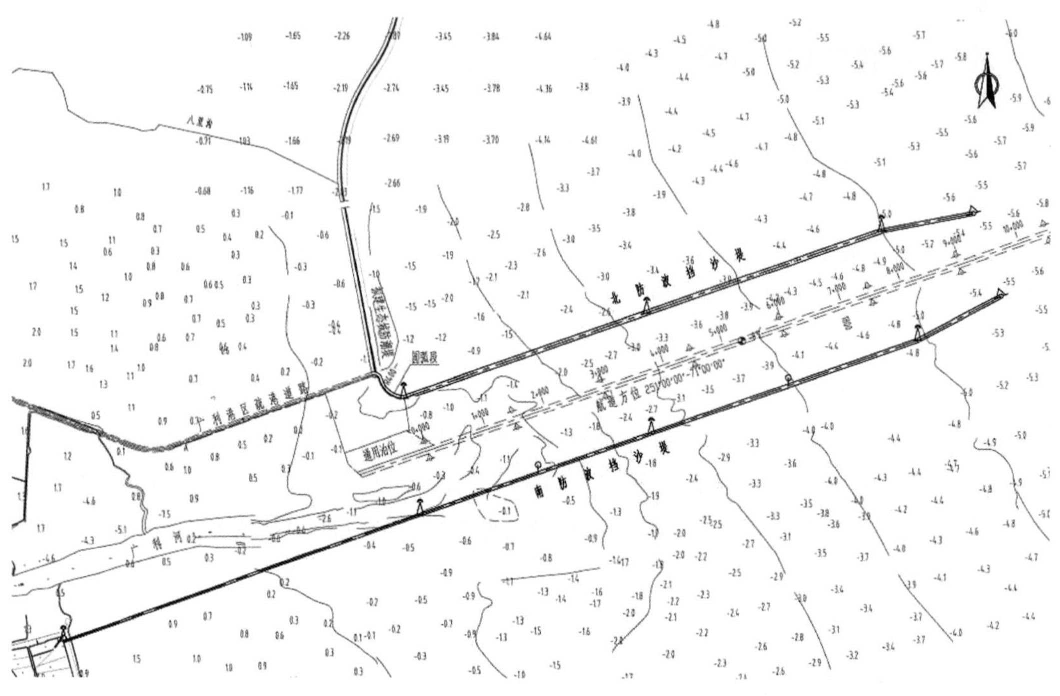

图 8-36　广利港区现状图

8.5.2　环境动力条件

1) 风

本工程风速资料选用邻近的羊口盐场气象站的资料作为分析依据。羊口盐场气象站位于东经 118°57′,北纬 37°07′。根据 1980—1989 年和 1994—2006 年的风资料进行统计分析,该区常风向为 SSE 向,次常风向为 SE 和 S 向,出现频率分别为 14.76%、11.74%、11.70%,强风向为 NE 向,次强风向为 NNE 向,该向≥7 级风出现频率分别为 1.10%、0.83%。

2) 潮汐

根据羊口站 1953—1990 年实测验潮、潍坊港码头南侧 1990—1991 年一年的实测潮位资料,并参照周边距离工程区较近地区的推算结果进行综合分析。本海区属不规则半日潮海区。潮位特征值为:最高高潮位为 4.95 m、最低低潮位为 −0.78 m、平均高潮位为 1.91 m、平均低潮位为 0.31 m、平均潮差为 1.60 m、平均海面为 1.07 m。

3) 波浪

2008 年 12 月—2010 年 1 月在莱州湾海区 −10 m 水深处设置了波浪观测站,观测了一年的波浪观测资料。根据统计分析,本海区常浪向为 NE 向,频率为 25.3%;次常浪向为 NNE 向,频率为 17.3%;强浪向为 NE 向。

4) 潮流

本海区曾做过几次大规模的潮流观测，根据历次各站实测潮流资料的调查和分析结果，该工程海区的潮流主要为规则半日潮流。

2008年10月在本工程海域布设五条垂线，进行大、中、小潮同步海流观测，如图8-37所示。

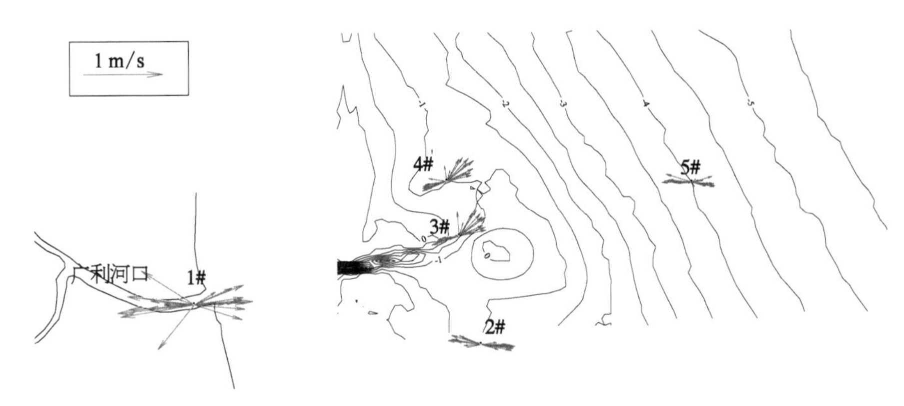

图8-37 广利河口测流点布置图

根据测流资料分析广利港区海域海流具有如下特征：

该海域海流运动形式受莱州湾潮波的影响，呈往复流运动，涨、落潮明显。位于河口内的1#测点，涨、落潮平均流向分别为258°～268°、80°～84°，最大流向也基本处于这个范围；位于近岸拦门沙两个测点，流向都有向河口汇聚和发散的规律，位于拦门沙南侧2#测点，涨、落潮平均流向分别为280°～287°、94°～97°，最大流向分别为277°～281°、93°～106°；位于拦门沙北侧的4#测点，涨、落潮平均流向分别为233°～261°、52°～55°，最大流向分别为240°～251°、50°～57°。

从流速的平面分布看，该海区总体上呈现自外海向近岸逐渐增加的趋势，如大潮时位于河口内1#测点涨、落潮平均流速分别为0.58 m/s、0.50 m/s；涨、落潮最大流速分别为0.97 m/s、0.74 m/s；位于拦门沙滩顶3#测点涨、落潮平均流速分别为0.16 m/s、0.27 m/s；涨、落潮最大流速分别为0.36 m/s、0.40 m/s；位于−4 m等深线上的5#测点涨、落潮平均流速分别为0.22 m/s、0.18 m/s；涨、落潮最大流速分别为0.39 m/s、0.29 m/s。

从涨、落潮流速看，不具有明显的规律。大潮时，1#、5#呈现出涨潮流大于落潮流的特点，其他三个测点基本是落潮大于涨潮流速；中潮时，除5#外其他都是落潮流速大于涨潮流速；小潮时，除3#测点外其他都是涨潮平均流速大于落潮平均流速。从总体上看，河口以内流速较大，而河口以外则属于低流速区。

8.5.3 海岸地貌特征

广利港区属典型粉沙质海岸，基本由陆上三角洲平原和水下三角洲平原构成。水下三角洲系陆上三角洲向水下延伸部分，它从高潮线始，外延伸展至泥面－10～－22 m，并呈半环带状，面积约 3 000 km^2，总体自然坡降平均为 1/1 500。沿岸水浅、滩宽、地势平坦。

8.5.4 泥沙环境

1）底质分布

工程海域主要以粉砂质砂、砂质粉砂、黏土质粉砂为主，d_{50} 在 0.02 mm 左右；在采样范围内，从岸到海，沉积物中值粒径由粗逐渐变细，沉积物变化具有明显的层次性。

2008 年 10 月对工程海域海底表层沉积物进行了取样和粒度分析工作，分析结果表明广利河口附近海域沉积物种类有七种：砂、粉砂、粉砂质砂、砂质粉砂、砂、砂粉质黏土、黏土质粉砂，其中主要以粉砂、粉砂质砂、砂质粉砂、黏土质粉砂为主；沉积物 d_{50} 为 0.004～0.079 mm。

从总体来看，在采样范围内，从岸到海，沉积物中值粒径呈现出从粗到细，具有较强的层次性，从近岸及拦门沙附近的 0.05～0.06 mm 粉砂质砂、砂质粉砂到 0.04 mm 左右的粉砂，再到 0.02 mm 左右的黏土质粉砂。

－2 m 水深以内浅水区，主要以砂质粉砂和粉砂质砂为主，d_{50} 为 0.04～0.06 mm，接近岸边基本为粉砂分布带，拦门沙南、北两侧主要为粉砂质砂，有少量细砂分布；－3～－4 m 等深线为砂质粉砂分布区域，d_{50} 一般在 0.04～0.05 mm；－4～－5 m 等深线则是粉砂、砂质粉砂混合区，交错分布，d_{50} 为 0.03～0.04 mm；－5 m 以外则以黏土质粉砂为主，d_{50} 为 0.01～0.02 mm。

底质沉积物的黏土含量很好的分布规律，近岸浅水区相比之下，黏土含量较低，一般都在 5%～10%，拦门沙附近的黏土含量则在 5%左右；向外海逐渐增加从 10%～15%到 15%～20%，再到 20%以上，呈明显的递增规律。

分选系数为 0.2～2.4；颗粒的分选程度和沉积物类型有很好的对应，近岸区域沉积物颗粒分选系数一般小于 0.6，分选性很好，再向外逐渐过渡，大于 2.2 分选性差的区域很少。

2）含沙量

根据 2008 年 10 月全潮实测含沙量资料分析，正常天气下平均含沙量为 0.01～0.1 kg/m^3，最大含沙量可达 0.393 kg/m^3。从平面分布上看，海区含沙量呈现出近岸区含沙量高、远岸区含沙量低的特点。在近岸规律性比较强，一般是大潮含沙量>中潮>小潮，拦门沙附近和外海由于泥沙活动性强，规律不太明显；落潮含沙量基本上都是大于涨潮。

2009 年 4 月 14—15 日大风天在广利港水域－4 m 水深处进行了含沙量观测。大风天波浪作用下水体含沙量的变化是一个非常复杂的过程。一个完整的大风浪过程可分为成长及衰减两个阶段，相对应的水体含沙量从小(6.39 kg/m^3)到大(19.23 kg/m^3)再减小到 13.07 kg/m^3，整个过程亦可分为泥沙起悬和落淤两个阶段。

根据遥感卫片的分析，一般天气情况下，工程海域含沙量比较低，一般都在 0.1 kg/m^{3}以下。横向上看，自岸向海逐渐递减，近岸含沙量为 0.05～0.1 kg/m^3，外海含沙量则一般在 0.05 kg/m^{3}以下。纵向上看，北部黄河口附近区域含沙量则较高，一般都在 0.5 kg/m^{3}以上。在平面分布上，总体呈现出北高南低、西大东小的特点。就工程区附近而言，一般情况下，表层水体含沙量为 0.05 kg/m^{3}以下。北部的黄河口离工程区 40～50 km，在一般天气下，黄河口泥沙扩散不会影响到工程区。

工程区范围属于季风带，每到春、冬季节时，NE 向的大风对海域的泥沙环境产生重要影响，会使黄河口泥沙向南扩散的范围大大增加，从而影响到工程区。大风期工程区含沙量可达 1.0 kg/m^{3}以上。

风向也是影响工程海域含沙量的一个因素。当风向为 N 至 NE 向时，黄河口泥沙扩散范围明显要比其他风向扩散的远，同时波浪掀沙、潮流输沙也导致了此时近岸水域的含沙量相对于其他风向略有偏高。

3) 泥沙来源及运移特征[20]

(1) 当地的陆源物质，主要包括：① 河流径流所挟带的下泄泥沙。工程区上游主要有广利河、支脉河和溢洪河，陆相泥沙随径流挟运而来。近几年来，由于河流上游建闸蓄水，一般季节三条河流水沙量都较小。特别是广利河，东营市采取一些治理措施，下泄沙量很小，2000 年以来年均输沙量只有 1.47 万 t，2006 年、2007 年基本没有下泄泥沙。其他两条河流也都减少了很多，2000 年以来支脉河年均输沙量为 1.71 万 t，溢洪河只有 0.05 万 t。② 海岸侵蚀物质输移入海。当波浪冲蚀海岸后，其中的大部分物质将就近堆积于海岸附近，并随北向风浪和潮流沿岸漂移，从而成为广利河口的沙源之一。

(2) 黄河口入海泥沙向口外扩散。由于自黄河改道清水沟流路后，离本区较近，部分泥沙随北或东北向大风和落潮流向东南或西南方向扩散至工程海区附近，对工程区产生一定的影响，此后又随涨潮流直接转入本区河口内，或在水下岸坡落淤后被风浪潮流掀起带入河口内。

(3) 就地泥沙在波流共同作用下的反复搬运。工程海域为风暴潮多发区，一次强大的风暴潮可使沿岸及海滩的泥沙涌入海中，其中的细颗粒物质，在波浪和潮流的作用下，较长时间内将以悬移质形态存在，而当波浪动力减弱时，水体中的含沙量将处于超饱和状态，加之本区的潮流较弱，因此水流跨越航道过程中泥沙迅速沉降，从而造成航道短期相对明显的淤积。

从以上分析可以看出，河流、岸滩侵蚀来沙都很微弱，黄河口泥沙扩散的影响是有限的，造成航道和港池淤积的主要泥沙来源为风浪和潮流作用下就地泥沙的搬运输移。

8.5.5 防波挡沙堤及航道设计方案[21]

1) 通航标准

航道建设规模为 5 000 吨级单线航道。在正常天气情况下，航道可以满足 5 000 吨级船舶单线满载乘潮进出港的要求。在发生设计重现期 10 年一遇大风骤淤情况下，能够保证 3 000 吨级船舶乘潮满载不碍航，经过维护性疏浚后，能够满足 5 000 吨级船舶乘潮满载通航。

防波挡沙堤按照设计骤淤重现期为 10 年一遇骤淤的标准进行设计。

2) 实施方案

航道轴线方位进行了三个方位的比较，分别为航道轴线方位方案一(261°00′00″～81°00′00″)、方案二(251°00′00″～71°00′00″)和方案三(241°00′00″～61°00′00″)。经过综合比选，口门横流、航道淤积量及远期发展等因素，推荐航道轴线方位为 251°～71°。

沿航道两侧建设南、北防波挡沙堤，两堤间距 1 800 m，在－5.0 m 水深处折线布置，近期口门布置在－5.5 m 等深线处，北防波挡沙堤长度为 9 570 m，南防波挡沙堤长度为 16 000 m，口门宽度为 1 362 m；远期视港内淤积情况，适时将防波挡沙堤口门延伸至－6.0 m 等深线处，口门宽度为 800 m。

南、北防波挡沙堤堤顶高程根据掩护功能不同，采用出水堤与潜堤结合形式。其中，北防波挡沙堤 0＋000—1＋500 段考虑到对港区进行防浪掩护，堤顶高程为 5.0 m，1＋500—8＋065 段堤顶高程为 2.0 m，8＋065—9＋570 段堤顶高程由 2.0 m 渐变至－1.0 m；南防波挡沙堤 0＋000—5＋000 段堤顶标高为 4.0 m，5＋000—14＋526 堤顶高程为 2.0 m，14＋526—16＋000 堤顶高程由 2.0 m 渐变至－1.0 m。

航道按照 5 000 吨级单线乘潮设计，航道轴线方位为 251°00′00″～71°00′00″，航道长度为 25.6 km，航道通航宽度为 100 m，设计底高程为－8.5 m。根据通航标准及航道沿程骤淤分布，航道备淤富裕深度取为 0.7 m，并在防波挡沙堤口门段(里程 10＋000—15＋000)将备淤深度适当加大，取为 1.2 m。口门段 10＋000—15＋000 航道设计底高程为－9.0 m。航道边坡为 1∶8。

8.5.6 淤积分析[22]

工程海域附近潮流基本呈现往复运动，涨潮偏西，落潮偏东，外海流速大于近岸。现状条件下工程区水域平均流速为 0.2～0.7 m/s。工程实施并未改变大范围海域的潮流运动规律，海区水流变化主要体现在南、北挡沙堤建设对水流流态产生的局部影响。工程建设后，南、北两侧挡沙堤堤头局部区域可达 0.8 m/s 以上，港池内流速普遍较小，为 0.1～0.25 m/s，航道全程平均流速为 0.25～0.6 m/s。航道最大横流流速为 0.44 m/s 左右，出现在口门附近。沿堤外侧最大流速为 0.9 m/s，出现在北挡沙堤堤头外侧。

工程建设后，航道年淤积分布及大风淤积分布均呈现自口门向口内及口外逐渐减小的特征，其中最大年淤积厚度为2.51 m/年，10年一遇大风骤淤淤积厚度为1.2 m，均出现在口门外侧1～2 km处，如图8-38所示。航道平均年淤积厚度为1.1 m/年，年淤积总量在294万 m^3/年左右；大风骤淤航道平均淤厚为0.54 m，大风淤积总量为145万 m^3左右。

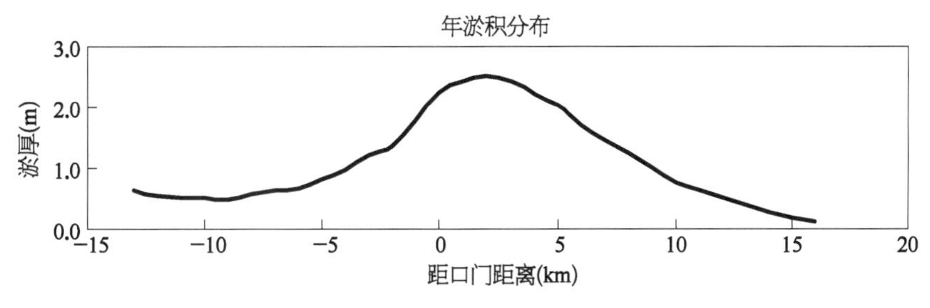

图8-38 −5.5 m口门方案航道年淤积分布图

8.5.7 工程实施效果

本工程航道于2017年9月6日通过了交工验收，进入试运行阶段。2018年5月经扫测发现，部分区域存在70～80 cm淤积，基本符合淤积预测，目前码头及航道运行状态良好。

参考文献

[1] 沧州市人民政府.黄骅港总体规划(2016—2035年)[Z].沧州：沧州市人民政府，2019.

[2] 交通部第一航务工程勘察设计院，交通部水运规划设计院.黄骅港一期工程初步设计[Z].天津：交通部第一航务工程勘察设计院，交通部水运规划设计院，1996.

[3] 中交第一航务工程勘察设计院，中交水运规划设计院.神华集团黄骅港外航道整治工程初步设计[Z].天津：交通部第一航务工程勘察设计院，交通部水运规划设计院，2003.

[4] 季则舟，刘璠，邢军.黄骅港综合港区起步工程中几个关键问题研究[J].港工技术，2015，52(1)：4-10.

[5] 交通运输部天津水运工程科学研究所.神华黄骅港航道维护性疏浚优化研究报告[R].天津：交通运输部天津水运工程科学研究所，2018.

[6] 孔令双，曹祖德，李炎保.粉沙质海岸建港的若干泥沙问题[J].中国港湾建设，2004(3)：24-27.

[7] 中交第一航务工程勘察设计院有限公司.京唐港挡沙堤三期工程施工图[Z].天津：交通部第一航务工程勘察设计院，2007.

[8] 董文才.唐山港京唐港区粉沙质海岸泥沙研究与整治[D].南京：河海大学出版社，2009.

[9] 南京水利科学研究院.2009唐山港京唐港区20万吨级航道工程潮流与泥沙数值模拟研究报告[R].南京：南京水利科学研究院，2009.

[10] 中交第一航务工程勘察设计院有限公司.唐山港京唐港区20万吨级航道工程施工图[Z].天津：交通部第一航务工程勘察设计院，2011.

[11] 胡春宏.新时期黄河河口治理的方向与措施探讨[C]//黄河河口问题及治理对策研讨会专家论坛文集.郑州：黄河水利出版社，2003.

[12] 中交第一航务工程勘察设计院有限公司.潍坊港(中港区)航道及防波挡沙堤工程初步设计[Z].天津：交通部第一航务工程勘察设计院,2007.

[13] 王相信,张国权.潍坊港中港区 3.5 万吨级航道和防波挡沙堤的延伸方案[J].港工技术,2013,50(4)：11－13.

[14] 赵洪强.潍坊港中港区 3.5 万吨级航道回淤浅析[J].中国水运,2019,19(4)：139－141.

[15] 陈靖,刘峰,尹晓菲,等.潍坊港中港区 3.5 万吨级航道工程对海岸冲淤的影响[J].海洋开发与管理,2015：42－44.

[16] 王成,刘宪斌.渤海风暴潮的危害及防御措施[J].海洋信息,2013(1)：32－35.

[17] 黄河水利委员会.黄河入海流路规划报告[R].郑州：黄河水利委员会,1989.

[18] 中交第一航务工程勘察设计院有限公司.东营港东营港区进港航道及导堤工程初步设计[Z].天津：交通部第一航务工程勘察设计院,2017.

[19] 南京水利科学研究院.东营港东营港区进出港航道工程波浪潮流泥沙物理模型试验研究报告[R].南京：南京水利科学研究院,2017.

[20] 交通部天津水运工程科学研究所.东营港广利港区海域自然条件及泥沙环境研究报告[R].天津：交通部天津水运工程科学研究所,2008.

[21] 中交第一航务工程勘察设计院有限公司.东营港广利港区航道整治工程初步设计[Z].天津：交通部第一航务工程勘察设计院,2009.

[22] 交通运输部天津水运科学研究所.东营港广利港区总体规划起步工程潮流泥沙数值模拟研究报告[R].天津：交通运输部天津水运工程科学研究所,2012.

第 9 章

展 望

我国河流众多，入海河流的变迁、发育及入海泥沙的堆积、运移塑造了我国较为丰富的海岸类型，海岸泥沙运动已成为影响港口建设的重要因素之一。粉沙质海岸研究起始于工程问题，随着港口工程的建设、运营，粉沙质海岸相关研究也在不断成熟。20 多年来，通过不懈努力及持续研究，我国在粉沙质海岸泥沙运动理论、工程建设实践中取得了重大突破，对于典型的平原型粉沙质海岸设计建设技术已趋成熟。但应该认识到，我国各地区粉沙质海岸自然环境不尽相同，其地貌类型特征、泥沙运移规律也各具特点，因而在这些海岸的港口设计原则和方法也不尽相同，本书在此方面进行了部分论述，但由于一些特殊类型的粉沙质海岸基础研究和工程实践还有待深入，以及一些已建粉沙质海岸港口遇到的新情况，仍有一些问题有待进一步研究。

对于工程技术来说，科学研究与工程应用历来是相辅相成的。工程提出需解决的问题及基础方案，通过研究以一定的理论与试验手段去解决问题、优化方案，反过来根据工程的应用情况及积累的实测数据再进一步揭示机理、完善理论，从而形成系统的理论与方法，进一步指导后续其他工程的实施。我国粉沙质海岸泥沙运动理论研究与工程实践的结合很好地诠释了这一点。科学研究成果为工程服务，而对研究成果的正确与否最有说服力的是工程实施后效果的检验。

截至 2019 年年底，我国粉沙质海岸上拟建、在建和已建的港口（港区、作业区）有大约 16 个，其中正在开展前期工作但尚未建设的港区（作业区）有 2 个：江苏南通港通州湾深水港区、洋口港区金牛作业区。正在新建、扩建的港口 10 个（港区、作业区）：辽宁省的庄河港；山东省的东营港东营港区、东营港广利港区、滨州港、潍坊港；江苏省的南通港洋口港区西太阳沙作业区及通州湾港区吕四港作业区、小庙洪作业区，盐城港滨海港区、射阳港区。已形成较稳定航道规模的港区有 2 个：黄骅港煤炭港区、盐城港大丰港区。已形成较大生产能力及深水航道拟进一步提高航道等级的港口有 2 个：黄骅港综合港区和唐山港京唐港区，其中京唐港区航道由 20 万吨级提升至 25 万吨级航道工程正在施工，竣工后将成为目前粉沙质海岸最高等级航道。

纵观粉沙质海岸各港所处海岸情况，除具有粉沙共性的物理特点外，各港的泥沙来源、底质、泥沙运动规律、岸滩冲淤变化特征等并不完全相同，如有些海岸泥沙粒径相对较粗、含泥量小，岸滩坡度相对陡，泥沙运动具有一些沙质海岸的特性，典型案例如唐山港京唐港区所处海岸；有些海岸泥沙相对较细，岸滩平缓，泥沙运动具有一些淤泥质海岸的特性，典型案例如黄骅港所处海岸；有些海岸具有侵蚀性特征，典型案例如盐城港滨海港区所处海岸；有些海岸具有滩槽相间、强潮动力特征，典型案例如南通港洋口港区、通州湾港区所处海岸等。由此所对应的泥沙运动特征、港口设计，如港口布置模式、防淤减淤措施、设计原则与方法等也有差异。人类探索未知的脚步从不停歇,随着科学技术发展,泥沙数据采集与分析、模型试验方法、工程建设技术等都将进一步完善与发展,同时,外界自然环境的变化、生态环保理念的贯彻也给我们提出新的问题、新的挑战。

结合工程需求,针对粉沙质海岸尚有一些问题需要进一步研究:

(1) 粉沙质海岸泥沙运动规律与地貌特征密切相关,目前工程已涉及多种类型,从地貌形态角度看有平原型、河口三角洲型、辐射沙洲型,从地貌变化看有冲淤平衡型、冲刷型、淤长型,从海床滩面泥沙粒径分布看有的偏细,有的偏粗,含泥量不同,海滩坡度也有较大差异,因此有必要从地貌学角度对粉沙质海岸进行分类,以此分类能更好地系统研究其泥沙运动规律。

(2) 数值模拟、物理模型试验仍是工程泥沙的主要研究手段。数字信息技术与数值模拟、物理模型试验相结合,将是发展趋势。浪流沙三维数值模拟将广泛应用,对实际工程泥沙运动监测的加强,实测资料不断积累丰富,使得数值模拟参数率定更加准确,可实现利用数值模拟辅助同一类型粉沙质海岸工程的设计。另外,在理论研究的基础上,开展水沙计算软件的自主研发,从自主知识产权、可持续发展、贴合工程实际等角度均是十分必要的。

(3) 对于粉沙质海岸泥沙运动研究,除数值模拟外,进行整体或局部整体物理模型试验是必要的,尤其是验证工程与水沙相互作用、局部冲刷等情况时,可直观地预测结果。随着我国物理模型试验基础设施的建设发展,我们已拥有较完善的试验场地及设施,在此有利条件下,需进一步研究泥沙运动相似理论,拓展相似比尺局限,更准确地模拟泥沙的冲淤变化。加强研究在不规则波作用下的海岸泥沙输移及长时间比尺的岸滩演变,使对风暴潮天气情况下航道骤淤预测更加准确,更好地评估港口减淤措施方案的效果。

(4) 从外界环境来看,极端气象条件出现频率增多,有些已经超出了以往模型考虑范围,对工程影响较大。因此,需加强强风大浪、风暴潮等极端天气泥沙运动研究,研究极端天气水体含沙量等基础数据的采集方法,开展风暴潮过程近岸多因素动力与粉沙全耦合运动过程的准确模拟。

(5) 在航道设计方面,需加强基于骤淤风险概率的粉沙质海岸港口航道设计方法研究,针对不同类型粉沙质海岸,研究防波挡沙堤设置、建设规模及航道备淤深度等防淤减淤措施与航道骤淤风险概率的相互关系,经济合理确定工程规模。

(6) 对于平原淤泥粉沙质海岸港口,当港口泊位、吞吐量达到一定规模,具备一定抗风险能力时,可结合港口疏浚能力、防淤减淤措施的进一步实施,研究提高骤淤设计重现期标准,增加港口抵御骤淤风险的能力。通过近几年黄骅气象观测资料分析,在同一时期内,较低重现期但可造成航道淤积的大风出现频次明显增多,造成短时期航道淤积的叠加,对航运安全造成隐患。因此,在航道设计研究中除考虑抵御较大重现期骤淤外,还需研究抵御短时期内发生多频次较小重现期骤淤的影响,以合理确定减淤工程规模及航道的疏浚维护方案。

(7) 对于存在较强水动力环境的河口三角洲侵蚀型粉沙质海岸和辐射沙洲粉沙质海岸，还需进一步研究泥沙运移机理，掌握泥沙运移形态。结合地质构成、水动力环境、现场实测资料，综合理论分析、现场观测、数值模拟和物理模型试验等综合手段，开展因建设海上建筑物所引起的海床冲刷研究，研究波流作用下粉沙冲刷和水流紊动的耦合作用机制，开展海床液化条件及骤冲发生机理和过程研究，完善泥沙运动理论。发展数值模拟手段，完善局部动床物理模型试验方法，提高预测海上建筑物周边海床冲刷范围及深度的准确性，为海岸工程设计、维护建设提供科学依据。

(8) 辐射沙洲粉沙质海岸是近些年我国港口工程所涉及的新类型粉沙质海岸，已成功建设了离岸岛式港口(洋口港区西太阳沙作业区)，主要用于 LNG 及油品运输。近些年，地方上提出了建设通用码头、集装箱码头及干散货码头的需求，以承接长江经济带的产业转移，并带动临港经济区的发展。为满足此要求，较为适合的建港布置模式为近岸填筑式或挖入式布置。目前已建设形成了一个“近岸填筑＋双堤环抱”模式的港区(吕四港作业区)，已完成了港区陆域填筑、防波挡沙堤的建设，码头泊位建设正在实施中。工程技术方面，对于面临大潮差、强水流动力、滩槽相间的环境条件下，在辐射沙洲海岸建设近岸填筑式、挖入式港口布置模式还处于探索实践阶段，设计原则和方法还需进一步梳理研究，还需加强海岸建筑物建设规模尺度与滩槽稳定体系、泥沙运移之间的相互作用规律等问题的研究。

(9) 粉沙质海岸一般滩涂宽阔，有较大的环境容量。由于自然条件制约，大多是我国港口布局的空白点。随着我国环境治理的深入，沿江工业逐步向沿海转移，临港经济逐步兴起，这些海岸也成为港口开发建设的热点地区，同时也往往与生态保护区相邻。因此，在港口航道及海岸工程建设中，需以可持续发展理念，加大新材料、新结构的开发，在水体流通交换、生态型水工结构、资源循环利用、工程与环境生态相协调等方面深入研究，建设绿色生态型港口，达到港融入自然，与自然和谐相处。

(10) 随着不同类型粉沙质海岸港口设计、建设及运营，长期的泥沙运动监测及数据采集积累是必不可少的，科研、设计、建设单位将会积累大量有价值的水文气象、地形、泥沙冲淤等相关资料，相关研究工作仍会持续进行。结合工程实践，将不断完善相关理论与方法，提高泥沙运动试验模拟预报精度。随着信息技术的日新月异，数据采集的手段也将不断发展，遥感卫片、数字摄影、三维扫测等技术应用到泥沙运动数据采集、分析研究中，大数据、云计算、数字化应用将有助于我们更加有效、准确掌握泥沙运动的变化规律，优化工程设计。

展望未来，通过研究、实践、验证、改进的轨迹，我们将掌握各种类型粉沙质海岸泥沙运移规律及港口设计、建设、维护的原则和方法，以绿色生态为基础，不断完善我国粉沙质海岸港口建设技术。